Mobile Strategy

Mark Wächter

Mobile Strategy

Marken- und Unternehmensführung im Angesicht des Mobile Tsunami

 Springer Gabler

Mark Wächter
Hattingen, Deutschland

ISBN 978-3-658-06010-7   ISBN 978-3-658-06011-4 (eBook)
DOI 10.1007/978-3-658-06011-4

Die Deutsche Nationalbibliothek verzeichnet diese Publikation in der Deutschen Nationalbibliografie;
detaillierte bibliografische Daten sind im Internet über http://dnb.d-nb.de abrufbar.

Springer Gabler
© Springer Fachmedien Wiesbaden 2016

Springer Fachmedien Wiesbaden GmbH ist Teil der Fachverlagsgruppe Springer Science+Business Media
(www.springer.com)

Für meine Eltern Traudel und Willi, ohne die ich heute nicht da wäre, wo ich bin. Für meine Frau Katja und unsere Kinder Anna-Katharina und Fritz, die mich jeden Tag aufs Neue zu einem sehr, sehr glücklichen Familienvater machen.

Sturm und Wellen geben der See
erst Seele und Leben
(Friedrich Wilhelm Christian Karl Ferdinand
Freiherr von Humboldt, 1767–1835).

#RideTheMobileTsunami

Geleitwort

After more than a decade working in mobile marketing I have seen a huge change in the way that brands in the various industry segments talk about the channel, its challenges and its opportunities. Most notably we have moved from brands and agencies asking "why mobile?" to asking how, when, where, with whom etc. In the earliest years of mobile as a medium the industry spent most of its time, energy and efforts acting as evangelists. But this was hard, not least because the mobile industry was mostly a technology based one and unable to talk to marketers and business leaders in their own language. Very few marketers "got" mobile and fewer still could clearly articulate the role it was playing as part of a multi channel mix.

Mark Wächter was introduced to me at a Mobile Marketing Association EMEA Board meeting as "The Minister of Mobile" and I will confess that for the whole of that meeting I wondered if that was actually an official German government position. He spoke with authority and clarity about mobile and seemed connected to every major marketing organization in Germany. He was able to talk very clearly about what the industry needed to do to help grow the market and use of mobile. Once I got to know him better I understood that he was in the minority like myself of people coming into the industry from marketing background rather than a technology one. However, while my experience was in start-ups and emerging technology markets, Mark's background is that of a "heavy weight" brand marketer.

All of this leads me to state that it comes as no surprise to see that Mark is the person to create this fundamental guide. There are already many books that focus on the why, the industry is now mature enough to focus on the how and what and mobile beyond thinking only of mobile devices but of our connected future. It has taken time to reach this point of maturity though, not just because we needed the technology to develop further, more that we needed to understand what to do with it. As every new channel comes along it takes time for us as marketers to figure out how best to use it and mobile is no different. While the early days of mobile marketing were characterized by copying promotional marketing techniques and goals, latterly we are seeing marketers applying the more unique aspects of mobile. Mobile is now having a profound measurable effect on every stage of the path to purchase. This book will cover those changes and more, as it looks at how brands will engage with the connected consumer of the future.

Throughout much of the late 1990's and early 21st century many marketers become convinced that the future of marketing lay in building one-to-one relationships with their target audiences and in turn focusing on the life time value of customers. But this Customer Relationship Management (CRM) led approach really got no further than building bigger databases. Mobile and in turn connected devices will actually deliver on that promise. What we might not have understood before the advent of mobile was that consumers themselves would demand to be treated as individuals rather than being led there by brands.

Mobile is both causing and enabling an irrevocable change in the lives of consumers and this is impacting brands on a practical level every single day. The highly personal nature of mobile means that understanding individual preferences and differences will be so much more important. It's these differences that will indicate our willingness to engage with brands and our tolerance (or lack of it) for how brand engagement is created for mobile channels.

Undoubtedly, what we're seeing is the rise of the "always-on" connected consumer. One for whom there is a blurred reality between the physical and digital worlds. Indeed, younger consumers make less distinction between the two: digital for them is the real world; it's just not necessarily taking place in person. This in turn, impacts their expectations, leading them to make demands about the experience they want through digital channels. Brands must understand these demands and act accordingly.

Meeting consumer expectations is getting harder. Brands will be benchmarked and measured not just against a single encounter or channel, but scored at every touch point on how well mobile is integrated into a seamless user experience. A brand won't just be measured in isolation, but compared against the best mobile and connected experiences that consumer get elsewhere. Marketers will have to set their sights on matching the best of what the competition can offer, and deliver an experience that is meaningful and perceived as having value.

We should also consider that the trend towards using wearable devices will only accelerate, as mobile moves from being our constant daytime companion, to monitoring not only our waking hours, but also our sleeping patterns, diet, exercise and mood as well. Many of us simply never turn our mobile devices off. Right now we make a conscious effort to look at our devices, but through wearable devices, much of the technology will disappear to the periphery of our lives, as it becomes what Xerox Parc described many years ago as "calm technology", that's almost invisible to us.

The technology available to consumers connecting us to the Internet of Things will also generate huge amounts of new data which could be shared with brands to help them understand us better. In this way, mobile will become both the creator and beneficiary of "big data".

All of this change means that brands will have to put mobile at the heart of their strategy. It is important to consider that this need for a mobile strategy does not just mean marketing. Aiming at creating a true Mobile Company, companies need to think through the role that mobile will play in every part of their business. Their strategy for mobile needs to consider disciplines such as Commerce, CRM, HR and Enterprise Mobility, taking in the ways that mobile can improve services and communication, deliver cost efficiencies and create new ways of interacting with employees, the supply chain, partners and more.

Mark has spent years advising huge global brands on how to develop this holistic strategy for mobile, guiding them successfully through the Mobile Tsunami. He has also understood the need to move away from a device centric approach to thinking more about the connected consumer and the connected enterprise. He understands the challenges that marketers and business leaders face both internally and externally because he has been in their roles. He is ideally placed to guide the reader through the changes taking place now and in the near future and can provide a structured approach to dealing with them.

In the seven years I have known him, Mark has moved to being known simply as "Mr. Mobile". It is a simple title, but deserved and accurate. Enjoy the book.

New York, July 2015   Paul Berney
                        CMO MMA Global & MD MMA EMEA Emeritus

Prolog *oder* Die Anleitung zum Reiten eines Tsunami

Als ich im Frühjahr 2014 von diesem Verlag als „renommierter Experte" für eine Autorenschaft über das „zukunftsweisende Thema" Mobile angefragt wurde, klang das nach gutem Timing. Ich bin seit zehn Jahren Mobile Strategy Consultant. Seitdem engagiere ich mich auch in Verbands- und Branchennetzwerkinitiativen, um gemeinsam mit Fachkollegen die rasante Entwicklung des Mediums Mobile aktiv zu begleiten. Nebenbei etablierte ich so über die Jahre ein äußerst wertvolles Netzwerk im Kreise der internationalen *Mobilistas*.

Wenn man dann anfängt, so ein Projekt zu durchdenken, entsteht sehr schnell ein gewaltiger Respekt vor der Aufgabe. Das Ökosystem Mobile gleicht einem intakten und hyperaktiven Ameisenhaufen. All die Facetten, Themen und Initiativen des Mediums Mobile auch nur eines Jahres einsammeln, einordnen und strukturieren zu wollen, gleicht der Aufgabe, einen solchen Ameisenhaufen samt all seiner Bewohner mit den eigenen Händen erfolgreich versetzen zu wollen. Im Jahr 2015 gibt es erstmals mehr SIM-Karten auf diesem Planeten als Menschen. Die App Stores als digitale Einkaufszentren der Smartphones & Co. werden von Millionen von verschiedenen kleinen Anwendungen bevölkert. Das Ökosystem aus mehreren Hundert Netzbetreibern und nicht weniger Endgeräte- und Komponentenherstellern, aus Tausenden Mobile Technology Dienstleistern und Hunderttausenden, wenn nicht Millionen Entwicklern und Start-ups spuckt im Sekundentakt neue Technologien, Tarife, Dienste, Formfaktoren, Anwendungen und Lösungen aus. Ein Buch über das Medium Mobile ist also am Erscheinungstag schon „in die Tage gekommen" und kann immer nur einen gewissen Status quo abbilden. Es sei denn, man wählt einen ganz anderen Ansatz.

Wenn man als Branchenexperte einmal für einen Moment das über die Jahre angeeignete Know-how ausblendet und die Perspektive eines branchenfremden Unternehmensführers einnimmt, dann gleicht die Technologie-Welle Mobile, die sich über die letzten Jahre aufgebaut hat, einem Tsunami, der sich entwickelt, verstärkt und bedrohlich näher kommt. Diese Technologie-Welle hat Auswirkungen auf alle Unternehmensbereiche, auf Kunden- und Lieferantenbeziehungen, auf die geforderte Reaktionsgeschwindigkeit am Markt oder kurzum auf die gesamte Marken- und Unternehmensführung. Und sie kommt verdammt schnell näher. Aus dieser Perspektive heraus kann dieses Fachbuch dabei helfen, sich auf diesen Tsunami vorzubereiten und ihn mit dem passenden Surfbrett sprich

Instrumentarium erfolgreich zu reiten. Dem Anspruch, dabei zu unterstützen, die richtigen Schlüsse aus der gesellschaftlichen Wirkung der Technologie-Welle Mobile zu ziehen, das Unternehmen personell und organisatorisch entsprechend aufzustellen und am Markt die notwendigen Maßnahmen zu treffen, kann ein Fachbuch gerecht werden.

Wie jede Branche hat auch Mobile eine eigene Fachsprache entwickelt, natürlich geprägt von Anglizismen und aus der Sicht von Sprachpuristen sicherlich wilden Wortkombinationen. Da man bis ungefähr zur Jahrtausendwende „online" ging, wenn man das Internet am klassischen Desktop-PC nutzte, gibt es wegen der notwendigen Abgrenzung zu diesem etablierten Medium Online mit all seinen definierten Standards und Formaten Begriffsschöpfungen, die die Herkunft „Mobile" eindeutig darstellen sollen. So ist das „Mobile Internet" das Internet auf mobilen Endgeräten im Gegensatz zum gewohnten Internet auf einem Desktop-Bildschirm (auch gerne als „stationäres Internet" bezeichnet). Der Zusatz „Mobile" drückt also immer die Zugehörigkeit zum Medium Mobile und eben nicht zum Medium Online aus. In den letzten Jahren hat sich mit der rasanten Entwicklung der Sozialen Netzwerke und ihrer Anwendungen auch noch das Medium „Social" entwickelt und der etablierte Oberbegriff für alle drei Medien-Kategorien „Online, Social und Mobile" zusammen ist „Digital". Auch findet man oft ein kleines vorgesetztes „m" wie in mCommerce, um auch hier wieder darauf zu verweisen, dass es sich um über mobile Endgeräte erzeugten eCommerce handelt. Schließlich käme es bei inflationärem Gebrauch des Verbs „mobil" oft zu Verwechslungen mit der eigentlichen Bedeutung dieses Wortes: „beweglich".

Darum habe ich für dieses Buch folgende Nomenklatur festgelegt: Wenn das Medium Mobile gemeint ist, dann stelle ich immer das Wort „Mobile" (ausgesprochen in Anlehnung an das britische Englisch „*moubail*") oder den Konsonanten „m" voran – auch wenn der zweite Teil des Begriffes ein Wort der deutschen Sprache ist (wie in Mobile Strategie oder mLogistik). Dabei haben beide Zusätze die gleiche Bedeutung wie zum Beispiel in „Mobile Health" oder „mHealth". Falls ich „beweglich" meine, dann wende ich gelegentlich das Verb „mobil" an in seinen Ausprägungen „mobile / mobiler / mobiles" (wie in „mobile Endgeräte"). Und da wir gerade bei der Rechtschreibung sind: *Bastian Sick* begann 2004 seinen Bestseller „Der Dativ ist dem Genitiv sein Tod" mit den Worten „Willkommen im Todestal des Genitivs!", um dann sehr lesenswert in seinem Wegweiser durch den Irrgarten der deutschen Sprache aus dem Todestal herauszuführen. Im Kontext dieses Buches habe ich aus ästhetischen Gründen bei allen der englischen Sprache entstammenden Fachbegriffen auf den Genitiv verzichtet, auch wenn man ihn grammatikalisch erwarten könnte. Ich habe uns also Wortschöpfungen wie „des Mobile Commerces", „des Mobile Internets" oder des „Mobile Tsunamis" erspart, auch wenn ich damit einen Tod sterben musste.

Bei der Schnelllebigkeit der Branche kann es sein, dass sich Einschätzungen zur Technologie, zum Verhalten von Marktteilnehmern oder zur Adaptionsgeschwindigkeit des User bereits bei Drucklegung wieder verworfen haben. Darüber hinaus ist auch ein Experte sicherlich nicht davor gefeit, technologische Zusammenhänge auch einmal verkürzt, missverständlich oder gar falsch darzustellen – auch wenn ich den Anspruch an mich hahe, das natürlich zu vermeiden. Ich freue mich in diesem Kontext einfach über jegliche Anregung, Kritik oder Kommentierung – gerne auch direkt an den Autor per E-Mail an *iWant@RideTheMobileTsunami.com* – und wünsche jetzt eine erkenntnisreiche Lektüre sowie den danach hoffentlich ausgelösten Kick, dem Mobile Tsunami gut gerüstet zu begegnen und die erzeugte Energie dieser Technologie-Welle zukunftsweisend in die eigene Unternehmensführung zu integrieren. Wenn Sie das Medium Mobile verstehen und geschickt in Ihrer Strategie einsetzen, haben Sie das Cockpit zur Steuerung der Digitalen Transformation unter Kontrolle und einen entscheidenden Teil der Zukunft Ihrer Firma in der eigenen Hand.

Oktober 2015   Mark Wächter

-

Danksagung

Dieses Werk ist in der Tat in Eigenregie entstanden. Aber es bedurfte natürlich der initialen Anfrage des Verlags für die Entwicklung der Idee. Insbesondere der wohlwollenden Begleitung des Projektes in den Anfangsmonaten ist es zu verdanken, dass der Autor nicht einfach aufgab angesichts des wuseligen Ameisenhaufens, den er vor sich sah. Konsequenterweise folgt jetzt hier wie sonst üblich keine Aufzählung vieler Namen, die irgendwie ihren Anteil an der Entstehung hatten. Vielmehr denke ich gerade an alle Weggefährten, die mir auf meiner Reise durch den Tech-Tornado in den letzten 18 Jahren begegnet sind. Im Oktober 1997 wechselte ich von der gemütlichen Konsumgüter-Industrie in die Internet-Industrie und im November des gleichen Jahres trat das Medium Mobile in Form des *Siemens S10* in mein Leben. Im Frühjahr 2003 hatte ich meinen ganz persönlichen Mobile Moment – dazu später mehr – und seit zehn Jahren verdiene ich mit der Entwicklung von Mobile Strategies meinen Unterhalt. In all den Jahren begegnete ich in Projekten, in der Gremienarbeit und auf Fachkonferenzen im In- und Ausland Menschen, die mein Wissen um die Zusammenhänge im Ökosystem Mobile erweitert haben und vor allem meine Faszination für das Medium geteilt haben. Euch gilt an dieser Stelle mein Dank! Ich möchte auch meinen Klienten danken, die sich von meinem Enthusiasmus haben anstecken lassen und für die ich maßgeschneiderte Surfbretter für das Reiten des Mobile Tsunami entwickeln durfte und darf. Ossi, Dir möchte ich speziell danken für Deinen initialen Rat, die Mühen aufzunehmen, mein Fachwissen für die Nachwelt in diesem Werk zu bündeln. Damals dachte ich nicht, dass das unser letztes Telefonat hier unten auf der Erde sein sollte – auch wenn Du schon stark von Deiner Krankheit eingeschränkt warst. Ich hoffe, Du findest auf Wolke 4 Muße, ein bisschen in meinem Buch zu schmökern. Ich jedenfalls muss oft daran denken, wie Du am Beginn meiner Tech-Karriere in mein Büro kamst und wir über das Internet und in zahlreichen späteren Begegnungen dann über das Mobile Internet diskutiert und philosophiert haben. Danke für die gemeinsame Zeit!

Wenn ich von Eigenregie spreche, dann sollte man an dieser Stelle fairerweise Internet-Services und Apps wie *Apple* Leseliste, *Evernote*, *Feedly*, *Flipboard*, der *Google* Suche, *Trello* und nicht zuletzt der „Im Dokument suchen"-Funktion von *Microsoft Word* danken (um nur meine wichtigsten technischen Helfer zu nennen). Ohne deren segensreiche

Werkzeuge wäre die Versetzung des besagten Ameisenhaufens – also die Erstellung dieses Buches – nicht in der Präzision und Tiefe innerhalb eines Jahres möglich gewesen.

Zu guter Letzt möchte ich meiner Familie danken: meinem Sohn mit seinen 12 Jahren *Born Mobile*, meiner Tochter mit ihren 17 Jahren *Mobile Native* und meiner Frau mit ihren … Jahren, wie ich *Mobile Immigrant*. Neben echtem Interesse am Thema und der faszinierenden Tatsache, dass ich ein Buch schreibe, kamen natürlich auch anspornende Kommentare der Sorte „Na, wie weit bist Du schon?" oder „Ich stelle mir das schwer vor, ein weißes Blatt Papier zu füllen!". Bereichernd und bestätigend zugleich waren für mich die Momente, in denen ich wie einst *Bernhard Grzimek* wertvolle Beobachtungen des täglichen *Mobile Wild Life* der Spezie Homo Mobilis machen konnte. Sohnemann fährt im Urlaub mehrmals täglich freiwillig Fahrrad, um sich die neuesten Spielstrategien über den nächsten Hotspot zugänglich zu machen. Ausgestattet mit den Erkenntnissen zur geschickten Ressourcen-Vermehrung lässt es sich auf dem Tablet einfach beruhigter in die nächsten Clan-Kriege ziehen. Das Smartphone meiner Tochter kennt genau zwei Plätze auf dieser Welt, wenn es nicht gerade Strom tankt: die hintere Hosentasche, falls man doch einmal beide Hände zum Erledigen von Dingen braucht, oder die Handfläche. Zum Essen braucht man übrigens nicht beide Hände, da man parallel mehrere Messaging Clients, Soziale Netzwerke und Video-Portale checken muss. Und meine Frau managt zunehmend den Alltag der Familie und unsere ganz private Digitale Transformation über ihr kleines, aber mächtiges Mobile Cockpit. Aber am aufschlussreichsten ist der Mobile Moment, wenn alle drei vor dem virtuellen Lagerfeuer sitzen und sich untereinander vernetzt in einem Raum sitzend gegenseitig helfen, ihre Farmen hochzurüsten: „Wer hat Erdbeeren für mich? – Ich brauche Speck und biete Erdbeeren. – Meine Schweine sind nicht bereit zum Speck-Sammeln. – Diamanten, ich habe neue Diamanten! Jetzt kann ich mir endlich den süßen Provence-Esel leisten. – Bist Du verrückt, Schokoladeneis für 150 Goldmünzen zu verkaufen? – Ich brauche dringend eine Welpenhütte für meinen Pinscher Welpen! Ist der nicht süß? – Das Schiff ist schon wieder weg … – Ich kann mir einen Entensalon leisten. – Level 100, bam!!!"

Inhaltsverzeichnis

Abbildungsverzeichnis

Der Autor

Mark Wächter ist Diplom-Ökonom mit langjähriger Marketing-Kommunikations-Expertise in den Bereichen Consumer Goods, Internet und Mobilfunk. Im Mai 2005 gründete er die weltweit agierende Management-Beratung MWC.mobi mit einer Spezialisierung auf das innovative Segment der Mobile Strategy Entwicklung und betreute in den letzten Jahren Klienten in über 30 Ländern auf vier Kontinenten. Mark Wächter ist Vorsitzender der Fokusgruppe Mobile im BVDW, Co-Founder und Chairman von MobileMonday, Mitglied im Board of Directors der Mobile Marketing Association und Vorsitzender des Fachbeirats des Masterstudiengangs Mobile Marketing an der Leipzig School of Media. Er ist ein Mobile Aficionado der ersten Stunde und ein weithin anerkannter Branchenexperte. Als weltweiter Evangelist für das Medium Mobile ist Mark Wächter ein oft berufener Beirat in vielen Mobile Initiativen.

Teil I
Der Mobile Tsunami

Entstehung der Welle

1

Zusammenfassung

Mobile ist das neue Normal. Der Smartphone-Bildschirm ist omnipräsent, wird im Tagesverlauf häufiger genutzt als jedes andere Medium und bestimmt den Unternehmensalltag wie kein technisches Instrument vorher. Das Medium hat in den letzten Jahren eine rasante Entwicklung hinter sich von einem mobilen Sprachwerkzeug hin zur globalen Leitplattform in Kommunikation, Marketing, Vertrieb und IT. Es herrscht ein gnadenloser Kampf der Ökosysteme um die Vorherrschaft im Universum Mobile, der mit einer Ressourcen-intensiven Materialschlacht einhergeht. Der ausgelöste Mobile Tsunami aus Endgeräten, Apps und Mobile Services hat bereits ganze Industrien umgeformt. Einst bedeutende Mitspieler vor allem aus Europa wurden zerrieben zwischen den Internet-Giganten der amerikanischen Westküste und aufstrebenden Protagonisten aus dem Reich der Mitte, der koreanischen Halbinsel und dem indischen Subkontinent. Die Riesenwelle Mobile gewinnt dabei noch an Geschwindigkeit und Ausprägung.

Inhaltsverzeichnis

© Springer Fachmedien Wiesbaden 2016

3

M. Wächter, *Mobile Strategy*, DOI 10.1007/978-3-658-06011-4_1

Je nach Art und Definition der Zählung hat Ende des Jahres 2014 die Anzahl der vernetzten mobilen Endgeräte (vgl. Cisco 2014, S. 3) oder Anfang 2015 die Anzahl der aktivierten SIM-Karten (vgl. ITU 2015) die der Menschen auf diesem Planeten überschritten. Wenn man bedenkt, dass das Massenphänomen Handy erst am Ende des letzten Jahrtausends so richtig Fahrt aufnahm, demonstrieren diese Zahlen die ganze Wucht und schnelle Verbreitung des Mediums Mobile. Diese Hardware-Welle hat natürlich den gesamten Informations- und Kommunikationstechniksektor (IKT), darüber hinaus aber auch Unternehmen aller Branchen und auf jeder Ebene der Wertschöpfungskette sowie die Gesellschaft als Ganzes so radikal verändert wie keine Technologie-Welle davor. Wie bei einem Tsunami in den Ozeanen dieser Welt brauchte es einen oder mehrere auslösende Impulse, damit sich die Welle in so kurzer Zeit so rasant aufbauen konnte. Im ersten Teil dieses Buches geht es darum, die Zusammenhänge des Ökosystems Mobile nachzuvollziehen sowie die wichtigsten technologischen Entwicklungen und die mächtigsten Spieler zu skizzieren. Wie konnte das Medium Mobile innerhalb weniger Jahre zum globalen Leitmedium aufsteigen?

1.1 Es war einmal … das Handy

Der Siegeszug des modernen Handys, aus heutiger Perspektive auch gerne *Feature Phone* oder etwas gehässiger *Dumb Phone* genannt, begann um die Jahrtausendwende mit der Einführung der Guthaben- oder auch *Prepaid*-Karte. Auch wenn man mit diesen Handys bereits per WAP-Browser Zugang zum Internet hatte (WAP für *Wireless Application Protocol* wurde schnell mit „wait and pay" tituliert aufgrund der langsamen Übertragungsgeschwindigkeit und der hohen Datenpreise): Erst mit den gleichzeitig mehr und mehr eingebauten Musikabspielfunktionen, Digital-Kameras und der Killer-Anwendung SMS wurde das Handy vom *Business-Gadget* zum *Consumer Good*. Klingeltöne wurden kurzfristig zu einem signifikanten Umsatzträger der Musikindustrie. *Nokia* stieg qua Marktführerschaft im Handy-Markt indirekt zum größten Digital-Kamera-Hersteller der Welt auf. Die 2003 pro Jahr in Deutschland versandte Anzahl von ca. 20 Milliarden SMS sollte bis 2012 (also 20 Jahre nach Einführung des Kurznachrichtendienstes) laut dem Branchenverband *BITKOM* noch auf das Dreifache ansteigen, erliegt aber seit 2013 mit massiven Einbrüchen dem Phänomen *Instant Messaging* über das offene Internet Protokoll (vgl. BITKOM 2014a). Einen weiteren Schub in der Vermarktung von Handys und Mobilfunkverträgen brachte der Vertrieb außerhalb der üblichen Netzbetreiber-Shops. Im Jahr 2004 erblickte mit *Tchibo Mobilfunk* der erste virtuelle Netzbetreiber (auch MVNO für *Mobile Virtual Network Operator*) die Handelslandschaft. Heute vertreiben alleine im deutschen Markt über 100 branchenfremde Händler und Marken Mobilfunkdienstleistungen und Endgeräte – mit *Aldi-Talk* als erfolgreichstem und bekanntestem Vertreter unter diesen Vermarktern. Der Auftritt dieser wegen ihres schlanken Geschäftsmodells auch *No-Frills* genannten Anbieter sorgte für einen enormen Preisverfall in den Bereichen Mobiltelefonie, SMS-Versand und Datennutzung. Das Handy wurde vom Statussymbol à la

Motorola StarTAC aus dem Jahr 1996 zum ganz selbstverständlichen Begleiter im Alltag der Menschen und damit zum Massenphänomen. Im August 2006 übertraf erstmalig die Zahl der Mobilfunk-Verträge die Zahl der Einwohner in Deutschland (vgl. Dialog Consult/VATM 2011, S. 20). Im Jahr 2015 liegt die Penetrationsrate ungefähr bei 140 Prozent, d. h., es befinden sich über 30 Millionen mehr SIM-Karten als Menschen in diesem Land. Die gebräuchlichsten Formfaktoren der Feature Phones waren der Barren (*Candy Bar*), das Klapp-Handy (*Clam-Shell*) und das Schiebehandy (*Slider*). Absolute Verkaufhits und legendäre Vertreter der drei Kategorien waren das *Nokia 1100* aus dem Jahr 2003, das *Motorola RAZR* aus dem Jahr 2004 und das *Samsung SGH-D600* aus dem Jahr 2005.

Das erste Smartphone erblickte bereits 1994 das Licht der Welt und wurde auf den schönen Namen Simon getauft: der *IBM Simon Personal Communicator* mit grünem LCD Display und einem *Stylus Pen* zur Dateneingabe. Er wog mit 500 Gramm so viel wie moderne Tablet-Computer. Neben einer vorinstallierten Kalender-, E-Mail- und Fax-Funktion gab es auch schon Software-Anwendungen zum Installieren im Angebot. 50.000 Exemplare wurden vom Simon verkauft. Das Design inspirierte sicherlich andere Hersteller von *Personal Communicators* – wie man Smartphones in den 90er Jahren nannte. Wer erinnert sich nicht an den legendären *Nokia 9000 Communicator*, der 1996 erstmalig vermarktet wurde und über zehn Jahre ganze Manager-Generationen geprägt hat. Auch *Ericsson* mit dem Modell *R380* im Jahr 2000 und seinen logischen Nachfolgern *Sony Ericsson P800* (2002) und *P900* (2003) hatte ähnlich stilprägende Auswirkungen für das Zeitalter der zum Teil stiftgesteuerten Hybridmodelle (Kombination aus Tastatur- und Stifteingabe auf dem Bildschirm), die die erste Generation eines Personal Digital Assistant oder auch *PDA* darstellten. Zentrales Kennzeichen dieser Assistenten im Manager-Alltag war die sogenannte PIM-Software (*Personal Information Manager*) für die Organisation und Verwaltung von Kontakten, Terminen, Aufgaben und Notizen, schlanke *Clients* der üblichen Office-Suite-Software sowie der Datenaustausch mit dem Desktop-PC über eine Synchronisations-Software. Für eine besondere Kategorie von PDA stand die Firma *Research in Motion RIM* (heute *BlackBerry*) mit ihrer *BlackBerry*-Reihe, die 1999 erstmalig auf den Markt kam und ab 2002 auch verstärkt in Europa vertrieben wurde. Die sogenannte Killer-Anwendung war der damals innovative E-Mail-Push-Dienst, der dem mobilen Büro ganz neue Dimensionen gab und in den ersten zehn Jahren dieses Jahrhunderts nach ihren „Crackberries" regelrecht süchtige User hinterließ.

Mit den Jahren wurden diese PDA immer vernetzter und umfangreicher ausgestattet. Schnittstellen wie Bluetooth, Infrarot, USB oder WLAN wurden genauso selbstverständlich wie Mobilfunk-Datenverbindungsprotokolle mit immer mehr Bandbreite. Diese basierten zunächst auf dem 1991 eingeführten digitalen GSM-Standard, der sogenannten 2. Generation des Mobilfunks – auch 2G und D-Netz genannt – welche nach der ersten, seit 1981 angebotenen analogen Generation – auch 1G und C-Netz genannt – vermarktet wurde (vgl. Hogrefe 2009). Die jeweilige Datennetz-Verfügbarkeit und Nutzung von 2G in Form von GPRS und EDGE bis hin zur 3. Generation UMTS (3G) in all seinen technischen Ausprägungen wurde dem Handy-Nutzer immer durch eben diese kryptischen Kürzel in der obersten Bildschirmzeile angezeigt. Vor 15 Jahren, im Sommer

2000, ereignete sich die mittlerweile legendäre Versteigerung der ersten UMTS-Lizenzen in Deutschland, die dem Staat Sondererlöse von 50 Milliarden Euro einbrachte. Dieses war eine Wette der Mobilfunknetzbetreiber auf einen erwartet hohen Datenverbrauch der Handy-Besitzer und die entsprechend angelieferten Killer-Applikationen durch eben diese Carrier. Gezielt vermarktete und – an den verkündeten Erwartungen gemessen – grandios gescheiterte Dienste in diesem Zusammenhang waren zum Beispiel die MMS, Mobile TV oder auch der kontrollierte Zugang zum Internet über die geschlossenen, weil nur ihren jeweiligen Kunden zugänglichen Web-Portale der Netzbetreiber (deswegen sogenannte *Walled Garden*). Die wahre Schlüsselanwendung heutiger Smartphones, die flüssige und intuitive Nutzung des offenen Mobile Internet im Browser und in Form von Apps, sollte aber erst zehn Jahre später zum endgültigen Durchbruch kommen.

Seit 2006 kann man von signifikanten Absätzen von Smartphones im heutigen Sinne sprechen; von intelligenten Handys also, die sich durch diese wesentlichen Merkmale auszeichnen (vgl. Wikipedia o. J.a):

▶ **Smartphone**

- Vergleichsweise große und hochauflösende Bildschirme.
- Alphanumerische Tastaturen, heute überwiegend in Form von virtuellen Tastaturen auf dem Touchscreen.
- Ein speziell für die Steuerung des Smartphone programmiertes Betriebssystem (das sogenannte Mobile OS für *operating system*).
- Die Möglichkeit, umfangreich Programme von Drittanbietern installieren zu können und diese im Multitasking-Modus parallel ausführen zu können.
- Die Ausstattung mit Sensoren.

Im Jahr 2013 wurden laut *IDC* erstmalig weltweit mehr Smartphones als Feature Phones ausgeliefert (vgl. Whittaker 2013). In 2014 haben dann die Smartphone-Verkäufe auf diesem Planeten erstmalig die Schallmauer von einer Milliarde Stück durchbrochen (vgl. Walsh 2015). Das maßgebliche Event aber für den Durchbruch des Mediums Mobile ereignete sich am 9. Januar des Jahres 2007.

1.2   Tektonische Eruptionen

Auf der *Macworld Conference and Expo* in San Francisco präsentierte der damalige *Apple* CEO Steve Jobs das erste *iPhone* mit den mittlerweile legendären Worten „[...] today, Apple is going to reinvent the phone." (YouTube 2013). Der Ansatz war in der Tat revolutionär: *Apple* packte ein neuartiges Mobiltelefon, einen *iPod* mit innovativem *Cover Flow Design* im *Widescreen-Modus* und ein Internet-Endgerät mit Desktop-PC-ähnlicher E-Mail-, Web-, Suche- und Karten-Funktionalität in einen handschmeichelnden, leichten Bildschirm – nicht viel größer als ein Kartenspiel. Ein halbes Jahr nach der Präsentation wurde das *iPhone* erstmalig in den USA zum Verkauf angeboten. Der Hype um das neuartige Smartphone war mittlerweile so groß, dass die *Apple* Jünger in der Nacht vom 28. auf den 29. Juni 2007 vor den Verkaufsräumen campierten, um nur ja eines der begehrten Endgeräte zu ergattern. Die Bilder von glücklichen Erstbesitzern gingen um die Welt und dieses Prozedere sollte sich von nun an bei allen großen Produkt-Launches der *iPhone*- und späteren *iPad*-Serie wiederholen. Dabei wird gerne vergessen, dass frühere Produktinitiativen wie die *MessagePad* genannte PDA-Serie *Apple Newton* in den 90er Jahren oder das *Motorola ROKR* aus dem Jahr 2005 mit eingebautem *iTunes* Musikspieler wenig erfolgreiche Ausflüge von *Apple* in die Mobile-Endgeräte Landschaft waren. Aber vielleicht bedurfte es neben dem ehrgeizigen Genie eines *Steve Jobs* auch erst dieser Misserfolge und der Tatsache, dass Kamera-Phones reguläre Digital-Kameras zu verdrängen begangen und *Apple* befürchtete, ein ähnliches Schicksal könnte dem Bestseller *iPod* drohen, um mit dieser ersten großen Eruption den Mobile Tsunami auszulösen. Hinzu kam, dass der damalige Weltmarktführer bei Mobiltelefonen diesen neuen Smartphone-Ansatz kolossal unterschätzt hat. Der Rest ist Geschichte. Heute ist die Mobilfunksparte von *Nokia* an *Microsoft* verkauft, aber auch das so erweiterte *Microsoft* kämpft gegen die Bedeutungslosigkeit im Mobile-Markt und *Apple* erlöst seit 2014 über 50 Prozent seines Umsatzes nur mit der *iPhone*-Produktlinie (vgl. Apple 2014a). Als die Rating-Agentur *S&P* im Oktober 2014 die Kreditwürdigkeit seines Landes herabsetzte, gab der Ministerpräsident von Finnland bei *CNBC* als mögliche Erklärung, dass das *iPhone Nokia* und das *iPad* die finnische Holzindustrie auf dem Gewissen hätte (vgl. Clinch 2014).

1.2.1 Touch & Swipe

Das eigentlich Revolutionäre am *iPhone* war das Hardware-Design, die intuitive Benutzeroberfläche (UI für *User Interface*) und die Steuerung aller Funktionen mit dem Finger (UX für *User Experience*). Durch den kapazitiven Multi-Touch-Bildschirm konnten neue Bedienmethoden über das Erkennen mehrerer, gleichzeitiger Berührungen mit unterschiedlichen Fingern ermöglicht werden – wie zum Beispiel das Vergrößern und Drehen von Bildern oder das Zoomen in oder aus Webseiten.

Aus meiner Beraterpraxis

Im Dezember 2007 hatte ich ein Geschäftsessen in New York. Ich wollte eigentlich mehr über den Mobilfunkmarkt in den USA erfahren, aber mein Gegenüber hatte das neue *iPhone*, das es seit einem Monat auch in Deutschland zu erwerben gab. Ich und viele meiner damaligen Geschäftspartner in Europa waren zufriedene Nutzer des Slider-Smartphones *Nokia N95*. Nach einer dreistündigen Vorführung der Vorzüge des *iPhone* bekam ich eine Vorahnung davon, wie massiv diese neue Smartphone-Klasse die Art und Weise, vor allem aber die Themenbandbreite meiner Strategieberatung beeinflussen sollte.

Heute ist ein großer Multi-Touch-Bildschirm kombiniert mit einem bis drei Steuerungs-Buttons der De-facto-Standard in der Smartphone- und Tablet-Welt. Das Scrollen durch die Bilder- oder Musikbibliothek, das Surfen im Mobile Internet, das schnelle Öffnen und Schließen von Apps oder das Bedienen der eingebauten Kamera ist so einfach und selbsterklärend, dass sowohl Kinder im Vorschulalter als auch betagtere Senioren ohne Anleitung ein modernes *Smart Device* bedienen können. Berühren und Wischen (*touch and swipe*) hat die Benutzerschnittstelle (oder auch HMI für *Human Machine Interface*) zwischen den Software-Anwendungen auf der Maschine Smartphone und dem Benutzer auf die natürlichste und intuitivste Form der Bedienung reduziert: die Steuerung eines mächtigen Mini-Computer mit dem bloßen Finger. Dieses intuitive Bedienkonzept war die Basis dafür, dass sich die Mobile-Welle so rasant über den Globus ausdehnen konnte. Auch in Ländern mit heute noch überwiegendem Bestand an Feature Phones mit Tastaturen und kleinem Bildschirm ist der Siegeszug der smarten Bildschirme nicht aufzuhalten. Touch & Swipe ist ein globales Phänomen und hat einen großen Anteil am Aufstieg von Mobile zum Leitmedium. *Slide to Unlock* ist das Versprechen, hinter dem Wisch mit dem Finger jederzeit, an jedem Ort und genau jetzt auf das gesamte Wissen der Menschheit Zugriff zu haben, ohne erst einen PC booten zu müssen.

1.2.2   Sensoren

Smart im Sinne von intelligent werden moderne Smartphones durch ihre eingebauten Sensoren. Schon das Ur-*iPhone* wurde mit einem Beschleunigungs-, Näherungs- und Lichtsensor ausgestattet. Im Laufe der technologischen Entwicklung wurde das *Mobile Device* mit immer mehr Sensoren ausgestattet. Diese Sensoren differenzieren das Medium Mobile von allen anderen Medien und machen es zu einem machtvollen Werkzeugkasten, einem Übermedium in der Hand des User. Unter der Motorhaube heutiger Smartphones verbergen sich nicht nur eine enorme Rechenleistung, sondern vermehrt eben auch „Sinne". Wenn man Antennen und Membranen sensorähnliche Attribute zuordnet, dann sind folgende Technologien Standard:

- Beschleunigungssensor oder auch Akzelerometer.
- Bildsensor für die Kamerafunktion und in spezieller Ausführung für die Fotooptimierung bei schlechten Lichtverhältnissen sowie die Gesichts-, Gesten- und Augenstellungsregistrierung.
- Bluetooth für die Datenübertragung, aber auch zum Fernbedienen anderer Smart Devices oder zum Erkennen von sogenannten *Beacons* über den neuen *Bluetooth Low Energy* (BLE) Standard.
- Elektromagnetischer Sensor (bekannt vom Ausschalt-Mechanismus von Tablet-Hüllen).
- Fingerabdrucksensor zum Entsperren von Smartphones und zur Authentifizierung des Nutzers zum Beispiel bei Bezahlvorgängen.
- GPS-Antenne zur Positionsbestimmung über das Global Positioning System.

- Gyroskop zur Erkennung, ob ein Smartphone hoch oder quer gehalten wird.
- Helligkeitssensor zur Messung des Umgebungslichtes.
- Magnetometer für die Kompassfunktion.
- Mikrofon (z. T. mehrere an Vor- und Rückseite des Handys) für die Geräuschquellen-ortung oder zur Hintergrundgeräuschunterdrückung.
- Mobilfunkantennen für die Übermittlung von Sprache und Daten, in diesem Kontext aber auch für die Positionsortung mittels Triangulation zwischen drei Mobilfunkmasten.
- Näherungssensor, der den Bildschirm und die Berührungssteuerung abschaltet, wenn man das Smartphone an die Wange hält (ein zentraler Sensor für die breite Akzeptanz bildschirmfokussierter Handys); wird auch verwendet, um Bewegungsgesten der Hand knapp über dem Bildschirm zu interpretieren.
- NFC für den Datenaustausch im Ultra-Nahbereich von wenigen Zentimetern (*Near Field Communication*).
- Touchscreen-Sensor für die Bestimmung der Position und der Druckdauer des Fingers sowie der Art des „Fingers" (Haut, Fingernagel, Handschuh, Stift).
- WLAN für die Übermittlung von Sprache und Daten jenseits des Mobilfunks, aber in diesem Kontext auch für die verbesserte (Indoor-)Ortung eines mobilen Endgerätes.

All diese Sensoren lassen das Handy quasi sehen, hören und fühlen. Basierend auf Standortinformationen können orts- und kontextbezogene Dienste angeboten werden, die nur mobile Endgeräte ermöglichen. Eigene Prozessoren überwachen permanent Lage und Art der Bewegungen des Smartphone, indem sie die Daten von unterschiedlichen Sensoren aufzeichnen. Diese Informationen nutzen wiederum Fitness- und Gesundheits-Apps für ihre Interpretationen. Während *touch and swipe* vermehrt auch für die Steuerung von Bildschirmen auf Laptop, PC oder gar TV eingesetzt wird, sind Sensoren in dieser komprimierten Fülle wirklich auf das Medium Mobile begrenzt. In den nächsten Jahren werden mit zunehmender Miniaturisierung neue Sensoren die Funktionalität von Smartphones, Tablets und *Wearables* erweitern und somit ganz neue Verwendungen ermöglichen. Die *Apple Watch* hat zum Beispiel einen Pulsoxymeter auf der Unterseite, um im Rahmen der Autorisierung von Bezahlvorgängen via Messung der Herzfrequenz des Trägers sicherzustellen, dass Nutzer und Uhr noch eine beglaubigte Einheit bilden. Der sogenannte *Force Touch* (beim *iPhone 6S* auch *3D Touch* genannt), ein längeres, starkes Drücken auf den Bildschirm, ersetzt den Rechtsklick auf eine Maus und führt zum Kontextmenü. Diese einzigartige, sensorbasierte Intelligenz und die damit verbundenen smarten Anwendungen sind ein ständiger Verstärker des Mobile Tsunami.

1.2.3   App-Ökonomie

Über ein Jahr nach Verkauf der ersten *iPhones* eröffnete *Apple* am 10. Juli 2008 den sogenannten *App Store*. Das ursprünglich „*MAC OS für das iPhone*" genannte Betriebssystem unterstützte keine Apps von externen Entwicklern. Erst im März 2008 veröffentlichte

Apple ein Drittentwickler-SDK (*Software Development Kit*) für das fortan *iOS* getaufte Betriebssystem. So waren zum Start des Store 500 verschiedene Apps verfügbar. Dieser eCommerce-Laden für native, d. h. nur auf einem *Apple* Endgerät funktionierende Smartphone-Software-Anwendungen von *Apple* selber, in der Regel aber eben von Drittanbietern, hatte zwei „Zugangstüren": die *App Store App* auf einem *iPhone* oder *iPod Touch* (später dann auch *iPad*) sowie die App Store Sektion in der *iTunes*-Software auf dem PC oder Laptop. Letztere diente nicht nur zur Synchronisation von Daten wie Bildern, Filmen, Kalendereinträgen und Kontakten, sondern auch von getätigten App-Einkäufen. Um einzukaufen, musste man sich mit einer *Apple-ID* anmelden und Kreditkarten-Daten in *iTunes* hinterlegen oder *iTunes*-Gutscheinkarten aktivieren. Mit der passenden Entwicklungsumgebung und besagtem SDK konnten registrierte Entwickler Apps im Store zur Verfügung stellen – vorausgesetzt sie bekamen eine entsprechende Freigabe von *Apple*. Der Entwickler entschied auch den Preis für die App, von kostenlos über niedrige Euro-Bereiche bis hin zu zwei- oder auch dreistelligen Euro-Preisen. Für die Zurverfügungstellung der Store-Infrastruktur und die Zahlungsabwicklung behielt *Apple* 30 Prozent Gebühren ein. Bis heute ist dies die grundsätzliche Art und Weise, wie App Stores auch anderer Anbieter wie die von *BlackBerry*, *Google* oder *Microsoft* funktionieren (Abweichungen gibt es im Bereich Freigabeprozesse, Synchronisationssoftware und Zahlungsbedingungen). Anwendungen auf Handys zu installieren war auch schon lange vor 2008 möglich und üblich. Dabei handelte es sich primär um Java-Anwendungen, die über den WAP-Browser plattformunabhängig auf Handys und PDA heruntergeladen wurden. Aber *Apple* gestaltete nicht nur den Prozess der App-Distribution höchst intuitiv für alle Beteiligten, sondern etablierte auch den Quasi-Standard für die Blüte der App-Ökonomie. Das Shoppen im virtuellen App Store ist heute gelernte Praxis und hält seit ein paar Jahren auch Einzug in die Welt der stationären PC. Die App-gesteuerten Multi-Touch Smartphones mit eingebautem App Store sind für jedermann erschwinglich und sind somit die ersten wirklich allgegenwärtigen Taschen-Computer. *Michael Saylor* nennt sie deshalb in Abgrenzung zu allem, was vor 2007 auf dem Markt war, „app-phones" (Saylor 2012, S. 4).

Die rasante Verbreitung dieser App Phones in den letzten Jahren (heute sind 9 von 10 verkauften Handys Smartphones), der natürliche App-Hunger eines App-Phone-Besitzers nach nützlichen Anwendungen und die neu etablierte Erlösquelle für clevere Entwickler sorgten für einen wahren App-Rausch, oder eben für die Entstehung einer ganzen App-Ökonomie. Auf seiner Entwicklerkonferenz *WWDC* Anfang Juni 2014 veröffentlichte *Apple* Zahlen, die die ganze Wucht dieses fruchtbaren Ökosystems verdeutlichen (vgl. YouTube 2014):

- Der *Apple App Store* war in 155 Ländern verfügbar und umfasste 24 Themen-Kategorien.
- Alle *Apple App Stores* zusammen verzeichneten 300 Millionen Besucher pro Woche.
- 1,2 Millionen Apps waren im *Apple App Store* verfügbar; bis Ende 2014 kamen noch weitere 200.000 hinzu (davon waren über 500.000 für das *iPad* optimiert).

- 75 Milliarden App-Downloads wurden seit der Eröffnung des Store in 2008 getätigt.
- Entwickler aus der ganzen Welt hatten bis Ende 2013 schon 15 Milliarden US-Dollar Umsatz mit dem Verkauf von Apps realisiert (2014 kamen noch einmal zehn Milliarden hinzu, was die ganze Dynamik eindrucksvoll veranschaulicht; vgl. Lomas 2015).

Heutzutage gibt es gefühlt für alles eine App, was *Apple* sogar dazu veranlasste, im Dezember 2009 den Marketing-Claim „There's an App for That." als Warenzeichen anzumelden. Dabei beschleunigt sich die Download-Dynamik naturgemäß mit der zunehmenden installierten Basis an iOS-Geräten: Anfang Juni 2015 wurde die 100 Milliarden-Download-Grenze überschritten – rein rechnerisch entsprach diese Summe 850 App-Downloads pro Sekunde seit Eröffnung des *Apple App Store* sieben Jahre zuvor. Zählt man die Erlöse von Entwicklern, die für die *Android* Plattform von *Google* Apps entwickeln, zur oben genannten *Apple* Zahl hinzu, so erreichten die beiden großen App Stores inkl. In-App Käufen innerhalb der Anwendungen Ende 2013 einen Jahresumsatz von über 21 Milliarden US-Dollar (vgl. Birghan 2014). Alleine der *Apple App Store* hat in 2014 mehr Umsatz für Entwickler generiert, als alle Hollywood-Studios zusammen im gleichen Jahr an den Kinokassen erwirtschaftet haben (vgl. Dediu 2015). Die App-Kultur hat mittlerweile auch Autos, Drucker, Haushaltsgeräte, Laptops, PC und Smart-TV erobert. Allein in der EU hat die App-Ökonomie im Jahr 2014 eine Million direkte und indirekte Jobs (ca. 1/3 davon) geschaffen und repräsentierte knapp 20 Prozent der weltweiten App-Ökonomie Umsätze (vgl. VisionMobile 2014a). Diese vierte tektonische Eruption sollte die gesamte Mobile-Industrie bis ins Mark erschüttern, und zusammen mit den ersten drei Ausbrüchen nahm die Veränderungsdynamik des Mobile Tsunami historische Ausmaße in der Industriegeschichte an. Aber der fünfte Impuls innerhalb weniger Jahre sollte die gesamte IT-Branche zu einem radikalen Strategie-Shift zwingen und eine Mobile Strategy für jeden kundenorientierten Wirtschaftsteilnehmer zur Pflicht machen.

1.2.4   Mobile First

Google betrat am 22. Oktober 2008 die neue Smartphone-Welt. Unter der Führung des Internet-Giganten brachte man im Rahmen der im November 2007 ins Leben gerufenen *Open Handset Alliance (OHA)*, der zum Start über 30 Mitglieder aus der globalen Netzbetreiber-, Endgeräte-, Halbleiter- und Software-Hersteller-Szene angehörten (vgl. Open Handset Alliance 2007), das offene, also für Marktteilnehmer frei verfügbare Betriebssystem für mobile Endgeräte namens *Android* zur Marktreife und gebar das *HTC Dream*, auch bekannt als *T-Mobile G1*. Dieses ab Februar 2009 auch in Deutschland erhältliche Smartphone folgte noch ganz der Vor-*iPhone*-Haptik. Das hässliche Entlein hatte zwar einen kapazitiven Touchscreen, aber unter ihm verbarg sich eine ausziehbare Tastatur. Seitlich waren vier Steuerungstasten und ein Trackball angebracht. Damals konnte sich in der Fachwelt noch keiner vorstellen, dass diese „Androiden" genannten Smartphone-Vertreter keine sechs Jahre später die absolute Weltherrschaft erobern sollten, mit einem

Marktanteil an den global verkauften Smartphones von 85 Prozent Ende Q2 2014 (vgl. IDC 2014a). Aber auch dieser erste Androide wurde natürlich schon mit der sogenannten *Google Experience* (auch GMS für *Google Mobile Services*) ausgeliefert, also Apps wie *Google Mail*, *Google Kalender* und dem App Store von *Google* namens *Android Market* (heute bekannt unter *Google Play*). Diese *Experience* wurde über die Jahre immer weiter ausgebaut, d. h., immer mehr traditionelle Webservices von *Google* fanden vorinstalliert Einzug auf den *Android*-Smartphones, wie der Browser *Chrome*, *Google+*, *Drive*, *Earth*, *Maps*, *YouTube* und zuletzt die crowd-sourced Navigations-App *Waze*, um nur die wichtigsten zu nennen. Zentrales Element der *Android*-Phones ist aber bis heute die *Google*-Suchleiste am oberen Rand des Startbildschirms, seit der 2012 veröffentlichten *Android*-Version 4.1 *Jelly Bean* inklusive des sprachgesteuerten intelligenten persönlichen Assistenten *Google Now*.

Das Mobile OS *Android* mit seinen systemimmanenten *Google* Apps war also von Anfang an die Eintrittsplattform für alle werbefinanzierten *Google* Services im Mobile Internet. Der intelligente Schachzug, das Betriebssystem jedem *OHA*-Partner kostenlos zur Verfügung zu stellen und diesem sogar die Freiheit zu geben, die Oberfläche von *Android* mit einem individuellen Bedienkonzept und eigenen Anwendungen auszustatten, führte zu einer explosionsartigen Verbreitung der Software-Plattform. Auf der hauseigenen Entwicklerkonferenz *Google I/O* im Juni 2014 wurde bekanntgegeben, dass die *Android*-Plattform monatlich über alle aktivierten Endgeräte hinweg eine Milliarde aktive User hatte. Das waren vier Jahre zuvor noch keine zehn Prozent davon: In 2010 zählte *Google* 60 Millionen Aktivierungen (vgl. re/code 2014). Und trotzdem verkündete der damalige CEO *Eric Schmidt* auf dem Branchenevent *Mobile World Congress* in Barcelona das Ende der Ära des Personalcomputer und läutete mit dem legendären Ausspruch „Mobile First!" das Zeitalter des mobilen Computing ein (Schmidt 2010). *Googles* Programmierer sollten von nun an auf Basis der zentralen Zutaten Rechenleistung (**C**omputing), Konnektivität (**C**onnectivity) und Datenwolke (**C**loud) – den 3C von Mobile – magische Anwendungen wie z. B. *Google Now* zuallererst für die Plattform Mobile produzieren – und unterschwellig empfahl er der gesamten IT-Industrie, Mobile First als neues Mantra anzuerkennen und anzuwenden.

Aus meiner Beraterpraxis

Ich saß am 19. Februar 2010 in Barcelona im Auditorium während der Keynote von *Eric Schmidt*. Einen Monat zuvor hatte *Google* zum ersten Mal ein in Auftragsfertigung von *HTC* hergestelltes Smartphone der eigenen *Nexus* Serie gelauncht, das nun vollends der *iPhone*-Haptik folgte. Ein Mitarbeiter demonstrierte auf diesem Endgerät live auf der Bühne die sprachgesteuerte *Google*-Suche erstmalig in deutscher Sprache und die bildgesteuerte *Google*-Suche (*Goggles* genannt) mit Simultanübersetzung einer Speisekarte und jeweiligen Resultaten in Sekundenschnelle. Allen im Raum und hinter den Live-Streams im Web wurde sehr eindrucksvoll demonstriert, wie mächtig dieses 3C-Dreieck ist.

Wenn man will, war dieser 19. Februar 2010 ein magischer Moment für die gesam-
te Mobile-Branche. Es ging ein Raunen durch die Industrie, und nach den Vorreitern
Apple und *Google* erklärte ein Internet-Gigant nach dem anderen, er wäre nun eine Mobile
First Company: *Facebook* im Mai 2012, *IBM* im Februar 2013, *Yahoo* im November 2013,
SAP im Februar 2014, *PayPal* im März 2014 und schließlich *Microsoft* im Juli 2014. Der
Konzern also, der in der PC-Ära ein Quasi-Monopol bei Betriebssystemen und Office-
Suiten aufgebaut hatte und dessen damaliger CEO *Steve Ballmer* im April 2007 auf dem
6. USA Today CEOForum verkündete, dass das *iPhon*e keine Chance hat, einen signifi-
kanten Marktanteil zu erobern (vgl. Lieberman 2007). Der gleiche Konzern, dem in einer
Analyse von *Benedict Evans*, einem Mitarbeiter der renommierten VC-Firma *Andreessen Horowitz*, im Juli 2013 gnadenlos gezeigt wurde, dass *Microsoft* beim weltweiten
Verkaufs-Marktanteil aller mit dem Internet vernetzten Endgeräte (hier: PC plus Smartphones und Tablets) innerhalb weniger Jahre auf unter 25 Prozent abgestürzt ist – quasi in
die Irrelevanz (vgl. Evans 2013). Die Analyse stellte eindrucksvoll dar, dass Mobile First
von einem empfohlenen Mantra zu einem überlebenswichtigen Strategie-Shift zumindest
für die IT-Industrie wurde. Die heftigen Eruptionen, die den Mobile Tsunami sich in den
letzten Jahren so schnell über den Erdball haben ausbreiten lassen und die gesamte IT-
Branche in ihren Grundfesten erschüttert haben, sollten aber auch viele andere Branchen
und die gesamte Gesellschaft erfassen.

1.3   Der Mobile Planet im Jahr 2015

Wenn man sich ein Bild von der ganzen Wucht der Technologie-Welle Mobile machen
will, dann bedarf es zunächst einmal einer Definition des Maßstabes. Worum handelt es
sich bei dem Medium Mobile? Und vor allem, worum handelt es sich im Jahr 2015? Denn
die Definition vor 15 Jahren, als die ersten Werbe-SMS verschickt wurden, war ziemlich
eindeutig: Das Medium Mobile begrenzte sich auf SIM-Karten gesteuerte Handys, also die
damals verfügbaren Feature Phones. Heute ist eine eindeutige Abgrenzung des Mediums
nicht mehr so leicht und es sind Annahmen notwendig, um ein gemeinsames Verständnis
vom Maßstab zu bekommen. In diesem Buch wird – gefestigt durch ständigen Austausch
in den diversen Fachgremien der Mobile-Branche – folgende Definition vorgenommen:

► **Das Medium Mobile wird charakterisiert durch**

- Einen drahtlosen Zugang zum Internet (wobei hier bewusst nicht unterschieden wird
  zwischen Mobilfunk-, WLAN- oder sonstigen Zugangs-Technologien).
- Einen sich bewegenden Bildschirm, den der Nutzer (nahe am Körper) tragen kann oder
  der in einem beweglichen Vehikel wie einem Auto fest montiert ist.
- Mit dem Smartphone kommunizierende Erweiterungen in Form von Armbändern, Brillen, Uhren, Kleidungsstücken und anderen sogenannten Wearables, die in der Regel

noch keine eigene SIM-Karten Ausstattung haben, aber über die eingebaute Elektronik und vor allem Sensoren die jeweils erwünschten Funktionen ausführen (auch *Smartphone Add-Ons* oder Smartphone-Satellit genannt, da das Smartphone und die passende App als *Hub* für diese Peripherie-Geräte funktionieren).

• Die Ausstattung mit einem für Mobil-Geräte programmierten und optimierten Betriebssystem.

Wichtig dabei ist, dass Hardware – man spricht in diesem Zusammenhang auch gerne von *Gear* oder *Gadget* – alle genannten Kriterien erfüllen muss, wenn sie zum Medium Mobile zählen soll.

Folgt man dieser Definition, so gehören folgende Endgerätetypen zum Medium Mobile

- Feature Phones: also die klassischen Handys mit rudimentärem Internetzugang.
- Smartphones: wie wir sie heute kennen mit einer Bildschirmdiagonalen bis zu 4,5 Zoll für die Einhandbedienung.
- Phablets: eine noch recht junge Kategorie von Endgeräten – halb Smart**PH**one, halb **Tablet**, deswegen die Wortschöpfung – mit einer Bildschirmdiagonalen von 5 bis 6,5 Zoll (Einhandbedienung nur über vorherige Software-Einstellung).
- Mini-Tablets: mit Bildschirmdiagonalen von 7 bis 9 Zoll passen sie zum Beispiel in Arzt-Kitteltaschen, sind aber zum Telefonieren am Ohr definitiv zu groß.
- Klassische Tablets: mit Bildschirm-Diagonalen über 9 Zoll.
- Wearables: Accessoires und Kleidung, die mithilfe der Computer-Technologie und von Elektronikbauteilen Software- und Internet-Anwendungen ausführen können und häufig noch das Smartphone als Ausführungs- und Steuerungs-Einheit brauchen.
- Connected Cars (im Kontext dieses Themas): Fahrzeuge, die über einen eigenen Internet-Zugang verfügen und über einen Infotainment-Bildschirm Anwendungen ausführen können sowie mit speziellen Mobile OS wie *Android Auto* von Google oder *CarPlay* von Apple oder einfach auch nur mit den mobilen Endgeräten der Insassen kommunizieren können.

Damit gehören PC, Laptops, (Sub-/Ultra-) Notebooks, Spiel-Konsolen, Smart-TV, reine MP3-Player, reine E-Book-Reader sowie Internet-Bildschirme auf zum Beispiel Druckern, Mikrowellen oder Waschmaschinen nicht zum Medium Mobile. Im weiteren Verlauf wird immer vom Medium Mobile im engeren Sinne gesprochen, wenn Mobile als Begriff genutzt wird, also Endgeräte vom Smartphone bis zum Tablet. Nur wenn sie ausdrücklich erwähnt werden, werden auch die Geräteklassen Feature Phones, Wearables oder Connected Cars in die Marktabgrenzung einbezogen.

Wer wie ich seit fast zwei Jahrzehnten im Tech-Tornado Marken führt und Projekte steuert, hat eine besondere Einstellung zu Marktforschungszahlen entwickelt. Es mutet wie ein Paradoxon an, dass der Bedarf an fundierten Zahlen zu Marktvolumina gerade in schnell wachsenden Technologie-Märkten genauso groß ist wie die Unsicherheit auch in kurzfristigen Vorhersagen sowie die Bandbreite an Markteinschätzungen. Da ein Fachbuch der Einordnung von Sachzusammenhängen dient, lege ich vor allem Wert auf indikative Marktgrößen basierend auf realen Gegebenheiten und Einschätzungen aus jahrelanger Marktkenntnis. Zahlenangaben der unterschiedlichen Marktforschungsunternehmen zu zukünftigen Entwicklungen unterliegen einfach zu stark dem besagten Paradoxon und man läuft Gefahr, bei Drucklegung schon wieder anderen Einschätzungen zu unterliegen. Diese werde ich also nur dosiert anwenden, wenn sie im Zusammenhang notwendig für die Einschätzung erscheinen.

Es geht also im Folgenden darum, ein gutes Gefühl für die vergangene, gegenwärtige und durchaus auch zukünftige Entwicklung des Mobile Tsunami zu bekommen, um darauf basierend die richtigen Schlüsse für den Umgang mit dem Medium Mobile in der täglichen Unternehmensführung zu ziehen.

1.3.1   Verbreitung des Mediums Mobile

Mobile ist die am schnellsten wachsende Technologie, die die Welt jemals erlebt hat. Damit einher geht, dass Mobile der größte Technologie-Treiber von sozialem und ökonomischem Wandel ist. Wie schon angedeutet hat die Zahl der SIM-Karten oder auch *Mobile Connections* mit ca. 7 Milliarden die Zahl der Menschen auf diesem Planeten erreicht, wobei ca. die Hälfte echte Nutzer sind, sogenannte *Unique Mobile Subscriber* (vgl. Springham 2013). Die andere Hälfte resultiert aus der Tatsache, dass viele Handybesitzer mehrere SIM-Karten haben und das Feld der sogenannten *Machine-to-Machine* Kommunikation (auch M2M) stark wächst. Hier werden unter anderem SIM-Karten eingesetzt, ohne dass der Mensch aktiv in die Kommunikation zwischen Maschinen eingreift (in Deutschland sind von den ca. 118 Millionen SIM-Karten im Markt bereits 6 Prozent auf M2M-Basis; vgl. VATM 2014). Bereits ein Drittel aller dieser weltweiten Connections resultieren von Smartphone-Verbindungen (vgl. GSMA 2014a). Seit 2013 liegt die jährlich global verkaufte Anzahl an Smartphones über der Schwelle von einer Milliarde Endgeräten, wobei diese Zahl in den nächsten Jahren noch bis fast an die zwei Milliarden pro Jahr heranreichen kann (vgl. IDC 2014b) und somit den Smartphone-Anteil am Gesamtmarkt auf zwei Drittel anschwellen lässt (vgl. GSMA 2014b). In den entwickelten Ländern sind neun von zehn aktuell verkauften Handys Smartphones. Einige Märkte haben mit 80 Prozent Smartphone-Penetration unter den Handy-Nutzern bereits die Schwelle erreicht, wo der Abverkauf sich auf die Neuanschaffung begrenzt und somit deutlich abschwächt. Diese Ersatzinvestition geschieht allerdings durchaus bereits alle ein bis zwei Jahre. Während sich im Tablet-Markt das Wachstum alleine schon wegen der längeren, eher dreijährigen Ersatzanschaffungszyklen mit rund 230 Millionen Absatz in 2014 verlangsamt (vgl. Gartner 2014), gewinnt die Kategorie Phablet immer mehr Anhänger. Ca. 175 Millionen wurden 2014 weltweit abgesetzt (ein Anteil von fast 15 Prozent an allen Smartphone-Verkäufen; vgl. IDC 2014c) und Käufer schätzen auf den größeren Bildschirmen vor allem die Mobile Video- und -Webnutzung sowie das parallele Anzeigen von zwei Aufgaben. Da streng genommen Smartphones nur wirklich smart sind, wenn man sie mit einer Hand bedienen kann (je nach Daumenspannweite ist dieser Handhabung bei 4,5 Zoll Bildschirmdiagonale eine natürliche Grenze gesetzt), nennen die Hersteller diese smarte Einstiegsgrößenklasse der Smartphones mittlerweile „Compact" oder „Mini".

Android von *Google* ist mit ca. 150 Hardware-Lieferanten und einer Milliarde aktiver Nutzer der Plattform im Juni 2014 (vgl. Lardinois 2014) innerhalb weniger Jahre zum absoluten Marktführer bei Smartphone- und Tablet-Betriebssystemen aufgestiegen. Je nach Quartal und gerade anstehender Aufeinanderfolge von wichtigen Produktlaunches hat sich der Marktanteil von *Android* bei weltweit 80 bis 85 Prozent etabliert und der von *Apple* mit dem Betriebssystem *iOS* bei 10 bis 15 Prozent, wobei beide zusammen in letzter Zeit immer ca. 95 Prozent auf sich vereinten. *Apple* ist in den vergangenen Jahren von einem PC-Hersteller zu einem Phone-Hersteller geworden, zumindest was die Größe der Umsatzanteile angeht: Alleine vom Launch des *iPhone* im Jahr 2007 bis Mitte 2014 hat die Firma mehr als 800 Millionen *iOS*-Endgeräte verkauft, davon über 200 Millionen *iPads* und 100 Millionen *iPod Touch* (vgl. Roettgers 2014). Dabei erwirtschaftet *Apple* unglaubliche 86 Prozent des Profits der gesamten Mobile-Endgeräte-Industrie (vgl. Hughes 2014). Das Betriebssystem *Windows Phone* von *Microsoft* mit 2,7 Prozent Marktanteil, vor allem aber der frühere Rockstar *BlackBerry OS* mit 0,4 Prozent arbeiten zumindest auf globalem Level gegen die Bedeutungslosigkeit (vgl. IDC 2015). Dass das durchaus gelingen kann, zeigen Zahlen, die von *Comscore* unter deutschen Smartphone-Besitzern im Juni 2014 erhoben wurden: Danach hat in Deutschland – mit einem Smartphone-Anteil von 55 Prozent bei Bundesbürgern über 14 Jahren (vgl. BITKOM 2014b) – *Android* knapp 70 Prozent Marktanteil im Bestand, *iOS* 20 Prozent und *Windows Phone* immerhin über 5 Prozent (vgl. Brodersen 2014), was nicht zuletzt an dem mit *Windows Phone 7* eingeführten und sich vom Marktstandard differenzierenden *Metro Design* mit seinem animierten Kachel-Layout (genannt *Live Tiles*), dem Endlos-Startbildschirm und der horizontalen Navigation innerhalb einer App lag. In Q1 2015 hatte das *Windows* OS in den wichtigsten fünf EU-Ländern bereits knapp zehn Prozent Marktanteil erobert – in Deutschland 8 Prozent (vgl. Kantar 2015). Bei *BlackBerry* hingegen gibt es seit Jahren immer wieder Gerüchte, das die Firma aus dem Hardware-Geschäft aussteigen will. Diese verdichten sich in letzter Zeit. Potenzielle Übernahmekandidaten gäbe es, und so baut man auch weiterhin edle neue Devices für die treuesten aller treuen Business-Kunden – in der neuesten Spielart, dem *BlackBerry Priv*, gar auf Basis des *Android* OS.

Betrachtet man die Hardware, dann war *Samsung* Mitte 2014 in Deutschland unter den Smartphone-Herstellern mit 43 Prozent Marktführer und verkaufte doppelt so viel Endgeräte wie *Apple* (20 Prozent Marktanteil), hatte allerdings auch bis zu 50 Handys parallel im

Angebot, während es bei *Apple* maximal fünf Varianten gleichzeitig zu kaufen gab (wenn man von Exemplaren mit unterschiedlicher Festplattenkapazität absieht). Mit weitem Abstand und jeweiligen Marktanteilen von ca. 8 Prozent komplettierten dann *Sony*, das damalige *Nokia* und *HTC* die Top 5 Smartphone-Anbieter in Deutschland (vgl. Schmidt 2014). In zukünftigen Statistiken wird die Marke *Nokia* nicht mehr auftauchen, da *Microsoft* nach dem Erwerb der Handy-Sparte Anfang 2014 im Oktober desselben Jahres verkündet hat, zukünftige Smartphones aus dem Hause nur noch unter der Marke *Lumia* zu führen und das OS spartenübergreifend – also auch für mobile Endgeräte – nur noch *Windows* zu nennen (zur bewegten Geschichte der Namensgebung des Windows-Betriebssystems für Smartphones und Tablets vgl. Warren 2014a). Die im November 2014 gestartete Initiative des nach dem Verkauf der Handy-Sparte an Microsoft als Netzwerkausrüster operierenden finnischen Anbieters *Nokia*, unter eben dieser Marke Smart Devices in Lizenz bauen zu lassen, kann natürlich dazu führen, dass die Marke *Nokia* doch einmal wieder in den Statistiken auftaucht.

Einzelne Produktlaunches können kurzfristig massiv Marktanteile verschieben. Das ist zum Beispiel so geschehen bei dem Launch des *iPhone 6*, welches in Deutschland ab dem 19. September 2014 käuflich zu erwerben war und laut *GfK* den Abverkaufs-Marktanteil noch im gleichen Monat von 12 Prozent im Vormonat auf 28 Prozent angehoben hat (vgl. Donath 2014). Weltweit hat *Apple* allein innerhalb der ersten 24 Stunden mit 4 Millionen Stück einen neuen Verkaufs-Rekordstart hingelegt (vgl. Apple 2014b). Mittelfristig werden auch neue Namen unter den Top 5 auftauchen (wie im weltweiten Maßstab schon geschehen), denn mit *LG*, *Huawei*, *Lenovo* (die gerade erst *Motorola Mobility* von *Google* erworben haben) sowie *ZTE* klopfen die Herausforderer aus Asien bereits an, und mit nur für Insider nicht exotisch klingenden Marken wie *Coolpad*, *Kazam*, *Meizu*, *Micromax*, *Oppo*, *Phicomm*, *Wiko*, *Yota*, *Yulong* und *Xiaomi* (sprich „Schaumie"; erst 2010 in Peking gegründet und bereits Marktführer in China, ist es dem Unternehmen vorübergehend gelungen, in Q3 2014 sogar schon weltweit die Nr. 3 zu werden; vgl. Büttner 2014) ist die nächste Welle an Hardware-Lieferanten auf dem Sprung in den Westen. Der Erfolg von *Android* ist unter anderem auch auf das immer größer werdende Segment der unter 100 Euro teuren Smartphones zurückzuführen, die gerade von den zuletzt genannten Herstellern massenweise auf den Markt gebracht werden. Mit der Mitte 2014 von *Google* erfolgten Einführung von *Android One*, das ein auf eben dieses Preissegment abzielendes Referenz-Design für die populäre OS-Oberfläche anbietet, wird diese Entwicklung noch beschleunigt. Es herrscht eine brutale Hardware-Schlacht mit kurzen Produktlebens-Zyklen und starkem Preisverfall von bis zu 30 Prozent bereits innerhalb der ersten 3 Monate nach Produkteinführung (vgl. Kawalkowski 2014). Nur die Marke *Apple* kann sich sehr erfolgreich diesen Marktgesetzmäßigkeiten entziehen. Und nur *Apple* und *Samsung* verdienen überhaupt nennenswert bei dieser Skaleneffekt-getriebenen Hardware-Schlacht. Alle anderen Anbieter haben geringste bis negative Profit-Margen (vgl. Yarow 2013). Im deutschen Markt wurden 2014 ca. 24 und 2015 weitere knapp 25 Millionen Smartphones verkauft (vgl. BITKOM 2015).

Wie schon angedeutet verlangsamt sich das Wachstum bei Tablets. Weltweit wurden 2014 ca. 230 Millionen Endgeräte abgesetzt. Zum einen setzen am unteren Ende der Bildschirmgröße preisgünstigere Phablets den modernen Schiefertafeln zu und werden diese im Verlauf des Jahres 2015 absatztechnisch überholen. Am oberen Ende haben sich 2-in-1 Laptops positioniert: eine Art Laptop mit Touch-Bildschirm und umklappbarer oder abmontierbarer Tastatur. Zum anderen liegen die Erneuerungszyklen eher bei drei Jahren und die entwickelten Märkte sind gut gesättigt (vgl. IDC 2014c). Die mit Abstand führenden Anbieter sind auch hier *Apple* und *Samsung*, nur noch mit umgekehrten Vorzeichen: *Apple* hält knapp 30 Prozent, gefolgt von *Samsung* mit 17 Prozent. Beide verlieren Marktanteile an die zahlreichen Newcomer (vgl. Heuzeroth 2014). Neben der Eigenmarke *Surface* von *Microsoft* tummeln sich mit *Acer*, *Asus*, *Dell*, *HP* und *Lenovo* auch starke PC-Marken mit zum Teil auf *Windows Phone* basierenden Angeboten im Markt. Der Kampf der Betriebssysteme ist hier also schon eher ein Dreikampf. Im deutschen Markt wurden 2014 und 2015 jeweils an die neun Millionen Tablets verkauft (vgl. BITKOM 2015).

1.3.2   Endgeräte, Komponenten und Technologien

Die fast im Wochentakt stattfindenden Smartphone-Flaggschiff-Launches sind in der heutigen Zeit globale Ereignisse, die von den Protagonisten wie *Apple*, *Google*, *HTC*, *Huawei*, *LG*, *Microsoft*, *Samsung* oder *Sony* entweder auf wichtigen Messen wie der *CES* in Las Vegas, dem *Mobile World Congress* in Barcelona, der *IFA* in Berlin oder auf hauseigenen Veranstaltungen im Rahmen von bombastischen Shows der Weltöffentlichkeit verkündet und präsentiert werden. Die Superphones in der Preisliga über 600 Euro klingen wie Sternenbilder (*Ascend*, *Desire*, *Droid*, *Galaxy*, *Lumia*, *Nexus*, *Xperia*) oder Autoklassen (*6 plus*, *G3*, *M9*, *P7*, *S6*, *X*, *Z1*). In einschlägigen Fachzeitschriften kann der interessierte Käufer zwischen 150 Geräten auswählen. Es vergeht keine Woche ohne Vergleichstests dieser Boliden. In einem Zeitraffer-Video beginnend im Jahr 2007 hat das Tech-Portal *cnet* die Geschichte des Smartphone zusammengefasst. In zwei Minuten bekommt man einen guten Eindruck der ganzen Marktdynamik (vgl. YouTube o. J.a). Es ist kein Wunder, dass das Ringen um Marktanteile in diesem gnadenlosen Markt eine ständige Verbesserung der Ausstattungsmerkmale mit sich zieht.

Die äußerliche Differenzierung ist begrenzt auf die Auflösungsqualität des Bildschirms, die Materialwahl und das Design des Korpus sowie noch exotisch anmutenden, aber aufsehenerregenden Design-Ausflügen in die Welt der gebogenen Displays (das *LG G Flex* erschien zum Beispiel Ende 2013 mit einem konkaven Display und das *Samsung Edge* kam Ende 2014 mit einem an der rechten Längskante um 45 Grad gebogenen Eckbildschirm daher). Unter der Motorhaube verbergen sich mittlerweile Chip-Sets und Arbeitsspeicher, die es mit einem stationären PC aufnehmen können. Die Betriebssysteme sprechen eine ganz eigene Design-Sprache (*Flat Design* bei *Apple*, *Material Design* bei *Google* und *Metro Design* bei *Microsoft*), deren Ästhetik vermehrt auch Einzug hält in die Gestaltung von PC- oder sogar TV-Oberflächen. Die Endgeräte kommen dann noch mit hauseigenen Benutzeroberflächen der Hersteller, wie *Sense* von *HTC* oder *Emotion UI* von *Huawei*, inklusive hauseigener Widgets, die die Anzeige von Informationen wie Aktienkursen und Wetterberichten oder das schnelle Starten von Funktionen einer App ermöglichen, sowie wie zu besten PC-Zeiten jeder Menge an vorinstallierter Software (auch gerne *Bloatware* genannt). Der neueste Kriegsschauplatz ist der Bereich der intelligenten, da Cloud-basierten, persönlichen Assistenten wie *Siri* von *Apple*, *Google Now*, *Cortana* von *Microsoft* und *S Voice* von *Samsung*. Dabei wird im Grunde genommen eine immer leistungsfähigere Spracherkennungssoftware kombiniert mit der Suche im Web und auf dem Smartphone sowie einem GPS-basierten Kontextbezug. Das Resultat ist ein enorm mächtiges Werkzeug mit (noch) programmierten Emotionen und zum Teil verblüffenden „Vorhersagefähigkeiten", das das Smartphone abermals erheblich differenziert und abhebt von jedem anderen Medium. Der Regisseur *Spike Jonze* hat 2013 in dem *Oscar* prämierten Film *her* sehenswert dargestellt, wie ein Mann sich in die weibliche Stimme seines Betriebssystems verliebt.

Wenn man über die Technologie-Treiber der skizzierten rasanten Entwicklung des Mediums Mobile nachdenkt, dann sind das neben der intuitiven Touch-Steuerung, den fühlenden Sensoren, den explodierenden App-Ökosystemen und der rasant zunehmenden Miniaturisierung vor allem drei Komponenten: die verfügbare Bandbreite in den Mobilfunknetzen, die Rechenleistung der Prozessoren und die Ausdauer der Akkumulatoren. Mit der großflächigen Einführung des LTE-Netzwerkes seit Ende 2010 (für *Long Term Evolution*, auch 3,9G und in der *Advanced* Ausführung 4G genannt, da anschließend an die 3. Generation UMTS inkl. dessen Erweiterungs-Techniken HSPA und HSPA+; vgl. Hogrefe 2009) wurde vor allem für hohe, DSL- oder TV-Kabel-ähnliche Übertragungsraten von theoretischen 150 MBit/s im Downlink und extrem kurze Verbindungszeiten für ankommende Datenpakete gesorgt. Dies ist auch zurückzuführen auf die Tatsache, dass LTE auf dem IP-Protokoll und damit Paketdaten basiert (*Evolved Packet System*), während frühere Technologien leitungsvermittelt waren. Die Zeit vom Befehl bis zur tatsächlichen Aufnahme der Datenverbindung wird auch Latenzzeit genannt und wurde auf wenige Millisekunden reduziert. Das war notwendig und mit ein Grund für die immer breitere Akzeptanz des Mobile Internet: Im Jahr 2014 stieg in Deutschland der mobile Datenverkehr pro SIM-Karte um 45 Prozent gegenüber dem Vorjahr, und das resultierende Gesamtvolumen aus Datenverkehr auf Mobilfunknetzen betrug bereits an die 400 Millionen Gigabyte; etwa 45 Prozent dieses mobilen Datenvolumens wurde schon durch LTE-Netze und -endgeräte übertragen (vgl. VATM 2014). LTE wurde damit zumindest in Deutschland zur Normalität, auch wenn der Übertragungsstandard noch viele Jahre komplementär zu GSM und UMTS genutzt werden soll. Knapp die Hälfte aller Ende 2014 verkauften Smartphones war LTE-fähig. Mit der zunehmenden, in der Regel drahtlosen Vernetzung der Gesellschaft, der Dinge und ganzer Industrien und dem daraus resultierenden Bedarf an höchster Zuverlässigkeit und kleinster Verzögerungen steigt der mobile Bandbreiten-Bedarf weiter enorm an. Die Fußball-Weltmeisterschaft in Brasilien 2014 hat schon eindrucksvoll bewiesen, wie sehr sportliche Großveranstaltungen den Netzausbau vorantreiben. News-Webseiten, Streaming-Apps und Soziale Netzwerke verzeichneten Rekordzugriffe über mobile Endgeräte. Für die olympischen Winterspiele in Südkorea 2018 und die Sommerspiele 2020 in Japan wurde bereits der Roll-Out von 5G angekündigt mit Bandbreiten in Mobilnetzen von 1 bis 10 Gigabits pro Sekunde. Bis dahin wird LTE – mehr und mehr auch als *Advanced* Variante mit theoretischen Bandbreiten von 3000 MBit/s im Downlink und 1500 MBit/s im Uplink – in über 500 Mobilfunknetzen weltweit ausgerollt sein, was zu ca. 2,5 Milliarden 4G-Verbindungen auf diesem Planeten führen wird (vgl. GSMA 2014b).

Die beiden anderen Komponenten – Rechenleistung und Energiebedarf respektive Akku-Leistung – hängen eng zusammen. Der moderne Smartphone-User erwartet ein schnelles Endgerät, das im Alltag auch mit vielen medialen Elementen im Speicher nicht in die Knie geht und mindestens einen Tag – gerne auch zwei – ohne externe Stromversorgung durchhält. Langjährige Handynutzer trauern natürlich noch den guten alten Zeiten nach mit Akku-Laufzeiten von mehreren Tagen oder auch Wochen. Allerdings werden heutige Smartphones in erster Linie als mobile Computer genutzt mit kontinuierlicher Verbindung über mehrere Antennen und Sensoren ins Internet oder zu anderen Geräten und mit großen, hellen sowie hochauflösenden Bildschirmen. Das sind dann auch meist die Stellschrauben, an denen man in den Einstellungen drehen kann, wenn man die Akku-Laufzeit verlängern will. Bei heutigen Spitzenmodellen von Smartphones kommen 64-Bit-Prozessoren mit bis zu acht Kernen und bis zu vier Gigabyte Arbeitsspeicher zum Einsatz, die über eine intelligente Prozessor-Architektur dem absolut kritischen Stromsparen bei nicht so anspruchsvoller Nutzung des Smartphone genauso entgegenzukommen versuchen wie bei leistungshungrigen Anwendungen. Diese High-End-Chipsätze haben auch gleich das LTE-Modem an Bord zur notwendigen (De-)Kodierung der Daten im Hochfrequenzband. Aufgrund der immer höheren Anforderungen an leistungsfähige Smartphones ist es auch heute noch so, dass stark genutzte Endgeräte einmal am Tag aufgeladen werden müssen, Intensiv-Nutzer immer mobile Zusatzakkus mit sich herumtragen (sogenannte *Juice Packs*) und Schnelllade-Techniken en vogue werden.

Die Märkte für Smartphone-Chips und Smartphone-Akkus sind groß, wachsen schnell und bleiben schon deshalb heiß umkämpft. Ganze Armeen an Forschern arbeiten intensiv an Leistungssteigerungen. Insgesamt gesehen wird die Herstellung von mobilen Endgeräten auf Basis vorgegebener Referenz-Designs für einzelne Komponenten immer kleinteiliger und fragmentierter mit einer ständig wachsenden Zahl von Komponenten-Zulieferern und Auftragsfertigern. Gleichzeitig gilt für jedes Smartphone, das das Licht der Welt erblickt, die verschiedenen Normen wie den für die Strahlung stehenden SAR-Wert, die hohen Stabilitätsanforderungen für jegliches Einsatzszenario, lokale Marktstandards und nicht zuletzt die hohen Netzbetreiberabnahmevorgaben strikt einzuhalten. Den Beat geben Player wie *ARM* aus England oder *Qualcomm* aus den USA vor, und eben nicht die ehemaligen Giganten der PC-Ära. Herausforderer sind Firmen wie *Mediatek* aus Taiwan. Die Lieferketten der Smartphone- und Tablet-Industrie differenzieren sich immer mehr aus. Dafür dauert es von der Idee bis zum fertigen Produkt aber auch nur noch ein Jahr, was wiederum die Schlagzahl in der skizzierten Hardware-Schlacht befeuert.

1.4   Das Ökosystem Mobile

„In der Geschichte unserer Industrie gab es alle zehn bis 15 Jahre eine neue Revolution in der Verarbeitung von Daten – zunächst der PC, dann das Web und jetzt Mobile", so *Mark Zuckerberg*, Co-Founder und CEO von *Facebook*, im Rahmen eines Analysten-Calls anlässlich der am 25. März 2014 angekündigten 2-Milliarden-Dollar-Übernahme von *Oculus VR Inc.*, einem Hersteller von Wearables in Form von *Virtual Reality* Brillen (vgl. Oreskovic und Nayak 2014). Nur wenige Wochen vorher kündigte *Facebook* den Erwerb der Mobile Messaging Plattform *WhatsApp* für 19 Milliarden US-Dollar an. Im April 2012 – also als *Zuckerberg* gerade seine Firma auf das Mobile First Mantra einschwor – kaufte *Facebook* bereits die Foto-Sharing Plattform *Instagram* für eine Milliarde US-Dollar. Was ist hier geschehen? Unabhängig von der Höhe der investierten Beträge wurde das sicherlich beeindruckende, aber gefährdete Ökosystem „unangefochtener, weltweiter Marktführer bei Sozialen Netzwerken im Internet" erweitert um die überlebenswichtige Komponente Mobile.

Im Verlauf des Jahres 2014 generierte Mobile zwei Drittel des Werbe-Umsatzes und von den 864 Millionen täglichen Nutzern der Plattform stammten 703 Millionen von mobilen Endgeräten (vgl. Facebook 2014). Diese bereits beeindruckende Zahl schwillt im Laufe des Jahres 2015 auf eine Milliarde an, was in einem Anteil von Mobile an den Gesamterlösen von 75 Prozent resultieren wird (vgl. eMarketer 2015) – einer Zahl, die bereits Mitte 2015 mit dem Berichtsquartal Q2 überschritten wurde. Zusammen mit den zugekauften Mobile Apps sitzt *Facebook* quasi auf jedem Smartphone auf diesem Planeten. Diese Multi-App-Strategie und der berühmte *Facebook*-Log-In auf Seiten von Drittanbietern macht *Facebook* zu einem plattformübergreifenden „social layer" (Constine 2014), der quasi als verbindende Schicht über *Android*, *iOS*, *Windows Phone* und dem Mobile Internet liegt. Das eigene Mobile-Werbenetzwerk *Facebook Audience Network* sorgt für zielgenaue Werbung auf dem *Facebook* Inventar sowie auf allen per *Facebook*-Log-In angeschlossenen *Third Party Publisher* Mobile Sites und Apps. Und die den Entwicklern auf der hauseigenen *F8*-Konferenz 2014 angekündigte *App Link* Technologie, die es ermöglicht, ähnlich wie beim Konzept *Hyperlink* von Website zu Website nun von App zu App zu springen (Voraussetzung: beide Apps sind technisch an *Facebook* angeschlossen), wird den horizontalen Plattform-Charakter von *Facebook* eher noch verstärken. Abbildung 1.1 zeigt eindrucksvoll, dass die Firma innerhalb von nur zwei Jahren die beim Börsengang noch schmerzlich vermisste Monetarisierung von Mobile realisierte.

Aber auch für App Developer ist die geglückte Mobile-Fokussierung der Firma aus *Menlo Park* äußerst nützlich: Alleine bis Q1 2015 (also etwas über zwei Jahre nach Einführung von App Install Ads auf Mobile) hat *Facebook* laut eigenen Angaben über eine Milliarde App-Installierungen über seine mächtige Werbe-Plattform generiert. Rückblickend erscheinen die Anfänge von *Facebook*s Mobile-Strategie – die erste Version der *iOS* App, die dubiose Hardware-Partnerschaft mit *HTC* (Stichwort *Facebook*-Button), der skurrile *Android*-Launcher *Facebook Home* und die im App-Friedhof verschollenen

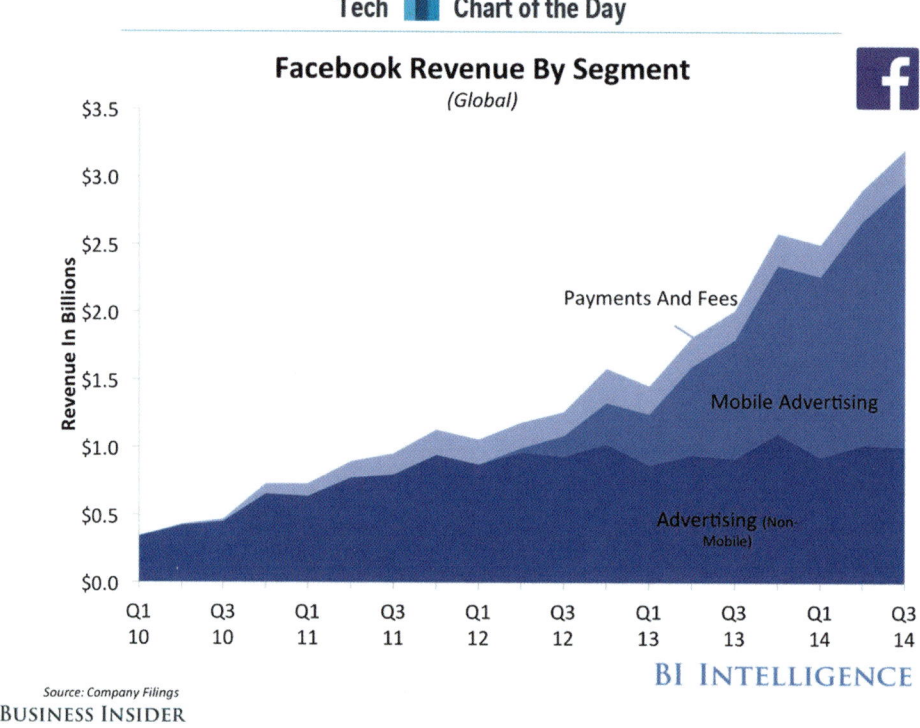

Tech 📊 Chart of the Day

Facebook Revenue By Segment
(Global)

Source: Company Filings
BUSINESS INSIDER

BI INTELLIGENCE

Abb. 1.1 Seit Q4 2013 ist Mobile für Facebook der größte Umsatzgenerator. (Quelle: Smith 2014)

Apps wie *Paper* (News-Reader) oder *Rooms* (Web-Forum) – eher holprig. Die dann auf der hauseigenen Developer-Konferenz *F8* 2015 verkündete neue Mobile Identity von *Facebook* mit den drei strategischen Plattformen *WhatsApp*, *Instagram* und dem zur Web-dienste-aufsaugenden Service-Zentrale mutierenden *Messenger*, die zusammen mit dem Mutterschiff den neuen Kern der *Facebook* App-Familie bilden, wirkten wie eine durch Trial & Error herauskristallisierte neue Unternehmensphilosophie. Aber tatsächlich muss man anerkennen, dass kein anderer global agierender Tech-Player in so kurzer Zeit sein Unternehmen so konsequent darauf ausgerichtet hat, erfolgreich auf dem Mobile Tsunami zu reiten. Wie in jedem gut etablierten Ökosystem liegt es nun an den Hunderttausenden freien Entwicklern, die neuen SDK und API (für *Application Programming Interface*) zu nutzen und diese Plattformen mit Leben zu füllen. API ermöglichen neue Geschäftsmo-delle, da sie Drittanbietern das Andocken an bestehende Anwendungen, den kontrollierten Zugriff und die leichte Nutzung der eigenen Datenbestände oder gar Funktionalitäten er-möglichen. *Facebook* ist einer der Protagonisten und größten Nutznießer der sogenannten „API Economy" (Medrano 2012). Erst die vielfältige Anwendungsintegration von Dritt-anbietern via dieser Schnittstellen machen aus einem guten einen exzellenten Dienst und ermöglichen den Aufbau ganz neuer Ökosysteme. Allein beim Launch des neuen Mega-Messenger standen bereits 50 Apps in einer Art Mini-App Store zur Verfügung (vgl. Newton 2015). Die Vision ist, dass man die Facebook-Welt nicht mehr verlassen muss, um im Mobile Internet Nachrichten und Videos zu konsumieren, mit Geschäften und Dienstleistern zu kommunizieren, dort einzukaufen respektive Services zu bestellen und auch innerhalb des blauen Kosmos zu bezahlen. *Facebook* kann zu einer Art neuem Betriebssystem für das Internet werden, mit dem Medium Mobile als alles aufsaugendem Gravitationszentrum.

Heute kann man konstatieren, dass *Apple*, *Google* und *Facebook*, jeder auf seine Art mit unterschiedlichen Strategien, hervorragend funktionierende Partial-Ökosysteme in Mobile etabliert haben – was sich nicht zuletzt auch in den hohen Markenwerten niederschlägt (vgl. Bohannon 2014). Andere wie *Amazon*, *PayPal*, *Samsung*, *Yahoo* und selbst die Quasi-Monopolisten der PC-Ära *Intel* und *Microsoft* – zwischenzeitig komplett entkoppelt von den rasanten Entwicklungen in Mobile – sind den finalen Beweis, dass sie den Mobile Tsunami erfolgreich bewirtschaften, noch schuldig. Am ehesten zuzutrauen ist es *Amazon* und *Microsoft*. Alle Internet-Größen eint wie bereits angedeutet die Erkenntnis über den Schlüsseltrend der IT: die Verlagerung der Nutzergewohnheiten weg vom stationären Internet auf das Mobile Internet. Alle Ressourcen und Investitionen werden diesem Trend untergeordnet.

Die Rolle der Netzbetreiber wie *Deutsche Telekom*, *Telefónica* oder *Vodafone* ist eine zugleich nüchterne wie geschäftskritische. Während sie Anfang des Jahrtausends noch darauf spekulierten, ein maßgebliches Stück am Kuchen des Ökosystems Medium Mobile abzubekommen, sind die ambitionierten Aktivitäten zurechtgestutzt auf die Bewirtschaftung der Vertriebsplattform (alleine in Deutschland existierte Anfang 2015 eine POS-Oberfläche über alle Netzbetreiber von ca. 4000 Filialen inkl. Partner-Shops, davon 25 Prozent in Top-Lagen; hier wird es in den nächsten Jahren zu einer Konsolidierung kommen), die Schaffung von Content-Bundles zum Beispiel mit Streaming-Plattformen, das Angebot TK-naher Systeme wie Smart TV, Smart Home oder Connected Health sowie Tarif- und Endgeräte-Beratung für den Verbraucher und Geschäftskunden. Vor allem anderen aber ist es die anerkannte Aufgabe der Netzbetreiber und ihrer Lieferanten, die systemkritische Infrastruktur (Management des enormen und rasant steigenden Bandbreiten-Hungers, Aufbau und Pflege einer verlässlichen Cloud-Architektur und schließlich Gewährleistung der Datensicherheit), die das Medium Mobile erfordert, bereitzustellen. Sie sind das Rückgrat der Digitalen Transformation. Da die Margen aus dem klassischen Geschäft mit Sprache und SMS sinken und der ständige Netzausbau extrem ressourcenaufwändig ist, ist der Markt geprägt von Fusionen, Übernahmen und Machtkämpfen.

Was passiert, wenn eine mächtige, homogene Plattform wie *iOS* auf einen fragmentierten Netzbetreiber-Markt trifft, kann man an folgendem Beispiel schon seit einigen Jahren beobachten: *Apple* hat die Könige des frühen Mobilfunks, die damals in hohen Umsatz-Margen badenden Netzbetreiber, sehr früh das Fürchten gelehrt. Man erinnere sich an Endgerät-Exklusiv-Vermarktungsstrategien oder die Revolution, die Carrier von den Erlösströmen aus App-Downloads komplett auszuschließen. Ein aktueller Kriegsschauplatz im Ökosystem Mobile ist die gute alte SIM-Karte. *Apple* hat nie ein Geheimnis daraus gemacht, dass es das Konzept der Hardware-basierten Bindung des Nutzers an einen Carrier von Anfang an nicht mochte. Mit der ersten Generation des *iPhone* wurde zunächst ein innovativer SIM-Kartenhalter gelauncht, der unter Zuhilfenahme einer Art Büroklammer aus dem edlen Gehäuse fuhr. Und dann bereitete die Firma aus *Cupertino* sukzessive das Verschwinden der SIM-Karte als Hardware und damit die exklusive Bindung des Nutzers an einen Netzbetreiber vor: von der micro-SIM über die nano-SIM bis zur Einführung der virtuellen *Apple SIM* Ende 2014. Auch wenn die vorinstallierte, Software-basierte und damit reprogrammierbare SIM-Karte vorerst nur für Prepaid-Datentarife auf Tablets vorgesehen ist, so hat das – im Hintergrund technisch anspruchsvolle – Wechseln per Soft-Button zwischen einer von *Apple* präsentierten Vorauswahl von Netzbetreibern ohne eine längerfristige Bindung durchaus Charme; auch und gerade im Ausland mit der Option, über die Auswahl eines lokalen Carrier Roaming-Gebühren zu sparen. Aus *Apple*-Sicht ist es ein weiterer Schritt, die eigenen Kunden noch stärker an das eigene Ökosystem zu binden und gegenüber den Netzbetreibern als Gatekeeper und Vermittler der Interessen von Smartphone- und Tablet-Nutzern aufzutreten. Sollte die nano-SIM Option wirklich einmal ganz entfallen, ist der Nutzer allerdings auch auf die Vorselektion der Anbieter durch *Apple* angewiesen, und das Nutzen eines Tarifs über mehrere Endgeräte mit womöglich noch unterschiedlichen Betriebssystemen wird auch unterbunden. Diesen Schritt zu gehen (einmal abgesehen von den technischen Herausforderungen im Zusammenhang mit Sprachdiensten und Rufnummernmitnahme), wird sich *Apple* aber genau überlegen, da die Vertriebsplattform Netzbetreiber immer noch und mit großem Abstand der Hauptabsatzkanal ist. Auf der anderen Seite können sich die Netzbetreiber auch nicht gegen solche umprogrammierbaren SIM-Karten – auch eSIM genannt für *embedded SIM* – wehren. Und so kündigte die Telekom auf dem *Mobile World Congress* 2015 an, per Funk neu zu programmierende SIM-Karten ab 2016 zu etablieren (wie sie heute auch schon in vernetzten Autos angewendet werden). Die Tage, dass eine SIM-Karte fest auf eine Telefonnummer bei einem bestimmten Mobilfunk-Anbieter eingestellt ist, sind also gezählt.

Ein ähnlich revolutionär anmutender Schritt war die Ankündigung von *Google* im März 2015, einen eigenen MVNO am Markt zu platzieren (vgl. Welch 2015). Das Projekt bekam den Namen *fi* (vgl. Google o. J.a). Man wehrte sich schon bei der Vorstellung gegen den Eindruck, *Google* würde nun den wichtigsten Absatzmarkt für *Android*-Geräte frontal angreifen wollen – die Netzbetreiber. Vielmehr ginge es darum, ein besseres Verständnis für das Zusammenspiel von Hardware, Software und Konnektivität zu bekommen – gerade auch im nahtlosen Zusammenspiel von Mobilfunk- und WLAN-Netzen. Das zunächst Revolutionäre: Die von *Google* entwickelte Technik soll sich bei Verfügbarkeit ohne Gesprächsabbruch blitzschnell und verschlüsselt auch in für *fi* freigeschaltete WLAN-Netzwerke einwählen, also nahtlos zwischen WLAN und LTE hin- und herwechseln können. Eine dafür erforderliche, spezielle *Google*-SIM-Karte wäre dann nicht mehr an einen Netzbetreiber, sondern passenderweise an das *Google*-Nutzerkonto gekoppelt. Die nun von der SIM-Karte unabhängige Mobilfunknummer wäre in *Googles* Cloud hinterlegt – außerhalb der Kontrolle der Carrier. Im Kontext mit der Internet-Breitband

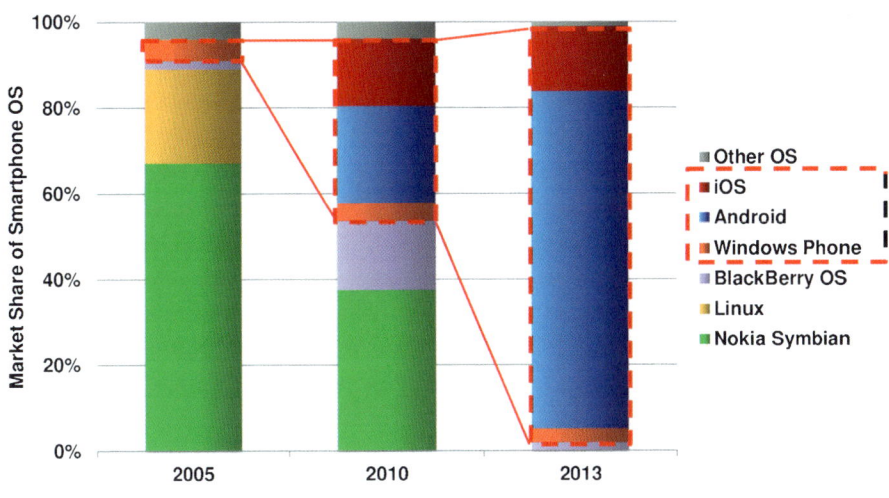

Abb. 1.2 Smartphone-Betriebssysteme: Innerhalb von acht Jahren steigt der Marktanteil „Made in USA" von 5 auf 97 Prozent. (Quelle: Meeker 2014)

Initiative *Google Fiber* in einigen US-Städten, der globalen Omnipräsenz des Suchkonzerns und Produkten wie *Gmail* und *Hangouts* für E-Mail- und Messaging-Dienste sowie *Google Voice* für Sprachdienste ergibt sich auf alle Fälle ein interessantes Szenario für den virtuellen Netzbetreiber – der am Ende der Entwicklung sogar komplett unabhängig von jedem Carrier seine Dienste anbieten und seine Kunden nahezu komplett im eigenen Mobile-Ökosystem einfangen könnte (vgl. Tode 2015). Das Tarifmodell jedenfalls stellt den tatsächlichen Datenverbrauch in den Mittelpunkt. Roaming-Kosten für Daten-Verbindungen im Ausland sieht das *Project fi* nicht vor, auch wenn diese zunächst auf 3G-Bandbreite gedrosselt sind. Sprache und SMS werden flat abgerechnet. Ein erster Pilot in den USA erfolgte Mitte 2015 mit der eigenen *Nexus* Reihe. Beide Initiativen – die *Apple SIM* und der *Google MVNO* – werden so oder so die Carrier-Landschaft mehr beeinflussen, als es den Protagonisten lieb sein kann.

Insgesamt muss man konstatieren, dass europäische Firmen – darunter ehemalige Branchengrößen wie *Nokia* oder *Siemens* – vom Mobile Tsunami weggespült wurden und im Ökosystem Mobile bei globalen Marktführern von Endgeräten und Internet-Diensten keine Rolle spielen. Die Hardware-Plattformen werden fast zu 100 Prozent in Asien hergestellt und die Software-Plattformen stammen mittlerweile zu fast 100 Prozent aus den USA (s. Abb. 1.2).

Einzig die Bereiche der Netzausrüstung und des klassischen Mobilfunkgeschäfts werden noch von Firmen aus Europa bedient – man mag kaum fragen, wie lange noch, wenn man auf die aggressiven Angreifer aus Asien und die etablierten Player aus den USA auch in diesen Wertschöpfungssegmenten schaut.

1.4.1 Krieg der Plattformen

Während *Facebook* einfach davon profitiert, dass Mobile in jeglicher Form und Facette als Plattform wächst und die Welt erobert (vgl. Dredge 2014), fechten *Apple* und *Google* die moderne Variante des PC-Krieges aus. Sie sind die einzigen Anbieter mit Relevanz auf der Ebene von Mobile-Betriebssystemen. Während die Anzahl an weltweit vertriebenen *Android*-Boliden qua großer Hersteller-Armada alleine im Jahr 2014 auf über eine Milliarde geschätzt wurde (vgl. Gartner 2014), überschritt der seit 2007 kumulierte Absatz der *iOS*-Plattform am 22. November 2014 die Eine-Milliarde-Grenze – wohlgemerkt handelt es sich hier um einen Hersteller mit den drei Endgeräteklassen *iPod touch*, *iPad* und dem Hero-Device *iPhone*, von dem alleine im letzten Quartal 2014 knapp 75 Millionen Geräte verkauft wurden. Anders ausgedrückt hat *Apple* linear umgerechnet 34.000 *iPhones* täglich pro Stunde an allen Tagen des Quartals verkauft (vgl. Campbell 2015). *Apple* erwirtschaftete in dem Quartal mehr Umsatz als *Google* im Gesamtjahr 2014, und die Smartphone-Produktklasse *iPhone* hatte am Gesamtfirmenumsatz einen Anteil von fast 70 Prozent. Mit dem Quasi-Monopol auf die profitabelsten Kunden fuhr *Apple* den höchsten jemals ausgewiesenen Quartalsgewinn in der Wirtschaftsgeschichte ein und zog gleichzeitig stückzahlmäßig im Weihnachtsgeschäft 2014 mit dem Erzrivalen *Samsung* gleich (vgl. Vincent 2015) – nur dass die Koreaner mehr als 50 verschiedene Smartphone-Varianten alleine in Deutschland vertrieben. Auf einzelne Geräte heruntergebrochen war das im September 2014 eingeführte *iPhone 6* fast ein Jahr lang jeden Monat das meistverkaufte Smartphone weltweit – und das selbst noch nachdem das *Samsung Galaxy S 6* im März 2015 eingeführt wurde (vgl. Counterpoint 2015).

Obwohl der Mobile OS Markt in seiner heutigen Form noch keine zehn Jahre alt ist und man deshalb noch nicht von verkrusteten Strukturen sprechen kann, herrscht im Markt ein Duopol mit eben *Android* und *iOS* sowie mit den verbliebenen Verfolgern *BlackBerry OS* und *Windows Phone* von *Microsoft*, die hart dafür kämpfen, einen weit entfernten 3. Platz zu belegen; das Fenster für andere OS-Anbieter (wie z. B. *Samsung* mit *Tizen*, *Mozilla* mit *Firefox OS* oder *Jolla* mit *Sailfish OS*) eine Mainstream-Alternative anzubieten, hat sich allem Anschein nach geschlossen. Die Ökosystem-Erschließungskosten sind einfach zu hoch. Die einmal entstandene „*app gap*" (Warren 2014) zu schließen erfordert enorme Anstrengungen. Die fehlende Reichweite eines App Store und die damit verbundene mangelnde Monetarisierungsmöglichkeit führt zu einem Desinteresse auf Seiten der App-Entwicklerschaft. Die daraus resultierende mangelnde Attraktivität eines Store und damit des verbundenen Betriebssystems führt zu einem Desinteresse der Konsumenten an der Plattform.

Microsoft entschied sich im April 2014 dafür, von Smartphone- und Tablet-Herstellern bei Geräten unter 9 Zoll keine Lizenzgebühr mehr für den Einsatz von *Windows Phone* zu fordern (vgl. Goldstein 2014), brach mit der jahrzehntelangen Kernphilosophie des Konzerns, passte sich dem Verhalten des Marktführers an und gewann so innerhalb kurzer Zeit 50 neue Hersteller für sein Mobile OS (vgl. Drees 2014). Das wird die Tatsache verstärken, dass es international durchaus Märkte gibt, in denen bereits mehr *Windows Phones* als *iPhones* verkauft werden (vgl. Liivak 2014) oder *Microsoft* sich zumindest wie in Westeuropa mit sieben Prozent Marktanteil als solide dritte Kraft im Smartphone-Markt etablieren kann (vgl. Briegleb 2015). Den mit einer prall gefüllten Kriegskasse ausgestatteten Konzern sollte man als Herausforderer in Mobile definitiv nicht abschreiben (vgl. Schulz 2014), zumal man mit *Windows 10* erstmals mit einem Betriebssystem alle Gerätetypen bedienen kann. Auf der hauseigenen Developer-Konferenz *BUILD* kündigte *Microsoft* Ende April 2015 an, innerhalb eines Jahres weltweit mehr als eine Milliarde PC, Laptops und Smartphones in den Genuss des neuen OS bringen zu wollen. Vor allem App-Entwickler werden so motiviert, viele Anwendungen für das eine System zu schreiben, sogenannte *Universal Apps* – zumal man mit der ebenfalls angekündigten *Continuum* Funktion jedes Smartphone mit angeschlossenem Bildschirm zum PC-Ersatz machen kann. Und als Clou obendrauf präsentierte man ein Tool, mit dessen Hilfe man auf *Java/C++* Code im Falle von *Android* und *Objective C* im Falle von *iOS* geschriebene Apps ohne viel Aufwand auf *Windows 10* Geräte bringen kann. Dieser Schritt, quasi über Nacht die Grenzen zwischen den drei App-Ökosystemen aufzubrechen, hat das Potenzial, die Truppe aus Redmond unter App-Entwicklern zum „cool Kid on the block" (Pallenberg 2015) zu machen. Im Juli 2015 kündigte man den Ausstieg aus dem Smartphone-Geschäft an, verbunden mit einer entsprechenden Abschreibung auf die erst einige Monate zuvor abgeschlossene *Nokia*-Akquisition und begleitet von Kommentaren in der Bandbreite von einem „monumentalem Flop" bis hin zu einem „sehr weisen Schritt". Irgendwie als ironische Wendung der Geschichte mutete die nur eine Woche später getätigte Äußerung des „verbliebenen" *Nokia* an, einen starken Partner für die Smartphone-Fertigung zu suchen. Solche unter der Marke *Nokia* lizenzierten Endgeräte könnten Ende 2016 das Licht der Welt erblicken. *Microsoft* konzentriert sich zukünftig – im Ansatz durchaus vergleichbar mit *Google* und der *Nexus*-Reihe – in seiner Mobile-Strategie auf das universelle OS und Hardware-seitig auf die primär auf den Enterprise-Markt fokussierte Integration auf einigen wenigen eigenen Flaggschiffgeräten. *Windows 10* mutiert zu einer Plattform für Smart Devices aller Art, die sich je nach Bedarf *Microsoft*- und Drittanbieter-Dienste aus der Cloud holt. Und im Enterprise-Smartphone-Markt trauen Experten dem *Microsoft* OS durchaus einen zweistelligen Marktanteil zu (vgl. Hille 2015). Im vierteljährlich erscheinenden *Developer Economics Report* von *VisionMobile* werden sehr anschaulich die Plattformen, die Erlösströme und die Entwickler-Typen der globalen und regionalen App-Ökonomie dargestellt (vgl. VisionMobile 2014b). Eine kleine Chance im täglichen Kampf um Marktanteile besteht: Das Verbraucherverhalten ist noch nicht zementiert, da das Gros der Konsumenten erst seit einigen Jahren Smartphones nutzt und im Bereich der *Digital Natives* sowie der *Silver Surfer* immer noch Erstnutzer an ein OS herangeführt werden können. Außerdem kann es im Geschäftskundenbereich eine *BlackBerry-* oder *Microsoft-*Policy geben, die auf mobile Endgeräte angewendet werden muss.

Fakt ist, dass *Android* – im Kern eigentlich ein *Linux*-System – übermächtig erscheint. Die Plattform hat es innerhalb von fünf Jahren geschafft, weltweit zu *dem* Betriebssystem zu werden. Es ist auf allen Nicht-*Apple*- und Nicht-PC-Anwendungen vorinstalliert. Das reicht mittlerweile weit über das Medium Mobile hinaus in das Internet der Dinge, und *Google* macht es Hardware-Herstellern jeglicher Provenienz sehr einfach und schmackhaft, das Betriebssystem in jedes netzgebundene Gerät der Welt einzubetten und es exakt anzupassen. Im Bereich Mobile führt *Android* zu einem ähnlichen Kommoditisierungs-Effekt unter den Smartphone-Herstellern, wie das mit *Windows* von *Microsoft* seit den 90er Jahren unter den PC-Herstellern erfolgte. Und *Google* tut viel dafür, dass sich die *Android*-einsetzenden Endgerätehersteller möglichst wenig differenzieren können. Das High-End-Segment des Mediums Mobile andererseits wird auch in absehbarer Zeit von *Apple* besetzt. Die für fruchtbare Mobile-Ökosysteme so essenziellen Heerscharen von App-Entwicklern agieren immer noch unter dem *iOS*-First Mantra. Alle wichtigen Apps werden zunächst für die *Apple* Welt und deren Tech-Jünger entwickelt. Die letzten Jahre haben eindrucksvoll gezeigt, dass ein Ökosystem nur wächst, wenn Entwickler von Anwendungen Software verkaufen und Geld verdienen. Bis heute ist hier die Plattform von *Apple* performanter als die von *Google*, obwohl letztere im eigenen App Store mittlerweile weit mehr Anwendungen anbietet und qua schierer Marktmacht eindeutig mehr App Downloads generiert (vgl. App Annie 2014). Alle drei Plattform-Schwergewichte – *Apple*, *Facebook* und *Google* – veranstalten jährlich große Entwicklerkonferenzen, um ihren „Jüngern" die neuesten Werkzeuge und Schnittstellen an die Hand zu geben, die dann wiederum die Weiterentwicklung und Verfestigung des jeweiligen Universums vorantreiben. Pro Software-Release können so der Entwicklergemeinschaft schon einmal mehrere Tausend Anwendungsprogrammierschnittstellen (also API) neu zur Verfügung gestellt werden, um eigene Apps besser an das neue Betriebssystem, Teilfunktionen oder Sensoren anbinden zu können. Je begehrter und damit mächtiger eine Plattform wird, desto größer werden die Gravitationskräfte auf alle Beteiligten im Ökosystem. Der Plattform-Betreiber profitiert via Umsatzbeteiligung dabei von einer außerhalb seiner eigentlichen Firma generierten Wertschöpfung. *Marshall Van Alstyne* von der *Universität Boston* spricht von *Platform Economics* (vgl. Regalado 2014).

Betrachtet man die beiden führenden Plattformen näher, so zeigen sich bemerkenswerte Unterschiede (vgl. Cheney 2014 und Mossberg 2014):

- *Apple* kontrolliert vollkommen das Produkterlebnis (Marke, Hardware, Software, Vertrieb, Synchronisation mit anderen Geräten); *Google* hingegen kann das nur für seine eigene Marke *Nexus* gewähren, aber auch nicht in vergleichbarer Stringenz.
- *Google* pusht erfolgreich über die schnelle Verbreitung mittels möglichst vieler Hardware-Partner vor allem die Nutzung der eigenen Internet-Dienste (zuvorderst *Suche*), die ständig verfeinerten Erkenntnisse über die Profile der Nutzer und die daraus re-

sultierenden, werbebasierten Erlösquellen; *Apple* verdient vor allem an der unübertroffenen Verschmelzung von Hardware und Software zu unwiderstehlich schönen, hochprofitablen Produkten.

- Die *Apple*-eigenen Apps wie *iBooks*, *GarageBand*, *iMovie* oder *Wallet* finden sich ausschließlich auf *Apple*-Produkten; *Google* wiederum hat ein hohes Interesse daran, dass seine Produkt-Suite an Apps wie *Docs*, *Drive*, *Gmail*, *Hangouts* oder *Suche* auf möglichst vielen Smartphones und Tablets installiert ist – vollkommen unabhängig vom Betriebssystem.

- *Google* ist mit einer enorm hohen Fragmentierung der Betriebssystem-Varianten und damit des Nutzungserlebnisses konfrontiert, da der Versions-Roll-Out vom jeweiligen Hardware-Partner kontrolliert wird und von diesem OS-Updates sehr verzögert oder gar nicht vollzogen werden; *Apple* hingegen profitiert bei der Einführung von Hardware-basierten Lösungen wie *Wallet*, *iBeacons*, *Apple Pay* oder *Health Kit* von der Proprietät und damit Homogenität der Plattform sowie der darauf optimierten Komponenten wie Bluetooth, NFC oder Fingerabdrucksensor und kann so die *User Experience* sehr genau steuern.

- *Apple* ist im hohen Maße eine Mode-Marke, und Produkteinführungen wie die der *Apple Watch* Anfang des Jahres 2015 unterliegen diesem Maßstab zu 100 Prozent; *Google* hingegen arbeitet nach dem Motto „trial and error" und nimmt es in Kauf, wie beim Wearable *Glass* ein unfertiges, eher unästhetisches Device auf Basis des Markt-Feedbacks zunächst weiterzuentwickeln (man erinnere sich an die *glasshole* Debatte; vgl. Urban Dictionary 2015), um es dann gegebenenfalls sogar sehr schnell wieder vom Markt zu nehmen (wie Anfang 2015 geschehen) und dann wieder im Verborgenen zu optimieren.

- *Google* investiert in selbstfahrende Autos, Drohnen, Hausgeräte, Roboter und andere Hardware-Märkte, um die jeweilige Mutation von *Android* zu platzieren und von einem sich selbst verstärkenden Netzwerkeffekt der Systeme untereinander zu profitieren (in diese Kerbe schlagen auch die Absichten, als virtueller Mobilfunknetzbetreiber aufzutreten); *Apple* überlegt sich jede weitere Eroberung fremder Ökosysteme sehr genau (zum Beispiel TV-Markt), um bei Eintritt allerdings disruptive Effekte auszulösen (wie bei Musik und Mobiltelefonen) oder ganz neue Kategorien zu schaffen (Tablet).

- *Apple* hegt und pflegt seine Ökosystem-Partner und überlegt bei jeder Produkteinführung, wie diese davon profitieren können; *Google* hingegen setzt sehr bestimmt die eigenen Interessen durch, auch wenn dabei etablierte Partnerschaften leiden (vgl. Dawson 2015).

Obwohl die *Android*-Plattform eigentlich ein *Open Source* Angebot ist (das sogenannte *Android Open Source Project* oder AOSP legte das Betriebssystem von Anfang an als quelloffen und damit für jedermann herunterladbar und anpassbar an), erhalten Hardware-Hersteller erst durch eine offizielle Lizenz von *Google* auch Zugang zur bereits erwähnten *Google Experience*, also den Killer-Apps wie *Play Store*, *Gmail*, *Google Now*, *Maps*, *Hangout* und *YouTube* (vgl. Amadeo 2013a). Die Lizenz dient der Einhaltung von Kompatibilitätskriterien, so dass der Verbraucher sich darauf verlassen kann, dass die *Google* Apps auch einwandfrei auf dem Endgerät laufen. Allerdings sind Hersteller bei der Vergabe der Lizenz auch auf den Good Will von *Google* angewiesen. Die Apps sind nicht quelloffen und alle Mitglieder der *Open Handset Alliance* (*OHA*) verpflichten sich, die *Experience* zu gewähren. Diese kommt immer als sogenanntes *Single Bundle*, es müssen also alle von *Google* gebündelten Apps auch vorinstalliert werden. So gesehen ist *Android* das trojanische Pferd für die Distribution der für *Google*s Werbeerlöse im Medium Mobile so wichtigen Service-Apps. *OHA*-Mitglieder erhalten die *Google* Apps Lizenz leichter. *OHA*-Mitgliedern wiederum ist es untersagt, von *Google* nicht freigegebene *Android*-basierte Endgeräte herzustellen. In der Konsequenz profitieren nur *OHA*-Mitglieder vom vollen *Android*-Ökosystem. Da diese offensichtliche Abhängigkeit einigen *OHA*-Herstellern als zu gefährlich erscheint, bieten sie vermehrt Alternativen zu *Google* Apps an. Diese Dienstdopplungen sind aus Sicht der User zunächst Bloatware. *Samsung* z. B. liefert seine Endgeräte mit über 15 verschiedenen Apps aus, die eine ähnliche Grundfunktionalität wie die *Google* Apps bieten (Kalender, Browser, Musikspieler, . . .). Der User muss dann festlegen, welche der beiden konkurrierenden Apps die angeforderte Funktion ausführen soll. Letztlich ist es der Versuch von *OHA*-Mitgliedern, sich aus dem eisernen Zugriff seitens *Google* ein wenig zu lösen.

Vor allem Hersteller aus China und Indien treten erst gar nicht der *OHA* bei und nutzen aus Kostengründen oder auch einfach weil gewisse *Google* Apps im Land verboten sind nur das *AOSP*, um Geräte sehr günstig anbieten zu können. Ironischerweise sind es genau diese Unter-Einhundert-Dollar-Geräte, die dem Weltmarktführer *Samsung* im Kampf um Marktanteile aktuell so zu schaffen machen. Die Koreaner versuchen seit Jahren, sich aus der Umklammerung von *Google* mit alternativen Betriebssystemen (*Bada*, *Tizen*) und alternativen App-Suites für so ziemlich jeden Kern-Dienst eines *Android*-Smartphones zu lösen. Sie haben *Nokia* in einer enormen Materialschlacht mit mobilen Endgeräten in allen Formen und für jede noch so kleine Nische vom Handy-Marktführer-Thron gestoßen (vgl. Fried 2014), aber letztendlich ist *Samsung*s Ökosystem reduzierbar auf skalierbares Hardware- und Komponentengeschäft mit zum Beispiel Displays für den Digital Lifestyle (vgl. Patel 2014) und stellt eben nicht eine begehrte, durchintegrierte Plattform dar. Trotz Marktführerposition befindet sich *Samsung* in einer unangenehmen Sandwich-Lage zwischen dem hochprofitablen Edel-Hersteller *Apple* und den äußerst preisaggressiven Angreifern aus China und Indien. *Xiaomi* ist wie erwähnt innerhalb von vier Jahren von einem Start-up kurzzeitig zum drittgrößten Smartphone-Hersteller der Welt geworden, unter anderem dank des vorprogrammierten und kostenlosen *Android*-OS (die auf dem chinesischen Heimatmarkt eingesetzte *Android*-Eigenentwicklung *MIUI* wird dabei in Auslandsmärkten in einer von *Google* zertifizierten Version auf den *Xiaomi* Smartphones installiert) – und dabei wurden die Geräte bis Ende 2014 noch nicht einmal in Europa oder den USA offiziell vermarktet. Das Geschäftsmodell der Chinesen unterscheidet sich deutlich vom gewohnten Ansatz: 70 Prozent der Smartphones werden online vertrieben, Erlöse werden primär mit digitalen Services und Zubehör aller Art erzielt und das Marketing erfolgt hauptsächlich in den eigenen Social-Communities (vgl. Trentmann 2014).

Von „einem kleinen Reiskorn" (der offiziellen Übersetzung des Wortes *Xiaomi*) kann keine Rede mehr sein.

Da mittlerweile 20 Prozent, in Spitzenquartalen bis zu 50 Prozent aller *Android* Smartphones weltweit ohne die *Google Experience* ausgeliefert werden (vgl. ABI Research 2014), reagierte *Google* im Herbst 2014 mit dem Launch der *Android One* getauften preiswerten, eher puristischen *Android*-Plattform zur Verbreitung der *Google*-Dienste unter Milliarden potenzieller Erstkäufer gerade auch in Entwicklungs- und Schwellenländern. Die enorme Bandbreite an Hardware-Herstellern, die *Android* einsetzen, die unterschiedlichen Benutzeroberflächen der einzelnen Hersteller, die Formfaktoren und Bildschirmgrößen führen zu einer immensen Fragmentierung der Plattform. Diese ist für *Google* und die App-Entwickler Fluch und Segen zugleich, da sie eine enorme Komplexität darstellt gerade im Zusammenhang mit Software-Distribution und App-Entwicklung, aber auch die gewährten Freiheiten in der Plattform-Nutzung und damit die enorme Verbreitungsgeschwindigkeit repräsentiert. Die Fragmentierung äußert sich in folgenden Dimensionen (vgl. OpenSignal 2014, auch für eine exzellente Visualisierung der Fragmentierung):

- Im August 2014 gab es fast 19.000 verschiedene *Android*-Geräte.
- Die Top 10 der meistverkauften Endgeräte repräsentieren nur 15 Prozent des Marktes innerhalb der *Android*-Familie.
- Fünf der größeren Software-Releases von *Android* haben noch einen Marktanteil von über zehn Prozent.
- Die unüberschaubar hohe Anzahl an Bildschirmgrößen stellt für die UI-Entwicklung von *Android* Apps eine echte Herausforderung dar (der man allerdings durchaus Herr werden kann; vgl. Ivanovic 2014).

Je mehr Hardware-Hersteller ihre Endgeräte über eigene, widget-basierte Oberflächen individualisieren, desto größer ist der Aufwand, neue *Android* Releases anzupassen. Die Fragmentierung nimmt mit zunehmender Verbreitung des Betriebssystems *Android* in alle Lebensbereiche zu, und das Ökosystem von *Google* verfällt in eine heterogene Masse aus Geräten mit teils völlig veralteten OS-Versionen (vgl. Fuest 2014a).

Mit dem Launch der System-App *Google Play Services* als neuem Basisdienst wird seit Mitte 2013 gegengesteuert und gewährleistet, dass die *Google Experience* auch in einer hoch fragmentierten *Android*-Welt homogen ist (vgl. Amadeo 2013b). Die *Google* App sitzt auf jedem *Android*-Endgerät bis zurück zur OS-Version 2.2 aus dem Jahr 2010, ist wie ein Scharnier zwischen dem Betriebssystem und den eigentlichen Apps positioniert und ist mit höchsten Zugriffsrechten auf jegliche Systemdienste und Hardware-Komponenten ausgestattet. Auch wenn der Basisdienst offiziell Teil der *Google Experience* App-Familie ist und damit nicht *open source*, wird er außerhalb des *Play Stores* und für den Endgeräte-Nutzer unbemerkbar immer auf den neuesten Stand gebracht. Permanent im Hintergrund laufend, steuert diese System-App alle wichtigen Schnittstellen, Basisdienste, Authentifizierungs- und Synchronisationsfunktionen sowie Sicherheits-Updates, führt neue Funktionen ein und ist essenziell zum Funktionieren der *Google* Apps sowie aller *Google*-Daten wie Standort- oder Kartendaten, auf die Drittanbieter-Apps wie *Uber* oder *Yelp* via API zugreifen. *Google* hat viele der Kernelemente von *Android* auf diese Basis-App ausgelagert. Im Grunde genommen ist es eine 100 Prozent kontrollierbare Plattform auf der schwierig zu kontrollierenden, weil offenen Betriebssystem-Plattform. Es ist die direkte Verbindung mindestens zu jedem von *Google* freigegebenen *Android* Device und sorgt in einem fragmentierten Universum für eine jederzeit aktuelle und homogene Wahrnehmung der *Google*-Dienste sowie eine mehr und mehr dem *closed source model* folgenden *Android* – was in Teilen der Entwicklergemeinde durchaus goutiert wird (vgl. Vassallo 2014). Allerdings bemängeln immer mehr Entwickler und Initiativen auch den zunehmenden Kontrollverlust über die persönlichen und in der Regel sensiblen Daten gerade auf der *Android*-Plattform. Das fängt beim paranoiden App-Berechtigungsmodell an. Wer sich schon einmal näher mit den Berechtigungen auseinandergesetzt hat, die eine App erfordert, bevor sie installiert werden kann, weiß, was gemeint ist. Immerhin: Ab *Android M* hat *Google* die Berechtigungen entschlackt auf acht einfach zu verstehende Settings, die der User auch erst bei der Nutzung der App freigeben muss und nicht schon en bloc bei der Installation. Der empfundene Kontrollverlust mündet in der Diskussion über den unersättlichen Datenhunger des *Knowledge Graph* von *Google*, der durch die milliardenstarke Armada von *Android*-Boliden sekündlich tonnenweise gefüttert wird. *PrivacyGrade* rankt *Android* Apps nach der Notwendigkeit ihrer Berechtigungen (vgl. PrivacyGrade 2015). Wer tiefer in die Thematik „Free your Android" (vgl. FSFE 2015) einsteigen will, dem seien die Artikelserien „Datenschutz für Android" und „Android ohne Google" empfohlen (vgl. Kuketz 2012, 2014). Wer das Bedrohungsszenario lieber grafisch aufbereitet mag: *Fraunhofer*-Forscher haben 10.000 *Android*-Apps getestet und die dabei aufgedeckten gravierenden Sicherheitslücken und Datenschutzverletzungen dargestellt (vgl. Deleski 2014).

Die größte Gefahr für dieses *Google*-Ökosystem im Bereich Mobile wäre eine erfolgreiche Interpretation des *Android*-Basis-Codes durch einen mächtigen Gegenspieler, der nicht der *OHA* angehört. *Amazon* versucht es zumindest: Das sogenannte *Fire OS* für die Smartphone- und Tablet-Eigenentwicklungen des eCommerce-Riesen, eine *Android*-basierte Abspaltung (in Fachkreisen auch *Fork* genannt) mit eigenen Diensten für E-Mail, Browser & Co. ist der wohl berühmteste *Android* Clone. Da es seitens *Google* als inkompatible *Android*-Version eingestuft wurde, ist es allen *OHA*-Mitgliedern untersagt, die Hardware für *Amazon* zu liefern. Diese Tatsache erschwert es *Amazon* wiederum, ein kompetitives Marktangebot zu liefern. Anfang 2015 kam interessanter- und pikanterweise das Gerücht auf, dass ausgerechnet *Microsoft* ein strategisches Investment in das Start-up *Cyanogen* plane, welches seit Jahren mit einer Armada von nach eigenen Angaben ca. 9000 freien Entwicklern außerhalb des *Google*-Patronats erfolgreich das *Android* Fork (in der Entwicklerszene auch *Custom-ROM* respektive bei *iOS* analog *Jailbreak* genannt, für ein von Dritten bereitgestelltes, verändertes Betriebssystem) namens *CyanogenMod* auf 50 Millionen Endgeräten etablierte (vgl. Winkler und Ovide 2015). Dieser strategische Schachzug erschien auf jeden Fall vielversprechender als die Versuche, über Lock Screen Apps im *Google Play Store Microsoft* Widgets für zum Beispiel die *Bing*-Suche auf die

Sperrbildschirme von *Android*-Nutzern zu schmuggeln (vgl. Ghoshal 2015). Die kurz zuvor vom *Cyanogen*-Chef geäußerte Absicht, *Google Android* wegnehmen zu wollen, hätte auf jeden Fall eine ganz neue Deutung durch den Einstieg von *Microsoft* bekommen (vgl. Kling 2015). Zumal das neue *Windows 10* OS so plattform-agnostisch werden soll, dass es ähnlich wie *CyanogenMod* sogar auf einem *Android*-Gerät installiert werden kann und dabei das Original-OS überschreibt – mit dem Ergebnis eines nativen *Windows*-Erlebnisses auf einem ursprünglichen *Android* Device (vgl. Russell 2015). Unter den tatsächlichen Investoren in der Series C Runde war dann doch nicht der Gigant aus Redmond, was den Anspruch von *Cyanogen*, Mobile Computing neu und vor allem offener zu definieren in Bezug auf Gerätehersteller, Entwickler und Nutzer, glaubhafter machte (vgl. Fried 2015). Allerdings waren mit *Qualcomm* und *Twitter* nicht minder interessante Player dabei. Mit frischem Geld ausgerüstet, verhandelt man seitdem verstärkt mit Endgerätepartnern, die das alternative OS wie beim bereits in Szenekreisen als legendär geltenden und passenderweise als Flagship Killer positionierten *OnePlus One* Smartphone (auf dem mittlerweile allerdings der eigenentwickelte *Android* Fork *OxygenOS* läuft) oder dem in Indien sehr begehrten *YUREKA* vom Hersteller *Micromax* sogar vorinstallieren würden, was den mühsamen Prozess der Installation durch den Verbraucher auf einem bestehenden *Android*-Endgerät erübrigen würde. *Microsoft* hingegen verkündete im gleichen Atemzug, dass es mit mehreren *Android*-Herstellern, unter anderen mit *Samsung*, vereinbart hat, zentrale Produkte der MS-Suite wie *Word*, *Excel*, *PowerPoint*, *OneNote*, *OneDrive* und *Skype* zukünftig vorinstallieren zu lassen (vgl. Johnson 2015a). Und genau so ein Deal wurde dann wenig später auch mit dem alternativen OS *Cyanogen* verkündet (vgl. Bergen 2015). Genauso wie *Cyanogen* weitere Software-Anbieter um sich scharren will, die alternative Optionen zu den bekannten *Google*-Diensten für Cloud-Speicher, die diversen Kommunikationsdienste, Musikplayer und Co. bieten können. Experten trauen dem Start-up zu, die dritte Macht im Mobile-OS-Markt zu werden. *Microsoft* hingegen könnte wie *Amazon* einen eigenen *Android* Fork anbieten, um seine Mobile Services und Apps direkt über das erfolgreichste OS zu verbreiten.

Eine weitere Gefahr nicht nur für *Google*, sondern natürlich für jede aktuell vielgenutzte App ist die Verdrängung vom Homescreen, dem Startbildschirm des Smartphone- oder Tablet-Nutzers. Jenseits der Basis-Architektur, also der Philosophie, die einem Homescreen zugrunde liegt (bei *iOS* ist sie eher ein starres Inhaltsverzeichnis, bei *Android* ein per Widgets persönlich gestaltbares Wohnzimmer), gab es in jüngster Zeit zwei maßgebliche Entwicklungen. Zum einen hat *Google* laut Aussagen von führenden *OHA*-Mitgliedern die Lizenz-Anforderungen an die Hersteller von *Android*-Endgeräten in seinem *Mobile Application Distribution Agreement* (*MADA*) genannten Vertrag erhöht (vgl. Efrati 2014). Zur verbindlich vorzuinstallierenden *Google Experience* gehören mittlerweile 20 Apps, von denen die wichtigsten auf dem Homescreen oder der nächstfolgenden Seite zu platzieren sind; ggf. in einem prominent positionierten App-Ordner, mit *Google Suche* als zentralem Widget in Form der bekannten Eingabemaske und „OK Google" als Aufweck-Sprachbefehl des intelligenten Such-Assistenten *Google Now*. In diesem Zusammenhang steht *Google* unter Verdacht, seine dominante Marktmacht bei Mobile OS in Form einer Untersagung der Vor-Installation von Apps zu missbrauchen, die in direktem Wettbewerb stehen zu *Googles* eigenen Apps wie *Google Suche*, den diversen *Google Play* Varianten oder *Maps*. Erste Analysen wurden von der Europäischen Kartellbehörde seit Juli 2014 durchgeführt (vgl. Chee und Oreskovic 2014 sowie Schenker 2015) und im April 2015 wurde das Verfahren dann offiziell mit der Verschickung eines *Statement of Objection*, einer Art Klageschrift, auch formal eröffnet. Im Kern lautet der einfache, aber gegebenenfalls weitreichende Vorwurf (immerhin droht eine Geldstrafe von bis zu sechs Milliarden US-Dollar und gegebenenfalls gar eine Zerschlagung), dass sich *Google* durch die dominante Marktposition des Betriebssystems *Android* und die Verhinderung von AOSP-Endgeräten und Fork-Varianten des Betriebssystems einerseits sowie die bevorzugte Vorinstallation von *Google*-eigenen Apps gegenüber der Konkurrenz andererseits Vorteile verschaffe. Zur Entkräftung dieses Vorwurfs der EU-Wettbewerbskommissarin stellte *Google* noch am gleichen Tag dar, wie sehr *Android* geholfen hat, mehr Auswahl und Innovation im Bereich Mobile zu schaffen. Aus dem MADA wurde in diesem Blogpost ein „anti-fragmentation" und „app distribution agreement", das nur dazu diene, eine großartige „out of the box experience" über Tausende *Android*-Endgeräte der unterschiedlichen Hersteller zu gewährleisten (Lockheimer 2015). Unter dem Motto „be together. not the same." wurden dazu passend seit dem Launch der OS-Version *Lollipop* mehrere Werbefilme auf *YouTube* hochgeladen, die diese koordinierte Vielfalt von *Android* darstellen sollen (vgl. YouTube o. J.b).

Die andere Entwicklung wird in Fachkreisen als „*Unbundling of Apps*" zum Teil sehr kontrovers diskutiert, also dem Entbündeln von Dickschiffen wie der *Google* App oder der „großen blauen" *Facebook* App (vgl. Manjoo 2014) und dem Herauslösen von bisherigen Features in dedizierte Apps, die dann möglichst auf dem Homescreen qua Wichtigkeit für den User andere Apps wiederum verdrängen. Der Homescreen und die erste Seite in jede Wischrichtung sind im Grunde genommen ein parzelliertes Areal, das auf begrenzter Fläche nur den wichtigsten Apps Platz anbietet. Die Bedeutung einer App für den User kann sich natürlich im Zeitablauf ändern. Apps werden immer wieder mal umsortiert oder gar ganz entfernt. Aber gerade Apps von *Facebook* und *Google* haben sich qua hoher Nutzwertigkeit auf den Homescreens praktisch eingenistet (vgl. Lovejoy 2014), dienen dadurch den Konzernen in hohem Maße der Traffic-Bildung, sorgen so im Zusammenhang mit der Werbevermarktung für die Steigerung der Attraktivität und damit letztendlich für erhebliche Umsatzerlöse für die Konzerne. *Facebook* gelang es im August 2014, den Meilenstein von einer Milliarde App Downloads mit seiner Haupt-Anwendung zu erzielen. Die größten *Google* Apps wie *Gmail*, *Maps* und *YouTube* erreichten die Schallmauer ein paar Monate vorher, aber eben über den Hebel der Vorabinstallation (vgl. Schenck 2014). Der *Messenger* von *Facebook* zog Anfang Juni 2015 nach. Mit dem Entbündeln von Apps in mehrere One Feature Apps (*Facebook*: *Groups*, *Messenger*, *Pages*, *Rooms*; *Google*: *Drive*, *Docs*, *Sheets*, *Slides*), den eh schon auf den Homescreens eingenisteten Blockbustern von *Facebook* (*Instagram*, *WhatsApp*) und *Google* (*Gmail*, *Maps*, *YouTube*) sowie Betriebssystem- bzw. Lizenzvertrag-immanenten Vorgaben für App Bundles und Widgets wird der Kampf um die knappe „Immobilie" Startbildschirm in Zukunft eher noch zunehmen – zumal sich App User zu 80 Prozent ihrer Zeit in gerade einmal fünf Apps aufhalten (vgl. Sterling 2015). Entwickler von Einzeldiensten haben es in dieser Welt von App-Ökosystemen zunehmend schwer, sich einen Platz an der Sonne zu ergattern und werden – sollten sie es doch geschafft haben – bei übermäßigem Erfolg gezielt aufgekauft. Unter den Top 10 der meistgenutzten *Android* Apps in Deutschland stammen sieben von *Google* und drei von *Facebook*.

Neben den Betriebssystemen ist ein weiterer Schauplatz für Auseinandersetzungen der Markt für digitale Inhalte wie Apps, Bücher, Musik, Filme und Videos: Anbieter wie *Microsoft* oder *BlackBerry* müssen bis heute schmerzhaft erfahren, was es heißt, eine mangelnde App-Auswahl in den eigenen Stores zu haben. *Amazon* hingegen hat über die Jahre eine umfangreiche Content-Bibliothek angelegt und schickt sich seit einiger Zeit an, diese über ein eigenes Hardware-Ökosystem seinen Nutzern noch einfacher zugänglich zu machen. Einstiege in den Smart TV- und Streaming-Markt (*Fire TV*, *Prime Instant Video*), den im ersten Anlauf gescheiterten Einstieg in das Smartphone-Geschäft (*Fire Phone*; vgl. Carr 2015) und den Smart Home-Markt (digitaler Assistent *Echo*) sind logische Schritte näher an den Verbraucher und die Entstehung von Bedürfnissen. Im Zusammenhang dieses Buches interessieren vor allem die mobilen Endgeräte, die dank AOSP über den *Amazon* App Shop Zugriff auf die meisten der *Android* Apps haben mit Ausnahme der *Google* App Suite, wie dargestellt. Darüber hinaus haben diese über die tiefe Integration von *Amazon Music* und den Streaming-Dienst *Amazon Prime* sowie die Hörbücher-Datenbanken *Kindle eBooks* und *Audible*, vor allem aber über die kamerabasierte Content-Identifikations-Technologie *Firefly* – dem „Alptraum jedes Einzelhändlers" (Fuest 2014b) – jederzeit den direkten Zugriff auf die im *Amazon* Web Shop verfügbaren Produkte. Dabei ist das Kalkül von *Amazon*, die preisgünstig angebotene Hardware über den Verkauf von Multimedia-Inhalten und Co. zu subventionieren. Der so erworbene Content kann dann elegant und automatisch auf dem *Amazon Cloud Drive* gespeichert werden. Damit wird die Datenwolke zu einem weiteren Bindungsfaktor an ein Ökosystem: Einmal in der Wolke geparkter Content (*Apple*: *iCloud*, *Google*: *Google Drive*, *Microsoft*: *OneDrive*, *Samsung*: *Samsung Link*), auf den dann praktischerweise von allen Ökosystem-kompatiblen Endgeräten zugegriffen werden kann, wirkt als Barriere gegen den Wechsel auf Hardware- und Betriebssystem-Seite. OS-unabhängige Apps machen den Content zwar auch übergreifend zugänglich und nur *Apple* ist hier wirklich ein geschlossenes System, aber Cloud-Funktionen wie die nahtlose Fortsetzung des Konsums und der Bearbeitung von Inhalten (wie bei *Amazon* mit *Whispersync*, bei *Apple* mit *Continuity* oder bei *Samsung* mit *Flow*) oder die Familienfreigabe von Inhalten auf mehreren Endgeräten sind eben nur im jeweiligen Universum einwandfrei möglich.

Ist ein Ökosystem erst einmal etabliert, gilt es, dieses mit möglichst vielen Patenten abzusichern. Für Patent-Halter im Bereich der Plattform Mobile können Lizenzen im Zuge des sich rasend schnell ausbreitenden Mobile Tsunami milliardenschwere Erlösströme generieren – pro Jahr. Ironischerweise sind zum Beispiel die einzigen Firmen, die mit dem Verkauf von *Android*-Geräten signifikant Geld verdienen, *Google* (primär indirekt über App Store-Erlöse, vor allem aber Werbeerlöse), *Samsung* über den Endgeräteverkauf an sich und … *Microsoft* aufgrund von Patentnutzungsgebühren (vgl. Savov 2014b). Als sich Ende 2009 abzeichnete, dass sich mit *Apple* und *Google* zwei Spieler am Smartphone-Markt durchzusetzen begannen, die ein paar Jahre vorher noch gar nicht auf der Bildschirmfläche waren und die vor allem etablierte Player wie *Microsoft* und *Nokia* komplett verdrängten, begann, was als die Ära der *Mobile Patent Suits* in die Geschichte eingehen sollte. Es begann ein Hauen und Stechen um Markennamen, Technologien und Formfaktoren, das seinesgleichen in der wahrlich nicht arm an Auseinandersetzungen aufgewachsenen IT-Industrie sucht. Allianzen wurden geschmiedet (zum Beispiel das *Rockstar Konsortium* von *Apple*, *Ericsson*, *Microsoft*, *Research in Motion/BlackBerry* und *Sony*, das aus der Insolvenzmasse des einstigen Netzwerkausrüsters *Nortel* 6000 Patente für 4,5 Milliarden US-Dollar erwarb, nur um danach als reine Patentverwertungsmaschine mit all denjenigen Firmen Lizenzabkommen zu schließen, die eben diese Patente anwendeten; vgl. McMillan 2012). Firmen wurden übernommen, um vor allem Patentrechte zu erwerben (z. B. kaufte *Google Motorola* augenscheinlich nur, um ein paar Jahre später das Endgeräte-Geschäft unter Einbehalten der Patente an *Lenovo* weiterzureichen). Die 1968 in einer kurzen Filmszene des Klassikers „*2001: Odyssee im Weltraum*" gezeigten Tablet Computer wurden von *Samsung* quasi auf dem Höhepunkt des „großen Smartphone-Krieges" (Eichenwald 2014) gegen *Apple* bemüht, um die frühe und allgemeingültige Existenz des Formfaktors eines Tablets nachzuweisen (vgl. Lowensohn 2011). Und all diese heftigen Auseinandersetzungen fanden und finden statt vor dem Hintergrund von zum Teil engsten Kunden-Lieferanten-Beziehungen wie zum Beispiel im Falle von *Apple* und *Samsung*. Die Jahre 2011 und 2012 waren der Höhepunkt der Patentschlacht um das Medium Mobile und seiner diversen Spielarten und Komponenten (vgl. Wikipedia o. J.b). *Thomson Reuters* veröffentlichte im August 2011 ein in Fachkreisen mittlerweile berühmtes Chart, das anhand von 20 Herstellern von mobilen Endgeräten (mit Kennzeichnung derjenigen, die *Android* als OS anwenden) und dazugehörigen Komponenten aufzeigte, welche Firma wen von diesen 20 verklagt hatte, welche Firma eine Gegenklage ausgerufen hatte, wer mit wem einen Lizenzdeal ausgehandelt hatte und welche Klage mittlerweile vor Gericht geklärt war. Heraus kam eine visualisierte „Spaghetti-Schüssel" (Cunningham 2011), die *Mike Bostock* in seinem Blog nur einen Tag später grafisch sehr sehenswert als dynamisches Netzwerk und damit sehr viel übersichtlicher dargestellt hat (vgl. Bostock 2011). Nach einer Periode des gegenseitigen Aufrüstens mit Patenten als Sprengköpfen im Kampf um Marktanteile scheint sich der offene Patentkrieg seit 2014 auf Basis eines existierenden gegenseitigen Bedrohungspotenzials wieder zu beruhigen, wie auch eine Einigung von *Rockstar* mit *Google* demonstriert (vgl. Chung und Levine 2014 sowie Fingas 2014). Auch der durch den Launch des *Galaxy S* 2010 ausgelöste oben erwähnte Smartphone-Krieg zwischen *Apple* und *Samsung* scheint die Rechtfertigungsgrundlage verloren zu haben, da die US-Amerikaner mit ihrer 2014er Modellpolitik den Absätzen der maßgeblich für die Profitabilität verantwortlichen High-End-Geräten der Koreaner wie der *Galaxy*- oder *Note*-Reihe buchstäblich das Wasser abgruben und für kollabierende Profitmargen bei *Samsung* sorgten (vgl. Dilger 2014). Sollte *Xiaomi* weiterhin so wachsen, könnte allerdings ein nächster Patent-Krieg drohen. Schließlich ähneln die Smartphones der Chinesen noch mehr den *Apple*-Flundern, als es die der Koreaner jemals taten.

Alle großen US-amerikanischen Ökosystem-Plattformen haben die Geschäftsbasis auf einem speziellen Gebiet (*Amazon*: eCommerce, *Apple*: Smartphones, *Facebook*: Soziale Netzwerke, *Google*: Suchmaschinen, *Microsoft*: PC-Software), aber expandieren wie dargestellt in andere Bereiche. In Asien, vor allem aber in China, haben sich in den letzten Jahren von der Weltöffentlichkeit noch weitgehend unbemerkt Pendants zu den weltumspannenden, US-amerikanischen IT-Playern gebildet, die sich nach erfolgreicher Eroberung des Heimatmarktes durchaus auf dem Sprung in die Weltmärkte befinden bzw. dort seit einigen Jahren bereits präsent sind. Wenn man die Kernausrichtung der Geschäftsmodelle vergleicht und gegenüberstellt, kann man folgende Firmen-Pendants identifizieren: *Amazon/Ebay* (noch mit *PayPal*) – *Alibaba*; *Apple* – *Xiaomi*; *Cisco* – *Huawei*; *Facebook* – *Tencent*; *Google* – *Baidu*; *HP* – *Lenovo*; *Visa* – *Unionpay*. Alle hier erwähnten chinesischen Internet-Giganten bauen mit enormer Geschwindigkeit komplette Ökosysteme auf, investieren also wie ihre US-amerikanischen Gegenstücke in komplementäre Geschäftsfelder.

Aus meiner Beraterpraxis

Ich hatte die Gelegenheit, anlässlich der *World Expo* in China im September 2010 eine Führung durch das Shanghai R&D Center des Netzwerkausrüsters *Huawei* zu bekommen. Innerhalb weniger Jahre ist das größte chinesische Privatunternehmen mit seinen über 150.000 Mitarbeitern im Kernbereich Telekommunikations-Infrastruktur die Nr. 2 weltweit geworden und hat unter den Smartphone-Herstellern einen festen Platz in den oberen Rängen erobert. Die präsentierten Technologien und Themenfelder im *Huawei*-Forschungszentrum und der demonstrierte Ehrgeiz der Entwickler ließen mich schon vor fünf Jahren die rasante Markteroberung erahnen.

Das laut *Forrester Research* weltweit mittlerweile größte digitale Ökosystem stellt die chinesische Firma *Alibaba* dar (vgl. Zeng 2014). Der größte Börsengang, den die USA bis dahin gesehen hatte, katapultierte die Mischung aus *Amazon*, *Ebay* und *PayPal* im September 2014 an der *New York Stock Exchange* zum drittwertvollsten Internet-Unternehmen der Welt, nach *Apple* und *Google* und noch vor *Facebook* und *Amazon*. Dabei verdiente *Alibaba* bereits damals mehr als *Facebook* und operierte profitabler als *Google* (vgl. Jacobsen 2014). Laut Börsenprospekt löste *Alibaba* beim Going Public bereits ein Drittel aller über das Internet erzeugten Verkäufe über mobile Endgeräte aus, und über alle Dienste hinweg hatte die Firma knapp 200 Millionen aktive Mobile-Nutzer pro Monat – Tendenz stark steigend. Jeder neue Smartphone-User in China kommt früher oder später in Kontakt mit den diversen Plattformen wie *Taobao*, *T-Mall* oder *Alipay*. Um der Plattform Mobile und der angemessenen Integration seiner Dienste und Services in Smartphone-UI gerecht zu werden, entwickelte auch *Alibaba* einen *Android* Fork namens *YunOS* (ursprünglich *Aliyun OS*), welches von *Google* prompt als *OHA*-inkompatibel eingestuft wurde (vgl. Gabriel 2014). *Alibaba* wehrt sich seit Beginn der Auslieferung von mit dem

OS ausgerüsteten Smartphones dagegen, überhaupt als *Android* Fork klassifiziert zu werden (vgl. Racoma 2012). So oder so ist die Firma ein sehr ernst zu nehmender Player im weltweiten Mobile-OS-Plattform-Krieg des 21. Jahrhunderts. Anfang 2015 stieg man mit einer Minderheitsbeteiligung beim chinesischen Smartphone-Hersteller *Meizu* ein (vgl. Fried 2015).

Das letzte Territorium für die Penetration des eigenen Ökosystems sind seit einigen Jahren die ca. zwei Drittel der Weltbevölkerung, die noch keinen oder nur rudimentären Zugang zum Internet haben. Hier engagieren sich sicherlich nicht uneigennützig zwei der oben genannten Protagonisten mit unterschiedlichen Ansätzen. *Google* ermöglicht wie schon dargestellt mit *Android One* den preisgünstigen Zugang zu seinen Diensten auf Einstiegs-Smartphones. Aber darüber hinaus dient das technisch sehr ambitionierte Projekt *Loon* auch dazu, Internet-Konnektivität mithilfe von in der Stratosphäre in 20 km Höhe schwebenden und mit LTE-Antennen ausgerüsteten Ballons in die entlegensten Winkel dieses Planeten zu bringen. Ein erster Test erfolgte im Juni 2013 in Neuseeland. Für eine Vollversorgung müssten 100.000 fliegende Sendeplattformen die Erde umkreisen. Und Anfang 2015 verkündete *Google* den Einstieg in das *SpaceX* Project von *Elon Musk*, um dabei mitzuhelfen, in ca. 15 Jahren mit über 4000 Satelliten in niedrigen Umlaufbahnen von über 1000 km Höhe den Internet-Zugang via Laserlicht-Übertragung in wirklich jeden Winkel der Erde zu tragen (vgl. Lessin 2015). Klingt utopisch, findet aber in *Qualcomm*s Beteiligung *OneWeb*, dem *Virgin Galactic* Satelliten-Programm und dem Drohnen-Projekt *Aquila* von *Facebook* ähnliche Konzepte zur Eroberung der Stratosphäre respektive des Alls. Das unter dem Namen *Ara* lancierte Projekt schließlich soll vereinfacht ausgedrückt für die fünf Milliarden Menschen, die noch kein Smartphone ihr Eigen nennen, für genau solch ein Endgerät einen Bausatz zum einfachen Zusammenstecken zur Verfügung stellen (vgl. Google o.J.b). Damit soll nichts Geringeres erreicht werden, als das Hardware-Software-Ökosystem zu demokratisieren. Die modulare Konfiguration eines Smartphone erinnert an die Anfänge der PC-Industrie. Einstiegsmodelle sollen um die 50 US-Dollar kosten und ein erster Feldtest ist noch in 2015 auf der Karibikinsel *Puerto Rico* geplant (vgl. Serowy 2015). *Facebook* wiederum hat im August desselben Jahres die sogenannte *Internet.org* Initiative ins Leben gerufen. Im Verbund mit lokalen Netzbetreibern und globalen Infrastruktur-Partnern bietet der Konzern in Ländern der Dritten Welt (erste Roll-Outs erfolgten in *Sambia*, *Ghana*, *Kenia*, *Kolumbien* und *Indien*) kostenlosen Datenzugang für diverse, von *Internet.org* im Voraus ausgesuchte Web-Services wie Gesundheits-, Job-, Nachrichten- oder Wetterdienste in Form einer auch für Feature Phones optimierten App an, die dann natürlich auch Zugang zu *Facebook* gewährt (vgl. Rosen 2014). Netzneutralität im Sinne einer Gleichberechtigung von Daten bei der Internet-Übertragung unabhängig von Sender, Empfänger und Inhalten – eine Eigenschaft, die dem Internet qua Architektur in die Wiege gelegt worden ist und die gerade von diesen Protagonisten immer wieder gegenüber Netzbetreibern eingefordert wird (vgl. Johnson 2015b) – ist in beiden Fällen sicher nicht oberste Maxime und gerade beim *Facebook*-Projekt de facto nicht gegeben (vgl. Savov 2015). Das Nicht-Berechnen des Datenverkehrs beim Nutzen von ausgesuchten Webdiensten, das sogenannte *zero rating* – ein Konzept, mit dem sich auch *Google* im Zusammenhang mit dem Roll-Out von *Android One* befasst (vgl. Efrati 2015) – wird von einigen als gefährlicher Kompromiss gesehen zwischen dem generös und human wirkenden Akt der Zurverfügungstellung von einem kostenlosen Bouquet an Diensten und dem schützenswerten Gut des unbeeinflussten Internet-Zugangs zu Diensten aller Art (vgl. Walker 2015). Der Start-up-Investor *Mahesh Murthy* vergleicht die dargebotene Entwicklungshilfe von *Facebook* drastisch mit einem Ernährungsprogramm des indischen Staates, das an Hungernde nur Pommes verteilen würde (vgl. Kerkmann et al. 2015). Anfang Mai 2015 öffnete *Facebook* die Plattform für alle Internet-Dienstanbieter, die gewisse technische Anforderungen erfüllen (vgl. Vincent 2015).

All diese Beispiele für den Krieg der Plattformen um das Territorium Mobile machen deutlich, wie wichtig das Medium innerhalb weniger Jahre für den Fortbestand der Tech-Player geworden ist. Jeder dieser Player hatte in den letzten Jahren seinen Mobile Moment: Mobile ist so normal geworden für die Gesellschaft im Allgemeinen und die eigenen Kunden im Besonderen, dass der Erfolg des eigenen Geschäftsmodells schlagartig abhängig wurde von der Anpassungsgeschwindigkeit an die Ausbreitung des Mobile Tsunami. Während in der PC-Ära *Microsoft* die dominierende Plattform war, beheimatet die Galaxie Mobile im Jahr 2015 fünf Gravitationszentren: die vertikal integrierten „platform companies" (Wilhelm 2014) *Amazon*, *Apple*, *Google* und *Microsoft* sowie *Facebook* als sich eher horizontal ausbreitendes System. Darüber hinaus etablieren sich gerade in Asien echte Herausforderer, die bereits mit China, Indien oder Südkorea einen Basisplaneten in der Galaxie erobert haben und zusätzlich strömen täglich disruptive Start-ups von außen in das Zentrum des Systems vor, um aus einer Nische heraus die Etablierten anzugreifen. Der Krieg der Plattformen ist noch lange nicht entschieden.

1.4.2   Mobile – das neue Normal

Eine auf *Slideshare* veröffentlichte Analyse von *Andreessen Horowitz* wurde im Oktober 2014 tituliert mit „Mobile is eating the world" (vgl. Evans 2014; sowie das Update: Evans 2015). Die Explosion der Plattform Smartphone und Tablet lässt die PC-Industrie zu einem Zwerg schrumpfen (vgl. Abb. 1.3).

Die Kernaussagen der Abhandlung sind: In der Smartphone-Ära ist es für jedermann erschwinglich, High Tech zu erwerben. Die rasante Verbreitung von Internet-Anschlüssen geht einher mit der Durchdringung der Gesellschaft mit mobilen Super-Computern, die den neuen Paradigmen der Mobile-OS-Plattformen gehorchen wie strikter Trennung von Betriebssystem und Anwendungen oder auch Cloud-Zentrierung (vgl. Sinofsky 2014). Alleine am Launch-Wochenende der *iPhone 6* Reihe verkaufte *Apple* 25-mal mehr CPU-Transistoren, als 1995 in allen PC weltweit installiert waren.

Smartphones, Phablets und Tablets sind durch ihre Sensoren viel intelligenter und weiter entwickelt als PC. Der jederzeitige und unkomplizierte Zugang zum Super-Computer in der Hosentasche, die intuitive Nutzung, der ständige Kontext über die eingebauten Sensoren, Kameras und den GPS-Zugriff sowie die eingebaute Bezahlfunktionalität stellen

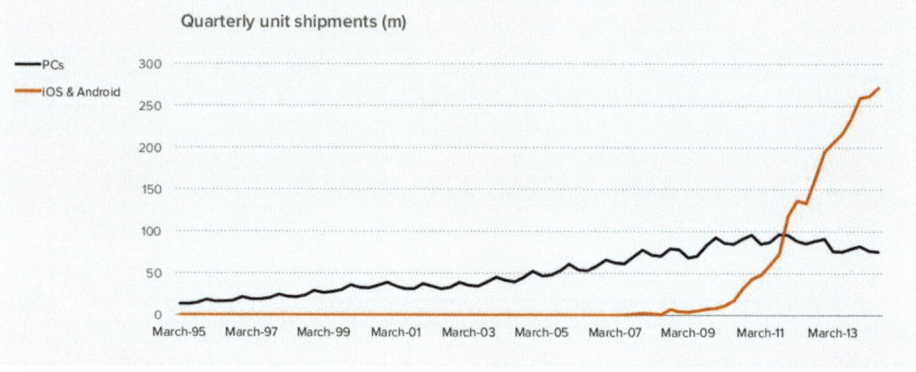

Abb. 1.3 Seit 2010 explodiert die weltweite Nachfrage nach mobilen Endgeräten. (Quelle: Evans 2014)

einen enormen Hebel dar für jegliche Geschäftsmodelle. Wenn diese rein auf mobilen Endgeräten basieren, führt die Hebelfunktion der schieren Verbreitung von Smartphones & Co. sowie die vergleichsweise niedrigen Entwicklungskosten zu einem im Vergleich mit anderen Industrien geringeren Kapitalbedarf für Start-ups und deren Geschäftsideen. So ist es nicht verwunderlich, dass mit Stand vom September 2014 weltweit laut des Beratungshauses *Digi-Capital* bereits mehr als 25 Mobile First Start-ups mit einer Minimum-Bewertung von über einer Milliarde US-Dollar existierten – darunter so illustre Namen wie *Dropbox*, *Evernote*, *Instagram*, *Snapchat*, *Spotify*, *Twitter*, *WhatsApp* und *Uber* (vgl. Koetsier 2014). Anfang 2015 gesellte sich dann noch der populäre Musikerkennungsdienst *Shazam* dazu.

Aus meiner Beraterpraxis

Auch wenn Europa mittlerweile mit *London*, *Moskau*, *Paris*, *Tel Aviv* (das sich gerne gedanklich Europa zuordnet in diesem Kontext) und natürlich *Berlin* sehr erfolgreiche Start-up-Hochburgen hat, ist es gerade für auf die Weltmärkte ausgerichteten Mobile Start-ups wichtig, den finalen Schliff ihres Geschäftsmodells im globalen Epizentrum *Silicon Valley* zu bekommen. Seit März 2013 bin ich Global Ambassador des aus dem *MobileMonday* Umfeld entstandenen Accelerators und Seed-Stage Funds *momentum* mit Sitz in San Francisco. In dieser Rolle schlage ich vielversprechende Mobile First Start-ups primär aus Europa für die Teilnahme am 3-monatigen Aufbauprogramm im Valley vor. Neben dem Mentoring in Bezug auf das Geschäftsmodell sind das echte Startkapital (Seed Money) und das vermittelte Netzwerk die drei wesentlichen Treiber für ein erfolgreiches Anschieben Erfolg versprechender Gründungen im *red ocean*, also wettbewerbsintensiven Markt Mobile.

Sehr schnell in seiner jeweiligen Kategorie eine globale Dominanz aufzubauen, ist also ein wichtiger Erfolgsfaktor. Wie man am Beispiel *Instagram* und *WhatsApp* sehen konnte, stehen die weiter oben vorgestellten Ökosystem-Patriarchen bereit, marktbereinigend als Konsolidierer einzuschreiten. Diese *billion dollar babies* – in Fachkreisen auch *unicorns* genannt – werden primär auf Basis ihrer schnell anwachsenden Nutzerschaft auf mobilen Endgeräten bewertet. Wenn diese 50 Prozent der Gesamtnutzer respektive des durch diese erzeugten Traffics übersteigt, spricht man vom sogenannten *Mobile Moment* (vgl. Nishar 2014).

Viele Nicht-Pure-Mobile-Player wie *Facebook*, *LinkedIn* oder *Twitter* haben diese Marke in den letzten Jahren überschritten. Anfang 2015 verkündete *Spotify* seinen Mobile Moment, als erstmalig über die Hälfte der Nutzer Musik-Streaming via Smartphones (42 Prozent) und Tablets (10 Prozent) genossen (vgl. Constine 2015). Die hohen Penetrationsraten bei Smartphones und die Tatsache, dass es für jede Alltagstätigkeit mittlerweile mindestens eine App gibt, lässt den User wie mit einem Pawlow'schen Reflex das Handy zücken und eine App starten, um einen Bedarf im jeweiligen Kontext zu stillen (vgl. Schadler et al. 2014, S. 5–7). Er erlebt seinen ganz persönlichen Mobile Moment (hier im Sinne von sofortiger Bedarfserfüllung durch das mobile Endgerät), und das immer öfter über den Tag hinweg. Die durch diese positiven Erlebnisse entstandene Erwartungshaltung, dass der mobile Begleiter einem im unmittelbaren Kontext und im Moment der Bedarfsentstehung die Lösung per App oder Mobile Service bietet, wird als „Mobile Mind Shift" (ebenda, S. 7) beschrieben. Dieser Einstellungswechsel ist so stark, dass man schon frustriert reagiert, wenn etwas nicht verfügbar ist auf dem Medium Mobile. Man erwartet den ständigen Zugriff auf die wichtigen Daten, Dienste und Informationen. Mobile ist immer da, immer an und ständig bereit, Lösungen zu bieten. Mobile ist das neue Normal (vgl. Rosoff 2013)! Unternehmen und Verwaltungen jeder Couleur müssen ihr Geschäftsmodell so ausrichten und gegebenenfalls umbauen, dass sie in die Lage versetzt werden, die für sie relevanten *Mobile Moments* für sich zu gewinnen. Banker, Buchhändler, Einzelhändler, Transport- und Touristikunternehmer gehörten zu den Ersten, die diesen Paradigmenwechsel zum Teil schmerzvoll erfahren haben.

Aus meiner Beraterpraxis

Meinen ganz persönlichen *Mobile Moment* hatte ich im Frühjahr 2003. Als verantwortlicher Markenchef für *T-Mobile* habe ich schon damals den enormen Hebel des Mediums Mobile erfahren. Gemeinsam mit *Coca-Cola* und *Nokia* wurden über eine siebenwöchige SMS-Shortcode-Promotion auf 160 Millionen Flaschen des Brausekonzerns 6 Millionen aktive Teilnehmer an der „Fanta Flaschenpost" generiert. Die durchführende Agentur gewann damals den silbernen Löwen beim Werbefestival in Cannes. Mir wurde schlagartig klar, welches Potenzial Mobile hat.

Fazit

Das Handy ist in den letzten Jahren zum mobilen Super-Computer und ständigen Begleiter im Alltag mutiert. Die rasante Verbreitung von Smartphones, Phablets und Tablets in Gesellschaft und Unternehmen sucht ihresgleichen in der Geschichte der Technisierung. Dieses Universum Mobile ist eine Welt von Ökosystemen, also von einzelnen Firmen mit verbundenen Wertschöpfungspartnern, die versuchen, so viele Segmente des digitalen Lifestyle des Verbrauchers wie möglich über die eigenen Endgeräte, Dienste und Apps abzubilden und somit beständig die Hardware-Plattformen und damit die Basis für monetarisierbare Service-Leistungen zu verbreitern (*Lock-In-Strategy*). Das subtile Kernversprechen einer solchen Plattform ist es, dass die Nutzungserfahrung über alle Bildschirme hinweg höchst konvenient und vor allem nahtlos ist, mit dem Smartphone als zentraler Schaltstelle im Mittelpunkt der diversen Anwendungen. Die Entscheidung für ein Smartphone legt den Grundstein für den Einstieg in ein Ökosystem. Mit jedem Erwerb einer neuen Hardware mit dem gleichen Betriebssystem verstärken sich die Geräte-übergreifenden Verbindungen (Entsperrung des Smartphones über die Smartwatch; Nutzung der wesentlichen Smartphone-Funktionen im Auto; …) und damit die Anziehungskraft einer Plattform. Verbraucher, die erheblich in ein solches Ökosystem investiert haben (Hardware-, App- und Inhalte-Käufe) und die UI-Oberfläche schätzen gelernt haben, sprich sich zurechtfinden, wechseln nicht mehr ohne Weiteres von einer komplexen Service-Infrastruktur zur nächsten. Die Wahl eines Betriebssystems für den „Digital Hub" Smartphone (Russell 2014) und damit mehr und mehr für alle mit diesem verbundenen Bildschirme wie Bord-Computer im Auto, Tablets, TV-Systeme, Uhren hat schon etwas von einer Wahl der Religion mit Verbrauchern als – gewollt oder ungewollt – Jüngern eines Ökosystems (vgl. Savov 2014a). Der Kampf um diese Jünger, der Krieg der Plattformen, ist voll entbrannt. Mobile Computing ist ein echter Paradigmen-Wechsel und das Medium Mobile ein *Game Changer* (vgl. Bajarin 2014), der die Landschaft der IT- und Internet-Player gehörig durcheinandergewirbelt hat. Alle wesentlichen IKT-Firmen haben sich mittlerweile zum Mobile First Mantra bekannt und richten alle internen Ressourcen zunächst auf den mobilen Bildschirm aus. Der Verbraucher und damit natürlich auch der Unternehmer, der Mitarbeiter und der Kunde erleben täglich ihre *Mobile Moments*, also die prompte, kontextbezogene Erfüllung eines Bedarfs durch eine App oder einen Mobile Service auf ihrem persönlichen, digitalen Assistenten. Es geht darum, diese *Mobile Moments* in seiner Branche, in seinem Betätigungsfeld für sich zu entscheiden, um langfristig dem Mobile Tsunami Paroli bieten zu können.

Literatur

ABI Research 2014. *2Q 2014 Smartphone Results.* https://www.abiresearch.com/press/2q-2014-smartphone-results-forked-android-aosp-gro (Erstellt: 04.08.2014). Zugegriffen: 10.11.2014

Amadeo, R. 2013a. *Google's iron grip on Android.* http://arstechnica.com/gadgets/2013/10/googles-iron-grip-on-android-controlling-open-source-by-any-means-necessary/ (Erstellt: 21.10.2013). Zugegriffen: 09.11.2014

Amadeo, R. 2013b. *Balky carriers and slow OEMs step aside: Google is defragging Android.* http://arstechnica.com/gadgets/2013/09/balky-carriers-and-slow-oems-step-aside-google-is-defragging-android/ (Erstellt: 03.09.2013). Zugegriffen: 18.11.2014

Annie, App 2014. *App Annie Market Index Q2 2014.* https://s3.amazonaws.com/files.appannie.com/releases/Q2+Market+Index+2014.pdf (Erstellt: 16.07.2014). Zugegriffen: 02.11.2014

Apple 2014a. *Apple Reports Third Quarter Results.* http://www.apple.com/pr/library/2014/07/22Apple-Reports-Third-Quarter-Results.html (Erstellt: 22.07.2014). Zugegriffen: 06.09.2014

Apple 2014b. *Apple announces record pre-orders for iPhone 6.* http://www.apple.com/pr/library/2014/09/15Apple-Announces-Record-Pre-orders-for-iPhone-6-iPhone-6-Plus-Top-Four-Million-in-First-24-Hours.html (Erstellt: 26.09.2014). Zugegriffen: 28.10.2014

Bajarin, B. 2014. *How Mobile Changed the Game – and Questions About Its Future.* http://time.com/2846610/mobile-microsoft-apple-google-facebook/ (Erstellt: 09.06.2014). Zugegriffen: 28.11.2014

Bergen, M. 2015. *Microsoft and Cyanogen Form Pact, as Android Lands in European Crosshairs.* http://recode.net/2015/04/16/microsoft-and-cyanogen-form-pact-as-android-lands-in-european-crosshairs/ (Erstellt: 16.04.2015). Zugegriffen: 16.04.2015

BITKOM 2014a. *Gezeitenwechsel bei Kurznachrichten.* http://www.bitkom.org/de/presse/8477_79536.aspx (Erstellt: 30.05.2014). Zugegriffen: 06.09.2014

BITKOM 2014b. *Smartphones stärker verbreitet als normale Handys.* http://www.bitkom.org/de/presse/8477_79598.aspx. Zugegriffen: 28.10.2014

BITKOM o. J. http://www.bitkom.org/de/presse/81149_79922.aspx. Zugegriffen: 01.04.2015

Birghan, F. 2014. Die App-Messung der Welt. *Lead Digital* 18: 46–48.

Bohannon, C. 2014. *Mobile know-how propels brand value of Apple, Google, Facebook: report.* http://www.mobilemarketer.com/cms/news/research/18897.html (Erstellt: 10.10.2014). Zugegriffen: 13.01.2015

Bostock, M. 2011. *Mobile Patent Suits.* http://bl.ocks.org/mbostock/1153292 (Erstellt: 18.08.2011). Zugegriffen: 01.12.2014

Briegleb, V. 2015. *Marktforscher: Windows Phone als dritte Kraft etabliert.* http://www.heise.de/newsticker/meldung/Marktforscher-Windows-Phone-als-dritte-Kraft-etabliert-2553122.html (Erstellt: 18.02.2015). Zugegriffen: 01.04.2015

Brodersen, B. 2014. *Sony verdrängt Nokia von Platz 3.* http://www.areamobile.de/news/28363-smartphone-markt-sony-verdraengt-nokia-von-platz-3 (Erstellt: 24.08.2014). Zugegriffen: 28.10.2014

Büttner, M. 2014. *Xiaomi überholt Huawei und Lenovo.* http://www.inside-handy.de/news/33213-xiaomi-schliesst-zu-apple-und-samsung-auf-xiaomi-ueberholt-huawei-und-lenovo (Erstellt: 28.10.2014). Zugegriffen: 29.10.2014

Campbell, M. 2015. *Apple shipped one billionth iOS device in Q1, expects continued iPhone momentum*. http://appleinsider.com/articles/15/01/27/apple-shipped-one-billionth-ios-device-in-q1-expects-continued-iphone-momentum (Erstellt: 27.01.2015). Zugegriffen: 28.01.2015

Carr, A. 2015. *The real story behind Jeff Bezo's fire phone debacle and what it means for Amazon's future*. http://www.fastcompany.com/3039887/under-fire (Erstellt: 06.01.2015). Zugegriffen: 13.01.2015

Chee, F.Y., und A. Oreskovic. 2014. *uropean regulators training sights on Google's mobile software*. http://www.reuters.com/article/2014/07/30/us-google-europe-android-insight-idUSKBN0FZ2B220140730 (Erstellt: 30.07.2014). Zugegriffen: 30.10.2014

Cheney, S. 2014. *On the future of Apple and Google*. http://stevecheney.com/on-the-future-of-apple-and-google/ (Erstellt: 28.09.2014). Zugegriffen: 30.10.2014

Chung, A., und D. Levine. 2014. *Google, Rockstar agree to settle patent litigation: filing*. http://www.reuters.com/article/2014/11/20/us-google-rockstar-settlement-idUSKCN0J41ZJ20141120 (Erstellt: 20.11.2014). Zugegriffen: 01.12.2014

Cisco 2014. *Cisco Visual Networking Index*. http://www.cisco.com/c/en/us/solutions/collateral/service-provider/visual-networking-index-vni/white_paper_c11-520862.pdf (Erstellt: 05.02.2014). Zugegriffen: 06.09.2014

Clinch, M. 2014. *How Apple promted this country's downgrade*. http://www.cnbc.com/id/102081405 (Erstellt: 13.10.2014). Zugegriffen: 19.11.2014

Constine, J. 2014. *Everything Facebook launched at f8 and why*. http://techcrunch.com/2014/05/02/f8/ (Erstellt: 02.05.2014). Zugegriffen: 01.12.2014

Constine, J. 2015. *Spotify makes shift to mobile with 52 % of listening now on phones and tablets*. http://techcrunch.com/2015/01/10/music-is-a-mobile-linchpin/ (Erstellt: 10.01.2015). Zugegriffen: 13.01.2015

Counterpoint: http://www.counterpointresearch.com/apple-iphone-6-continues-to-be-the-bestselling-smartphone-for-10-months. Zugegriffen: 27.07.15

Cunningham, S. 2011. *Update: Mobile Patent Suits – Graphic of the Day*. http://blog.thomsonreuters.com/index.php/mobile-patent-suits-graphic-of-the-day/ (Erstellt: 17.08.2011). Zugegriffen: 01.12.2014

Dawson, J. 2015. *Apple and Google's Partners*. http://recode.net/2015/07/06/apple-and-googles-partners/ (Erstellt: 06.07.2015). Zugegriffen: 27.07.2015

Dediu, H. 2015. *Bigger than Hollywood*. http://www.asymco.com/2015/01/22/bigger-than-hollywood/ (Erstellt: 22.01.2015). Zugegriffen: 28.01.2015

Deleski, V. 2014. *10000 Apps und eine Menge Sorgen*. https://www.aisec.fraunhofer.de/de/medien-und-presse/pressemitteilungen/2014/20140403_10000_apps.html (Erstellt: 05.03.2014). Zugegriffen: 03.04.2015

Dilger, E. 2014. *How Apple, Inc. went thermonuclear on Samsung, erasing Android's primary profit center*. http://appleinsider.com/articles/14/10/30/how-apple-inc-went-thermonuclear-on-samsung-erasing-androids-primary-profit-center- (Erstellt: 30.10.2014). Zugegriffen: 01.12.2014

Donath, A. 2014. *iPhone-Absatzrekord auch in Deutschland – zum Nachteil von Samsung*. http://www.gizmodo.de/2014/10/26/iphone-absatzrekord-auch-deutschland-zum-nachteil-von-samsung.html (Erstellt: 26.10.2014). Zugegriffen: 28.10.2014

Dredge, S. 2014. *Why the future of Facebook is (almost) all about your smartphone.* http://www.theguardian.com/technology/2014/jun/11/future-facebook-smartphone-apps-whatsapp-instagram (Erstellt: 11.06.2014). Zugegriffen: 28.11.2014

Drees, C. 2014. *Microsoft: Windows Smartphones auf dem Vormarsch, 50 neue Hersteller – auch Xiaomi?.* http://www.mobilegeeks.de/microsoft-windows-smartphones-auf-dem-vormarsch-50-neue-hersteller-auch-xiaomi/ (Erstellt: 01.10.2014). Zugegriffen: 24.11.2014

Efrati, A. 2014. *Google's confidential Android contracts show rising requirements.* https://www.theinformation.com/Google-s-Confidential-Android-Contracts-Show-Rising-Requirements (Erstellt: 26.09.2014). Zugegriffen: 19.11.2014

Efrati, A. 2015. *Google's Next Bid to Lower Mobile Data Costs: Zero Rating.* https://www.theinformation.com/Google-s-Next-Bid-to-Lower-Mobile-Data-Costs-Zero-Rating (Erstellt: 13.02.2015). Zugegriffen: 31.03.2015

Eichenwald, K. 2014. *The Great Smartphone War.* http://www.vanityfair.com/business/2014/06/apple-samsung-smartphone-patent-war (Erstellt: 06.05.2014). Zugegriffen: 01.12.2014

eMarketer. http://www.emarketer.com/Article.aspx?R=1011881. Zugegriffen: 21.01.15

Evans, B. 2013. *The irrelevance of Microsoft.* http://ben-evans.com/benedictevans/2013/7/20/the-irrelevance-of-microsoft (Erstellt: 20.07.2013). Zugegriffen: 05.09.2014

Evans, B. 2014. *Mobile is Eating the World.* http://de.slideshare.net/a16z/mobile-is-eating-the-world-40841467 (Erstellt: 28.10.2014). Zugegriffen: 09.12.2014

Evans, B. 2015. *Mobile is Eating the World.* http://de.slideshare.net/a16z/mew-a16z?ref=http://ben-evans.com/benedictevans/2015/6/19/presentation-mobile-is-eating-the-world (Erstellt: 19.06.2015). Zugegriffen: 22.06.2015

Facebook 2014. *Facebook reports third quarter 2014 results.* http://investor.fb.com/releasedetail.cfm?ReleaseID=878726 (Erstellt: 28.10.2014). Zugegriffen: 30.10.2014

Fingas, J. 2014. *Apple- and Microsoft-backed patent group ends its war on Android.* http://www.engadget.com/2014/12/23/rockstar-sells-patents-ends-lawsuits/ (Erstellt: 23.12.2014). Zugegriffen: 13.01.2015

Fuest, B. 2014a: Der Android-Erfolg wird für Google zur Gefahr. In: Die Welt, 31.10.2014, S. 10 (2014)

Fuest, B. 2014b. *Amazons Fire Phone ist der Horror für Einzelhändler.* http://www.welt.de/wirtschaft/webwelt/article129251453/Amazons-Fire-Phone-ist-der-Horror-fuer-Einzelhaendler.html (Erstellt: 19.06.2014). Zugegriffen: 28.11.2014

Fried, I. 2014. *Samsung Pulls Back on Its Machine-Gun Approach to Smartphone Market.* http://recode.net/2014/11/19/samsung-pulls-back-on-its-machine-gun-approach-to-smartphone-market/ (Erstellt: 19.11.2014). Zugegriffen: 24.11.2014

Fried, I. 2015a. *Cyanogen Raises $80 Million With Backing From Twitter, Telefonica and Rupert Murdoch.* http://recode.net/2015/03/23/cyanogen-raises-80-million-with-backing-from-twitter-telefonica-and-rupert-murdoch/ (Erstellt: 23.03.2015). Zugegriffen: 01.04.2015

Fried, I. 2015b. *Alibaba Invests $590 Million in Meizu, a Smartphone Maker You've Probably Never Heard Of.* http://recode.net/2015/02/08/alibaba-invests-590-million-in-meizu-a-smartphone-maker-youve-probably-never-heard-of/ (Erstellt: 08.02.2015). Zugegriffen: 09.02.2015

FSFE. https://fsfe.org/campaigns/android/liberate.en.html. Zugegriffen: 03.04.2015

Gabriel, C. 2014. *Samsung has peaked in smartphones perhaps Android has too.* http://www.rethinkresearch.biz/articles/samsung-peaked-smartphones-perhaps-android/ (Erstellt: 06.11.2014). Zugegriffen: 19.11.2014

Gartner 2014a. *Tablets will represent less than 10 percent of all devices in 2014.* http://www.gartner. com/newsroom/id/2875017 (Erstellt: 15.10.2014). Zugegriffen: 28.10.2014

Gartner 2014b. *Gartner Says Worldwide Traditional PC, Tablet, Ultramobile and Mobile Phone Shipments On Pace to Grow 7.6 Percent in 2014.* http://www.gartner.com/newsroom/id/2645115 (Erstellt: 07.01.2014). Zugegriffen: 28.01.2015

Ghoshal, A. 2015. *Microsoft quietly launches a free lock screen replacement app for Android.* http:// thenextweb.com/apps/2015/02/03/microsoft-quietly-launches-free-lock-screen-replacement-app-android/ (Erstellt: 04.02.2015). Zugegriffen: 06.02.2015

Goldstein, P. 2014. *Microsoft makes Windows Phone free for OEMs.* http://www.fiercewireless. com/story/microsoft-makes-windows-phone-free-oems/2014-04-02 (Erstellt: 02.04.2014). Zugegriffen: 24.11.2014

Google o. J.a. https://fi.google.com/about/. Zugegriffen: 28.04.2015

Google o. J.b. http://www.projectara.com. Zugegriffen: 28.01.2015

GSMA 2014a: GSMA Intelligence. In: Mobile World Congress Daily, 25.02.2014, S. 56 (2014)

GSMA 2014b. *Smartphones to account for two thirds of world's mobile market by 2020.* http://www. gsma.com/newsroom/smartphones-account-two-thirds-worlds-mobile-market-2020/ (Erstellt: 11.09.2014). Zugegriffen: 28.10.2014

Heuzeroth, T.: Apple muss mit neuen iPads kräftig Schwung holen. In: Die Welt, 16.10.2014, S. 13 (2014)

Hille, M. 2015. *Microsofts Mobil-Strategie ist keineswegs gescheitert.* http://www.computerwoche. de/a/microsofts-mobil-strategie-ist-keineswegs-gescheitert,3212221 (Erstellt: 14.07.2015). Zugegriffen: 27.07.2015

Hogrefe, D. 2009. *Zellulare Netze.* http://user.informatik.uni-goettingen.de/~elanmk/mobkomI/ material/ss09/ZellulareNetze.pdf (Erstellt: 27.04.2009). Zugegriffen: 15.10.2014

Hughes, N. 2014. *Apple continues to dominate with massive 86 % share of handset industry profits.* http://appleinsider.com/articles/14/11/04/apple-continues-to-dominate-with-massive-86-share-of-handset-industry-profits (Erstellt: 04.11.2014). Zugegriffen: 19.11.2014

IDC 2014a. *Smartphone OS Market Share, Q2 2014.* http://www.idc.com/prodserv/smartphone-os-market-share.jsp. Zugegriffen: 05.09.2014

IDC 2014b. *Smartphone Outlook Remains Strong for 2014.* http://www.idc.com/getdoc.jsp? containerId=prUS25058714 (Erstellt: 28.08.2014). Zugegriffen: 28.10.2014

IDC 2014c. *A future fueled by phablets.* http://www.idc.com/getdoc.jsp? containerId=prUS25077914 (Erstellt: 03.09.2014). Zugegriffen: 28.10.2014

IDC 2015. http://www.idc.com/getdoc.jsp?containerId=prUS25450615. Zugegriffen: 01.04.2015

ITU 2015. *ICT Facts and Figures 2015.* http://www.itu.int/en/ITU-D/Statistics/Documents/facts/ ICTFactsFigures2015.pdf. Zugegriffen: 28.07.2015

Ivanovic, R. 2014. *The Android Screen Fragmentation Myth.* http://rustyshelf.org/2014/07/08/the-android-screen-fragmentation-myth/ (Erstellt: 08.07.2014). Zugegriffen: 24.11.2014

Jacobsen, N. 2014. Wir schlagen Ebay, kaufen Yahoo und stoppen Google. *absatzwirtschaft* 10: 20–23.

Johnson, P. 2015a. *Microsoft expands partnerships with leading device manufacturers.* http:// blogs.microsoft.com/blog/2015/03/23/microsoft-expands-partnerships-with-leading-device-manufacturers/ (Erstellt: 23.03.2015). Zugegriffen: 01.04.2015

Johnson, T. 2015b. *Google, Netflix Push for Strong Net Neutrality Rules As FCC Nears Vote.* http://variety.com/2015/biz/news/google-netflix-push-for-strong-net-neutrality-rules-as-fcc-nears-vote-1201393170/ (Erstellt: 06.01.2015). Zugegriffen: 06.02.2015

Kantar. http://www.kantarworldpanel.com/global/smartphone-os-market-share/ Zugegriffen: 16.05.2015

Kawalkowski, B. 2014. *Wie schnell Smartphones an Wert verlieren.* http://www.inside-handy. de/news/33170-preisverfall-bei-galaxy-lumia-und-co-wie-schnell-smartphones-an-wert-verlieren (Erstellt: 24.10.2014). Zugegriffen: 28.10.2014

Kerkmann, C., Spohr, F., und Postinett, A. 2015. Aufstand gegen Mark Zuckerberg. *Handelsblatt* 76: 22–23

Kling, B. 2015. *Cyanogen will unabhängig von Google werden.* http://www.zdnet.de/ 88217256/cyanogen-will-unabhaengig-von-google-werden/ (Erstellt: 27.01.2015). Zugegriffen: 06.02.2015

Koetsier, J. 2014. *There are now at least 25 billion-dollar mobile internet companies.* http:// venturebeat.com/2014/09/03/there-are-now-at-least-25-billion-dollar-mobile-internet-companies/ (Erstellt: 03.09.2014). Zugegriffen: 09.12.2014

Kuketz, M. 2012. *Datenschutz für Android.* http://www.kuketz-blog.de/aspotcat-datenschutz-fuer-android-teil1/ (Erstellt: 12.10.2012). Zugegriffen: 03.04.2015

Kuketz, M. 2014. *Your phone Your data – Android ohne Google.* http://www.kuketz-blog.de/your-phone-your-data-teil1/ (Erstellt: 06.02.2014). Zugegriffen: 02.04.2015

Lardinois, F. 2014. *Google now has 1b active monthly android users.* http://techcrunch. com/2014/06/25/google-now-has-1b-active-android-users/ (Erstellt: 25.06.2014). Zugegriffen: 28.10.2014

Lessin, J.E. 2015. *Google Nears Major Investment in SpaceX to Bolster Satellites.* https:// www.theinformation.com/Google-Nears-Major-Investment-in-SpaceX-to-Bolster-Satellites (Erstellt: 19.01.2015). Zugegriffen: 20.01.2015

Lieberman, D. 2007. *CEO Forum: Microsoft's Ballmer having a 'great time'.* http://usatoday30. usatoday.com/money/companies/management/2007-04-29-ballmer-ceo-forum-usat_N.htm? siteID=je6NUbpObpQ-ybvepP6I0PDlZK8jZCV7pg (Erstellt: 30.04.2007). Zugegriffen: 05.09.2014

Liivak, M. 2014. *Infographic: Why is Windows Phone outselling iPhone in 24 countries?.* https://blog.fortumo.com/infographic-why-is-windows-phone-outselling-iphone-in-24-countries/ (Erstellt: 05.05.2014). Zugegriffen: 28.11.2014

Lockheimer, H. 2015. *Android has helped create more choice and innovation on mobile than ever before.* http://googleblog.blogspot.de/2015/04/android-has-helped-create-more-choice.html (Erstellt: 15.04.2015). Zugegriffen: 16.04.2015

Lomas, N. 2015. *Apple Says App Store Billings Up 50 % In 2014. Total Of $ 25BN Now Paid To iOS Devs.* http://techcrunch.com/2015/01/08/apple-app-store-january-2015/ (Erstellt: 08.01.2015). Zugegriffen: 13.01.2015

Lovejoy, B. 2014. *These are the most popular non-Apple apps people keep on their home-screens.* http://9to5mac.com/2014/11/26/these-are-the-most-popular-non-apple-apps-people-keep-on-their-homescreens/ (Erstellt: 26.11.2014). Zugegriffen: 28.11.2014

Lowensohn, J. 2011. *Samsung cites Kubrick film in Apple patent spat.* http://www.cnet. com/news/samsung-cites-kubrick-film-in-apple-patent-spat/ (Erstellt: 23.08.2011). Zugegriffen: 01.12.2014

Manjoo, F. 2014. *Can Facebook Innovate? A Conversation with Mark Zuckerberg.* http://bits.blogs.nytimes.com/2014/04/16/can-facebook-innovate-a-conversation-with-mark-zuckerberg/?_r=0 (Erstellt: 16.04.2014). Zugegriffen: 01.12.2014

McMillan, R. 2012. *How Apple and Microsoft Armed 4,000 Patent Warheads.* http://www.wired.com/2012/05/rockstar/all/ (Erstellt: 21.05.2012). Zugegriffen: 01.12.2014

Medrano, R. 2012. *Welcome to the API economy.* http://www.forbes.com/sites/ciocentral/2012/08/29/welcome-to-the-api-economy/ (Erstellt: 29.08.2012). Zugegriffen: 25.07.2015

Meeker, M. 2014. *Internet Trends 2014* Slideshare-Präsentation, S. 10. http://www.kpcb.com/internet-trends (Erstellt: 28.05.2014). Zugegriffen: 23.12.2014

Mossberg, W. 2014. *How to Understand the Google-Apple Smartphone War.* http://recode.net/2014/12/11/how-to-understand-the-google-apple-smartphone-war/ (Erstellt: 11.12.2014). Zugegriffen: 13.01.2015

Newton, C. 2015. *In Facebook's family of apps, Messenger is the new golden child.* http://www.theverge.com/2015/3/25/8292229/facebook-messenger-platform-line-wechat (Erstellt: 25.03.2015). Zugegriffen: 02.04.2015

Nishar, D. 2014. *The Next Three Billion.* http://blog.linkedin.com/2014/04/18/the-next-three-billion/ (Erstellt: 18.04.2014). Zugegriffen: 09.12.2014

Open Handset Alliance 2007. *Industry Leaders announce Open Platform for Mobile Devices.* http://www.openhandsetalliance.com/press_110507.html (Erstellt: 05.11.2007). Zugegriffen: 06.09.2014

OpenSignal 2014. *Android Fragmentation Visualized.* http://opensignal.com/reports/2014/android-fragmentation/ (Erstellt: 18.11.14)

Oreskovic, A., und M. Nayak. 2014. *Facebook to buy virtual reality goggles maker for $ 2 billion.* http://www.reuters.com/article/2014/03/26/us-facebook-acquisition-idUSBREA2O1WX20140326 (Erstellt: 26.03.2014). Zugegriffen: 30.10.2014

Pallenberg, S. 2015. *Build 2015 oder warum Microsoft eine verdammt coole Company ist.* http://www.mobilegeeks.de/artikel/build-2015-microsoft/ (Erstellt: 29.04.2015). Zugegriffen: 30.04.2015

Patel, N. 2014. *Is Samsung bigger than Google?.* http://www.theverge.com/2014/8/15/6005867/is-samsung-bigger-than-google (Erstellt: 15.08.2014). Zugegriffen: 24.11.2014

PrivacyGrade. http://privacygrade.org. Zugegriffen: 16.05.2015

Racoma, J.A. 2012. *Alibaba: Aliyun OS is 'not a fork' of Android.* http://www.androidauthority.com/alibaba-aliyun-os-not-fork-android-115492/ (Erstellt: 17.09.2012). Zugegriffen: 19.11.2014

re/code: Google I/O, by Numbers (25.06.2014). http://recode.net/2014/06/25/google-io-by-the-numbers/. Zugegriffen: 06.09.2014

Regalado, A. 2014. *The Economics of the Internet of Things.* http://www.technologyreview.com/news/527361/the-economics-of-the-internet-of-things/ (Erstellt: 20.05.2014). Zugegriffen: 25.07.2015

Roettgers, J. 2014. *WWDC statshot.* https://gigaom.com/2014/06/02/wwdc-statshot-800-million-ios-devices-sold-75-billion-apps-downloaded/ (Erstellt: 02.06.2014). Zugegriffen: 28.10.2014

Rosen, G. 2014. *Introducing the Internet.org App.* http://internet.org/press/announcing-the-internet-dot-org-app (Erstellt: 31.07.2014). Zugegriffen: 19.11.2014

Rosoff, M. 2013. *Former Windows chief: Mobile will quickly become the new normal.* http://www.citeworld.com/article/2114758/cloud-computing/boxworks-sinofsky-disruption.html (Erstellt: 16.09.2013). Zugegriffen: 09.12.2014

Russell, J. 2015. *Microsoft Is Developing Software That Converts Android Phones To Windows 10.* http://techcrunch.com/2015/03/17/microsoft-android-rom/ (Erstellt: 17.03.2015). Zugegriffen: 02.04.2015

Russell, K. 2014. *With iOS 8, The iPhone Will Become Your Digital Hub.* http://techcrunch.com/2014/06/07/with-ios-8-the-iphone-will-become-your-digital-hub/ (Erstellt: 07.06.2014). Zugegriffen: 28.11.2014

Savov, V. 2014a. *iPhone or Android: it's time to choose your religion.* http://www.theverge.com/2014/6/26/5845138/choose-your-religion-iphone-or-android (Erstellt: 26.06.2014). Zugegriffen: 28.11.2014

Savov, V. 2014b. *Nokia saw the future, but couldn't build it.* http://www.theverge.com/2014/9/22/6826051/nokia-saw-the-future-but-couldnt-build-it (Erstellt: 22.09.2014). Zugegriffen: 24.11.2014

Savov, V. 2015. *Facebook's march to global domination is trampling over net neutrality.* http://www.theverge.com/2015/2/13/8024993/facebook-internet-org-net-neutrality (Erstellt: 13.02.2015). Zugegriffen: 31.03.2015

Saylor, M. 2012. *The Mobile Wave.* New York: Vanguard Press.

Schadler, T., J. Bernoff, und J. Ask. 2014. *The Mobile Mind Shift.* Cambridge: Groundswell Press.

Schenck, S. 2014. *First non-Google Android app crosses billion-download threshold.* http://pocketnow.com/2014/09/02/android-facebook-app-downloads (Erstellt: 02.09.2014). Zugegriffen: 24.11.2014

Schenker, J.L. 2015. *Google Faces Backlash Over Android.* http://www.informilo.com/2015/03/google-faces-backlash-over-android/ (Erstellt: 02.03.2015). Zugegriffen: 06.04.2015

Schmidt, E. 2010. *Keynote auf dem Mobile World Congress.* https://www.youtube.com/watch?v=YuqiE2lukDM (Erstellt: 16.02.2010). Zugegriffen: 05.09.2014

Schmidt, H. 2014. *Smartphones: Sony zieht in Deutschland an Nokia vorbei.* http://netzoekonom.de/2014/08/24/smartphones-sony-zieht-in-deutschland-an-nokia-vorbei/ (Erstellt: 24.08.2014). Zugegriffen: 28.11.2014

Schulz, T. 2014. *Silicon Valley: Schreibt Microsoft noch nicht ab!.* http://www.spiegel.de/netzwelt/gadgets/microsoft-nach-ballmer-lothar-matthaeus-der-tech-welt-a-962710.html (Erstellt: 05.04.2014). Zugegriffen: 28.11.2014

Serowy, S. 2015. *Google Project Ara: Preis, Release, Daten, Bilder und News.* http://www.androidpit.de/google-project-ara-bilder-preis-release-daten-und-news (Erstellt: 14.01.2015). Zugegriffen: 28.01.2015

Sinofsky, S. 2014. *Mobile OS Paradigm.* http://blog.learningbyshipping.com/2014/08/12/mobile-os-paradigm/ (Erstellt: 12.08.2014). Zugegriffen: 09.12.2014

Springham, J. 2013. *The Mobile World.* http://raconteur.net/technology/the-mobile-world (Erstellt: 10.11.13). Zugegriffen: 28.10.2014

Smith, D. 2014. *Chart of the Day: All of Facebook's revenue growth is coming from Mobile Ads.* http://uk.businessinsider.com/chart-of-the-day-facebook-growth-comes-from-mobile-ads-2014-10?r=US (Erstellt: 28.10.2014). Zugegriffen: 23.12.2014

Sterling, G. 2015. *Report: Mobile Users Spend 80 Percent Of Time In Just Five Apps*. http://marketingland.com/report-mobile-users-spend-80-percent-time-just-five-apps-116858 (Erstellt: 02.02.2015). Zugegriffen: 31.03.2015

Tode, C. 2015. *Google's wireless strategy has potential to be global carrier-agnostic service*. http://www.mobilemarketer.com/cms/news/carrier-networks/19901.html (Erstellt: 04.03.2015). Zugegriffen: 02.04.2015

Trentmann, N.: Chinas popbunter Handyriese. In: Die Welt, 24.11.2014, S. 14 (2014)

Urban Dictionary. http://de.urbandictionary.com/define.php?term=Glasshole. Zugegriffen: 09.02.2015

Vassallo, E. 2014. *It's 2014, and Android fragmentation is no longer a problem*. https://gigaom.com/2014/08/17/its-2014-and-android-fragmentation-is-no-longer-a-problem/ (Erstellt: 17.08.2014). Zugegriffen: 24.11.2014

VATM 2011. *13. gemeinsame TK-Marktanalyse 2011*. http://www.vatm.de/uploads/media/TK-Marktstudie_2011.pdf (Erstellt: 27.10.2011). Zugegriffen: 06.09.2014

VATM 2014. *16. TK-Marktanalyse Deutschland 2014*. http://www.vatm.de/fileadmin/publikationen/studien/2014/marktstudie-2014.pdf (Erstellt: 28.10.2014). Zugegriffen: 29.10.2014

Vincent, J. 2015a. *Analysts say Apple has beaten Samsung to become world's largest smartphone vendor*. http://www.theverge.com/2015/1/29/7937177/apple-beats-samsung-smartphone-share (Erstellt: 29.01.2015). Zugegriffen: 29.01.2015

Vincent, J. 2015b. *Facebook invites everyone inside its Internet.org walled garden*. http://www.theverge.com/2015/5/4/8542131/interner-org-net-neutrality-platform-developers (Erstellt: 04.05.2015). Zugegriffen: 06.05.2015

VisionMobile 2014a. *European App Economy 2014*. http://www.visionmobile.com/product/european-app-economy-2014/. Zugegriffen: 10.10.2014

VisionMobile 2014b. *Developer Economics Q3 2014: State of the Developer Nation*. http://www.visionmobile.com/product/developer-economics-q3-2014/. Zugegriffen: 18.11.2014

Walker, L. 2015. *Why the Net Neutrality Fight Isn't Over*. http://www.newsweek.com/why-net-neutrality-fight-isnt-over-305060 (Erstellt: 06.02.2015). Zugegriffen: 31.03.2015

Walsh, K. 2015. *Global Smartphone Sales Exceed 1.2B Units In 2014*. http://www.gfk.com/news-and-events/press-room/press-releases/pages/global-smartphone-sales-exceed-1-2b-units-in-2014.aspx (Erstellt: 17.02.2015). Zugegriffen: 01.04.2015

Warren, T. 2014a. *From 'Windows Mobile 2003 for Pocket PC Professional Edition' to 'Windows'*. http://www.theverge.com/2014/9/22/6826051/nokia-saw-the-future-but-couldnt-build-it (Erstellt: 11.09.2014). Zugegriffen: 24.11.2014

Warren, T. 2014b. *I've given up on Windows Phone*. http://www.theverge.com/2014/12/11/7377021/ive-given-up-on-windows-phone (Erstellt: 11.12.2014). Zugegriffen: 12.12.2014

Welsh, C. 2015. *Google confirms plans to launch its own mobile service in the 'coming months'*. http://www.theverge.com/2015/3/2/8132245/google-confirms-mvno-plans (Erstellt: 02.03.2015). Zugegriffen: 01.04.2015

Whittaker, Z. 2013. *IDC: More smartphones shipped during Q1 than feature phones*. http://www.zdnet.com/idc-more-smartphones-shipped-during-q1-than-feature-phones-7000014578/ (Erstellt: 26.04.2013). Zugegriffen: 28.10.2014

Wikipedia o. J.a. http://de.wikipedia.org/wiki/Smartphone. Zugegriffen: 06.09.2014

Wikipedia o. J.b. http://en.wikipedia.org/wiki/Smartphone_patent_wars. Zugegriffen: 01.12.2014

Wilhelm, A. 2014. *The Platform Wars.* http://techcrunch.com/2014/06/05/the-platform-wars/ (Erstellt: 05.06.2014). Zugegriffen: 28.11.2014

Winkler, R., und S. Ovide. 2015. *Microsoft to Invest in Rogue Android Startup Cyanogen.* http://www.wsj.com/articles/BL-DGB-40241 (Erstellt: 29.01.2015). Zugegriffen: 03.02.2015

Yarow, J. 2013. *Chart of the day: Samsung is stealing smartphone profit share from Apple.* http://www.businessinsider.com/chart-of-the-day-smartphone-industry-profit-share-2013-7 (Erstellt: 05.08.2013). Zugegriffen: 28.10.2014

YouTube 2013. *Steve Jobs – iPhone Introduction in 2007.* https://www.youtube.com/watch?v=9hUIxyE2Ns8 (Erstellt: 10.01.2013). Zugegriffen: 06.09.2014

YouTube 2014. *Apple – WWDC 2014.* https://www.youtube.com/watch?v=w87fOAG8fjk (Erstellt: 03.06.2014). Zugegriffen: 06.09.2014

YouTube o. J.a. https://www.youtube.com/watch?v=bxCKeFSXI44. Zugegriffen: 27.07.2015

YouTube o. J.b. Android: Be together. Not the same. https://www.youtube.com/playlist?list=PLOcMSsuppV4pWBxVVJGE9dOeHUtOxHJDd. Zugegriffen: 16.04.2015

Zeng, V. 2014. *Alibaba beyond eCommerce: Understanding the World's Biggest Digital Ecosystem.* http://blogs.forrester.com/vanessa_zeng/14-09-04-alibaba_beyond_ecommerce_understanding_the_worlds_biggest_digital_ecosystem (Erstellt: 04.09.2014). Zugegriffen: 19.11.2014

Verstärkung der Welle

2

Zusammenfassung

Die zunehmende Vernetzung von Alltagsgegenständen zum Internet der Dinge, das dadurch jeden Tag ins Unermessliche steigende Big Data Aufkommen und die smarte Integration der Cloud als Aufbewahrungsbecken für diese Datenberge verstärken die durch Mobile ausgelösten Eruptionen. Konnektivität mit dem Internet wird so selbstverständlich wie der Zugang zu Strom. Unter den Tech-Konzernen herrscht ein Wettlauf um die Vorherrschaft in den durch die Vernetzung entstehenden Märkten wie Wearables, Connected Cars, Smart Homes sowie den Smart Factories der Industrie 4.0 und die damit verbundene Ausweitung des Mediums Mobile in alle Bereiche des menschlichen Daseins. Die riesigen Datenaufkommen werden in Echtzeit mit immer mächtigeren Algorithmen durch Big Data Miner analysiert. Die so erzeugten Erkenntnisse fließen wiederum ein in verbesserte Kommunikation, Produkte und Dienstleistungen. So wie warme Meere tropische Wirbelstürme mit immer neuer feuchter Luft versorgen und damit den riesigen Wirbel und die zerstörerische Kraft verstärken, sorgt die zunehmende Intelligenz der Dinge und die immer bessere Auswertung der Datenberge für eine permanente Verstärkung der Welle Mobile.

Inhaltsverzeichnis

© Springer Fachmedien Wiesbaden 2016   53
M. Wächter, *Mobile Strategy*, DOI 10.1007/978-3-658-06011-4_2

Immer mehr Alltagsgegenstände, Maschinen und Infrastrukturkomponenten werden über Schnittstellen und Sensoren mit dem Internet vernetzt – untereinander und mit den Anwendern. Es wird vom „Internet of Things" (Ashton 2009) oder kurz IOT gesprochen. Die erfassten Aggregatzustände, Logdateien, Parameter, Protokolle und Standortdaten resultieren in unvorstellbar großen, komplexen Datenmengen, die irgendwann im Verlauf des Verarbeitungsprozesses auf anonymen bzw. unbekannten Speicherplätzen außerhalb des eigenen Zuständigkeitsbereiches in der *Cloud* abgelegt werden – einem seit Mitte der 90er Jahre in der IT-Szene kursierenden und seit Mitte des letzten Jahrzehnts immer salonfähiger gewordenen Synonym für jederzeit zugriffsbereite, ausgelagerte Internet-Dienste (vgl. Willis 2008). Mit immer stärkeren Algorithmen werden aus diesem riesigen, ständig und rasant anwachsenden und mit traditionellen Datenbanken nicht mehr Herr zu werdenden Datenvolumen, dem *Big Data* (vgl. Wikipedia o. J.a), hochrelevante und Informationsvorsprünge verschaffende Auswertungen produziert, also „Smart Data" (Heuring 2014), welche wiederum völlig neue Formen von Dienstleistungen und Technologien ermöglichen. Im Mittelpunkt – quasi als Cockpit und damit Steuerungszentrale, mindestens aber als Beobachtungswerkzeug – stehen in der Regel die mobilen Endgeräte. Mobile ermöglicht es, dass Milliardenimperien geschaffen werden mit nichts als einer Idee und einem neuen Algorithmus als Grundlage. Wenn Mobile also der Hub im Internet der Dinge ist, dann verstärkt die zunehmende Vernetzung des Alltags (auch wenn diese natürlich nicht immer drahtlos erfolgt) automatisch den Mobile Tsunami. Wie schon angedeutet, ist es eine der Kernherausforderungen für die Netzbetreiber dieser Welt, dem durch die zunehmende Verbreitung von mobilen Endgeräten und des Internet der Dinge exorbitant steigenden Datenvolumen immer einen Schritt voraus zu sein. Im Folgenden werden diese unsere Riesenwelle verstärkenden IT-Phänomene beleuchtet. Für eine ausführliche Betrachtung der Konzepte wie auch eine entsprechende Technologiefolgenabschätzung sowie Daten- und Virenschutzdebatte darf auf die einschlägige Fachliteratur oder auch den einen oder anderen Roman wie *BLACKOUT* von *Marc Elsberg* verwiesen werden. Aber um es ganz deutlich auszusprechen im Sinne meiner geschätzten Kollegen *Tim Cole* und dem leider 2014 viel zu früh verstorbenen *Ossi Urchs*: Digitalisierung und Vernetzung sind kein Schnupfen, der wieder weggeht. Die digitale Zukunft kommt mit Macht, und permanente digitale Aufklärung ist notwendig, um die disruptiven Möglichkeiten des Internet zu verstehen und sinnvoll zu gestalten (vgl. Urchs und Cole 2013, S. 29–42).

2.1 Das Internet der Dinge

Cisco spricht vom *Internet of Everything*, *Ericsson* von der *Networked Society* und *IBM* gar vom *Smarter Planet*. Die Bandbreite der Begriffe spiegelt nicht nur den Marketing-Hype wider, sondern auch die unterschiedliche Markteinschätzung für das Jahr 2020: Je nach Quelle ist von 25 bis 50 Milliarden vernetzten Dingen die Rede. *Gartner* geht von ca. 5 Milliarden an das Internet angebundenen Objekten in 2015 aus, wobei die IOT-affinsten Branchen die Versorgungs- und Fertigungswirtschaft, der kommunale und der

Automobilsektor sind. Das weltumspannende Netz aus Sensoren hat also so oder so eine rasante Entwicklung vor sich (vgl. Lomas 2014). Massiv fallende Technologiekosten und die Explosion an smarten Dingen sorgen dafür, dass das Internet der Dinge nahezu jede Industrie betreffen wird (vgl. Spindler 2013, S. 42). Das *McKinsey Global Institute* hat im Juni 2015 in einer Studie lesenswert zusammengefasst, wie das IOT Bereiche des privaten, öffentlichen und unternehmerischen Lebens in den kommenden Jahren verändern wird (vgl. McKinsey 2015). Dabei wurde der potenziell weltweit zu erzielende wirtschaftliche Mehrwert durch IOT-Anwendungen im Jahr 2025 auf bis zu 11 Billionen US-Dollar taxiert. Von diesem Kuchen möchten neben klassischen IT-Playern, den Netzausrüstern und Telcos und unseren Ökosystem-Mobile-Giganten auch Player wie *ABB*, *Bosch*, *GE* oder *Siemens* ein gehöriges Stück abbekommen. Aber auch Spezialisten wie *Jasper Technologies* und *PTC* sowie Tausende von Start-ups wie *libelium*, *n.io*, *relayr*, *SIGFOX* oder *xively* buhlen um Aufträge zur Vernetzung des Planeten. Laut *John Chambers*, bis Ende Juli 2015 CEO von *Cisco*, wird die ganze Welt IP (vgl. Preston 2013). Konnektivität ist die Elektrifizierung des 21. Jahrhunderts. Aus naheliegenden Gründen werden immer mehr Objekte über die Mobilfunktechnik miteinander vernetzt. Die M2M-Kommunikation, also die über Mobilfunknetze stattfindende, automatische Datenkommunikation zwischen im Idealfall mit speziellen M2M-SIM-Karten ausgerüsteten Maschinen, ist der Wegbereiter des Internet der Dinge. Da die M2M-Module in der Regel in eine umfangreichere Hardware eingebettet sind, spricht man auch von *embedded connectivity*. Die Datenkommunikation zwischen den Maschinen kann sensible Informationen enthalten und erfolgt in der Regel über mehrere Mobilfunknetze und auch schon mal Landesgrenzen hinweg. Deshalb sind Kriterien wie Robustheit, Sicherheit, Zuverlässigkeit, Erreichbarkeit, Redundanz und Netzverfügbarkeit entscheidende Qualitätsfaktoren für den Roll-Out, den neben den etablierten Netzbetreibern immer öfter unabhängige M2M-Connectivity-Service-Provider übernehmen (vgl. Wimmers 2014).

Das größte Hemmnis für das Internet der Dinge sind die fehlenden offenen Standards, Betriebsplattformen und in Europa der heterogene Digitalmarkt mit seinen unterschiedlichen Regeln für Daten- und Verbraucherschutz. Eine Vielzahl von proprietären Schnittstellen und Protokollen machen eine geräteübergreifende Integration nicht immer möglich. Die Rede ist vom Krieg der IOT-Standards (vgl. Crowley 2014). Erst übergreifende Servicekonzepte können das ganze disruptive Potenzial in einer Welt der vernetzten Objekte zur Entfaltung bringen. Ein Konsortium aus sieben Standardisierungsgremien hat deshalb 2012 den *oneM2M*-Standard ins Leben gerufen und treibt seitdem international gültige Spezifikationen für die M2M-Kommunikation im Internet der Dinge voran (vgl. Curtis 2012). Und unter Initiierung des Internet-Veteranen *Vint Cerf*, heute als Chief Internet Evangelist bei *Google* unter Vertrag, launchten die Kalifornier Ende 2014 das *Open Web of Things* Programm, um disziplinübergreifend Ideen für vernetzte Objekte zu generieren mit Bezug zu Aspekten wie Benutzeroberfläche, App-Entwicklung, Datenschutz sowie eingesetzte Protokolle und Plattformen (vgl. Sawers 2014). Auch das geschieht natürlich nicht uneigennützig, treibt *Google* doch gewissermaßen mit der Vernetzung immer neuer Geräte und Anwendungen eine Art „Betriebssystem unseres Lebens" voran (Laube

2014). Der Launch der *Google* Initiative *Physical Web*, einem Projekt mit dem Ziel, bei der Vernetzung und Nutzung aller smarten Endgeräte im Internet der Dinge nicht immer auf Apps angewiesen zu sein, erscheint in diesem Zusammenhang nur wie ein Zwischenschritt (vgl. Google o. J.a und Etherington 2014). Auf der *I/O 2015* wurde mit *Brillo* gleich ein Betriebssystem und mit *Weave* das Kommunikationssystem für das IOT und die miteinander vernetzten Dinge vorgestellt (vgl. Google o. J.b). Schließlich haben auch die Chip-Giganten *Intel* und *Qualcomm* ihre eigenen IOT-Plattformen im Markt platziert mit dem Ziel der Standardisierung der vernetzten Welt (vgl. Hardawar 2014). *Intel* etablierte Mitte 2014 unter anderem mit *Dell* und *Samsung* das *Open Interconnect Consortium* (vgl. Open Interconnect Consortium 2015) – als Antwort auf die Ende 2013 von *Qualcomm* ins Leben gerufene *AllSeen Alliance* (vgl. Linux Foundation 2015). Schon Anfang 2013 erblickte das *Internet of Things Consortium* das Licht der Welt (vgl. Ha 2013), und der geneigte Leser bekommt den berechtigten Eindruck, dass es bald so viele IOT-Standardisierungsgremien gibt wie zu harmonisierende Protokolle.

2.1.1 Vernetzter Alltag: Wearables, Connected Cars & Mobile Health

Ausgehend vom immer mächtiger werdenden Super-Computer in der Hosentasche hat sich in den letzten Jahren ein Teilbereich des Internet der Dinge in das unmittelbare Umfeld der Menschen ausgedehnt. Unter dem Schlagwort Wearables erhalten Armbänder, Brillen, Ketten, Kleidungsstücke, Ringe, Schuhe, Taschen und Uhren Zugriff auf das Internet – entweder indirekt über die Verbindung zum Smartphone oder mehr und mehr auch direkt über eingebaute Mobilfunkschnittstellen. Innerhalb kürzester Zeit hat sich bereits eine große Anzahl von Technologiefirmen auf die Produktion und Vermarktung von Wearables gestürzt. *Wearable World* hat in einer eindrucksvollen Grafik bereits Mitte 2014 mit sechs Hardware-Segmenten, elf Anwendungsbereichen und an die 200 Gadget-Herstellern die breite Ökosystem-Landschaft dargestellt (vgl. Dudenhoeffer 2014). Die an Hongkong angrenzende Industrieregion Shenzhen bezeichnet sich auch gerne als „Silicon Valley für Hardware". Der dort ansässige und auf solche Gadget-Finanzierungen spezialisierte Accelerator *HAX* gibt jährlich eine lesenswerte Analyse der weltweiten Szene heraus (vgl. Ebersweiler 2015). Eine Auswertung der einschlägigen Preissuchmaschinen Ende 2014 listete für den deutschen Markt 160 verfügbare Wearables von über 30 Herstellern auf. Laut *GfK* wurden 2014 weltweit 17,6 Millionen Wearables verkauft, und bis zum Jahresende 2015 könnten noch einmal über 50 Millionen dazukommen (vgl. Schäfgen 2015). *Pebble*, ein Pionier im Bereich Smartwatches, generierte auf der Plattform *Kickstarter* bis Ende März 2015 mit 80.000 Unterstützern (sog. *Backers*) die bis dahin größte Crowdfunding-Kampagne der Welt und erzielte über 20 Millionen US-Dollar für den Launch des Modells *Time*. Alle Investoren erhielten automatisch eine Version der Uhr. Der Trend zum Digital Lifestyle trifft auf die Sport-, Fitness- und Fashion-Welt. Mobile wird zum Accessoire.

Es sind vor allem drei Treiber, die das Wearable-Segment zu einem Multi-Milliarden-Euro-Markt haben anschwellen lassen: Zunächst einmal spricht die pure *Convenience* für Smartphone-Erweiterungen am Körper. Ein Bild ist einfach viel schneller mit einer Datenbrille als mit dem im Zweifel in der Hose steckenden Handy geschossen, ein entsprechend codierter Fingerring entsperrt das mobile Endgerät automatisch und eine Eilmeldung wird direkt auf dem Armgelenk gelesen. Der zweite Treiber ist der Mega-Trend des *Self-Tracking*. Immer mehr Anhänger der *Quantified-Self*-Bewegung (vgl. Quantified Self 2014) wollen einen genauen Überblick über ihre Vitalparameter gewinnen, sei es der Kalorienverbrauch, der Fettanteil, der Puls, der Blutdruck, der Blutzuckerspiegel, die Schlafphase oder die getätigte Schrittmenge (vgl. Boytchev 2013). Mit den korrespondierenden Apps auf dem Smartphone kann man sich ein Armaturenbrett für seine Körperfunktionen zusammenstellen, sich mit anderen in puncto Fitness in der Cloud messen oder ganz einfach die Vitalparameter seinem Arzt zur Verfügung stellen. Wearables werden zum persönlichen Coach. Der dritte Treiber ist am ehesten mit *Expansion* zu beschreiben. Der Wirkungskreis des Smartphone wird auf andere Gebrauchsgüter ausgedehnt. Die Smartwatch vibriert leicht rechts oder links, wenn die vorgeschlagene Route auf dem Smartphone im Fußgängermodus ein entsprechendes Abbiegen empfiehlt. Der Bezahlvorgang wird über die Uhr abgewickelt. Die mit größerer Funktionalität ausgestatteten Smartwatches mit eingebautem Bluetooth-, GPS- und NFC-Chip, Lage- und Beschleunigungssensor, Kamera, Lautsprecher und nicht zuletzt Sprachassistenten werden das heute noch größte Segment der Wearables, die *Smart Bands*, in kürzester Zeit absatztechnisch überholen. Wearables, insbesondere aber smarte Armband-Uhren, versetzen den eigenen Körper und viele seiner Parameter quasi in einen permanenten Online-Status und bereiten Bio-Daten für jegliche Interpretation auf. Und Mikro-Sensoren, die in Textilien eingewoben werden wie beim *Project Jacquard* von *Google*, werden es schon bald Kleidung ermöglichen, eine Handbewegung und einen Fingerdruck zu interpretieren (vgl. Google o. J.c).

Das Medium Mobile erobert also nach den in der Hand getragenen vier bis elf Zoll Bildschirmen nun auch die maximal 2 Zoll kleinen Bildschirme am Armgelenk, und so ist es kein Wunder, dass *Google* mit *Android Wear* eigens eine Betriebssystem-Version mit spezifischen Entwicklungs-Schnittstellen nur für Uhren und andere Wearables entwickelt hat. *Apple* stellt den Entwicklern für seine Smartwatch die Entwicklungsumgebung *WatchKit* für die Programmierung von Apps, Auf-einen-Blick-Infotafeln (*Glances* genannt) sowie Benachrichtigungen zur Verfügung. Diese Umgebung läuft auf dem *iPhone* und die Uhr ist quasi ein für Mikro-Interaktionen optimierter Satellit für das Smartphone. Ohne Verbindung zu diesem ist die Uhr um einen Großteil ihrer Funktionalität beraubt. Apps für die Watch sind zunächst nur Erweiterungen für iOS-Apps und werden auf dem korrespondierenden *iPhone* ausgeführt. Auf der Uhr selber sieht man eine angepasste Nutzeroberfläche, wenn beide Endgeräte miteinander verbunden sind. Phone und Watch bilden eine Symbiose und sind Kompagnons (vgl. Woods 2015). Und das Developer-Ökosystem von *Apple* hat sich mit Vehemenz auf die Uhr gestürzt: Waren zum Launch im März 2015 ca. 3.000 Apps kompatibel mit der Uhr, wurden alleine in den drei Monaten darauf weitere 5.000 Apps veröffentlicht (Miller 2015). Seit Herbst 2015 können mit *Watch OS 2.0* auch native und damit deutlich leistungsfähigere Apps für die Uhr entwickelt werden. *Christian Vilsbek* hat für die Fachzeitschrift *COMPUTERWOCHE* Fakten, Apps, Funktionsweise und Studien zusammengefasst und sehenswert multimedial aufbereitet (vgl. Computerwoche 2015). Auf *WatchAware* lässt sich sehr schön durch alle für die *Apple Watch* freigegebenen Apps stöbern inklusive Darstellung der App Icons auf dem Bildschirm der Uhr und Erklärung der Funktionsweise der jeweiligen Anwendung (vgl. AppAdvice 2015). *Samsung* hat mit der *Gear S* eine Smartwatch im Programm, die mit eingebauter SIM-Karte und 4 GB Speicher eigentlich schon ein Smartphone ist und vollkommen autonom arbeiten kann.

Mit Streaming-Kameras ausgestattete, fahrende, springende und vor allem fliegende Drohnen werden vom Smartphone aus gesteuert und sind zurzeit besonders angesagte Gadgets. Sie werden aber vor allem in der Logistikbranche zunehmend auch in Geschäftsmodelle integriert, wie die Same-Day-Delivery-Piloten von *Amazon* und *DHL* im Herbst 2014 zeigten (vgl. Johnston 2014). Wie eine Zukunft aussehen kann, in der omnipräsente Drohnen alles aufzeichnen, beschreibt *Tom Hillenbrand* in seinem Roman *DROHNEN-LAND* sehr eindrucksvoll. Das Auto schließlich mutiert als *Connected Car* zum Smartphone auf Rädern. So ist es nicht verwunderlich, dass sich im *Silicon Valley* die Auto- und die Internet-Industrie die Klinke in die Hand geben. Man trifft sich in den jeweiligen Forschungslaboren und tüftelt an Mobilitätskonzepten von morgen – mit dem Mobile Internet als verbindendem Glied der beiden Branchen. So hat *BMW* (Vorreiter mit Connected Car Diensten wie *DriveNow*, *ChargeNow*, *ParkNow*) besonders intime Beziehungen zu *Apple* und beide Konzerne haben eine ähnliche Markenphilosophie. Immer mehr Connected Cars sind die Helden auf IKT-Messen, und Automessen wiederum bringen mit dedizierten *Mobility Worlds* dem Autokäufer Themen wie Connected Cars, eMobility, Mobility Services und Urban Mobility näher.

In dem Maße wie die klassischen Automobilhersteller immer mehr zu solchen *Urban Mobility Provider* werden, hält das Medium Mobile Einzug in alle Belange dieser Branche. Alle Automobilhersteller und deren Zulieferer haben mehrere Mobility-Projekte, die mit Hochdruck vorangetrieben werden. Laut dem Verband der Automobilindustrie haben bis 2016 80 Prozent aller Neuwagen einen mobilen Internetzugang (vgl. Schroeder 2014). Weltweit werden bis 2020 250 Millionen vernetzte Fahrzeuge auf den Straßen unterwegs sein (vgl. Gartner 2015). In die *On-Board Units* der Fahrzeuge eingebaute SIM-Karten und über Bluetooth oder *MirrorLink* des *Car Connectivity Consortium* gekoppelte Smartphones sorgen für die Verbindung mit dem Internet und damit für Zugang zu Infotainment-Diensten wie Online-Navigation, Internet-Radio oder Parkplatzverfügbarkeitsprüfung, Sicherheits-Features wie automatische Notrufe oder Vernetzung mit anderen Fahrzeugen und Kommunikations-Services wie dem Vorlesen von SMS oder E-Mails während der Fahrt. Zukünftig könnten, wie in einem Mobility-Pilotprojekt von *Ford* getestet, Datenboxen das individuelle Fahrverhalten analysieren, um spezifische Versicherungsangebote zu erstellen. Parkplatz Spotter könnten im Vorbeifahren freie Parklücken messen und diese in die Cloud melden – Schwarmintelligenz unter vernetzten Autos. Fahrer von Elektro-Autos werden schon heute per App zur nächsten Stromtankstelle geroutet, wie bei der *Charge & Pay App* von *Mercedes* und *Bosch*. Die *e-kWh App* von *RWE* lässt Nutzer zielgruppen-konform passende Ladesäulen des Energieerzeugers finden, die 100 Prozent Ökostrom garantieren. Über die *i-Remote App* von *BMW* kann man vor Reisebeginn den Batterie-ladezustand, die Restladezeit und die aktuelle Reichweite ermitteln. *VW* geht noch einen Schritt weiter und lässt den E-Auto-Besitzer über die *Car-Net e-Remote App* den Lade-vorgang mobil starten und stoppen. Und *Tesla* schließlich lässt seine Autos auch mittels Fingerabdruckerkennung über den *Touch-ID* Button auf dem *iPhone* starten.

Alle Konzepte der *Sharing Economy* (vgl. Sundararajan 2013), wie *Car-, Bike-* oder *Room-Sharing*-Konzepte, funktionieren erst sinnvoll über geobasierte Standortauskünfte auf dem mobilen Endgerät, Remote-Entriegelung von Schlössern und in Echtzeit ans Re-chenzentrum übertragene User-ID zur Ermittlung der jeweiligen Nutzungsdaten (vgl. Ru-bin 2014). Spätestens *Autonomes Fahren* von Kraftfahrzeugen mit Sensoren rund um das Auto, permanentem GPS-Datenabgleich, Car-to-Car-Kommunikation mit dem Vorder-mann und Car-to-X-Kommunikation mit der Verkehrsinfrastruktur erfordert die absolute Integration in das Internet der Dinge, wie zahlreiche Pilotprojekte der Automobilbranche, aber auch von IT-Größen wie *Google* und *IBM* zeigen. *BMW* demonstrierte zum Beispiel auf der *CES* in Las Vegas im Januar 2015 das *Remote Valet Parking*: ein mit Laserscan-nern ausgerüsteter *i3*, der bei Auslösung der Funktion auf der Smartwatch des Besitzers selbstständig im Parkhaus einparkt und per selbiger vom Besitzer zum Ausgang gerufen wird. Um die Reichweite ihrer Mobile-OS-Ökosysteme auf die Armaturenbretter von Au-tos zu erweitern, die nahtlose Integration von mobilen Endgeräten zu gewähren und die Anwendungen an die Bedürfnisse der Fahrer anzupassen, haben 2014 sowohl *Apple* mit *CarPlay* als auch *Google* mit *Android Auto* spezifische Connected Cars Lösungen ein-geführt. *Google* ging sogar noch einen Schritt weiter und hob ganz in Anlehnung an die erfolgreiche *Open Handset Alliance* im Frühjahr 2014 die *Open Automotive Alliance* aus der Taufe mit dem eindeutigen Ziel, einen weiteren Mobile Screen ähnlich schnell und dominant zu erobern – und das möglichst bald auch vollkommen autark von mit dem Auto verbundenen mobilen Endgeräten (vgl. Oreskovic und Klayman 2014). Es zeichnet sich der nächste Kriegsschauplatz an: der „Car Wars" (Freitag 2014) um die Kontrolle über die automobilinterne Informationsplattform, die Schnittstellen und die damit ein-hergehende Datenhoheit. Erste Automobil-Hersteller beugen sich dem Marktdruck und öffnen sich für alle dargestellten Plattformen (vgl. Ziegler 2015). Dabei wird die zustän-dige Hardware für die Vernetzung der Autos immer öfter so modular angelegt, dass man Architektur-Komponenten auch in der Bestandsflotte jederzeit austauschen kann und so besser den schnellen Innovationszyklen der IT-Industrie gerecht werden kann. *VW* hat im Juli 2015 angekündigt, die hauseigene *Car-Net Infrastruktur* in den 2016er Modellen nicht nur für *MirrorLink*, sondern auch für *Android Auto* und *Apple CarPlay* zu öffnen (vgl. VW 2015). Bereits im Spätsommer 2015 standen die ersten Exemplare in den US-Händler-Showrooms. Es sieht ganz so aus, als wären zukünftig statt Benzin Bits und Bytes die treibende Kraft auf Straßen. Fahrerassistenzsysteme, Navigation, Kommunikati-on und Multimedia werden im Connected Car immer wichtiger, und das Fahrzeugcockpit durchläuft gerade eine ähnlich Revolution in puncto Funktionalität und Design wie das Smartphone vor zehn Jahren. Nach Sprachsteuerung kommen jetzt mehr und mehr Touch- und Gestensteuerung zum Zuge. Das Armaturenbrett wird zu einem einzigen Bildschirm, den der Fahrer nach persönlichen Belangen konfigurieren kann. Die Automobil-OS-Oberflächen lassen sich dabei an den jeweiligen Bildschirmplatzbedarf der unterschiedlichen Hersteller anpassen. Die Steuerung solch nativer Funktionen wie der Klimaanlage wandert als von den Automobilherstellern programmierte App auf Oberflächen wie *CarPlay*. Wie ernst es *Google* und *Apple* mit der Eroberung der Produktkategorie Automobil nehmen, zeigen die Initiativen zum Thema Autonomes Fahren. Auch wenn der Produkt-Pilot von *Google* noch eher aussieht wie das berühmte *Fliewatüüt* von Robbi und Tobbi (vgl. Gannes 2014) – man erinnere sich, wie hässlich das erste *Android*-Smartphone aussah – und *Apple* aus dem Projektstatus mit dem Namen *Titan* noch nicht herausgekommen ist (vgl. Oliver 2015): Die Automobil-Branche ist entsprechend alarmiert. Das System Auto wird neu erschaffen und muss radikal vom mobilen Betriebssystem und dem damit verbundenen Ökosystem gedacht werden. Gelingt der Autoindustrie diese digitale Vernetzung nicht, „droht ihr die Nokiasierung" (Lobo 2015). Der Bieterkampf um den Kartendienst *Nokia Here* gibt einen ersten Vorgeschmack auf das, was kommt: Um zu vermeiden, dass *Apple*, *Facebook*, *Google* oder *Uber* den freien Zugang zu diesen wichtigen Navigationskartendaten erobern, verbündeten sich im Mai 2015 *Audi*, *BMW* und *Daimler* zu einem für weitere Partner offenen Bieter-Konsortium und erwarben im Juli den für pilotiertes Fahren und zukünftige Mobilitätsleistungen so wichtigen digitalen Navigationsdienst. Um der „Google-Falle" zu entgehen, müsse die Kontrolle über solch ein sensibles Know-how in Europa bleiben (Freitag und Maier 2015). Gute Kontakte bestanden bereits: *BMW* hatte im Herbst 2014 eine IT-Tochter von *Nokia Here* erworben, die nun von Chicago aus Computerprogramme für die Mobilität von morgen entwickelt (vgl. Freitag 2015).

Der dritte Vernetzungsbereich des unmittelbaren Alltags wird unter dem Schlagwort Mobile Health zusammengefasst. Schon seit Jahren werden mobile Endgeräte und entsprechende Services und Apps gerade in Entwicklungsländern dazu angewendet, die allgemeine medizinische Aufklärung und Versorgung zu verbessern. Es gibt in vielen Ländern gute Beispiele und viele Start-ups im Umfeld von mHealth-Lösungen (vgl. WHO 2011 sowie University of Cambridge 2011). Im Kontext dieses Buches interessiert vor allem der zweite Bereich des mHealth-Sektors: die Ausstattung von Smartphones und Tablets mit mHealth Apps (von Ernährungs-, Gesundheits- und Fitness-Ratgebern bis zu professionellen *Medical Apps* für den Einsatz durch Ärzte und das Fachpersonal in Praxen und in Kliniken) und die Aufrüstung dieser mobilen Endgeräte mit technischen Erweiterungen zu echten *Health Mates*. Auch hier ist in den letzten Jahren ein großer Markt entstanden mit weit über 100.000 verfügbaren Gesundheits-Apps alleine in den beiden größten App Stores (vgl. Comstock 2014) und diversen Anbietern von Smartphone-Erweiterungen und Health Gadgets, die mit dem mobilen Endgerät verbunden werden, um den Blutzuckerspiegel, den Blutdruck und andere Vitalparameter zu messen und die Daten direkt zentral zu erfassen.

Aus meiner Beraterpraxis

Seit einigen Jahren konzeptioniere und moderiere ich den Medical App Wettbewerb auf der weltgrößten Medizintechnik-Messe *MEDICA*. Von Jahr zu Jahr wird die Bandbreite der eingereichten Apps größer. Jede medizinische Fachrichtung wird vom Medium Mobile erobert: von der App, die eine Basiskommunikation in Gebärdensprache zwischen einem Gehörlosen und dem medizinischen Personal sicherstellt, über die Ultraschall-bilder speichernde Frühgeburts-Warn-App bis hin zur tief an die Backend-Systeme der Krankenhaus-IT angebundenen Tablet-App, die dem Operationsteam dreidimensionale chirurgische Daten bei der Lebertransplantation liefert. Der Mobile Tsunami erfasst die Medizinbranche mit voller Wucht und Entwickler auf der ganzen Welt arbeiten mit Hochdruck an faszinierenden Lösungen an der Schnittstelle von Mobile und Health-IT.

Treiber dieses neuen Milliardenmarktes der digitalen Medizin sind auf Verbraucher-seite das gesteigerte Gesundheitsbewusstsein und die Verbreitung von Mobile Apps und Wearables und auf Arzt-Seite der zunehmende Kostendruck, die steigende Komplexi-tät der Medizinprodukte, steigende Behandlungszahlen bei immer weniger Praxen, die Fernüberwachung von Medizingeräten und Patienten, Fortschritte in der Telemedizin, vor allem aber die zunehmende Digitalisierung von Patientendaten in Form von elektroni-schen Gesundheitsakten und der zunehmenden Übertragung dieser Vitalparameter von Arzt zu Arzt. Ein weiteres Wachstumsfeld in einer alternden Gesellschaft ist das soge-nannte *Ambient Assisted Living*, bei dem altersgerechte Assistenzsysteme für ältere oder hilfsbedürftige Menschen dafür sorgen, dass diese länger in ihren eigenen vier Wänden wohnen können. Dabei birgt der Einsatz von Smartphones, Tablets, Health Gadgets und Apps in Arztpraxen und Krankenhäusern auch tatsächliche und rechtliche Risiken, die es gerade in diesem sensiblen Markt natürlich zu beachten gilt (vgl. Pramann und Albrecht 2014, S. 23–53).

Man ahnt es bereits: Trotz der sensiblen Eigenschaften des Gesundheitsmarktes sind die Wachstumsaussichten dieses Teilbereiches des Ökosystems Mobile zu verlockend, als dass die Plattformkrieger ihn der Medizin- und Pharmabranche überlassen würden. *Apple* ermöglicht über das Entwicklerwerkzeug *HealthKit* den Gesundheits-Gadgets Zugriff auf die in der *Health App* gespeicherten Vitalparameter. *Google* stellt mit *Google Fit* eine of-fene Entwicklungsplattform primär für die Anbindung von Fitness-Gadgets an – wobei der Ausbau in Richtung professionellem Medizintechnikmarkt natürlich jederzeit mög-lich ist, wie der detaillierte Blick in die Körperflüssigkeiten und Erbgut-Basenpaare von 175 Probanden beim Pilotprojekt *Baseline* eindrucksvoll zeigt (vgl. Behrens 2014). In ei-ne ähnliche Richtung geht *Samsung* mit *S Health*, bleibt damit aber in seinem Ökosystem aus *Samsung* Smartphone, Smart Band und Smartwatch. Alle drei versuchen, möglichst viele der Health Wearables, Gadgets und Apps an ihr Universum anzuschließen, die Da-tenarchivierung und -analyse zu bündeln (vgl. Spehr 2015) und somit natürlich wieder mehr Nutzer an das eigene Biotop zu binden (vgl. Popper 2014). Und die Krankenkassen dieser Welt stehen Gewehr bei Fuß, eine Auswahl der gesammelten Messwerte per Fern-zugriff aus der Cloud auszuwerten und per Früherkennung entsprechende Maßnahmen einzuleiten. Als *Facebook* die Fitness-App *Moves* kaufte, wurden die Nutzungsbedingungen geändert: Personenbezogene Daten durften fortan mit Partner-Unternehmen geteilt werden (vgl. Engel 2014). Die *Versicherungsgruppe Generali* hat Ende 2014 für Furore gesorgt, als sie angekündigt hat, für einen gesunden Lebensstil ihren Kunden Gutscheine und Rabatte anzubieten, wenn diese bereit wären, ihre Fitness- und Ernährungsparameter via App regelmäßig zu übermitteln (vgl. Maak 2014). Es ging ein Raunen durch den Blätterwald, aber es zeigte auch, wie schnell der Mobile Tsunami die verkrusteten und hochregulierten Strukturen des Gesundheitsbereiches hinwegschwemmen könnte (vgl. Göbel et al. 2014, S. 89). Allein schon die Aussicht, dass die Vernetzung von Ärzten, Patienten, Krankenkassen und -häusern über Rechenzentren in der Cloud die Ausgaben im Gesundheitssektor um bis zu 20 Prozent senken könnte, elektrisiert die Branche (vgl. Hupe 2014a, S. 52).

2.1.2   Vernetzte Infrastruktur: Von Smart Homes & Cities zum Smarter Planet

Neben der unmittelbaren Umgebung wird auch die uns umgebende Infrastruktur immer smarter. Vernetzte Helfer können heute schon große Teile der Haustechnik regeln. Das *Smart Home* wird von der passenden Smartphone oder Tablet App aus gesteuert. Alles lässt sich automatisieren – von der Garagen- und Haustür über die Klingelanlage und Jalousien, Klima- und Alarmanlagen, Lampen, Kaffeeautomaten, Musikanlagen, Waschmaschinen, Rauchmelder und Kühlschränke bis hin zu Heizungs-Thermostaten und Stromzählern. Allerdings fehlen auch hier noch offene Standards. Alleine fast 10 unterschiedliche, für Smart Home optimierte Kurzstrecken-Funkprotokolle konkurrieren miteinander. Des Weiteren sind Verschlüsselung und Sicherheit natürlich wesentliche Anforderungen, damit aus dem Smart nicht ungewollt das Open Home wird. Wesentliche Treiber für das intelligente Haus sind Komfort, Pflege, Gesundheit, Sicherheit und Energieeinsparung. Der Branchenverband *BITKOM* und *Deloitte* prognostizierten auf dem *Nationalen IT Gipfel* im Oktober 2014, dass es in Deutschland bis 2018 bereits eine Million Smart Home-Haushalte geben könnte (s. Abb. 2.1).

Heruntergebrochen auf vernetzungsfähige Haushaltsgeräte liegt deren Anteil bis dahin bundesweit bei 50 Prozent (vgl. RWE 2015). Das Zuhause erlebt also dann seinen ganz eigenen Mobile Moment. Neben zahlreichen Start-ups erobern vor allem Versorger, Telekommunikationsanbieter und Endgerätehersteller mit eigenen Smart Home Produkt-Suites die Wohn- und Geschäftsräume.

Aber da wie schon bei Wearables, Mobile Health und Connected Cars das Smartphone oder das Tablet im Smart Home Bereich eine zentrale Steuerungsfunktion übernimmt, erweitern die Protagonisten des Ökosystems Mobile natürlich auch in diesem Markt ihren Einflussbereich. Wenn *Nest*-Gründer *Tony Fadell* sich damit rühmte, dass seine Firma – ein Hersteller von intelligenten Rauchmeldern und Thermostaten – weiß, wann jemand zuhause ist, dann bekam das nach der durch *Google* erfolgten Übernahme Anfang 2014

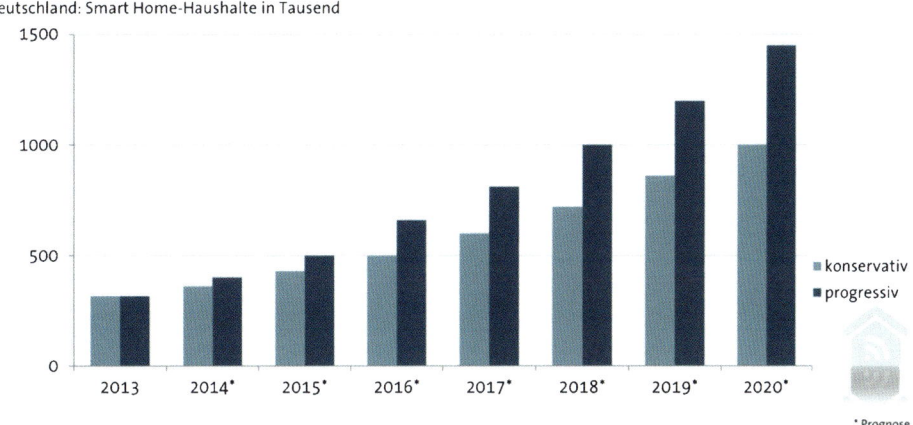

Deutschland: Smart Home-Haushalte in Tausend

Abb. 2.1 Bereits 2018 könnte die Zahl der Smart Home-Haushalte die Millionengrenze überschreiten. (Quelle: Deloitte 2015; Grafik: BITKOM)

eine ganz andere Tonalität. Der ein halbes Jahr später erfolgte Erwerb des Start-ups *Dropcam*, einem Hersteller von mit dem Internet vernetzten Überwachungskameras für Smart Homes, rief selbst in der Tech-Szene Bedenken in puncto Privatsphäre hervor (vgl. Metz 2014). Es ist eben schon ein Unterschied, ob ein Start-up hässliche Haushaltsgeräte in faszinierende und begehrenswerte Smart Home Designtrophäen verwandelt oder ein global operierendes Unternehmen, das eh schon enorm viele Daten seiner Nutzer sammelt und auswertet, durch Smart Home Applikationen – und seien sie noch so edel gestaltet – direkten Zugriff auf das Allerheiligste, das eigene Zuhause, bekommt. Jedenfalls kann man bereits mit *Google Now* das *Nest*-Thermostat steuern: Wenn man unterwegs in sein *Android*-Gerät haucht, die Wohnung bitte auf 21 °C aufzuwärmen, erscheint auf dem von *Google Now* diagnostizierten Heimweg die Nachricht auf dem Smartphone, *Nest* würde alles vorbereiten für die Ankunft (vgl. Steele 2014). Im August 2014 verkündete dann *Samsung*, dass es die Firma *SmartThings* übernimmt. Das Smart Home Start-up stellt eine offene Plattform für die Heim-Vernetzung in Form eines zentralen Hubs und damit kommunizierender Sensoren zur Verfügung. Damit ähnelt es der *Qivicon*-Lösung der *Deutschen Telekom*. Der Einstieg der Koreaner soll noch mehr Partner und Geräte an die offene Plattform binden (vgl. Swisher 2014) und erst der Anfang einer umfangreichen IOT-Strategie sein. *Apple* schließlich hat mit der Veröffentlichung von iOS 8 die *HomeKit* genannte Anwendung auf allen Smartphones und Tablets installiert, um Smart Home Applikations- und Endgeräte-Entwicklern eine zentrale Entwicklungsumgebung zur Steuerung des vernetzten Hauses an die Hand zu geben. Über die auf den *Apple* Devices vorinstallierte Spracherkennungssoftware *Siri* sollen dann zum Beispiel das Licht, das Klima, Türen und Tore gesteuert werden. Anfang 2015 verkündete *Apple* dann, dass die neueren *Apple TV* Konsolen, immerhin schon in mehreren Millionen Haushalten vorhanden, um eine

HomeKit-Hub Funktion erweitert werden sollen, um auch den Fernzugriff auf das vernetzte Haus zu gewährleisten (vgl. Eilhard 2015).

Intelligente Stromzähler (*Smart Meter*) in diesen Smart Homes werden – als zentrale Schnittstelle zwischen Energie- und Datenwelt – von den Stromkonzernen über intelligente Netze, sogenannte *Smart Grids*, zusammengeschaltet, um die Haushalte wiederum mit bedarfsgerechten Strompaketen zu versorgen. Die Summe aus Smart Homes, intelligenten Transport- und Versorgungssystemen, für Smartphones optimierten Behördendiensten (*mGovernment*; vgl. Wikipedia o. J.b) und smarten Gebäuden macht dann eine *Smart City* aus. Der webbasierte Marktplatz des *Europäischen Innovations-Programms für Smart Cities und Communities* listet Anfang 2015 bereits knapp 800 Projekte auf (vgl. EU Smart Cities 2015). Die überwiegende Mehrheit der neun Milliarden Menschen, die bis 2020 auf der Welt leben werden, wird in Städten wohnen. Smart Cities sind also schon alleine aus Gründen der effizienteren Ressourcen-Nutzung eine absolute Notwendigkeit. Die „Vernetzung zahlreicher Handlungs- und Lebensbereiche der Bürger mittels neuester digitaler Technologien" ist der Schlüssel moderner Städteplanung (Jaekel und Bronnert 2013, S. 2). Und erst wenn Städte dann, basierend auf der Datenanalyse aller wichtigen Lebensbereiche – von der Energieversorgung bis zum Verkehr – komplexe Abläufe effizienter koordinieren und aufeinander abstimmen können, sind sie wirklich smart (vgl. Clemens 2014). *Los Angeles* hat bereits 2013 als weltweit erste Stadt alle seine 4.500 Ampeln untereinander vernetzt, synchronisiert und so die auf der Straße verbrachte Reisezeit seiner Bürger um 12 Prozent reduziert (vgl. DuBravac 2014). Mehr und mehr Städte implementieren einen Chief Technology Officer, um die notwendige IT-Infrastruktur zur effizienten Verarbeitung all der Datentransaktionen fachgerecht aufzubauen und über IOT-Projekte koordiniert Einsparungen zu realisieren. In der Aggregation all der Projekte zur Vernetzung der Infrastruktur wird in den nächsten Jahren logischerweise der Planet immer smarter (vgl. IBM o. J.a), auch wenn wir hier erst am Anfang der Entwicklung stehen. Fest steht schon heute, dass diese smarte Technologie etwas Vorausschauendes hat und mit der „eingebauten Sorge des Objekts um das Subjekt einen Bruch mit allen bisherigen Gewohnheiten in unserem Verhältnis zur Welt, die uns umgibt", mit sich bringt (Delius 2015).

2.1.3 Industrie 4.0: Smart Factory – Made in Germany?

Die universelle Vernetzung bringt qualitative Veränderungen auch in der industriellen Fertigung hervor. Das Internet der Dinge macht Prozesse effizienter, spart Ressourcen, gibt kontextsensitive Informationen, deckt Optimierungspotenziale auf und steuert bedarfsgerecht Wartungsintervalle. Man spricht von der *Preventive Maintenance*, wenn der Austausch von Komponenten schon vor ihrem Ausfall erfolgt (vgl. Kelly 2013). Die Wartungsfirmen bekommen via M2M-Technologien Zugriff auf Anlagedaten bis hinunter auf einzelne Sensoren. Genauso dringt die Konnektivität an die Montagebänder vor: Just-in-Time-Anbindungen und eine optimierte Lagerhaltung von Gütern und Komponenten erfordern die Vernetzung mit externen Systemen der Lieferanten und Kunden. Durch die Internetanbindung werden sowohl Anlagen als auch Produkte intelligent, so dass ganze Produktionsprozesse nicht mehr auf eine zentrale Steuerung angewiesen sind. In der *Smart Factory* tauschen diese internetfähigen, sogenannten cyber-physischen Systeme Informationen aus und reagieren per Sensorik auf Veränderungen in ihrer Umgebung. Vision ist es, dass Fertigungsprozesse von der zentralen Steuerung auf sich selbst optimierende und steuernde Systeme umgestellt werden (vgl. Schlücker 2014). Eine Vision ist es alleine schon deshalb, weil manche Produktionshallen durchaus 50 Jahre genutzt werden, die Weiterentwicklung der Internet-Technologie dagegen fast täglichen Lebenszyklen unterliegt. Wie schon in der Automobilindustrie mit ihren im Durchschnitt achtjährigen Entwicklungszyklen überbrücken deshalb jederzeit austauschbare, mobile Endgeräte wie Smartphones, Tablets und Wearables die unterschiedlichen Produktlebenszyklen der Industrien. Die Bandbreite der Einsatzfelder reicht von der Überwachung des Herstellungsprozesses, der Bestandskontrolle in Echtzeit, dem mobilen Zugang zu ERP-Systemen bis zur verbesserten Kollaboration des gesamten Produktionsteams.

Nach der Mechanisierung manueller Fertigungsprozesse Ende des 18. Jahrhunderts, der Elektrifizierung im späten 19. Jahrhundert und der beginnenden Automatisierung dank Mikroelektronik vor einigen Jahrzehnten, ist nun die vierte industrielle Revolution angebrochen, plakativ mit *Industrie 4.0* bezeichnet. Dieser Begriff tauchte erstmals zur *Hannover Messe* 2011 auf (vgl. Kagermann und Lukas 2011) und wurde von der Bundesregierung als ein Baustein ihrer Hightech-Strategie aufgenommen (vgl. Die Bundesregierung 2015 und BMBF 2015). 2012 etablierte der amerikanische Konzern *GE* den Begriff *Industrial Internet* (vgl. Regalado 2014) und hob 2014 das *Industrial Internet Consortium* (IIC) aus der Taufe, unter dessen über 120 Mitgliedern auch *Bosch*, *SAP* und *Siemens* sind. Auch hier geht es darum, wie Software, *Embedded Systems*, das Internet der Dinge und die korrespondierende Big Data Analyse die Industrieproduktion im 21. Jahrhundert radikal verändert und welche Standards für an das Internet angeschlossene Industriesysteme notwendigerweise gesetzt werden müssen (vgl. GE Software 2015). Gerade die industriell geprägte deutsche Wirtschaft kann sich im globalen Wettbewerb Vorteile durch die mit der selbststeuernden Fertigung einhergehende Variabilität und Präzision im Material- und Teilefluss erarbeiten, wenn sie den Schatz an Betriebsdaten hebt und in neue Servicekonzepte einfließen lässt. Die reibungslose M2M-Kommunikation über das Internet of Everything ist eine Kernvoraussetzung für die Entwicklung zum Industrie 4.0 Standort. Laut einer *McKinsey*-Studie aus dem Jahre 2014, in der gemessen an der Wertschöpfung das Internet der Dinge die wichtigste Zukunftstechnologie für die nächsten zehn Jahre ist, befindet sich Deutschland in puncto Integration von Internet-Technologien in die Produktion in einer aussichtsreichen Startposition (vgl. Dürand et al. 2014). Alleine das verarbeitende Gewerbe könnte innerhalb von zehn Jahren einen Produktivitätsgewinn von bis zu 150 Milliarden Euro erzielen (vgl. BCG 2015). Die Herausforderung wird sein, die Geschwindigkeit der Internet-Industrie mitzugehen. Es spricht vieles dafür, dass Konzepte wie Industrie 4.0 und Mobile Security im deutschen Markt auf fruchtbaren Ingenieurs-Boden fallen. Diese Know-how-Felder würden der Industrienation Deutschland auch gut zu Gesicht stehen in Anbetracht der Tatsache, dass bekanntlich die Mobile- und Internet-Industrie in die westlich und östlich von Europa angrenzenden Kontinente ausgewandert sind. Um der deutschen Wirtschaft in puncto Standardisierung und Sicherheit der Industrie 4.0 im internationalen Umfeld mehr Gewicht zu geben, gründete die *Deutsche Telekom* gemeinsam mit *SAP* auf der *CEBIT* 2015 ein entsprechendes Konsortium und launchte eine *Connected Industry Platform* für die sogenannte Cloud der Dinge.

Leider deuten mehrere Studien in den letzten Jahren darauf hin, dass Deutschland beim Thema Industrie 4.0 hinterherhinkt (vgl. PwC 2015) und die digitale Revolution regelrecht verschläft (vgl. Bayer 2015). Der *Münchner Kreis* stellt in einer Studie Anfang 2015 die These auf, dass die Digitalisierung die Achillesferse der deutschen Wirtschaft ist (vgl. Münchner Kreis 2015). Natürlich eröffnen mit dem Internet vernetzte Maschinen und Anlagen auch Einfallstüren für Cyber-Kriminelle zur Spionage, Sabotage und zum Datendiebstahl – was den Industriestandort Deutschland mit vielen global agierenden Innovationsführern berechtigterweise zusätzlich verunsichert und Widerstände hervorruft. Konkrete Angriffe auf die sogenannte kritische Infrastruktur sind keine Utopie. So wurde im IT-Sicherheitsbericht des *Bundesamtes für Sicherheit in der Informationstechnik (BSI)* Ende 2014 der Fall eines deutschen Stahlkonzerns publik, bei dem Hacker die Steuerung eines Hochofens gekapert hatten (vgl. Fuest 2014). Da jedes dem Webstandard gehorchende Element grundsätzlich angreifbar ist, simuliert das *BSI* regelmäßig Angriffe auf die kritische Infrastruktur in Deutschland, um allen Beteiligten die Komplexität und Vulnerabilität der Industrie 4.0 vor Augen zu führen (vgl. Urban 2014). Die Vernetzung der Fabriken muss also einhergehen mit entsprechend durchdachten Sicherheitskonzepten und einer sensiblen Planung von Hardware-Einkäufen, mit denen man sich im Zweifel vorinstallierte Spionageprogramme einkaufen könnte. Schließlich steht der klassische deutsche Mittelstand nicht gerade im Verdacht, jedem Hype-Thema sofort hinterherzulaufen. Das könnte sich in Form einer „Industrie 4.0 made in Germany" als Wettbewerbsvorteil herausstellen, als digitales Wirtschaftswunder oder aber sich in puncto Umsetzungsgeschwindigkeit der digitalen Transformation der Geschäftsabläufe in schlichter Überforderung rächen (vgl. Maier und Student 2014). Ausgerechnet die „deutsche Innovations-DNA", nachhaltige und komplexe Lösungen zu schaffen, wirkt in disruptiven Zeiten mit smarten, global operierenden Herausforderern eher wie ein Bremsklotz (Felser 2014).

Mit *BlackBerry*, *Cisco*, *IBM*, *Microsoft*, *Samsung* und *Symantec* sind bereits große IT-Namen dem oben erwähnten *IIC* beigetreten. *GE* verkündete 2013 beim Launch einer Big Data Analytics Plattform eine Partnerschaft unter anderem auch mit *Amazon Web Services*, dem Marktführer bei Public Clouds (vgl. Butler 2014). *Google* hat in den letzten Jahren massiv in Automations- und Robotik-Technologien und -Start-ups investiert, und das vor allem mit dem Ziel, die industrielle Produktion effizienter zu machen (vgl. Markoff 2013). Ironischerweise ist ein erster Kunde für den Einsatz von effizienzsteigernder Roboter-Technologie aus dem Hause *Google* der taiwanesische Auftragshersteller *Foxconn*, der berühmt wurde als zentraler Fertiger von *Apples iPhones* und *iPads* (vgl. Luk 2014). In Summe hat man Stand 2015 das dumpfe Gefühl, dass die US-Champions der Digitalökonomie und die mit schierer Innovationskraft bestückten asiatischen IT-Tiger bessere Voraussetzungen für ein Überleben in der neuen Industrieära haben. Der Wagniskapitalgeber *Marc Andreessen* proklamierte 2011 vor dem Hintergrund der digitalen Eruption der Musik-, Film-, Medien- und Handelsbranche, dass Software die Welt aufesse. In Zeiten, in denen Mobile-, Cloud-, Social- und Big Data-Technologien selbst die klassische produzierende Industrie disruptiven Veränderungen unterwerfen, bekommt dieser Ausspruch eine ganz neue Dimension (vgl. Golden 2014). Auf dem Weg zur Smart Factory werden einige Traditionsfirmen auf der Strecke bleiben, auch wenn bereits 75 Prozent der Unternehmenslenker diese Technologien zumindest als strategisch bedeutend für ihre Firma betrachten (vgl. IBM o. J.b). Aber bis jetzt hatte noch jede industrielle Revolution Verwerfungen im Firmenbestand im Gepäck.

2.2 Datengoldrausch oder Big Data Mining in der Cloud

Das Internet verbindet nicht mehr nur Computer und Mobile Devices, sondern mutiert durch die umfassende Vernetzung von Menschen, Prozessen, Daten und Objekten wie dargestellt zum Internet of Everything. In diesem Zuge kommt es zu einer exponentiell steigenden Datenflut. Im Jahr 2020 steigt das digitale Universum auf diesem Planeten auf die unvorstellbar hohe Datenmenge von 44 Trillionen Gigabytes an, von der ca. 30 Prozent über mobile Endgeräte und M2M-Module produziert werden (vgl. Turner et al. 2014). Dabei entwickelt sich das weltweite Datenaufkommen entlang des berühmten Hockeyschlägerverlaufs: Unglaubliche 90 Prozent aller in der Geschichte der Menschheit angefallenen Daten wurden bereits Mitte 2013 erst in den zwei Jahren davor produziert (vgl. Dragland 2013). Schon heute saugt *Facebook* täglich 500-mal mehr Daten auf als die *New York Stock Exchange* (vgl. Ballve 2014). Es mag abschrecken oder faszinieren, aber es gibt wohl zurzeit keinen größeren Datensammler und -Transformator als *Google*. Alle Anwendungen der *Google Experience* (Online und Mobile) werden im Hintergrund analysiert und die anfallenden Daten – pro Tag fallen alleine 3 Milliarden Suchanfragen an – permanent übersetzt in verbesserte oder gleich neue, kontextuelle Dienste. *Google* versteht es wie kein Zweiter, die fünf Kräfte des Kontext (vgl. Scoble und Israel 2013, S. 1) – Mobile, Soziale Netzwerke, Daten, Sensoren und Verortung – sich gegenseitig stimulierend und gewinnbringend in ständig optimierte oder eben neue Produkte und Services einzusetzen. Der Datensauger ist der Prototyp des *Big Data Miner*. Da die meisten Daten im Augenblick ihrer Entstehung am wertvollsten sind, erschließt sich der eigentliche Mehrwert von Big Data durch relevante Auswertungen und Interpretationen der Rohdaten in Echtzeit (Realtime-Analysen): Es entsteht *Smart Data*. Wenn dieses Smart Data das neue Öl ist, dann erscheint *Google* wie das omnipotente Monopol *Standard Oil* des legendären *John D. Rockefeller* – welches zum Ausgang des 19. Jahrhunderts 70 Prozent des Weltmarktes kontrollierte und bekanntlich Anfang des 20. Jahrhunderts zerschlagen wurde (vgl. Williams 2014). Wozu es führen kann, wenn eine Firma die Geschäftsfelder von *Apple*, *Facebook*, *Google* und *Twitter* in sich vereint und die Kunden über eine einzige Internetidentität in einer alle Daten erfassenden und von einer Instanz kontrollierten Cloud leben, beschreibt *Dave Eggers* in seinem Roman *DER CIRCLE* sehr realitätsnah. Auf der *CeBIT* 2014 wurde der Begriff *Datability* geprägt. Die Messemacher verstanden darunter die Fähigkeit, große Datenmengen in hoher Geschwindigkeit verantwortungsvoll und nachhaltig zu nutzen – und trafen damit den Zeitgeist. Dabei greifen die Aspekte Datensicherheit und Datenschutz ineinander, wie das Beispiel der zunehmend vernetzten Autos zeigt. Diese Smart Cars unterliegen immer mehr den Gesetzmäßigkeiten der Computer-Industrie. Wenn Steuerungssysteme mit dem Internet kommunizieren, sind sie auch beeinflussbar. So entdeckte der *ADAC* Anfang 2015 eine Sicherheitslücke im *ConnectedDrive* Service von *BMW* (vgl. Seppala 2015) und kurze Zeit später hieß es bei den weltweit 2,5 Millionen betroffenen Fahrzeugen: „Ihr BMW hat gerade ein Sicherheits-Patch heruntergeladen!" Per Smartwatch aufgeschlossene oder gar aus dem Parkplatz gelenkte Fahrzeuge sind auch potenzielle Hacker-Einfallstüren. Da Connected Cars via permanenter Ortung und Aufzeichnung von Wegstrecken, Uhrzeiten und Fahrstilen wahre Datenschleudern seien können, hat die *Auto Alliance* – in der alle großen amerikanischen und deutschen Hersteller Mitglied sind – Prinzipien zum Schutze der Privatsphäre der Insassen aufgestellt (vgl. Fingas 2014), die im Sinne der Fahrzeug-Insassen eine bewusste Abwägung zwischen Bequemlichkeits- und Sicherheitsanforderungen auf der einen und Überwachungsängsten auf der anderen Seite gewährleisten sollen. Letztendlich sollte es immer um die „Digitale Selbstbestimmung" (Evsan 2009) gehen. In einer zunehmend vernetzten, permanent Daten produzierenden Welt bekommen die Attribute Privatsphäre und Datensicherheit eine ganz neue Dimension (vgl. FTC 2015), und es bedarf klarer Standards und Regeln, um ein „Data Fukushima" zu verhindern (Leonhard 2015). KI-Expertin *Yvonne Hofstetter* mahnt lesenswert vor der zunehmenden Macht intelligenter Maschinen und plädiert für eine Ethik der Algorithmen, denn „sie wissen alles" (Hofstetter 2014).

So monopolistisch und bedrohlich wie im Roman skizziert geht es (noch) nicht zu. Der Datengoldrausch ist gerade erst am Anfang. *IBM* mit der *Watson*-Plattform (vgl. IBM o. J.c) und *SAP* mit der *Hana*-Plattform (vgl. SAP 2015) haben zum Beispiel Systeme entwickelt, die große Datenbanken enorm schnell durchforsten und analysieren können. Denn wirklich wertvoll – also zu Gold oder Öl, um in der Analogie zu bleiben – werden all die von Sensoren und smarten Dingen gemessenen Informationen erst, wenn sie in die Daten-Cloud im IT-Backend wandern und dort analysiert und auch wirklich genutzt, also in Erkenntnisse umgesetzt werden. Diese auch tatsächlich zu extrahieren und zu formulieren, ist dabei die Königsdisziplin, an der Unternehmen häufig scheitern (vgl. Bihr 2013). Sie drohen, in Daten zu ertrinken und an mangelnder Weisheit zu verhungern. Neben *Google* fokussieren vor allem auch *Amazon* und *Facebook* ihre Geschäftsmodelle auf die Datenerfassung und -auswertung in Echtzeit. Kunden, die an der digitalen Nabelschnur ihrer smarten Endgeräte hängen, werden immer wertvoller. Ziel ist es, in sich geschlossene Plattformen zu schaffen, bei denen die Nutzerprofile im Hintergrund zusammenlaufen, egal welche Apps, Medieninhalte oder Chatfunktionen gerade angesteuert werden. Nach dem Kippen des sogenannten *Safe-Harbor*-Abkommens – welches die USA zu einem „sicheren Hafen" erklärt für die Speicherung und Verarbeitung personenbezogener Daten europäischer Kunden – durch den *Europäischen Gerichtshof* Anfang Oktober 2015 suchen jetzt Cloud-Betreiber, Daten-Manager und Daten-Schützer auf beiden Seiten des Atlantiks nach neuen Formen der Zusammenarbeit, um bestehende Geschäftsmodelle zu schützen und rechts-konform auszulegen. Ein Großteil der Wertschöpfung in der digitalen Werbung basiert mittlerweile auf dem Konzept des sogenannten *Real-Time Advertising*, bei dem digitale Werbebanner in computergesteuerten Echtzeit-Auktionen auf Basis dieser Nutzerprofile verkauft, platziert und ausgeliefert werden (vgl. Wikipedia o. J.c). Echtzeit-Reaktionen erfordern jedenfalls den globalen Datenaustausch in Echtzeit und es bleibt spannend zu beobachten, wie Regierungen, Gesetzgeber und Service-Anbieter den weltweiten Datenfluss im IOT-Zeitalter regeln werden.

Samsungs S.A.M.I. Plattform versteht sich mit offenen Entwickler-Schnittstellen als Datenbroker zwischen all den Wearables und der Zurverfügungstellung in der Cloud (vgl. Samsung 2015). So wie heute Wettervorhersagen auf der Computer-gestützten Auswertung von hochkomplexen Zusammenhängen basieren und nicht nur auf den von Wetterstationen erfassten Daten, werden erst wertvolle Hinweise zur Änderung der Verhaltensweise und Erkenntnisse zur Änderung von Prozessen Cars, Cities, Factories, Homes und Wearables wirklich smart machen (vgl. Gibbs 2015). *ABIresearch* schätzt, dass der weltweite Markt für das Integrieren, Lagern, Analysieren und Aufbereiten von IOT-Daten im Jahr 2015 5,7 Milliarden US-Dollar umfasst (vgl. ABIresearch 2015). *VW* hat spezielle Data Labs eingerichtet, in denen Big Data Know-how konzernweit gebündelt wird und Data Specialists vor allem das, was *Google* & Co. (noch) nicht haben – nämlich Fahrzeugdaten –, auf eine wertvolle Veredelung in Smart Services abklopfen (vgl. Röwekamp 2015).

Laut *Gartner* können die Anwendungslogik, die Daten und die jeweiligen Analysefunktionen innerhalb der IOT-Architektur an unterschiedlichen Stellen angesiedelt sein (vgl. LeHong 2014): am mit dem Sensor ausgestatteten „Ding", auf dem Smartphone oder Tablet, in der Cloud oder auch im eigenen Unternehmen (s. Abb. 2.2).

Eine IOT-Datenverarbeitung bereits im Umfeld der Sensoren reduziert naturgemäß die in die Cloud zu übertragenden Datenpakete und unterstützt somit das Echtzeitszenario (vgl. Jaokar 2015). Bis 2020 werden IOT-Daten ein Drittel aller Big Data Mining Umsätze ausmachen. Im Zusammenhang mit der Industrial Internet Strategie von *General Electric* wird zum Beispiel bereits von der „Googlization of GE" gesprochen (Press 2013). Jede Firma, jede Behörde, jede Institution und Kommune, die im Internet der Dinge Sensoren für die Erfassung von Daten nutzt, wird zwangsläufig über kurz oder lang zu einem Big Data Bergmann. Die Big Data Analyse wird zur Schlüsselanforderung und damit zum kritischen Wettbewerbsvorteil. Auch hier haben *Amazon, Apple, Facebook, Google* und *Microsoft* nicht nur gewaltige Rechnerkapazitäten für die riesigen Datenmengen in petto, sondern auch einen unschätzbar wertvollen Know-how-Vorsprung in der Verarbeitung, Auswertung und Transformation in neue Geschäftsmodelle (vgl. Hupe 2014b). Während in Europa wie auf allen Kontinenten mittels der massenhaft genutzten „freien" Internet-Dienste erfolgreich Daten gefördert werden, erfolgen die Veredelung und Wertschöpfung primär in den USA. Diese einseitige ökonomische Ausnutzung wird noch

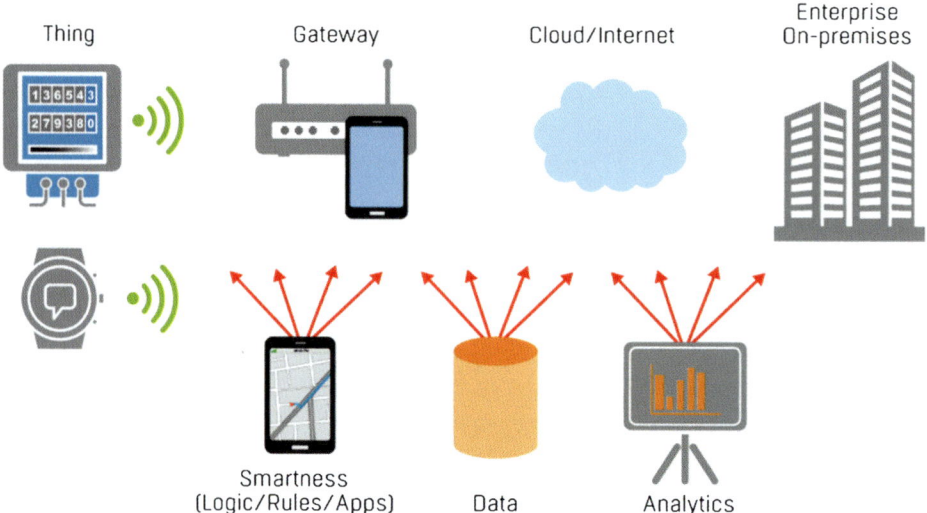

Abb. 2.2 Die Elemente einer Architektur für das Internet der Dinge laut Gartner. (Quelle: Quack 2015; Grafik: Gartner)

dadurch gefördert, dass die US-Internet-Giganten bei vielen Verbrauchern rund um den Globus mit immer besseren Software-Anwendungen den Trend zur *Personal Cloud* bespielen. Die User stellen sich nämlich immer mehr Applikationen, Webseiten und Content so zusammen, dass sie von jedem ihrer Endgeräte jederzeit zugreifbar sind. 2014 wurde von *Gartner* bereits zum Jahr der Personal Cloud Ära nominiert (vgl. High 2013). Die mit dem Mobile Tsunami einhergehende rasante Verbreitung intelligenter Endgeräte wie Smartphones und Tablets fördert diese veränderte Nutzung. Durch die permanente Analyse dieses Bouquets an Diensten wird das Internet zunehmend personalisiert und auf die jeweiligen, im Kontext relevanten Bedürfnisse zugeschnitten. Mobile trägt im hohen Maße dazu bei, dass aus dem guten alten, allgemeingültigen Internet das *Internet of Me* wird (vgl. Spicer und Cederström 2015).

Fazit

Mit der rasanten Ausweitung des Internet of Everything auf Accessoires, Autos, Häuser, Städte und Fabriken kann man praktisch das gewaltige Rauschen hören, dass die Myriaden von Sensoren verursachen beim Erfassen und Weiterleiten von Daten. Daten, die auf immer leistungsfähigeren Storage-Lösungen in der Cloud gelagert und von Big Data Minenarbeitern mit immer besseren Algorithmen analysiert werden. Daten, die im Verlauf der Verarbeitung häufig den Hub mobiles Endgerät durchlaufen. Diese Minenarbeiter sind angestellt bei Krankenhäusern wie Versicherungen, bei Banken wie Börsenhändlern, bei Automobilherstellern wie Flugzeugbauern, bei Kommunen wie Energieversorgern. Eigens eingerichtete, von allen Hierarchien und Dienstwegen entkoppelte „Digital Transformation Units" gewinnen mithilfe von Big Data Analytics ganz neue Erkenntnisse und setzen diese in Tarife, Produkte, Verhaltens- und Verfahrensweisen um. Die deutsche Wirtschaft hat frühzeitig erkannt, dass die Analyse, was wann wofür ge- oder verbraucht wird, wertvolle, Wettbewerbsvorteile verschaffende Daten liefert zur effizienteren Steuerung von Produktion, Versorgung und Wartung. Sie droht aber angesichts der hohen Umsetzungsgeschwindigkeiten der IT-Industrie erneut ins Hintertreffen zu geraten. Vor allem die Protagonisten des Ökosystems Mobile mit ihren prall gefüllten Kriegskassen und ihrer gelebten und nicht gespielten Start-up-Kultur geben die *Pace* vor. Mobile Endgeräte in allen erdenklichen Formen und Materialien sind die Treiber des Internet der Dinge. Die Digitalisierung der Gesellschaft fußt auf der Explosion von Smart Devices und der einhergehenden Ausbreitung des Mobile Tsunami. Und die Mobile Rockstars drängen im Zuge der Ausdehnung der Vernetzung der Welt mit Macht und etablierten digitalen Geschäftsmodellen in angestammte Territorien von Branchen wie die der Automobilhersteller, Energieversorger und des Maschinenbaus.

Literatur

ABIresearch. https://www.abiresearch.com/press/market-for-iot-analytics-to-reach-us57-billion-in-. Zugegriffen: 14.01.2015

AppAdvice. http://watchaware.com/watch-apps. Zugegriffen: 30.04.2015

Ashton, K. 2009. *That 'Internet of Things' Thing.* http://www.rfidjournal.com/articles/view?4986 (Erstellt: 22.06.2009). Zugegriffen: 10.12.2014

Ballve, M. 2014. *Mobile, Social, And Big Data – The Intersection Of The Internet's Three Defining Trends.* http://www.businessinsider.com/mobile-and-social-drive-big-datas-potential-2014-5?IR=T (Erstellt: 25.07.2014). Zugegriffen: 16.01.2015

Bayer, M. 2015. *Deutschland verschläft die digitale Revolution.* http://www.computerwoche.de/a/unternehmen-koennten-wettbewerbsvorteile-verspielen,3090617 (Erstellt: 02.01.2015). Zugegriffen: 15.01.2015

BCG. http://www.bcg.de/media/PressReleaseDetails.aspx?id=tcm:89-177192. Zugegriffen: 15.01.2015

Behrens, C. 2014. *Google auf dem Egotrip.* http://www.sueddeutsche.de/wissen/baseline-studie-google-auf-dem-egotrip-1.2063068 (Erstellt: 26.07.2014). Zugegriffen: 19.12.2014

Bihr, P. 2013. The Next Big Thing. *t3n Magazin* 33: 29–33.

BMBF. http://www.bmbf.de/de/9072.php. Zugegriffen: 15.01.2015

Boytchev, H. 2013. *Quantified-Self-Bewegung: Miss dich selbst!.* http://www.spiegel.de/gesundheit/ernaehrung/quantified-self-bewegung-miss-dich-selbst-a-886149.html (Erstellt: 14.03.2013). Zugegriffen: 11.12.2014

Butler, B. 2014. *Gartner's cloud showdown: Amazon Web Services vs. Microsoft Azure.* http://www.networkworld.com/article/2850114/cloud-computing/gartner-s-cloud-showdown-amazon-web-services-vs-microsoft-azure.html (Erstellt: 20.11.2014). Zugegriffen: 15.01.2015

Clemens, J. 2014. Ich mach' mir die Welt, so wie sie mir gefällt. *Die Welt*, 20. Oktober, S. II.

Computerwoche. http://computerwoche.pageflow.io/apple-watch#12353. Zugegriffen: 29.04.2015

Comstock, J. 2014. *Report: Health app market has a few big winners.* http://mobihealthnews. com/33336/report-health-app-market-has-a-few-big-winners/ (Erstellt: 21.05.2014). Zugegriffen: 19.12.2014

Crowley, A. 2014. *6 emerging standards battling it out for the Internet of Things.* http://www. cbronline.com/news/tech/cio-agenda/the-boardroom/6-emerging-standards-battling-it-out-for-the-internet-of-things-4320501 (Erstellt: 17.07.2014). Zugegriffen: 15.12.2014

Curtis, S. 2012. *Standards bodies launch oneM2M service layer for Internet of Things.* http:// news.techworld.com/networking/3371990/standards-bodies-launch-onem2m-service-layer-for-internet-of-things/ (Erstellt: 25.07.2012). Zugegriffen: 15.12.2014

Delius, M.: Als die Dinge zu leben begannen. In: Die Welt, 06.02.2015, S. 23 (2015)

Deloitte. http://www2.deloitte.com/content/dam/Deloitte/de/Documents/technology-media-telecommunications/TMT-Deloitte-Bitkom-Marktaussichten-SmartHome.pdf. Zugegriffen: 16.01.2015

Die Bundesregierung. http://www.hightech-strategie.de/de/Industrie-4-0-59.php. Zugegriffen: 15.01.2015

Dragland, Å. 2013. *Big Data – for better or worse.* http://www.sintef.no/home/corporate-news/big-data--for-better-or-worse/ (Erstellt: 22.05.2013). Zugegriffen: 15.06.2015

DuBravac, S. 2014. *"Smart" Cities and the Urban Digital Revolution.* http://recode.net/2014/12/31/ smart-cities-and-the-urban-digital-revolution/ (Erstellt: 31.12.2014). Zugegriffen: 16.01.2015

Dudenhoeffer, C. 2014. *The Existing Wearable Technology Landscape.* http://wearableworldnews. com/2014/05/06/wearable-world-taxonomy/ (Erstellt: 06.05.2014). Zugegriffen: 11.12.2014

Dürand, D., A. Menn, J. Rees, und O. Voß. 2014. *Diese Innovationen entscheiden über Deutschlands Wohlstand.* http://www.wiwo.de/technologie/forschung/mckinsey-studie-diese-innovationen-entscheiden-ueber-deutschlands-wohlstand-seite-all/9867534-all.html (Erstellt: 22.05.2014). Zugegriffen: 16.12.2014

Ebersweiler, C. 2015. *Hardware Trends 2015.* http://de.slideshare.net/haxlr8r/hardware-trends-2015 (Erstellt: 06.03.2015). Zugegriffen: 02.04.2015

Eilhard, H. 2015. *HomeKit auf der CES: Apple TV dient als Hub.* http://www.giga.de/zubehoer/ apple-tv/news/homekit-auf-der-ces-apple-tv-dient-als-hub/ (Erstellt: 12.01.2015). Zugegriffen: 14.01.2015

Engel, B. 2014. Die App läuft mit. *Welt am Sonntag,* 15. Oktober, S. II

Etherington, D. 2014. *Google Reveals 'The Physical Web', A Project To Make Internet Of Things Interaction App-Less.* http://techcrunch.com/2014/10/02/google-the-physical-web/ (Erstellt: 02.10.2014). Zugegriffen: 13.01.2015

EU Smart Cities. http://www.eu-smartcities.eu. Zugegriffen: 14.01.2015

Evsan, I. 2009. *Auf dem Sprung zur digitalen Selbstbestimmung.* http://www.carta.info/20488/auf-dem-sprung-zur-digitalen-selbstbestimmung/ (Erstellt: 17.12.2009). Zugegriffen: 27.01.2015

Felser, W. 2014. *R.I.P. German „Industrie 4.0".* http://www.huffingtonpost.de/winfried-felser/rip-german-industrie-4-0-e_b_6001530.html (Erstellt: 17.10.2014). Zugegriffen: 01.04.2015

Fingas, J. 2014. *Automakers promise to limit the data they collect from your car.* http:// www.engadget.com/2014/11/13/car-data-privacy-principles/ (Erstellt: 13.11.2014). Zugegriffen: 16.01.2015

Freitag, M. 2014. Cars Wars. *manager magazin* 11: 40–47.

Freitag, M. 2015. Apple inside. *manager magazin* 8: 22–28.

Freitag, M., und A. Maier. 2015. Karte blanche. *manager magazin* 8: 19.

FTC 2015. *Internet of Things Report*. http://www.ftc.gov/system/files/documents/reports/federal-trade-commission-staff-report-november-2013-workshop-entitled-internet-things-privacy/150127iotrpt.pdf. Zugegriffen: 27.01.2015

Fuest, B. 2014. Attacken auf die vernetzte Industrie. *Die Welt*, 20. Dezember, S. 10

Gannes, L. 2014. *Google 's New Self-Driving Car Ditches the Steering Wheel*. http://recode.net/2014/05/27/googles-new-self-driving-car-ditches-the-steering-wheel/ (Erstellt: 27.05.2014). Zugegriffen: 31.03.2015

Gartner. http://www.gartner.com/newsroom/id/2970017. Zugegriffen: 06.02.2015

GE Software. https://www.gesoftware.com/sites/default/files/industrial-internet-insights-report.pdf. Zugegriffen: 15.01.2015

Gibbs, S. 2015. *The future of wearable technology is not wearables – it 's analysing the data*. http://www.theguardian.com/technology/2015/jan/06/future-wearable-technology-analysing-data (Erstellt: 06.01.2015). Zugegriffen: 13.01.2015

Göbel, J., L. Kuhn, T. Kuhn, S. Kutter, A. Menn, und J. Salz. 2014. iPhone auf Rezept. *Wirtschafts-Woche* 37: 86–94.

Golden, B. 2014. *Software Is Eating the World, and It Could Eat Your Business*. http://www.cio.com/article/2376749/cloud-computing/software-is-eating-the-world-and-it-could-eat-your-business.html (Erstellt: 28.04.2014). Zugegriffen: 15.01.2015

Google o. J.a. http://google.github.io/physical-web/. Zugegriffen: 13.01.2015

Google o. J.b. https://developers.google.com/brillo/. Zugegriffen: 29.05.2015

Google o. J.c. https://www.google.com/atap/project-jacquard/. Zugegriffen: 01.06.2015

Ha, A. 2013. *Ten Companies (Including Logitech) Team Up To Create The Internet Of Things Consortium*. http://techcrunch.com/2013/01/07/internet-of-things-consortium/ (Erstellt: 07.01.2013). Zugegriffen: 19.01.2015

Hardawar, D. 2014. *Intel shows off its own 'Internet of Things ' platform*. http://www.engadget.com/2014/12/09/intel-iot-platform/ (Erstellt: 09.12.2014). Zugegriffen: 16.01.2015

Heuring, W. 2014. *Warum Big Data zu werden muss!* http://www.huffingtonpost.de/wolfgang-heuring/warum-big-data-zu-smart-data-werden-muss_b_5133032.html (Erstellt: 13.04.2014). Zugegriffen: 10.12.2014

High, P. 2013. *Gartner: Top 10 Strategic Technology Trends For 2014*. http://www.forbes.com/sites/peterhigh/2013/10/14/gartner-top-10-strategic-technology-trends-for-2014/ (Erstellt: 14.10.2013). Zugegriffen: 06.02.2015

Hofstetter, Y. 2014. *Sie wissen alles*. München: C. Bertelsmann Verlag.

Hupe, R. 2014a. Praxis in der Wolke. *Bilanz* Juni: 51–55.

Hupe, R. 2014b. Alles mit allem – Dialog der Maschinen. *Bilanz* November: 55–57.

IBM o. J.a. http://www.ibm.com/smarterplanet/us/en/. Zugegriffen: 14.01.2015

IBM o. J.b. http://public.dhe.ibm.com/common/ssi/ecm/en/xie12347usen/XIE12347USEN.PDF. Zugegriffen: 03.02.2015

IBM o. J.c. http://www-05.ibm.com/de/watson/. Zugegriffen: 13.01.2015

Jaekel, M., und K. Bronnert. 2013. *Die digitale Evolution moderner Großstädte*. Wiesbaden: Springer Vieweg.

Jaokar, A. 2015. *Data Science for IoT: The role of hardware in analytics.* http://www.opengardensblog.futuretext.com/archives/2015/01/data-science-for-iot-the-role-of-hardware-in-analytics.html (Erstellt: 25.01.2015). Zugegriffen: 27.01.2015

Johnston, C. 2014. *Amazon to begin testing same-day delivery drones in Cambridge.* http://www.theguardian.com/technology/2014/nov/12/amazon-drones-cambridge-prime-air-testing (Erstellt: 12.11.2014). Zugegriffen: 19.12.2014

Kagermann, H., und W.-D. Lukas. 2011. *Industrie 4.0: Mit dem Internet der Dinge auf dem Weg zur 4. industriellen Revolution.* http://www.vdi-nachrichten.com/Technik-Gesellschaft/Industrie-40-Mit-Internet-Dinge-Weg-4-industriellen-Revolution (Erstellt: 01.04.2011). Zugegriffen: 15.01.2015

Kelly, J. 2013. *The Industrial Internet and Big Data Analytics: Opportunities and Challenges.* http://wikibon.org/wiki/v/The_Industrial_Internet_and_Big_Data_Analytics:_Opportunities_and_Challenges (Erstellt: 16.09.2013). Zugegriffen: 27.01.2015

Laube, H. 2014. *Was Google mit uns vorhat.* http://www.capital.de/dasmagazin/was-google-wirklich-will.html (Erstellt: 19.02.2014). Zugegriffen: 15.12.2014

LeHong, H. 2014. *Build Your Blueprint for the Internet of Things, Based on Five Architecture Styles.* https://www.gartner.com/doc/2854218/build-blueprint-internet-things-based (Erstellt: 24.09.2014). Zugegriffen: 27.01.2015

Leonhard, G. 2015. *The disturbing consequences of ultra-connectivity.* http://money.cnn.com/2015/03/03/technology/privacy-mobile-world-congress/ (Erstellt: 04.03.2015). Zugegriffen: 02.04.2015

Linux Foundation. https://allseenalliance.org/announcement/technology-leaders-establish-allseen-alliance-advance-internet-everything. Zugegriffen: 16.01.2015

Lobo, S. 2015. *Die Mensch-Maschine: Darauf müssen sich deutsche Autohersteller einstellen.* http://www.spiegel.de/netzwelt/web/sascha-lobo-ueber-vernetzte-autos-google-und-apple-a-1020417.html (Erstellt: 25.02.2015). Zugegriffen: 01.04.2015

Lomas, N. 2014. *The Rise Of The Sensornet.* http://techcrunch.com/2014/11/11/the-rise-of-the-sensornet-4-9bn-connected-things-in-2015-says-gartner/ (Erstellt: 11.11.2014). Zugegriffen: 15.12.2014

Luk, L. 2014. *Foxconn Is Quietly Working With Google on Robotics.* http://blogs.wsj.com/digits/2014/02/11/foxconn-working-with-google-on-robotics/ (Erstellt: 11.02.2014). Zugegriffen: 15.01.2015

Maak, N. 2014. *Die Veröffentlichung unserer Körper.* http://www.faz.net/aktuell/feuilleton/generali-app-preisnachlass-bei-zusenden-der-koerperdaten-13287991.html (Erstellt: 28.11.2014). Zugegriffen: 19.12.2014

Maier, A., und D. Student. 2014. Mad In Germany. *manager magazin* 12: 92–98.

Markoff, J. 2013. *Google Puts Money on Robots, Using the Man Behind Android.* http://www.nytimes.com/2013/12/04/technology/google-puts-money-on-robots-using-the-man-behind-android.html?pagewanted=all (Erstellt: 04.12.2013). Zugegriffen: 15.01.2015

McKinsey. http://www.mckinsey.de/sites/mck_files/files/unlocking_the_potential_of_the_internet_of_things_full_report.pdf. Zugegriffen: 28.07.2015

Metz, C. 2014. *Should We Trust Google With Our Smart Homes?.* http://www.wired.com/2014/06/google-nest-dropcam-api/ (Erstellt: 24.06.2014). Zugegriffen: 14.01.2015

Miller, R. 2015. *There are now more than 8,500 Apple Watch apps.* http://www.theverge.com/2015/7/21/9011657/apple-watch-apps-tim-cook (Erstellt: 21.07.2015). Zugegriffen: 27.07.2015

Münchner Kreis. http://zuku14.de/media/2015/01/2014_Digitalisierung_Achillesferse_der_
   deutschen_Wirtschaft.pdf. Zugegriffen: 15.01.2015

Oliver, S. 2015. *Apple has 'several hundred' workers designing new electric car, codenamed
   'Titan' – report*. http://appleinsider.com/articles/15/02/13/apple-has-several-hundred-workers-
   designing-new-electric-car-codenamed-titan---report (Erstellt: 13.02.2015). Zugegriffen:
   31.03.2015

Open Interconnect Consortium. http://openinterconnect.org. Zugegriffen: 16.01.2015

Oreskovic, A., und B. Klayman. 2014. *Exclusive: Google aiming to go straight into car with next
   Android – sources*. http://www.reuters.com/article/2014/12/18/us-google-cars-
   idUSKBN0JW2PS20141218 (Erstellt: 18.12.2014). Zugegriffen: 19.12.2014

Popper, B. 2014. *How Apple and Google plan to reinvent health care*. http://www.theverge.com/
   2014/7/22/5923849/how-apple-and-google-plan-to-reinvent-healthcare (Erstellt: 22.07.2014).
   Zugegriffen: 03.02.2015

Pramann, O., und U.-V. Albrecht. 2014. *Smartphones, Tablet-PC und Apps in Krankenhaus und
   Arztpraxis*. Düsseldorf: Deutsche Krankenhaus Verlagsgesellschaft mbH.

Press, G. 2013. *The Googlization Of GE: Targeting New $514 Billion IT Market*. http://www.forbes.
   com/sites/gilpress/2013/06/21/the-googlization-of-ge-targeting-new-514-billion-it-market/
   (Erstellt: 21.06.2013). Zugegriffen: 15.01.2015

Preston, R. 2013. *Chambers: Cisco Will Win Tech 's Next Elimination Round*. http://www.
   informationweek.com/it-leadership/chambers-cisco-will-win-techs-next-elimination-round/d/
   d-id/1111873? (Erstellt: 09.10.2013). Zugegriffen: 15.12.2014

PwC. http://www.pwc.de/de/pressemitteilungen/2013/deutschland-hinkt-bei-industrie-4-0-
   hinterher-smart-factory-etabliert-sich-nur-langsam.jhtml. Zugegriffen: 15.01.2015

Quack, K. 2015. *2015 ist das Jahr des Internet of Things*. http://www.cio.de/a/2015-ist-das-jahr-
   des-internet-of-things,3101700,5 (Erstellt: 11.01.2015). Zugegriffen: 27.01.2015

Quantified Self. http://quantifiedself.com. Zugegriffen: 11.12.2014

Regalado, A. 2014. *GE 's $1 Billion Software Bet*. http://www.technologyreview.com/news/527381/
   ges-1-billion-software-bet/ (Erstellt: 20.05.2014). Zugegriffen: 15.01.2015

Röwekamp, R. 2015. Können, was Google nicht kann. *CIO* 07/08: 14–21.

Rubin, R. 2014. *Why the sharing economy needs the Internet of Things*. https://gigaom.com/2014/
   12/13/why-the-sharing-economy-needs-the-internet-of-things/ (Erstellt: 13.12.2014). Zugegriffen: 15.12.2014

RWE. http://www.rwe.com/web/cms/de/250036/rwe-effizienz-gmbh/presse-news/pressemeldung/?
   pmid=4012118. Zugegriffen: 03.02.2015

Samsung. http://www.samsung.com/us/globalinnovation/innovation_areas/. Zugegriffen:
   13.01.2015

SAP. http://www.sap.com/germany/pc/tech/in-memory-computing-hana.html. Zugegriffen:
   13.01.2015

Sawers, P. 2014. *Google wants to advance the Internet of things, offers grants for 'open innovation' research proposals*. http://venturebeat.com/2014/12/12/google-launches-the-open-web-of-
   things-inviting-research-proposals-to-advance-the-internet-of-things/ (Erstellt: 12.12.2014).
   Zugegriffen: 15.12.2014

Schäfgen, K. 2015. *Für 2015 Verdreifachung des Verkaufs erwartet.* http://www.inside-handy. de/news/34748-17-6-millionen-wearables-in-2014-verkauft-fuer-2015-verdreifachung-des-verkaufs-erwartet (Erstellt: 07.03.2015). Zugegriffen: 02.04.2015

Schlücker, I. 2014. Die Industrie von morgen. *IT-DIRECTOR* 6: 15–18.

Schroeder, P. 2014. *80 Prozent der Neuwagen sollen 2016 Internetzugang haben.* http://www.ingenieur.de/Themen/Mobiles-Internet/80-Prozent-Neuwagen-2016-Internetzugang (Erstellt: 21.10.2014). Zugegriffen: 10.02.2015

Scoble, R., und S. Israel. 2013. *Age of Context.* United States: Patrick Brewster Press.

Seppala, T. 2015. *Your BMW just downloaded a security patch.* http://www.engadget.com/2015/01/31/bmw-connected-drive-patch/?ncid=rss_truncated (Erstellt: 31.01.2015). Zugegriffen: 03.02.2015

Spehr, M. 2015. *Fitness-Falle Smartphone.* http://www.faz.net/aktuell/technik-motor/computer-internet/gesundheitsdaten-in-der-cloud-die-fitness-falle-13390065.html?printPagedArticle=true#pageIndex_2 (Erstellt: 29.01.2015). Zugegriffen: 03.02.2015

Spicer, A., und C. Cederström. 2015. *You've heard of the internet of things, now behold the internet of me.* http://theconversation.com/youve-heard-of-the-internet-of-things-now-behold-the-internet-of-me-36379 (Erstellt: 19.01.2015). Zugegriffen: 10.02.2015

Spindler, M. 2013. Die vernetzte Welt – jetzt in echt!. *t3n Magazin* 33: 40–42.

Steele, B. 2014. *Use Google Now to control your Nest thermostat.* http://www.engadget.com/2014/12/15/nest-google-now-temperature-control/ (Erstellt: 15.12.2014). Zugegriffen: 16.01.2015

Sundararajan, A. 2013. *From Zipcar to the Sharing Economy.* https://hbr.org/2013/01/from-zipcar-to-the-sharing-eco (Erstellt: 03.01.2013). Zugegriffen: 15.12.2014

Swisher, K. 2014. *Internet of Bling: Samsung Buys SmartThings for $200 Million.* http://recode.net/2014/08/14/internet-of-bling-samsung-buys-smartthings-for-200-million/ (Erstellt: 14.08.2014). Zugegriffen: 14.01.2015

Turner, V., J.F. Gantz, D. Reinsel, und S. Minton. 2014. *The Digital Universe of Opportunities: Rich Data and the Increasing Value of the Internet of Things. IDC White Paper.*. http://idcdocserv.com/1678. Zugegriffen: 15.12.2014

University of Cambridge 2011. *Mobile Communications for Medical Care. Final Report.* http://www.csap.cam.ac.uk/media/uploads/files/1/mobile-communications-for-medical-care.pdf (Erstellt: 21.04.2011). Zugegriffen: 18.12.2014

Urban, M. 2014. Mit der ganzen Stadt vernetzt. *IT-DIRECTOR* 6: 30–31.

Urchs, O., und T. Cole. 2013. *Digitale Aufklärung.* München: Carl Hanser Verlag.

VW. http://media.vw.com/release/1032/. Zugegriffen: 30.07.2015

WHO 2011. *mHealth: New horizons for health through mobile technologies.* http://www.who.int/goe/publications/goe_mhealth_web.pdf. Zugegriffen: 18.12.2014

Wikipedia o. J.a. http://de.wikipedia.org/wiki/Big_Data. Zugegriffen: 10.12.2014

Wikipedia o. J.b. http://en.wikipedia.org/wiki/M-government. Zugegriffen: 27.01.2015

Wikipedia o. J.c. http://de.wikipedia.org/wiki/Real_Time_Advertising. Zugegriffen: 15.01.2015

Williams, C. 2014. *Europe declares war on Silicon Valley.* http://www.telegraph.co.uk/finance/newsbysector/mediatechnologyandtelecoms/digital-media/11276603/Europe-declares-war-on-Silicon-Valley.html (Erstellt: 06.12.2014). Zugegriffen: 06.01.2015

Willis, J.M. 2008. *Who Coined The Phrase Cloud Computing?.* http://www.johnmwillis.com/
cloud-computing/who-coined-the-phrase-cloud-computing/ (Erstellt: 31.12.2008). Zugegriffen: 10.12.2014

Wimmers, S. 2014. SIM-Karten für den M2 M-Einsatz. *funkschau m2mXpert* 2: 8–11.

Woods, P. 2015. *Apple Watch: Alle technischen Details zur Apple-Uhr.* http://www.macwelt.de/
news/Apple-Watch-Alle-technischen-Details-zur-Apple-Uhr-9529041.html (Erstellt:
23.01.2015). Zugegriffen: 28.01.2015

Ziegler, C. 2015. *CarPlay and Android Auto will be in Volkswagen cars this year.* http://www.
theverge.com/2015/1/5/7496835/carplay-and-android-auto-will-be-in-volkswagen-cars-this-
year-ces-2015 (Erstellt: 05.01.2015). Zugegriffen: 13.01.2015

Der Homo Mobilis

3

Zusammenfassung

Die Nutzung des Mobile Internet ist längst im Alltag verankert. Mobile ist innerhalb weniger Jahre zum Massenmedium und für jüngere Zielgruppen zum Leitmedium geworden. Insbesondere die Schul-, Ausbildungs- und Arbeitswelt ist von der „Mobile-Versorgung" der Gesellschaft stark betroffen. Der gefühlte Zeitdruck nimmt in der vernetzten Welt eindeutig zu. Instant Messaging heißt Antworten in Echtzeit – rund um den Globus. Wer ein Smartphone hat, ist nahezu *always on*. Vielnutzer werden sukzessive zum Homo Mobilis. Der persönliche Assistent in der Hand mutiert zu einer Art Digital-Prothese, und ohne diese neue Fernbedienung für das Leben fühlt man sich zunehmend nackt. Das Smartphone wird zum *Life Companion*. Diese Entwicklung ging dabei noch viel schneller, als man es sich vor nur wenigen Jahren überhaupt vorstellen konnte. Insbesondere in Mobile-Only Ländern mit kaum vorhandener Festnetz-Internet-Infrastruktur ist das Handy *der* Zugang zur digitalen Welt mit all seinen Diensten, Funktionen und Produkten. Ganze Gesellschaften haben das PC-Zeitalter einfach übersprungen. Deutschland liegt in puncto Versorgung mit mobilen Breitbandanschlüssen im internationalen Vergleich nur im Mittelfeld und läuft Gefahr, von der Entwicklung und Umsetzungsgeschwindigkeit anderer Länder abgehängt zu werden.

Inhaltsverzeichnis

© Springer Fachmedien Wiesbaden 2016

M. Wächter, *Mobile Strategy*, DOI 10.1007/978-3-658-06011-4_3

Das Ökosystem Mobile ist zu einem weltweit enorm wichtigen Wirtschaftsfaktor geworden. Als Cockpit und Hub in der Digitalen Transformation sind mobile Endgeräte der Treiber der Vernetzung der Welt. Ende dieses Jahrzehnts wird die Generation *Born Mobile* die Arbeitswelt erobern und 90 Prozent der Weltbevölkerung wird über ein Handy verfügen. Immer mehr Daten werden konsumiert und im Hintergrund analysiert. Dabei entzieht sich ein immer größerer Teil der Wertschöpfung dem Zugriff der traditionellen Netzbetreiber, da die beliebtesten Dienste auf den Smartphones dieser Welt die zugrunde liegende Infrastruktur natürlich nutzen und mit enormen Datenmengen belegen, aber für diese Nutzung nicht zahlen – zumindest nicht direkt. Die Wertschöpfung im Ökosystem Mobile verlagert sich immer weiter weg von den traditionellen Netzbetreibern hin zu den Diensteanbietern mit ihren millionenfach installierten Apps, für die in der Regel auch noch weniger strenge Regeln und Regularien gelten. Das Rennen um die 60 Prozent der Weltbevölkerung, die noch keinen oder nur einen rudimentären Internetzugang haben, ist eröffnet – und die Plattform heißt Smartphone.

3.1 Fernbedienung für das Leben

Ungefähr bei den heute Volljährigen kann man von der *Mobile Generation* sprechen. Sie waren die erste Generation, die spätestens zu Beginn der weiterführenden Schule nahezu eine Vollausstattung mit Handys hatte – und da sich das Phänomen ungefähr zeitgleich zum Smartphone-Boom vollzog, ist der Touch-Screen der Primärzugang zum omnipräsenten Internet (deswegen ist auch schon mal von der *Generation Touch* die Rede). Die Ausstattung von Kindern mit Smart Devices fängt mittlerweile im Grundschulalter an, was *Qualcomm* auf der Branchenmesse *CES* Anfang 2013 treffend mit dem Begriff *Born Mobile* titulierte (vgl. Bonnington 2013). Touch-Bildschirme werden heutzutage intuitiv bereits im Vorschulalter bedient, und das Internet kommt irgendwie aus der Luft und ist meistens verfügbar. Der Autor dieser Zeilen bekam sein erstes Handy 1997 – im zarten Alter von 32 Jahren. Seit Apps diesen Planeten überschwemmt haben und die Absatzzahlen mobiler Endgeräte alles zuvor an Technikutensilien Verkaufte in den Schatten stellen, mutiert das Smartphone zur Fernbedienung für das Leben – auch für die *Mobile Immigrants*, die Smartphones, Tablets und Wearables erst im Erwachsenenalter kennengelernt haben.

Geprägt von Instant Messaging Kommunikation denkt, fühlt und spricht der *Homo Mobilis* anders (vgl. Kluth 2008). Er verbringt im Durchschnitt 180 Minuten pro Tag mit seinem Smartphone verteilt auf über 220 einzelne Aktivitäten, wovon die reine Telefonie nur zehn Minuten verbraucht (vgl. Tecmark 2015). Im Gegensatz zum Homo Sapiens hat er enorm verkürzte Aufmerksamkeitsspannen zwischen dem schnellen Check des Bildschirminhalts und kennt auch keinen Off-Button. Ein Pling löst fast schon instinktiv den Handy-Reflex aus (vgl. Braun 2014). Wenn der mobile Begleiter nicht gerade wie eine Digital-Prothese mit der Hand verwachsen ist, dann ist er zumindest immer wie ein geheimer Liebhaber im Bewusstsein vorhanden. Der Homo Mobilis fühlt sich ohne Smartphone einsam und nackt, prüft an jeder neuen Örtlichkeit die WLAN-Verfügbarkeit und leidet schon mal unter Phantomvibrieren in der Hosentasche, auch wenn das Handy gerade gar nicht in Griffnähe ist. Die vorübergehende Trennung vom persönlichen Begleiter ruft Stress-symptome auf, im Extremfall artet es in Entzugserscheinungen, der Nomophobie für *No-Mobile-Phone-Phobia* aus (vgl. Wikipedia o. J.a). Er bekommt Schweißausbrüche, wenn der Akku-Stand unter die 20-Prozent-Hürde fällt, und alte Kulturtechniken wie Recht-schreibung, Kopfrechnen, Schallplatten auflegen, Stadtpläne lesen, Lexika nachschlagen und einen gepflegten Smalltalk halten verlernt er sukzessive. Das massenhafte Auslagern von Kontaktdaten auf die mobilen Assistenten und das Überlassen von Erinnerungen an Alltagsaufgaben an die digitalen Assistenten à la *Google Now* kann auch schon mal eine kurzzeitige „digitale Demenz" hervorrufen – ohne das Smartphone zu konsultieren, kann sich der Homo Mobilis manchmal einfach nicht an gewisse Daten erinnern. Von Zeit zu Zeit braucht er eine Phase des *Mobile Detox* – also den mehrtägigen Aufenthalt in ei-nem absoluten Funkloch etwa an einem *Unplugged Weekend* – um seinen Körper und seine Seele von der ständigen Erreichbarkeit und Internet-Verfügbarkeit zu entgiften (vgl. Trentmann 2014). In der anschließenden Reha verdeutlichen ihm Apps wie *Checky* oder *Menthal*, wie oft er pro Tag auf seinen Bildschirm guckt und welche Funktionen er wie lange nutzt, um so Abhängigkeitsmuster aufzudecken und sachte einen Bewusstseinswan-del herbeizuführen. *Offline* wird zum neuen *Bio*.

Auch wenn diese Charakterisierung übertrieben wirkt: Vieles kommt einem bekannt vor. Das Medium Mobile hat sich innerhalb weniger Jahre zum globalen Leitmedium ent-wickelt. Kein anderes Medium ist so intim, so persönlich, so vielfältig und so omnipräsent.

Aus meiner Beraterpraxis

Ich sollte in diesem Fall präziser von meinem durch berufliches Interesse geschärften Beobachterverhalten sprechen. Man kennt es aus Warte- und Überbrückungssituatio-nen in U-Bahnen, auf Bahnhöfen, in Airline-Lounges oder Arztpraxen, zunehmend auch an der Supermarktkasse: Der Blick des anonymen Pendlers, Fluggastes oder Pa-tienten ist konstant nach unten gerichtet, fixiert auf das Display in der Hand, während das Gehirn gierig Information, Zerstreuung oder Kommunikation sucht. Aber in jüngs-ter Zeit hat die Wucht des Mobile Tsunami auch Erholungs-Orte wie den Gasthof im Skiurlaub oder die Taverne im Familienresort erfasst: Familien sitzen, gegebenenfalls mit im Urlaub kennengelernten Freunden, um den Kamin in der Lobby oder an der Poolbar und gucken gebannt auf das Neueste vom Tage – serviert auf mobilen Endge-räten und ermöglicht über das wichtigste Ausstattungsmerkmal einer Feriendestination im Jahr 2015, den chronisch überlasteten Free WiFi Hotspot.

Keinem anderen Medium vertraut man so viele Geheimnisse an und stellt sie parado-xerweise so unbedenklich den Analyse-Algorithmen der Internet-Giganten zur Verfügung. Anders ausgedrückt: Kein anderes Gerät sammelt so viele Daten wie das Smartphone. Das erfolgt im Rahmen des *Personal Analytics* Trends (vgl. Killer 2015) bewusst, indem man Laufschuhe, Smart Bands oder Zahnbürsten mit der Smartphone-App vernetzt und

die gesammelten Daten mit der Aussicht auf Verhaltensoptimierungstipps in die Cloud
schickt. Aber im großen Maßstab erfolgt es mehr oder minder unbewusst: Aus Unkennt-
nis, Ignoranz oder einfach aus Akzeptanz des zentralen Geschäftsmodells der Gratiskultur
im Internet – dem Tausch von Nutzer- und Nutzungs-Daten gegen die kostenlose Nutzung der jeweiligen Dienste (vgl. Boie 2013). Kein anderes Medium wird so oft am Tag
konsultiert. Und die Entwicklung ging viel schneller als noch vor einigen Jahren gedacht.
2007, kurz nachdem das *iPhone* erstmals vorgestellt wurde, charakterisierte die angesehe-
ne britische Tageszeitung *The Independent* die Leistungsvielfalt moderner Smartphones,
wie sie heute, Stand 2015 verfügbar ist – und prognostizierte sie für das Jahr 2025 (vgl.
Webb 2007). Im Jahr 2010 dachte man noch, die Internet-Nutzung über mobile Endgeräte würde erst im Jahr 2015 die der Nutzung via PC und Laptop überholen (vgl. O'Dell
2010). Bereits Anfang 2014 war es dann in einigen westlichen Märkten soweit (vgl. Murtagh 2014), mit einem erheblichen Einfluss auf die Wahrnehmung des Mediums Mobile
unter Wirtschaftsentscheidern. Die Auswirkungen dieses historischen Shifts auf die Mar-
ken- und Unternehmensführung werden in Teil II und 3 dieses Buches dargestellt. Das
Zeitfenster zur Entwicklung einer fundierten Mobile Strategy schließt sich zunehmend.
2018 bilden die Digital Natives die Bevölkerungsmehrheit und Mobile strukturiert deren
Alltag.

3.2 Gesellschaftliche Aspekte der Welle

Laut einer Studie der *Boston Consulting Group* hat die globale Mobile-Industrie 2014
einen Umsatz von 3,3 Billionen US-Dollar erwirtschaftet – oder 400 US-Dollar pro Erdenbürger (vgl. Bezerra et al. 2015). Mit *Alibaba, Apple, China Mobile, Facebook, Google*
und *Verizon* machen sechs der 25 wertvollsten Firmen direkte Umsätze mit Mobile-Technologie. In den in der Studie erfassten Ländern *Brasilien, China, Deutschland, Indien,
Südkorea* und den *Vereinigten Staaten von Amerika* wurden 11 Millionen direkte Jobs erschaffen, ganz zu schweigen von allen indirekt entstandenen Arbeitsangeboten. *Ericsson*
prognostizierte in seinem *Mobility Report* im November 2014, dass bis 2020 90 Prozent
der Weltbevölkerung über sechs Jahren ein Mobiltelefon haben werden (vgl. Ericsson
2015), was knapp 10 Milliarden Anschlüssen entsprechen würde. Keine andere Technologie hat weltweit in so kurzer Zeit so viele Menschen erreicht wie Mobile. In dem Report
heißt es weiter, dass der Anteil von Smartphones von 2,7 Milliarden in 2014 auf 8,4 Milliarden im Jahr 2020 zunehmen wird – verbunden mit einem entsprechend rasanten Anstieg
des verbrauchten Datenvolumens. Ein Smartphone-Nutzer in Europa nutzte in 2014 durchschnittlich noch 1,2 Gigabyte pro Monat, in 2020 werden es 4,6 Gigabyte sein. Diese
nahezu Vervierfachung wird vor allem auf einen immer stärker steigenden Videokonsum
über mobile Endgeräte zurückzuführen sein. Ein weiterer Aspekt ist die rasante Verbreitung IP-basierter, wegen ihrer kostenlosen und die Netzbetreiber umgehenden Verbreitung
von Text-, Audio- oder Videoinhalten auch *Over-The-Top* (OTT) genannten Dienste wie
Instant Messaging. Die Nutzung des klassischen SMS-Dienstes bricht wie schon geschil-

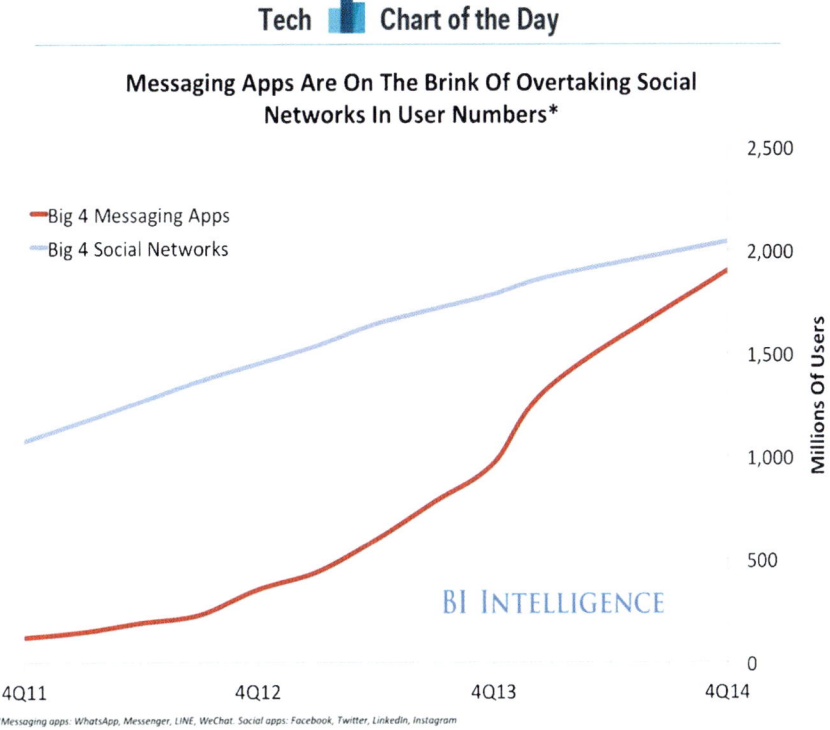

Abb. 3.1 Messaging Apps sind die neuen Sozialen Netzwerke. (Quelle: Smith 2014)

dert dramatisch ein. Gleichzeitig verzeichnen Messaging-Clients, deren (Video-)Chat-Funktion über das Internet Protokoll (IP) übertragen werden, exorbitante Wachstumsraten – auch weil sie zunehmend als Ersatz für die klassischen Sozialen Netzwerke dienen (s. Abb. 3.1).

Der globale Marktführer *WhatsApp* wird Ende 2015 ca. eine Milliarde aktive Nutzer haben, wenn er weiterhin pro Tag eine Million neue User hinzugewinnt wie in den vergangenen Jahren geschehen (vgl. Sherr 2015). Anfang 2015 wurden laut Angaben des Firmengründers jeden Tag 30 Milliarden Nachrichten über die *Facebook*-Tochter verschickt inklusive mehrerer Hundert Millionen Voice- und Video-Nachrichten (vgl. Facebook 2015). Heruntergebrochen auf den einzelnen Nutzer verschickt dieser durchschnittlich pro Monat über 1.000 und empfängt über 2.000 Nachrichten. Innerhalb weniger Jahre haben Sofortnachrichten das Kommunikationsverhalten ganzer Generationen maßgeblich verändert. Und kurz nachdem in der gleichen Ankündigung der Gründer *Jan Koum* mystisch versprach, dass man hart daran arbeitet, das Produkt *WhatsApp* immer besser zu machen, tauchten erste Berichte über das lange vermutete Feature *WhatsApp Call* auf. Das Brot- und Buttergeschäft der Netzbetreiber, Sprachtelefonie und SMS, wird von einer Plattform angegriffen, die fast jeder sechste Erdenbürger in seiner Hosentasche hat.

3.3 Nutzung mobiler Endgeräte

1999 fragte *Boris Becker* in einem mittlerweile legendären Werbespot für den damaligen Internet Service Provider *AOL* „Häää? Bin ich da schon drin oder was?", um dann verdutzt mit einem Blick auf seinen Computer festzustellen „Ich bin drin. Das ist ja einfach." Im Jahr 2015 ist es für die Nachkriegsgenerationen selbstverständlich, dass man online ist. Die mobile Nutzung des Internet wächst über alle Bevölkerungsschichten parallel zur Verbreitung von Smartphones und Tablets. Im Jahr 2010 launchte *Steve Jobs* das *iPad* und kündigte damit gleich die Post-PC-Ära an (vgl. Hiner 2010). Ende 2010 wurden auf diesem Planeten erstmals mehr Smartphones und Tablets als Desktops und Laptops verkauft (vgl. Meeker 2012). Es dauerte immerhin noch bis 2014, bis auch in *Deutschland* mehr Smartphones als normale Handys im Gebrauch waren (vgl. BITKOM 2014a) und mehr als 50 Prozent der Bundesbürger mobil ins Netz gingen (vgl. Initiative D21 2015). Schüler, Studenten und Berufstätige sind bereits so viel mobil im Netz wie stationär über traditionelle Desktop- und Laptop-Rechner. Selbst jedes vierte Kind im Alter von sechs bis 13 Jahren verfügt heute über ein internetfähiges Handy (vgl. Gassmann 2014) – und dabei decken offizielle Statistiken wie „44 Millionen Deutsche nutzen im Februar 2015 ein Smartphone" immer nur Bundesbürger über 14 Jahre ab. Es ist also nicht weiter verwunderlich, dass im Jahr 2015 in *Deutschland* der Umsatz der Netzbetreiber, den sie mit Datendiensten, also dem Mobile Internet tätigen, erstmals den durch Handy-Gespräche erzeugten übersteigt (vgl. BITKOM 2015b). Diese Umwälzung im Bereich des Geschäftsmodells ist für die Carrier ein ganz eigener Mobile Moment.

Insbesondere das Smartphone ist für zwei Drittel der Besitzer unverzichtbar (vgl. BIT-KOM o. J.c). 85 Prozent ihrer mobilen Online-Zeit verbringen Smartphone-Besitzer mit Apps, die restlichen 15 Prozent, um mobil via Internet-Browser zu surfen (vgl. GFK 2015). Neben Kommunikationsdiensten wie E-Mail, Soziale Netzwerke und Chat-Diensten sind vor allem Infotainment-Angebote wie Wetterberichte, Navigationsdienste, Videoplattformen, Nachschlagewerke, Musikstreaming-Angebote sowie Politik-, Wirtschafts- und Sportnachrichten häufig genutzte Funktionen im „Internet-on-the-Go". Knapp jeder Zweite zwischen sechs und 19 Jahren beschäftigte sich bereits Mitte 2014 mehrmals pro Woche auf seinem Mobile Device mit Spiele-Apps (BIU 2015). Junge Frauen mit Kindern (auch *Millennial Moms* genannt; vgl. Weber Shandwick 2015) machen den größten Teil der sogenannten Smartphone-dominanten User aus; das sind die Nutzer, die den größten Teil ihrer digitalen Zeit auf Mobilgeräten verbringen, da sie einfach von den neuen Nutzungsangeboten durch Apps, Mobile-Webseiten und unkomplizierten Zahlungs- und Buchungsmethoden profitieren (vgl. Yahoo 2015). Das mobile Web ist zum alltäglichen Begleiter geworden, und mit zunehmender verfügbarer Bandbreite ist das Surfen unterwegs mittlerweile auch sehr komfortabel. Bereits 2013 nutzten fast 40 Prozent der Smartphone-Besitzer unterwegs die Suchfunktion, um vor allem lokale Dienstleister und Angebote zu finden (vgl. Google 2015). Dabei gibt es durchaus unterschiedliche „Screen-Types" (ASMI 2015), vom jugendlichen Selbstdarsteller über den mobilen Kommunikator bis zum extensiven Tablet-Mit-Nutzer. Die parallele Nutzung von mindestens zwei Medien, das „Media-Meshing" (BVDW o. J.a), ist zur Selbstverständlichkeit geworden.

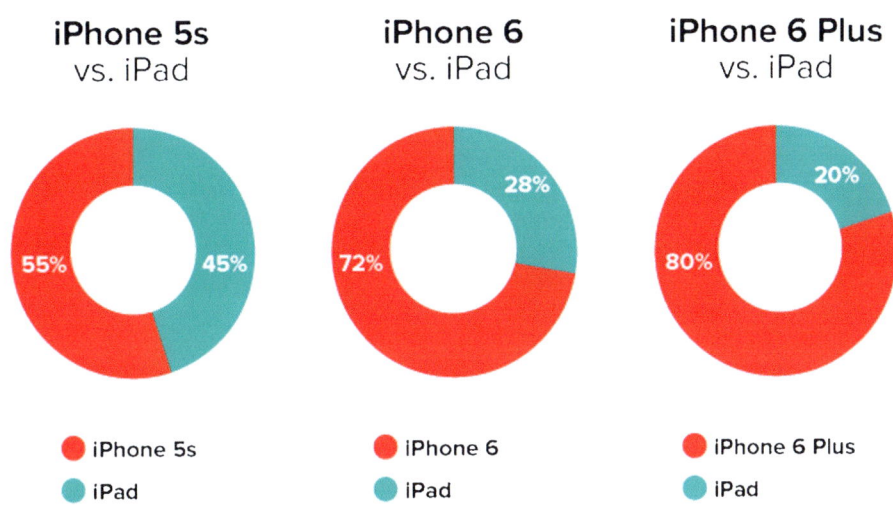

Abb. 3.2 Je größer der Bildschirm, desto mehr wird auch auf Smartphones gelesen. (Quelle: Pocket 2014)

Erfolgt eine gezielte, inhaltlich verknüpfte Nutzung des Smartphone oder Tablet parallel zur TV-Sendung, zum Radio-Beitrag oder zur Print-Story, dann war es in den letzten Jahren en vogue, vom *Second Screen* in der Hand des Verbrauchers zu sprechen. Alle großen Medien-Anbieter haben mittlerweile Second Screen Apps im Angebot, die das eigentliche Hauptprogramm über den Tag respektive die Ausgabe begleiten. Die Multi-Screen-Nutzung korreliert natürlich mit der schlichten Verfügbarkeit von internetfähigen Endgeräten im Haushalt, und die summierte sich bereits Anfang 2014 auf durchschnittlich 2,4 Bildschirme in der deutschen Gesamtbevölkerung (vgl. BVDW o. J.b). In dieser Statistik wurden dabei noch nicht einmal mittlerweile auch mit dem Internet vernetzte Geräte wie Smart TV, Games-Konsolen oder MP3-Player berücksichtigt. Mit der Entwicklung von Smartphones zum Leitmedium ganzer Generationen haben mittlerweile natürlich die meisten Medienhäuser zusätzlich dedizierte Angebote für den First Screen Mobile.

Da das Medium Mobile einfach durch die schiere Verbreitung und immer stärkere Nutzung für viele Besitzer zum wichtigsten Medium geworden ist, konnte man in den letzten Jahren vermehrt beobachten, wie Design- und Steuerungs-Elemente sowie der von Mobile gelernte visuelle Auftritt immer mehr in klassische Medien Einzug hielt: von Apps auf dem Desktop-PC, der Bildsprache in TV-Nachrichten bis hin zu kompakten Zeitungsformaten. Die Einführung der Phablet-Geräteklasse bei Smartphones hat zudem dazu geführt, dass immer mehr Menschen auch am Smart Screen länger lesen (s. Abb. 3.2).

Und schließlich boomt auch der Bewegtbild-Konsum auf Smartphones und Tablets. Ende 2014 entstand bereits die Hälfte des *YouTube*-Traffics über mobile Endgeräte (vgl. Cha 2015). Tablets werden eh primär in den eigenen Wänden im *Lean Back Mode* – also auf der Couch – genutzt, als unkomplizierter Zugang zum Mobile Internet. Je mehr Zeit die Nutzer zum Stöbern auf den mobilen Endgeräten verbringen, desto mehr Kaufanlässe begegnen ihnen. Es ist also kein Wunder, dass in den *USA* der Anteil von Mobile am Web-Traffic von Händlerseiten Weihnachten 2014 erstmals die 50-Prozent-Marke überschritt (vgl. Skeldon 2015). Auch eCommerce-Betreiber werden vom Mobile Tsunami erfasst und haben gerade reihenweise ihren Mobile Moment. Der Trend zum Mobile Commerce wird später noch ausführlich dargestellt. Da die technische Reichweite (Verbreitung von mobilen Endgeräten und deren breitbandige Anbindung an das Internet) gegeben ist, hindern heutzutage eigentlich nur noch die immer noch zahlreich vorhandenen Webseiteninhalte, die noch nicht für mobile Endgeräte optimiert wurden, die mobile Nutzung aller Internet-Auftritte und -Dienste.

3.4 Eine internationale Perspektive

In großen Teilen der Welt außerhalb von Nordamerika, Europa und den Pazifikanrainern *Australien*, *Japan* und *Südkorea* war bis dato das Feature Phone und wird immer mehr das Smartphone das zentrale Endgerät für den Zugang zum Internet. Trotz einer statistischen Penetrationsrate der SIM-Karte von weltweit 100 Prozent haben erst 40 Prozent der Weltbevölkerung Zugang zum Internet. Um den Rest der Menschheit mit primär mobilen Internetzugängen zu versorgen, liefern sich die Tech-Konzerne aus *Kalifornien* wie beschrieben ein Wettrennen der Konzepte. Mit der rasanten Verbreitung gerade auch von Einstiegs-Smartphones wachsen ganze Generationen auf, die nur das Mobile Internet kennen. Mit PC-Durchdringungsraten in diesem Teil der Welt von unter 10 Prozent kann man von großflächigen Mobile-Only Gebieten sprechen. Bereiche wie Kommunizieren, Einkaufen, Bankgeschäfte, ärztliche Beratung oder kommunale Dienstleistungen werden jenseits der persönlichen Kontakte und Tätigkeiten ausschließlich über das Handy abgewickelt. Die Durchdringung von Mobile Services im realen Leben ist beeindruckend. Konzepte wie Mobile Commerce, Mobile Payment, Mobile Banking, Mobile Health, Mobile Learning und Mobile Government haben Nutzungsraten, von denen westliche Pendant-Angebote nur träumen können. Aber auch hier steht man erst ganz am Anfang der Mobile Internet Revolution. Mit ca. 4 Milliarden Menschen noch ohne Zugang zum (Mobile) Internet kann man eben auch im Jahr 2015 noch nicht wirklich vom *www* im wahren Sinne des Begriffs *worldwide web* sprechen.

Auf der anderen Seite hat sich das Smartphone innerhalb weniger Jahre wie auch schon im Rest der Welt zu einem absolut begehrenswerten Statussymbol entwickelt. Große Teile Afrikas, Asiens und Südamerikas sind Mobile First geprägt: Vergleichbar mit den Internet-Giganten, die sukzessive alle internen Entwicklungs-Ressourcen zunächst auf das Medium Mobile fokussieren, sind in diesem Teil der Welt Hardware-, Software- und

Dienstleistungs-Innovationen ausgerichtet auf das Mobile Internet (vgl. Bajarin 2014). In *China* gab es Ende 2014 565 Millionen Menschen, die aktive, also regelmäßige Nutzer des Mobile Internet waren (vgl. Kemp 2015). Alleine schon durch diese enorm hohe Anzahl an Mobile User führt das Reich der Mitte alle globalen Nutzungs-Statistiken in den skizzierten Mobile-Konzepten an. Und um die sich sukzessive verschiebende Marktmacht im weltweiten Mobile Tornado zu symbolisieren: 2014 wurden in *China* erstmals mehr *iPhones* verkauft als auf *Apple*s Hausmarkt *USA* (vgl. Bradshaw 2015).

Aus meiner Beraterpraxis

Im Jahr 2011 habe ich in der 20-Millionen-Mega-City *Mumbai*, der Wirtschaftsmetropole im Westen von *Indien*, eine *Unwired Business* Konferenz aufgebaut. In der größten Demokratie der Welt spielt das Mobile Internet genau die Rolle wie gerade skizziert. Dabei reicht die Bandbreite von auf dem Sub-Kontinent gegründeten, global agierenden High-Tech-Firmen bis zu mit Smartphones posierenden Teens ohne Datentarif auf der Suche nach der nächsten öffentlichen Steckdose. Stellvertretend für die Mobile-Only-Gesellschaften spürt man in Indien an jedem Ort des Riesenlandes die geballte Kraft der vom Mobile Tsunami in Gesellschaft und Wirtschaft ausgelösten, radikalen Umwälzungen. Im August 2014 organisierte ich zusammen mit südafrikanischen Geschäftsfreunden in *Johannesburg* und *Kapstadt* jeweils einen Mobile App Wettbewerb für aufstrebende Start-ups aus *Südafrika* und den angrenzenden Staaten *Namibia*, *Botswana*, *Simbabwe* und *Mosambik*. Während die westliche Welt die Erfolge von Smartphone-Spielen feierte, wurden hier App-Lösungen für echte Probleme des Alltags präsentiert und ausgezeichnet. Mobile rockt den afrikanischen Kontinent, und an jeder Ecke entstehen, wie auch in Indien, neue Tech-Hubs mit exzellent ausgebildeten und erfolgshungrigen Mobile-Entwicklern.

Während sich das klassische Internet – ausgehend vom in den 60er Jahren zwischen US-amerikanischen Universitäten etablierten *Arpanet* (vgl. Wikipedia o. J.b) – von West nach Ost ausgebreitet hat, hat sich das Medium Mobile und dessen intensive Nutzung von Ost nach West ausgebreitet, mit Japan und Südkorea als Mekka für „Digitalien"-Fachbesucher (Kollenberg 2011) aus dem Westen, die im ersten Jahrzehnt dieses Jahrtausends in Ekstase durch die High-Tech-Stadtteile *Akihabara* in *Tokio* und *Gangnam* in *Seoul* mäanderten auf der Suche nach dem ultimativen Mobile Internet Trip. Heute stehen auf der globalen Städte-Tour zum Erleben der puren Mobile Experience zusätzlich Destinationen wie *Shanghai*, *Hyderabad*, *Nairobi*, *Lagos* oder *São Paulo*. Wer auf der Suche nach Ländern mit einer größeren Penetration von mobilen Breitbandanschlüssen und einer damit einhergehenden schnelleren Adaption von Mobile Services aller Art ist, kann sich auch in *Skandinavien* oder im *Vereinigten Königreich* umsehen. In der Liste der von der *ITU* (vgl. Wikipedia o. J.c) im Jahr 2013 erfassten 194 Länder steht Deutschland im Mittelfeld auf Platz 44 (vgl. ITU 2015). Die Top 20 – eine für eine Industrienation wie Deutschland durchaus anzustrebende Positionierung – haben eine zwei- bis dreifach so große Durchdringung mit drahtlosen Breitbandanschlüssen und konstituieren sich unter anderem aus

Stadtstaaten wie *Singapur* und *Hongkong*, den bereits erwähnten europäischen Nachbarn, aber auch Ländern wie *Botswana* und *Costa Rica*. Selbst die *USA*, lange Zeit aus europäischer Sicht in puncto Mobile-Verbreitung eher müde belächelt, haben sich seit der Geburt des *iPhone* innerhalb von nur sieben Jahren den 10. Platz erobert.

Fazit

Smartphones und Tablets sind für die Kommunikation und das Konsumieren von digitalen Inhalten zunehmend das Mittel der Wahl. Wer online etwas erledigen will, greift zunächst zum Smartphone, für längere Sitzungen zum Tablet, und bei einer anstehenden komplexeren Recherche setzt man sich vor den heimischen PC. In der Bürowelt hat noch der klassische Desktop die Oberhand, wenn es um das Erledigen von Aufgaben geht. Aber auch hier haben mobile Endgeräte in den letzten Jahren die Kommunikation, die Zusammenarbeit in Teams und alle Arbeitsabläufe jenseits des eigentlichen Arbeitsplatzes massiv verändert. Das Medium Mobile hat nicht nur die IT-Industrie auf den Kopf gestellt und durchgeschüttelt, sondern als Cockpit in der Digitalen Transformation die Leitindustrien in *Deutschland*, die Gesellschaft an sich und das Verhältnis von Dritte-Welt-Ländern, Schwellenländern und Industrieländern zueinander massiv verändert. Der Mobile Tsunami, wie er hier im ersten Teil ausführlich dargestellt wurde, hat den Planeten im Griff. Verantwortliche Unternehmenslenker müssen sehr schnell lernen, wie sie im Zeitalter der Smart Devices Marken führen (Teil II) und ihre Firma für die Begegnung mit der Riesenwelle wappnen (Teil III). Zum Jahreswechsel 2013/2014 zu den Trends für die nächsten 12 Monate befragt, sagte *Eric Schmidt*, Executive Chairman von *Google*: „The trend has been that Mobile was winning; it's now won!" (Bloomberg 2015). Die Tatsache, dass mehr und mehr Menschen einen Super-Computer in der Tasche haben, hat die Welt, wie wir sie kennen, radikal verändert. Mobile in Form von Smartphones, Tablets und Wearables ist die neue, zentrale Architekturplattform für das Gesellschafts- und Wirtschaftsleben sowie das Internet of Everything im 21. Jahrhundert.

Literatur

ASMI. http://www.axelspringer-mediapilot.de/dl/18655284/b4p_2014_I_Screen-Types.pdf. Zugegriffen: 02.02.2015

Bajarin, B. 2014. *Most Internet Users Will Soon Be Smartphone-Only.* http://time.com/3649540/internet-smartphone-mobile-web/ (Erstellt: 30.12.2014). Zugegriffen: 29.01.2015

Bezerra, J., W. Bock, F. Candelon, S. Chai, E. Choi, J. Corwin, S. DiGrande, R. Gulshan, D.C. Michael, und A. Varas. 2015. *The Mobile Revolution: How Mobile Technologies Drive a Trillion-Dollar Impact.* https://www.bcgperspectives.com/content/articles/telecommunications_technology_business_transformation_mobile_revolution/ (Erstellt: 15.01.2015). Zugegriffen: 16.01.2015

BITKOM o. J.a. http://www.bitkom.org/de/presse/81149_79598.aspx. Zugegriffen: 03.02.2015

BITKOM o. J.b. http://www.bitkom.org/de/presse/81149_79922.aspx. Zugegriffen am 01.04.2015

BITKOM o. J.c. http://www.bitkom.org/de/presse/81149_79922.aspx Zugegriffen: 02.02.2015

BIU. http://www.biu-online.de/de/presse/newsroom/newsroom-detail/datum/2014/09/01/spiele-apps-beliebt-wie-nie.html. Zugegriffen: 03.02.2015

Bloomberg. http://www.bloomberg.com/news/videos/b/a6657ea9-deea-4de8-a96e-32b1ebfc16d5. Zugegriffen: 07.02.2015

Boie, J. 2013. *Ein Knopf zur Selbstauskunft bei Facebook, Twitter und Co.*. http://www.sueddeutsche.de/digital/persoenliche-daten-im-internet-ein-knopf-zur-selbstauskunft-bei-facebook-twitter-und-co-1.1622692 (Erstellt: 12.03.2013). Zugegriffen: 01.02.2015

Bonnington, C. 2013. *Qualcomm Pulls Out all the Stops in 'Born Mobile' Keynote.* http://www.wired.com/2013/01/ces-2013-qualcomm-keynote/ (Erstellt: 08.01.2013). Zugegriffen: 19.01.2015

Bradshaw, T. 2015. *China buying more iPhones than US.* http://www.cnbc.com/id/102366629 (Erstellt: 25.01.2015). Zugegriffen: 03.02.2015

Braun, M.: Der Handy-Reflex. In: Welt am Sonntag, 09.11.2014, Nr. 45, S. NRW 14 (2014)

BVDW o. J.a. http://www.bvdw.org/fileadmin/downloads/marktzahlen/bvdw_iab%20austria_iab%20switzerland_dach%20studie_2014_presse.pdf. Zugegriffen: 03.02.2015

BVDW o. J.b. http://www.bvdw.org/presseserver/studie_faszination_mobile/BVDW_Faszination_Mobile_2014.pdf. Zugegriffen: 05.02.2015

Cha, B. 2014. *Half of YouTube's Traffic Is Now From Mobil.* http://recode.net/2014/10/27/youtube-code-mobile-1/ (Erstellt: 27.10.2014). Zugegriffen: 03.02.2015

Ericsson. http://www.ericsson.com/res/docs/2014/ericsson-mobility-report-november-2014.pdf. Zugegriffen: 20.01.2015

Facebook. https://www.facebook.com/jan.koum/posts/10152994719980011?pnref=story. Zugegriffen: 01.02.2015

Gassmann, M. 2014. *Smartphones erobern die Kinderzimmer.* http://www.welt.de/print/welt_kompakt/print_wirtschaft/article131163975/Smartphones-erobern-die-Kinderzimmer.html (Erstellt: 13.08.2014). Zugegriffen: 03.02.2015

GfK. http://www.gfk.com/de/Documents/Research-Results/GfK_ResearchResults2014_Crossmedia%20Visualizer.pdf. Zugegriffen: 02.02.2015

Google. http://services.google.com/fh/files/misc/omp-2013-de-local.pdf. Zugegriffen: 03.02.2015

Hiner, J. 2010. *Steve Jobs proclaims the post-PC era has arrived.* http://www.techrepublic.com/blog/tech-sanity-check/steve-jobs-proclaims-the-post-pc-era-has-arrived/ (Erstellt: 02.06.2010). Zugegriffen: 03.02.2015

Initiative D21. http://www.initiatived21.de/wp-content/uploads/2014/12/Mobile-Internetnutzung-2014_WEB.pdf. Zugegriffen: 02.02.2015

ITU. http://www.broadbandcommission.org/Documents/reports/bb-annualreport2014.pdf. Zugegriffen: 29.01.2015

Kemp, S. 2015. *Digital, Social & Mobile in 2015.* http://wearesocial.sg/blog/2015/01/digital-social-mobile-2015/ (Erstellt: 21.01.2015). Zugegriffen: 29.01.2015

Killer, A. 2015. *Wie wir uns per Smartphone ausspionieren lassen.* http://www.deutschlandfunk.de/datenschutz-wie-wir-uns-per-smartphone-ausspionieren-lassen.684.de.html?dram:article_id=307711 (Erstellt: 03.01.2015). Zugegriffen: 01.02.2015

Kluth, A. 2008. *Homo mobilis.* http://www.economist.com/node/10950487 (Erstellt: 10.04.2008). Zugegriffen: 19.01.2015

Kollenberg, M.E. 2011. *Südkorea: Auf der Überholspur nach Digitalien.* http://www. spiegel.de/netzwelt/web/suedkorea-auf-der-ueberholspur-nach-digitalien-a-766162.html (Erstellt: 05.06.2011). Zugegriffen: 29.01.2015

Meeker, M. 2012. *Internet Trend.* http://www.kpcb.com/blog/2012-internet-trends-update (Erstellt: 03.12.2012). Zugegriffen: 03.02.2015

Murtagh, R. 2014. *Mobile Now Exceeds PC: The Biggest Shift Since the Internet Began.* http:// searchenginewatch.com/sew/opinion/2353616/mobile-now-exceeds-pc-the-biggest-shift-since-the-internet-began (Erstellt: 08.07.2014). Zugegriffen: 20.01.2015

O'Dell, J. 2010. *New Study Shows the Mobile Web Will Rule by 2015.* http://mashable.com/2010/ 04/13/mobile-web-stats/ (Erstellt: 13.04.2010). Zugegriffen: 20.01.2015

Pocket 2014. *The Screen-Size Debate: How the iPhone 6 Plus Impacts Where We Read & Watch.* http://getpocket.com/blog/2014/11/the-screen-size-debate-how-the-iphone-6-plus-impacts-where-we-read-watch/ (Erstellt: 26.11.2014). Zugegriffen: 13.01.2015

Sherr, I. 2015. *Facebook's WhatsApp tallies 700 M monthly active users.* http://www.cnet. com/news/facebooks-whatsapp-messaging-service-tallies-700-million-monthly-active-users/ (Erstellt: 06.01.2015). Zugegriffen: 01.02.2015

Skeldon, P. 2015. *Mobile e-commerce traffic passes 50 % on Boxing Day, real growth in November benchmark indicates.* http://internetretailing.net/2015/01/mobile-e-commerce-traffic-passes-50-on-boxing-day-real-growth-in-november-benchmark-indicates/ (Erstellt: 07.01.2015). Zugegriffen: 03.02.2015

Smith, D. 2014. *Chart of the Day: Messaging Apps Will Be Bigger Than Social Networks In 2015.* http://uk.businessinsider.com/messaging-apps-will-be-bigger-than-social-networks-in-2015-2014-12 (Erstellt: 31.12.2014). Zugegriffen: 06.01.2015

Tecmark. http://www.tecmark.co.uk/smartphone-usage-data-uk-2014/. Zugegriffen: 01.02.2015

Trentmann, N. 2014. *Firmen schicken Mitarbeiter zur digitalen Entgiftung.* http://www.welt.de/ wirtschaft/webwelt/article131173150/Firmen-schicken-Mitarbeiter-zur-digitalen-Entgiftung. html (Erstellt: 13.08.2014). Zugegriffen: 03.02.2015

Webb, W. 2007. *The future of mobile phones: A remote control for your life.* http://www. independent.co.uk/student/magazines/the-future-of-mobile-phones-a-remote-control-for-you-life-448816.html (Erstellt: 14.05.2007). Zugegriffen: 19.01.2015

Weber Shandwick. https://www.webershandwick.com/uploads/news/files/MillennialMoms_ExecSummary.pdf. Zugegriffen am 29.07.2015

Wikipedia o. J.a. http://en.wikipedia.org/wiki/Nomophobia. Zugegriffen am 20.01.2015

Wikipedia o. J.b. http://de.wikipedia.org/wiki/Arpanet. Zugegriffen am 29.01.2015

Wikipedia o. J.c. http://de.wikipedia.org/wiki/Internationale_Fernmeldeunion. Zugegriffen am 29.01.2015

Yahoo. http://yahooadvertisingde.tumblr.com/post/119529631693/infografik-siegeszug-der-smartphone-dominanten. Zugegriffen am 27.07.15

Teil II
Das Medium Mobile

Mobile Internet

4

Zusammenfassung

Das moderne Internet kommt zunehmend in Form eines Smartphone-Bildschirms daher. Mit der steigenden Verfügbarkeit in allen Teilen der Welt und über alle Bevölkerungsschichten hinweg wird der Zugang zum Internet immer mehr demokratisiert, und mit der rasanten Ausbreitung des Internet der Dinge durchdringt das Web alle Alltags-Bereiche des Menschen. Apps sind der ständige Begleiter des Homo Mobilis, und Technologie-Firmen, die die neuen Mechanismen des Mobile App Sturms und der Mobile Web Architektur nicht beachten, drohen unterzugehen. Schon die Entwicklungen der letzten Jahre und der Kampf um das beste Mobile-Ökosystem für Werber und Verbraucher haben zu einer kompletten Neuordnung unter den Internet-Technologie-Firmen geführt, wie in Teil I ausführlich beschrieben wurde. Firmen, die ihre Web-Strategie konsequent auf die rasante Verbreitung des Mobile Internet ausrichten und denen es gelingt, die Instrumente des Mobile Marketing und des Mobile Commerce zielgerichtet und effektiv anzuwenden, werden erfolgreich bleiben oder sein. Das gilt für IT-Player wie auch für Unternehmen anderer Branchen gleichermaßen, die darauf angewiesen sind, über das Internet – und damit immer mehr über das Mobile Internet – mit Partnern, Lieferanten und Kunden zu kommunizieren bzw. sich dort zu präsentieren. Im Folgenden geht es um dieses Medium Mobile und den notwendigen Werkzeugkasten, es erfolgbringend in der Kunden-Akquise und -Kommunikation einzusetzen.

Inhaltsverzeichnis

© Springer Fachmedien Wiesbaden 2016

M. Wächter, *Mobile Strategy*, DOI 10.1007/978-3-658-06011-4_4

Wenn das Internet einen heutzutage ständig begleitet in Form von zunehmend vernetzten Alltagsgegenständen und auf 1,5 bis 11 Zoll großen Bildschirmen von Smartwatches über Smartphones und Tablets bis hin zu Connected Cars, dann muss das Auswirkungen haben auf die Art, wie Inhalte verbreitet werden, Markenkommunikation stattfindet und der Vertrieb von Waren erfolgt. Teil I dieses Buches hat sich ausführlich dem komplexen Ökosystem des Mobile Internet gewidmet. Im Folgenden geht es nun darum, nachzuvollziehen, warum das Internet bei medium-gerechter Programmierung und Design-Sprache auf mobilen Endgeräten einen anderen Aggregatzustand einnimmt und nur dann seine ganze Wirksamkeit entfaltet und Relevanz erzeugt. Dass das Medium Mobile relevant ist, braucht es im Jahr 2015 nicht mehr zu beweisen. Wenn es noch einer Bestätigung gerade gegenüber traditionellen Marken- und Medienmachern bedurfte, dann hat *Oliver Samwer*, Mitbegründer von *Rocket Internet* und damit sicherlich einer der wenigen deutschen Internet-Macher mit weltweiter Präsenz, auf dem *Horizont Award* 2015 die Stimmung im und das Geschäftspotenzial des Mobile Internet treffend mit dem Bild der „Nachkriegszeit des Internet" beschrieben und damit auf die Dynamik und Aufbruchsstimmung der Wirtschaftswunderjahre verwiesen (vgl. Jacob 2015). Das Mobile Internet verändere das gesamte Geschäft und mische die Karten völlig neu. Es sei sogar möglich, dass etablierte Web-Angebote von Unternehmen, die auf Mobile setzen, „disrupted" werden. Das Mobile Web und vor allem der Homescreen eines Smartphone-Nutzers sind zu den wertvollsten Quadratzentimetern des Internet geworden!

4.1 Mobile User Experience

Die Steuerung von kapazitiven Multi-Touch-Bildschirmen mit dem Finger, mehr und mehr aber auch mit Gesten, Sprache oder besonderen Multifunktionssteuerungen wie der *Digital Crown* bei der *Apple Watch* oder dem *iDrive-Controller* bei *BMW* dient der intuitiven Bedienung der Oberfläche des Mediums Mobile – dem *User Interface*. Diese Arten der Steuerung werden seitens der Hardware-Ingenieure vorgegeben, und die Leichtigkeit der Bedienung entscheidet in der Regel über die Akzeptanz und den Erfolg der Hardware. Zentraler Bestandteil der *User Experience* der Mediengattung Mobile (Mobile UX) ist aber neben diesem User Interface und der mediengerechten Aufbereitung der Inhalte die Tatsache, dass Mobile nicht nur im Kontext genutzt wird, sondern dieses Medium als einziges überhaupt auch jederzeit den Kontext selbstständig herstellen kann und ohne Medienbruch darauf passende Aktionen auslösen kann. Die Fähigkeit, seinen Standort exakt zu bestimmen, mittels diverser Brückentechnologien den Kontakt zur unmittelbaren, realen Umgebung herzustellen bzw. den Nutzer zu Orten in der Nähe zu navigieren oder ihn mit identifizierten Dienstleistern direkt über Sprach- und Chat-Anwendungen zu verbinden, ist einzigartig in der Medienlandschaft. Diese unique Nutzererfahrung ist es, die das Medium Mobile zum absoluten Meta-Medium macht, über ein reines Werbemedium hinaus zu einem enorm leistungsstarken und vielfältigen Lokalisierungs- und Interaktionsmedium.

4.1.1   Das Kontext-Medium

Das größte Differenzierungsmerkmal von Smartphone & Co. ist die Tatsache, dass ortsbasierte Anwendungen auf den via GPS-Empfänger sowie georeferenzierten Mobilfunksendern und WLAN-Hotspots ermittelten Standort des Endgerätes zugreifen können. Sie machen sich diese Information zunutze, um – zum Teil auch mittels Kombination von weiteren Faktoren wie der Tageszeit – Kontexte herzustellen und dadurch für den Nutzer relevante Empfehlungen zu geben. Ort, Kontext und Relevanz bilden das magische Dreieck dieses Mediums und ermöglichen eine Vielzahl von *Location Based Services* (LBS). Natürlich ist der Standort eines so intimen, persönlichen Begleiters wie dem Smartphone eine sensible Information, die nicht jeder, durchaus rechtschaffene Bürger freigeben mag. Standortbasierte Dienste definieren naturgemäß ihre volle Leistungsfähigkeit durch die ständige Verfüg- und vor allem Abrufbarkeit der Lokalisierungsdaten. Bei den gängigen Betriebssystemen erkennt man den Zugriff auch sofort am Kompassnadel-Symbol in der Benachrichtigungszentrale und kann in den Einstellungen jederzeit nachvollziehen, welcher Service zuletzt Standortdaten verarbeitet hat. Bei *iOS* und *Windows* muss der User einer App den Zugriff explizit erlauben und in den Einstellungen kann man auch den Zugriff feinjustieren (Zugriff nur beim Verwenden der App) oder wieder verweigern. Die pauschale Berechtigungsvergabe en bloc bei App-Installationen auf einem *Android*-System erlaubt einem nur, die App erst gar nicht zu installieren, wenn man dem Zugriff auf Standortdaten nicht zustimmen mag. *Google* arbeitet an der grundsätzlichen Berechtigungsvergabe-Systematik und neue OS-Releases werden nutzerfreundlicher ausgestaltet. Ob genutzte Ortsangaben aus einer App heraus weitergegeben werden an einen Server, bleibt bei allen Betriebssystemen im Verborgenen. Alle OS-Hersteller nutzen anonymisiert die bei einer LBS-Nutzung anfallenden Positionsdaten zum Verfeinern ihrer Datenbanken über die genannten georeferenzierten Hotspots und Masten. Letztendlich ist der Deal, den der Verbraucher eingeht, den vertrauensvollen Umgang mit Ortsangaben und das ständige Optimieren der Referenzpunkte und damit der Service-Qualität seitens des Betriebssystemherstellers und des App-Betreibers gegen das Angebot eines relevanten und somit äußerst nützlichen Dienstes einzutauschen. Ein im Mobilfunknetz eingebuchtes mobiles Endgerät kann von den Mobilfunk-Providern immer geortet werden, selbst bei ausgeschalteter Ortungsfunktion. Die Vorteile von kontextbasierten Standortdiensten sind offensichtlich. Die ganze Magie des Mediums Mobile erschließt sich erst auf Basis der immer ausgefeilteren standortbasierten Dienste. Gerade im Zusammenspiel mit dem Internet der Dinge und den zahlreichen, das Smartphone und das dieses komplementierende Wearable umgebende Sensoren, werden persönliche Daten (wie Kalendereinträge, Orts- und Zeitangaben), öffentlich zugängliche Daten (wie Verkehrsdaten) sowie Daten auf App-Level (wie gemessene Schritte, die man zurückgelegt hat) integriert und zu intelligenten Handlungsanweisungen verdichtet, wie: *Laufe zum nächsten Meeting, anstatt ein Taxi zu ordern!* (vgl. Hernandez 2015). Mit der App *Workflow* lassen sich auch für die Nutzung auf der *Apple Watch* Aktivitäten kreieren wie „Taxi zum nächsten Event" oder „Bring mich zum nächsten Coffee-Shop". Ein Touch auf den Button, und alle notwendigen Informationen werden im Hintergrund zu genau so einer Handlungsanweisung zusammengestellt (vgl. Miller 2015). Es entsteht quasi eine Datenschicht aus Kommunikations-, Geo-, Bewegungs- und Sensorendaten (vgl. Bihr 2013). Relevanter Kontext entsteht daraus erst – wie bereits in Teil I beschrieben –, wenn die durch Mobile, Soziale Netzwerke und Sensoren erfassten Unmengen an Daten durch Algorithmen und Echtzeit-Analysen in nutzenstiftende Erkenntnisse und einfache Handlungsanweisungen exakt im Zeitpunkt der Bedarfsentstehung umgewandelt werden (vgl. Blaschke 2014). Nirgends sonst wird dieser Zusammenhang gerade ersichtlicher als bei der Mutation von der Suchfunktion auf einem Smartphone hin zu einem omnipräsenten Butler für die Alltagsaufgaben des Homo Mobilis.

4.1.2 Von Mobile Search zum persönlichen, kontextbasierten Assistenten

2015 suchten laut *Google* erstmals mehr Menschen über Smartphone und Tablet als über Desktop-PC (vgl. Dziallas 2015a und Dischler 2015). Dabei hatte *Google* in Europa in Q1 2015 einen Marktanteil an der Mobile-Suche von sagenhaften 97 Prozent (vgl. Stat-Counter 2015). Ein halbes Jahr zuvor waren es noch 98 Prozent (s. Abb. 4.1).

Zynisch könnte man sagen, die Wettbewerber wie *DuckDuckGo*, *Bing*, *T-Online* und *Yahoo* holen auf. Die Mobile-Suche unterscheidet sich dabei fundamental von der Desktop-Suche, alleine schon von den Fähigkeiten mobiler Endgeräte (wie Aufbau eines Anrufs oder Rückrufs, eines Chats, dem Versand einer SMS oder einer E-Mail, der Navigation zu einem Shop, dem Anbieten eines Coupons, dem Aufrufen eines Barcode-Scanners, vor allem aber wegen der Fähigkeit, den Kontext herzustellen), den Limitationen (wie der Bildschirmgröße, der kleinen Touch-Tastatur, der Batterie-Laufzeit, den immer noch geringen Daten-Bandbreiten an manchen Orten, dem eher gewöhnungsbedürftigen Multi-Tasking), aber auch der benötigten Such-Keywords (in der Regel kürzer, präziser und vor allem mit lokalem Bezug). Wie erwähnt nutzten bereits 2013 fast 40 Prozent der Smartphone-Besitzer unterwegs die Suchfunktion, um vor allem lokale Dienstleister und Angebote zu finden. Mit der rasanten Zunahme der Nutzung des Mobile Internet hat sich dieser Anteil ein Jahr später laut *AGOF Mobile Facts* bereits verdoppelt (vgl. AGOF 2015). Die Suche nach einer Information – egal ob Online oder Mobile – erfolgt naturgemäß immer anlassbezogen, aber auf dem Smartphone eben auch im Kontext

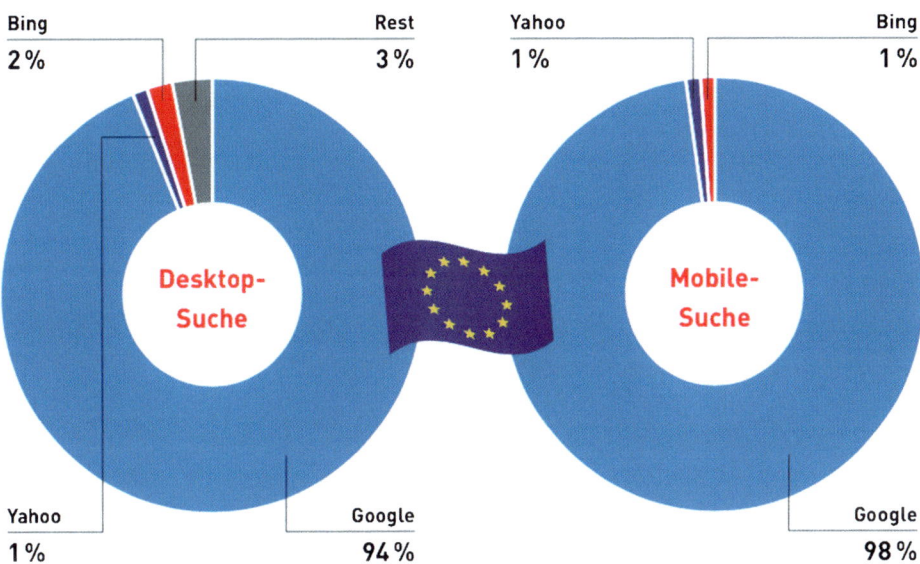

Abb. 4.1 Google dominiert im Oktober 2014 die Suche in Europa – Mobile noch mehr als auf dem Desktop. (Quelle: Kemper 2015; Daten: Comscore/StatCounter)

der jeweiligen Umgebung (Ort, Tageszeit, Dringlichkeit des Anliegens, Suchauslöser wie eine Anzeige an einer Bushaltestelle usw.) und deswegen meistens mit einer anderen, noch konkreteren Intention. Laut der hauseigenen *Local Search Study* stellt bereits die Hälfte der *Google*-Nutzer ihre spezielle Suche nach lokalen Angeboten und Einzelhändlern über ein Smartphone mit entsprechend konkretem Kaufinteresse. Wenn dann noch neben dem Standort des nächsten Geschäfts und dem Preis des beworbenen Artikels auch die Produktverfügbarkeit im Suchergebnis angezeigt wird, steht dem Kauf nichts mehr entgegen (vgl. Google o. J.a). Seit August 2015 zeigt der mobile Such-Client sogar an, an welchen Tagen wie viel los ist im ausgewählten Geschäft, so dass man den Laden zu Offpeak-Stunden aufsuchen kann (vgl. Perez 2015a). *Google* stattet Mobile Search permanent mit neuen Features aus: So veröffentlichte man im Mai 2015 Rich Media Anzeigenformate speziell für lukrative Suchsegmente wie den Auto- und Häuserkauf sowie für die Hotelzimmerbuchung. Dabei werden diese Anzeigen nahtlos in das Suchergebnis integriert, und der User kann zum Beispiel durch Bilderfolgen wischen, ohne die Suche zu verlassen (vgl. Dischler 2015). Darüber hinaus veröffentlichte der Suchriese die Möglichkeit, direkt aus der Suche heraus bei Essenlieferdiensten einen Auftrag zu platzieren, was wiederum Dienste wie *Yelp* unterwandert (vgl. Google o. J.b). Man fing an, basierend auf einer Technologie-Partnerschaft mit *Twitter* Tweets, besonders aktuelle und trendige Themen in die Suchergebnisse aufzunehmen und die verlinkten Inhalte bereits im Suchergebnis optisch aufzubereiten (vgl. Schwartz 2015). Und schließlich stieß *Google* Mitte 2015 in die Domäne von *Amazon* und *Ebay* vor, indem auf Suchanzeigen im Smartphone-Browser der kleine Verweis *Shop on Google* auftauchte und der Suchende sich bei einem Klick darauf auf einer Produkt-Landingpage wiederfand, auf der ein Kauf bei kooperierenden Händlern abgeschlossen werden konnte (vgl. Barr und Winkler 2015).

Auf einem mobilen Endgerät hat man verschiedene Möglichkeiten, etwas zu suchen: die dedizierte Suchworteingabemaske auf *Android*- und *Windows*-Systemen, die Browser-App, eine spezialisierte Such-App, eine App für Visual Search via Bilderkennungssoftware (wie *Goggles* von *Google*), eine *Augmented Reality* App, die einem in einer erweiterten Realität virtuell in die betrachtete Umgebung Point of Interests auf dem Bildschirm einblendet wie den nächsten Burger-Laden zwei Straßenblöcke weiter (wie bei *wikitude*), Standort-Umgebungs-Suche-Apps wie dem Klassiker *AroundMe*, Websites oder Apps von Preisvergleichs- und Bewertungsportalen (wie *Yelp*) oder gleich die Sprachsuche über die eingebauten Mikrofone, bei entsprechender Aktivierung mit Unterstützung der digitalen Assistenten. Da man sich bei der letzten Version erspart, lange URL eintippen zu müssen, und die Spracherkennungssoftware immer leistungsfähiger wird, wird diese Art der Suche immer beliebter. Die OS-Hersteller empfehlen auch, mit den Sprach-Assistenten wie mit einer Person zu sprechen. Sprachbasierte Suchanfragen sind also nicht eine Kombination aus Schlüsselworten, sondern eher ganze Sätze mit einer impliziten Logik wie *zeige mir indische Restaurants an, die ich zu Fuß erreichen kann.*

Eine weitere Ebene für den intuitiven Zugang zur Suchfunktion sind Dienste wie *Spotlight* von *Apple* (mit einem Wisch über den Smartphone-Screen öffnet sich eine je nach Einstellung allumfassende Suche über alle Handy-Inhalte, aber auch Webinhalte) oder spezialisierte, sogenannte *Android* Launcher wie *Aviate* von *Yahoo*. Solche Launcher bringen ein zusätzliches, speziell gestaltetes Layer auf die gewohnte Software-Oberfläche und ordnen Inhalte und Apps, in diesem Falle sogar kontextsensitiv, neu an. *Yahoo* geht noch weiter und hat seinem Launcher eine *Spotlight*-ähnliche Funktionalität gegeben inklusive Einbau der *Yahoo*-Suche, ohne dass der Nutzer der *Aviate*-Oberfläche eine dedizierte Such-Anwendung oder den Web-Browser starten muss (vgl. Perez 2014). Ein smarter Weg, Such-Marktanteile zu gewinnen. Aufgrund dieser Vielfältigkeit an Suchmöglichkeiten ist es nicht verwunderlich, dass all diese Alternativen am großen *Google* Kuchenstück des Mobile-Suche-Marktes knabbern (vgl. Womack 2014), ganz abgesehen davon, dass sich ein Player wie *Apple* auch jederzeit gegen die voreingestellte *Google*-Suchmaschine auf *iOS*-Geräten entscheiden kann, wie bei *Siri* bereits geschehen. Der charmanten *iOS*-Begleiterin muss man schon bewusst mitteilen, dass sie auf *Google* suchen soll, sonst tut sie es via *Bing* von *Microsoft* (vgl. Hughes 2014). Eine solche Entscheidung könnte einigen Wall Street Analysten zufolge dreiviertel der Mobile Search Advertising Erlöse von *Google* gefährden (vgl. Oliver 2015). Die massive Verbreitung von *Android*, das Verteidigen der *Google Experience* mit Schlüssel-Apps wie *Maps*, *Suche* oder *YouTube* gegen Forks und die aktive Streuung dieser Apps auf allen Alternativ-Plattformen dienen bei *Google* im Kern einem übergeordneten Ziel: die Hoheit über die Suche und damit die eigene User-Reichweite auch im Medium Mobile zu bewahren. So wird der Haupterlösstrom – Paid Search – auf hohem Niveau konserviert und bei der Transition vom stationären ins Mobile Internet verteidigt. Des Weiteren dienen die Maßnahmen dazu, dass der erforderliche Datenstrom immer weiter in die riesige Lernmaschine sprudelt und so die eigenen Produkte an der Oberfläche – sprich dem Smartphone-Bildschirm – auf Basis dieser gewonnenen Nutzungserkenntnisse und verknüpften Megaprofile ständig verbessert, also begehrenswerter werden (vgl. Evans 2015a).

Die Mobile-Suche ist – nicht nur unterwegs – eine Killer-Anwendung, die Umfelder der Ergebnisse sind ein entsprechend begehrtes Inventar für Werbeplatzierungen und die – zum Beispiel anhand von Geo-Targeting Kriterien auf die unmittelbare Umgebung zugeschnittene – Suchmaschinenoptimierung für mobile Endgeräte (*Mobile SEO* für *Search Engine Optimization*) wird somit immer wichtiger. Zumal die Sichtbarkeit von Webseiten auf normalen PC und Laptops versus Smartphones (die sog. *Desktop* oder eben *Mobile SEO Visibility*) sehr unterschiedlich sein kann. Wer mobil sucht, möchte wenige und relevante Vorschläge finden und sich nicht auf einem kleinen Bildschirm durch unzählige Ergebnislisten (den sogenannten *SERPs* für *Search Engine Result Pages*) quälen. Das erklärt auch, warum *Click-Through-Rates* (CTR) auf mobilen Endgeräten, insbesondere mit kleineren Bildschirmen, deutlich geringer ausfallen als im Desktop-Szenario. Der User erwartet das Kernergebnis seiner Suche auf der ersten Seite hinter dem Touch auf eine ausgewählte Ergebnisseite und ist mobil weniger bereit, sich noch weiter durch diese durchzuarbeiten. Der Nutzer fordert zudem immer öfter, dass ihm bitte nur Mobile-freundliche, also für Smartphones optimierte, schnell ladbare Webseiten angezeigt werden: mit lesbarem Text, ohne zoomen zu müssen, an Bildschirmgrößen angepassten Inhalten, wenigen und dafür deutlich erkennbaren Bildern oder Videos und ohne Software, die auf Mobiltelefonen nicht üblich ist (wie zum Beispiel *Adobe Flash*).

Google hat darauf reagiert: Zunächst wurde seit November 2014 auf mobilen Endgeräten neben den Suchergebnissen in grauer Schrift das Label „Für Mobilgeräte" angezeigt, wenn eine Optimierung erfolgt ist (vgl. Mehlem 2014). Seit April 2015 hat der Weltmarktführer der Suche diese Tatsache und die genannten Kriterien dann konsequenterweise als Rankingfaktor für alle Suchergebnisse auf Smartphones aufgenommen, so dass Webseiten, die nicht *mobile friendly* sind, in den Suchergebnissen herabgestuft werden. Diese Maßnahme hat die Mobile SEO Visibility nochmals deutlich gegenüber der Desktop SEO Visibility geändert, da Einträge selbst prominenter Firmen einfach aus dem Sichtfeld der Nutzer rutschten. Vor allem aber hat sie jedem in der Branche unmissverständlich klargemacht, dass das Mobile First Mantra und die Fokussierung auf das Mobile Web überlebenswichtig sind. Denn unabhängig davon, dass man darüber streiten kann, ob die *Google*-Definition für *Mobile Friendliness* richtig ist: An der notwendigen *Mobile Performance* ihrer Webauftritte müssen viele Unternehmen noch arbeiten. Heutzutage wäre es unternehmerisch grob fahrlässig, sich nicht dieses Themas mit entsprechendem Nachdruck anzunehmen. Das Design von und die User Experience mit Mobile-optimierten Websites hat unumstößlich einen hohen Einfluss auf die organische, nicht bezahlte Suchmaschinen-Performance! Gerade für Händler und Dienstleister ist eine mangelnde Optimierung tödlich. In Q1 2015 wurde für 100 mobil-optimierte US-Shops bereits fast die Hälfte des Besuchsaufkommens auf Smartphones über die Suche erzeugt (s. Abb. 4.2).

Der neue Algorithmus hat also Einfluss darauf, wo Menschen einkaufen, Essen gehen oder welche Autowerkstatt sie aufsuchen. Im Umfeld der Suchalgorithmus-Änderung

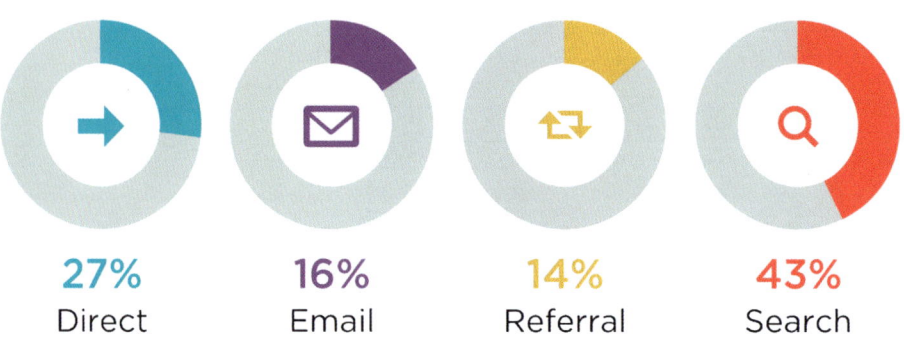

Abb. 4.2 Suche ist der wichtigste Traffic-Generator für Smartphone-Seiten von Händlern. (Quelle: Branding Brand 2015)

kursierten deshalb in Fachkreisen Begriffe wie „Mobilegeddon" (Price 2015) oder „Mobilecalypse" (Diwanji 2015). Zwei Wochen vor der Umstellung waren 10.000 von 25.000 der wichtigsten Websites weltweit noch nicht *mobile friendly* (vgl. Lurie 2015). Aber es gab und gibt ausreichend Unterstützung, sich der Materie zu nähern: *Google* hat mit der Ankündigung der Aufnahme der Mobile-Optimierung in seine Rankingfaktoren ein praktisches Tool zum Test der eigenen URL ins Netz gestellt, erklärt dort die Kriterien für eine positive Einordnung einer Seite in die Kategorie *mobile friendly* und gibt Tipps für eine gut aussehende Website auf Mobilgeräten (vgl. Google o. J.c).

Auf folgende Kernpunkte sollte man bei Mobile SEO achten

- Die Mobile Friendly Kriterien einhalten (Lesbarkeit von Text, Erkennbarkeit von Bildern und Videos, Fingerfreundlichkeit von Bedienelementen, nur Mobile-geeignete Dateiformate und Programmiersprachen einsetzen).
- Der *Google* Bot sollte die Mobile Site korrekt wahrnehmen.
- Bei unterschiedlichen Webseiten für Online und Mobile *Google* die jeweils bevorzugte URL mitteilen, um zu verhindern, dass der Algorithmus von einer Beeinflussung des Ranking ausgeht; Stichworte Content-Duplizierung und Kanonisierung (vgl. Google o. J.d).
- Für eine flache Website-Architektur mit schlüssigen Themenwelten sorgen.
- Schnelle Ladezeiten auch unter schlechten Empfangsbedingungen gewährleisten.
- Auch Redirects, Weiterleitungen, Werbemittel sowie Multimedia-Dateien mobil optimieren.

- Eliminieren der üblichen Konfigurationsfehler im Zusammenspiel von Desktop und Mobile Sites (vgl. Google o. J. e).

Wie immer in solchen Fällen, geschah die Einführung des Rankingfaktors Mobil-freundlichkeit nicht uneigennützig: der dramatische Hinweis auf die Auswirkungen der mangelnden *Mobile Friendliness* auf die organischen, also Algorithmus-basierten Such-ergebnisse, erhöht den Fokus von Marketer und Webdienstleistern auf das Medium Mobile, was zu steigenden Verkaufspreisen von Werbeinventar im Mobile Web führt, von denen wiederum *Google*s Mobile Plattformen in hohem Maße profitieren. Der US-Werbemarkt für Suchanzeigen erfuhr bereits im Laufe des Jahres 2015 seinen eigenen Mobile Moment, da erstmals mehr Werbeerlöse mit Suche über Smartphones und Ta-blets als über Desktops und Laptops erwirtschaftet wurden (vgl. eMarketer 2015). *Sistrix* spricht in diesem Zusammenhang von und analysiert die *Smartphone Sichtbarkeit* (vgl. Sistrix 2015). *Searchmetrics* bietet eine gute Analyse der Mobile SEO Rankingfaktoren (vgl. Tober 2015), *instantShift* hat in einer Grafik einen Mobile SEO Guide veröffentlicht (vgl. iShift 2015) und *Search Engine Land* schließlich bietet den „Advanced SEO's Guide To Mobilegeddon" an (Meunier 2015). Wie sehr die eigene Smartphone-Präsenz Traffic über *Google* erhält, kann man mit dem Werkzeug *Google Analytics* herausfinden (vgl. Google o. J. f). Diese Analyse gibt dann einen guten Indikator für die Dringlichkeit der Einstellung auf den neuen Such-Algorithmus. Auf die unterschiedlichen Herangehens-weisen und Philosophien der Mobile-Optimierung von Web-Inventar wird später noch ausführlich eingegangen.

An einer anderen Herausforderung im Search-Kontext wird noch getüftelt. Suchma-schinen im Web haben als Kernversprechen, jegliche verfügbare Information auch auf-zuspüren. Wenn man Apps an sich sucht, werden diese auch gefunden – wobei es schon interessant ist zu vergleichen, wie unterschiedlich die Ergebnisse der Suchmaschinen der einzelnen Mobile-Ökosysteme hier ausfallen können je nach zugehörigem App-Portfolio und dem angeschlossenen App Store. Der Inhalt von Apps im Mobile Internet verschließt sich allerdings in großen Teilen den Webcrawlern der Search Engines. Apps und ihre Unterseiten haben schlichtweg keine Webadresse. Während Hyperlinks ein integraler Be-standteil des World Wide Web sind (Navigation, Inhaltsverknüpfung, Auffindbarkeit von Suchergebnissen), besteht der App-Kosmos aus mehr oder weniger unabhängigen, un-vernetzten Einheiten. Dennoch ist die Indizierung von App-Inhalten über das sogenannte *Mobile Deep Linking* möglich, welches aktiv vom App-Hersteller programmiert werden muss (vgl. Wikipedia o. J. a; zur Historie: vgl. Maddern 2015). Mitte 2014 nutzten erst 22 Prozent der Top 200 Mobile Apps das Deep Link Konzept (vgl. Hathiramani 2014). Ähnlich wie URL die Adresse einer Webseite darstellen, dienen URI (*Uniform Resource Identifier*) als Adresse für Unterseiten in einer App.

Google launchte im Oktober 2013 das *App Indexing* Konzept. Seitdem konnten bei der *Google Suche* unter *Android* bereits installierte Apps – bei entsprechender Implemen-tierung der *App Indexing API* seitens der App-Entwickler – direkt aus Suchergebnissen heraus geöffnet werden. Indizierte Apps haben so auch die Gewichtung von Suchergebnissen verändert, da *Google* davon ausgeht, dass einen das jeweilige Thema oder die Marke entsprechend interessiert, wenn man schon die App besitzt. Eine logische Weiterentwicklung wurde im April 2015 präsentiert: Seitdem können App Downloads von noch nicht installierten Apps aus der Suche heraus forciert werden. *Google* indexiert relevanten Content in Apps, und bei einer entsprechenden Suchanfrage öffnet sich in den Trefferlisten neben Weblinks auch ein App-Karussell, durch das horizontal Apps durchlaufen, die mit der Suchanfrage inhaltlich korrespondieren. Ein Klick auf solch eine App öffnet den App Store, man kann die ausgewählte App installieren und wird dann umgehend auf die per URI indizierte Seite in der App geleitet (vgl. Lardinois 2015). Im Rahmen der Mobile Friendliness Initiative werden Inhalte aus indexierten *Android* Apps prominenter in den Suchergebnissen gelistet. Bis April 2015 hatte *Google* bereits 30 Milliarden Deep Links in Apps indexiert (vgl. Lee 2015). Das spornt wiederum App-Entwickler an, ihre Apps auch indizieren zu lassen. So schließt sich der Kreis: Dadurch, dass die *Google*-Suchbots mehr und mehr auch in die bis vor wenigen Jahren noch komplett undurchforstbaren Inhalte von Apps schauen können, steigt die Marktmacht auch im technologisch fragmentierten Mobile Internet auf dem für den Konzern so wichtigen Feld Suche. Im Mai 2015 wurde dann noch der logische Schritt verkündet, dass *Google* App Indexing und Deep Linking auch auf *iOS* ausweitet.

Twitter bietet seit Q1 2013 Deep Links in Apps oder auf App-Download-Seiten aus seinen sogenannten *Twitter Cards* heraus an, die im Tweet-Strom des Users auftauchen. Neuartige Suchmaschinen wie *Relcy* oder *Quixey* bieten die App-Inhalte-Suche plattformübergreifend an und positionieren sich als *Next Generation Search Engine* für das Mobile Internet (vgl. Sperlich 2015). Firmen wie *Branch Metrics* (via *Branch Links*) oder *URX* (via *AppViews*) verlinken Apps, um das Empfehlungs-Marketing App-übergreifend zu stärken oder auch organische Downloads zu pushen. Auch *Facebook* arbeitet mit der bereits erwähnten *App Links* Initiative an der Verlinkung von App-Inhalten innerhalb der immer größer werdenden eigenen App-Familie, aber auch außerhalb und vor allem plattformübergreifend mittels der Developer-Umgebung *Parse* (vgl. AppLinks 2015). Das verwundert nicht, denn über Posts von *Facebook*-Freunden finden immer mehr Nutzer Informationen im Mobile Web und eben auch in Apps, die sie über normale Suchmechanismen nicht gefunden hätten. Seit Mai 2015 können ausgesuchte *iOS* Nutzer in der *Facebook* App mit dem Feature *Add Link* in ihren Status-Updates auch Links teilen, die zuvor in den eigenen Posts oder Kommentaren auftauchten (vgl. Constine und Russell 2015). Dieser für *Google* komplett unzugängliche Bereich von Trillionen von Posts wird damit zu einem extrem wertigen Such- und damit Monetarisierungs-Terrain. Zusammen mit dem Launch von *Instant Articles* – einer Möglichkeit für Verlage und Medienhäuser, ihre Medieninhalte direkt in der *Facebook* App zu veröffentlichen (vgl. Facebook o. J.a) – erhöht das die Wahrscheinlichkeit enorm, dass Nutzer des Sozialen Netzwerks selbst zum Suchen von Webinhalten die blaue Plattform nicht mehr verlassen müssen.

Aus der relativ banalen Suchfunktion heraus wurden in den letzten Jahren wie ausgeführt für alle großen Mobile-OS-Plattformen digitale Sprachassistenten entwickelt, die sich per Knopfdruck, bei entsprechender Einstellung auch via simplem Aussprechen von „Hey Siri", „OK Google" oder „Hey Cortana" selbst aus dem Sperrbildschirm heraus wecken lassen – quasi immer im Stand-by-Modus. Das Smartphone von heute mutiert dank Ortung, cloudbasierter Intelligenz und Vernetzung mit Informationen aus assoziierten Apps vom früheren Personal Digital Assistant (PDA) der 90er Jahre zum *Personal Contextual Assistant* (PCA) des 21. Jahrhunderts (vgl. Israel 2013). Aus dem jeweiligen Kontext heraus werden Erinnerungen gegeben und aus über die Zeit gelernten Vorlieben, Interessen und Verhaltensweisen Empfehlungen ausgesprochen – und das zunehmend antizipativ. Auf Basis solcher *Context-Aware* oder auch *Predictive Services* werden zum Beispiel im Hintergrund aktuelle Stau- und Wettermeldungen, Kalendereinträge über ein geplantes Meeting und gespeicherte Flugtickets verdichtet zu alternativen Abfahrtzeiten und Fahrtrouten zum Flughafen mit entsprechend rechtzeitiger Notifikation. Über die Zeit lernen diese kontextbasierten Assistenten immer mehr aus scheinbar nicht miteinander vernetzten Apps und Funktionen – sprich zeichnen Gespräche, Namen, Kontakte, Musiktitel, Standorte, Kalendereinträge, Informationen aus E-Mails, Chats und SMS, Weckereinstellungen, vernetzte Geräte usw. auf – und sie können zukünftig sicherlich auch Aktionen selbstständig auslösen. Das Smartphone wird zum persönlichen Concierge, wenn man die Funktion aktiviert und den Deal des Gewinns eines äußerst smarten Assistenten gegen Abfluss von persönlichen Daten auf anonyme Server akzeptiert. Das kommt einem bekannt vor und startet wie immer in so einem Verhältnis mit dem verlockenden Versprechen, sich Informationen liefern zu lassen, ohne danach suchen zu müssen, Nachrichten per Sprachbefehl zu senden und vieles mehr . . . Und schon wird aus der schnöden Suche eine charmante Begleiterin.

Von den PCA-Varianten der großen Player des Ökosystems Mobile ist *Google Now* sicherlich die bis dato am konsequentesten entwickelte. Sie wirkt allerdings eher wie ein nüchtern analysierendes System à la *HAL 9000* aus *Kubricks* Klassiker. Dieses kann durch sogenannte *Now Cards*, intelligente „Auf einen Blick" Karten zu installierten Apps, ständig erweitert werden. Wurden die Karten anfangs aus Informationen von *Google*-eigenen App-Diensten wie dem Suchverlauf, dem Ort und E-Mails generiert, erfolgte schon bald die Öffnung hin zu Drittanbieter-Apps. Stand Januar 2015 kooperierten bereits 40 App-Bauer mit *Google*, mit weiteren 120 in der Pipeline (vgl. Chennapragada 2015). Diese Karten werden nach Interessen, Terminen und Situationen in den Tagesablauf des Nutzers eingespielt, bevor man selbst auf die Idee kommt, nach den Informationen zu suchen. Benachrichtigungen erscheinen wie magisch im Notification-Center. Da das System permanent im Hintergrund das Web durchsucht und mit den Informationen auf dem Smartphone und dem festgestellten Kontext abgleicht, werden Suchergebnisse nicht nur quasi vorausahnend und damit immer relevanter, sondern auch gleich in wichtige Informationen oder gar Handlungsanweisungen transformiert. *Google Now* entwickelt sich mit jeder zusätzlich freigeschalteten Karte zu einem Layer über den installierten Apps, zu einem neuartigen, äußerst intelligenten und vorausschauenden Homescreen (vgl. Tofel 2015). Die auf der hauseigenen Entwicklerkonferenz vorgestellte Weiterentwicklung *Now on Tap* macht den KI-basierten, prädiktiven Concierge-Service noch intuitiver erlebbar:

Ab *Android Version M* (für *Marshmallow*) reicht ein längerer Tap auf den Homebutton oder das Aufwecken durch den Sprachbefehl *OK Google* und *Google Now* analysiert den auf dem Bildschirm sichtbaren Seiteninhalt der gerade offenen Applikation und antizipiert die Frage des Nutzers durch Servieren von Such-Antwort-Boxen auf Schlüsselwörter im Text. Diese Mini-Karten legen sich über die offene Anwendung und man kann einfach wieder zurück zur Anwendung gehen oder eben einer dieser smarten Karten folgen. *Now on Tap* hebt damit die für den Konzern so wichtige Suchfunktion aus der Browser- oder App-Ebene auf die immer anwesende Stand-by-Ebene. Suche wird zum trojanischen Pferd der *Google Experience* auf *Android* (vgl. Bergen 2015a). Auch in der regulären Suchfunktion platziert *Google* über den organischen Suchergebnissen sogenannte Antwort-Boxen (die den *Google Now* Karten sehr ähneln). In diesen sind Informationen aufbereitet, die die Suchmaschine aus dem Suchbegriff, dem Kontext und darauf gewöhnlich gegebenen Antworten konstruiert und grafisch anspruchsvoll aufbereitet – quasi ein kuratierter Content-Push wie zu guten alten *PointCast* Zeiten aus den Anfängen des Internet, nur eben basierend auf der Maschinenintelligenz des beginnenden 21. Jahrhunderts (vgl. Yared 2014). Diese prophetischen Push-Karten sind die Antwort auf ellenlange, auf einem Smartphone unerwünschte Suchergebnis-Streams. Der *Now*-Service ist mittlerweile ein Kernbestandteil der Mobile-Strategie von *Google* (vgl. Bergen 2015b).

Siri von *Apple* und *Cortana* von *Microsoft* wirken dagegen wie weibliche Gesprächspartner, mit denen bereits gepflegte, durchaus auch humoristische Konversationen bis hin zu wahren Flirts getätigt werden können. *Siri* bekam mit dem *iOS 9* Release im Herbst 2015 allerdings eine erhebliche Portion prädiktiver Intelligenz hinzu. Im Zusammenspiel mit *Spotlight* wurden *iOS*-Geräte mit einer *Proactive Assistance* ausgestattet, die ähnlich wie bei *Google Now* dem Smart Device Besitzer bereits Vorschläge unterbreitet, bevor der überhaupt eine Frage formuliert hat (vgl. Seifert 2015; inklusive Feature-Vergleich der drei PCA). Im Unterschied zu *Cortana* und *Google Now* basiert die vorausschauende Intelligenz von *Siri* allerdings nicht auf der Analyse von Cloud-Diensten irgendwo auf externen Servern, sondern wird lokal auf dem *Apple* Endgerät generiert. Es gibt auch freie App-Entwickler, die PCA wie *Atooma*, *EasilyDo*, *Hound* oder *Sherpa* entwickelt haben. *VIV* nimmt sich gleich von Anfang an vor, das globale Gehirn zu werden (vgl. Levy 2014). Und es ist sicherlich nur eine Frage der Zeit, wann der für das Smart Home entwickelte digitale Assistent *Echo* von *Amazon*, der mit dem Zuruf „Alexa" zum Mithören aufgefordert wird, auch auf Smartphones des eCommerce-Riesen erscheint. Grundlage dieser neuen „Systemintelligenz" bilden immer die über die Smartphone-Nutzung gesammelten Daten, aus denen die Maschine lernt (Seeger 2015). Fakt ist, dass Suche auf einem mobilen Endgerät ein enorm mächtiges Werkzeug ist mit eigenen Spielregeln und massiv geschäftskritischer Wirkung.

4.1.3 Proximity Solutions oder die Interaktion mit der unmittelbaren Umwelt

Über die Fähigkeiten hinaus, dass Smartphones & Co. jederzeit den Kontext herstellen und in diesem Zusammenhang eine sehr intelligente Suche nach Dingen, Informationen oder Orten initiieren können, sind sie auch in der Lage, die Brücke zur analogen, realen Welt um sie herum zu schlagen. Das kann aktiv durch bewusstes Einscannen von Tags (auch *Mobile Tagging*) wie Barcodes, QR-Codes (für *Quick Response*; vgl. Wikipedia o. J.b) oder AR Marker (für *Augmented Reality*; vgl. Wikipedia o. J.c) geschehen sowie durch einen Tap auf einen NFC-Tag oder NFC-Reader (ein Darüberhalten ist eigentlich ausreichend). Man spricht in diesem Zusammenhang auch von Pull-Medien. Das kann aber auch passiv, d. h. ohne bewusste Handlung des Users über die offene Bluetooth-Schnittstelle passieren (Push-Medium). Da all diese Möglichkeiten zur Kontaktaufnahme mit der realen Umwelt in unmittelbarer Nähe des Handy-Trägers geschehen, spricht man auch von *Proximity Solutions*.

Barcodes fristeten ein langweiliges Leben als Warenlogistik-Steuerungstool auf Produkten aller Art bis zu dem Tag, da Apps wie *barcoo* hinter dem Barcode auf speziellen Mobile Landing Pages eine Armada an Zusatzinformationen platziert haben und die korrespondierende Scan-App für mehr als 15 Millionen Verbraucher zu einem wahren Produkt-Guide und Alltags-Ratgeber wurde. Auch QR-Codes stammen aus der Logistikbranche und setzten sich ab ca. 2007 immer mehr als Direkt-Marketing-Tool durch. Heute sind die kleinen, quadratischen Pixel-Matrizen der Standard-Call-to-Action auf klassischen Werbemedien aller Art. Sie werden aber auch als digitale Briefmarke, Handy-Fahrschein oder Rechnungs-Identifizierer eingesetzt. QR-Codes lassen sich leicht über frei verfügbare Tools erzeugen, auf nahezu allen Materialien drucken, und die auf Verbraucher-Seite erforderlichen QR-Code Reader-Apps zum Einlesen und Dekodieren sind über alle OS-Plattformen weitverbreitet. In die Codes lassen sich beliebige Informationen einbetten wie Internet-Seiten, Promotion-Plattformen, Videos oder App-Downloads. Leider kommt es immer noch vor, dass die hinter einem QR-Code liegenden Informationen nicht für mobile Endgeräte optimiert sind.

Augmented Reality Anwendungsfälle fristen dagegen auch Jahre nach ihrem erstmaligen Auftauchen noch eher ein exotisches Dasein unter Technik-Nerds; gut gemachte Kampagnen erhalten eine entsprechende Aufmerksamkeit und notwendige AR-Browser Apps sind noch nicht wirklich weit verbreitet in der Gesellschaft – was sich gegebenenfalls durch den Einstieg von *Apple* bei der Münchener Firma *Metaio* ändert. Dabei werden AR-Apps mit einer Kombination aus Bilderkennung, Suchmaschine und (Indoor-)Navigation immer leistungsfähiger. In der Industrie (zum Beispiel Logistikbranche, Handel und Fertigung) werden vermehrt Datenbrillen eingesetzt, die dem Mitarbeiter den Weg im Lager weisen oder bei der Wartung, Diagnose und Reparatur komplexer Bauteile helfen. Auch wird der Verkauf von Klamotten in virtuellen Umkleidekabinen, von Autos in Händler-Showrooms, von Möbeln bei Raumausstattern, die Visualisierung von Architektur-Projekten oder gar chirurgischen Eingriffen bei Operationen durch AR-Software auf Smart Devices unterstützt. Das von der *Google*-Tochter *Niantic* verbreitete AR-Game *Ingress* hat weltweit sieben Millionen Nutzer, die über ihre Smartphones virtuelle Energieportale in der realen Umgebung suchen. Der aufkommende Hype um *Virtual Reality* (VR) Brillen wie das Projekt *Cardboard* von *Google*, die *Oculus Rift* von *Facebook* oder die *Samsung Gear VR*, die den eigenen Sinnen wie Sehen, Hören, Fühlen und Gleichgewicht allerdings – wie der Name schon sagt – nicht nur eine erweiterte, sondern eine komplett artifizielle Umgebung vorgaukeln, könnten dem Thema Augmented Reality einen weiteren Push Richtung Massentauglichkeit geben. Die *Hololens* von *Microsoft* ist ähnlich wie die *Google Glass* eine AR-Brille, bei der man immer auch die reale Umgebung im Blickfeld hat – allerdings bestückt mit einer Vielzahl an Sensoren und inklusive einer integrierten *Windows 10* Oberfläche, die es einem erlaubt, zum Beispiel *Excel*-Sheets an die Wohnzimmerwand zu werfen. *BMW* hat zur Messe *Auto Shanghai* im April 2015 die *MINI Augmented Vision* vorgestellt, eine AR-Brille im Retro-Look, die den Fahrer über eingeblendete AR-Infos das Auto finden lässt, während der Fahrt die sonst auf der Frontscheibe eingeblendeten Informationen des Head-Up Displays auf die Brillengläser spielt, auf Wunsch interessante Orte entlang der Route vorstellt und beim Einparken assistiert (vgl. BMW 2015). Der Kampf um den Markt für AR- und VR-Wearables ist eröffnet (vgl. Lommer 2015). Im Zusammenhang mit Proximity Solutions interessieren hier nur die mit AR Markern ausgestatteten oder via Bilderkennung identifizierten Dinge des Lebens, die dann via Smartphone zum „Leben erweckt" werden können – wie die animierten Modelle in Katalogen und Verpackungen von *Lego*. AR Marker könnten QR-Codes in Zukunft ergänzen und sich vermehrt auf Werbematerialien wiederfinden. Noch aber ist der Zugang zur erweiterten Realität nicht so intuitiv für breite Bevölkerungsschichten, wie es sich die sechs bis sieben großen AR-Browser Anbieter vorstellen. Die Hemmschwelle ist größer als beim mittlerweile gelernten Code-Scannen, aber auch die anschließende, entsprechend aufmerksamkeitsstarke Faszination. Ein schönes Beispiel ist die *Make Up Genius* App von *L'Oréal*. Hier können mittels AR die neuesten Make-Up Produkte am eigenen Gesicht ausprobiert werden.

Near Field Communication (NFC), also die Datenübertragung zwischen Geräten, die sich berühren oder sich zumindest bis maximal zehn Zentimeter nebeneinander befinden, erfordert ein NFC-fähiges Smartphone und ein mit einem NFC-Tag versehenen Gegenstand oder gleich einen entsprechenden NFC-Reader zum Beispiel an einem Kassenterminal. Wie jede Funktechnik muss auch NFC am Smartphone aktiviert sein, um zu funktionieren. Seit dem *iPhone 6* wurden auch *Apple*-Boliden mit NFC-Technologie ausgeliefert, die allerdings zunächst nur für den Dienst *Apple Pay* freigeschaltet war. NFC-Tags gibt es heutzutage für viele Anwendungsformen und -materialien. Tags können neben reinem Text zum Beispiel Visitenkarten, E-Mail-, SMS- oder Internet-Adressen und Letztere auch geografische Koordinaten enthalten. Im Zuge des Auslesens wird dann die entsprechende App auf dem Smartphone geöffnet. Apps wie *NFC TagWriter* von *NXP* nutzt man, um Tags zu beschreiben, den Inhalt zu löschen oder auch vor fremden Zugriff zu schützen. Eingebaut in Fingerringe oder ähnliche Utensilien, kann die NFC-Technologie auch zum Entsperren von Smartphones genutzt werden. Auch kann das Smart Device zum Öffnen von Hotelzimmertüren genutzt werden. Die kurze Funkreichweite und eine korrespondierende Secure-Element-Infrastruktur bieten NFC gerade für sicherheitsrelevante Applikationen wie Payment, Access- oder ID-Management an. Schließlich können NFC-Tags auch programmiert werden, um Bluetooth oder WLAN auf einem Smartphone zu (de-)aktivieren. Unter *Android* stellt so die auf zwei Endgeräten aktivierte Zusatzfunktion *Beam* den Dateiaustausch via Bluetooth her. Apps wie *Trigger* ermöglichen, ganze Aktionsbündel auf einen NFC-Tag zu legen, wie das gleichzeitige Ausschalten von WLAN, das Heraufsetzen der Bildschirmhelligkeit, die Erhöhung der Klingeltonlautstärke und das Einschalten der Bluetooth-Funktion – alles aktiviert durch einen Tap auf den Tag beim Verlassen des Büros. Als vertrauenswürdig deklarierte NFC-Tags können auch das Koppeln von Bluetooth-Geräten übernehmen (das sog. *Pairing*). Das Smartphone und das Zubehörgerät identifizieren sich dabei gegenseitig per NFC – unter *Android* auch als *Smart Lock* Funktion bekannt. Beim Bezahlen mit dem Smartphone spielt die NFC-Technologie eine immer größere Rolle – dazu später mehr.

Den größten Hype der letzten Jahre hat die Proximity Solution *Beacon* ausgelöst. *Apple* hat Mitte 2013 mit Release von *iOS 7* auf Basis der neuartigen Low-Energy-Option von Bluetooth (BLE für *Bluetooth Low Energy* oder auch *Bluetooth 4.0*) ein Lokalisierungs-Toolkit namens *iBeacon* für die Kontextualisierung gelauncht, mit denen es App-Entwicklern möglich wurde, die Verortung des Nutzers auch innerhalb von Gebäuden – also außerhalb der Reichweite von GPS – vorzunehmen (vgl. Wikipedia o. J.d). Die Technik wurde auch schnell für *Android*-Geräte adaptiert, und alle Smartphones der Jahre 2014 und folgende waren auch BLE-fähig. In kleinen, etwa Streichholzschachtel-großen Kästen verbaute, per Batterie oder auch schon mal via USB betriebene Funkchips senden dabei im Millisekunden-Abstand ein „Hallo"-Signal aus, welches je nach Sendeleistung im Abstrahlungsradius bis zu 30 Meter, entsprechend verstärkt gegebenenfalls bis 50 Meter weit sinnvoll empfangbar ist – ähnlich wie ein Leuchtturm (im Englischen *beacon*) sein Lichtsignal verbreitet. Der Begriff „Turm" erinnert sehr stark an die Bluetooth-Säulen aus den Anfängen des Proximity Marketing. Beacons sind eigentlich eher „Wegpunkte". *Aislelabs* hat die Funktionsweisen und Komponenten der bekanntesten *iBeacon*-Hardware Anbieter im November 2014 in einem ausführlichen Report analysiert (vgl. Aislelabs 2015). Die Beacons werden auf Basis der *Apple*-Spezifikation durch drei Werte personalisiert: den *Universally Unique Identifier* (UUID), der den Sender eindeutig einem Unternehmen zuordnet, den *Major*, der das Gebäude bestimmt, und den *Minor*, der die Positionierung im Gebäude erfasst. Diese drei Werte fasst der Beacon in seine Identität zusammen und sendet sie mehrmals pro Sekunde aus. Der Beacon selber sendet also keine Nachrichten oder Ähnliches und kann auch keine Daten über einen Smartphone-User sammeln oder weiterleiten. Die Verortung eines Smartphone erfolgt über die gleichzeitige geografische Zuordnung mehrerer Beacons im Umfeld des Nutzers.

Sendeleistung und damit Reichweite wie auch Nachrichten-/Werbeintervalle können in der Regel über Beacon-Management-Plattformen programmiert werden. Dabei sollten bauliche Gegebenheiten und das Kampagnen-Design beachtet werden, also neben der Frequenz-Kappung auch die Anforderung, dass die Ansprache des Verbrauchers immer dem Kontext und dem jeweiligen POS zugeordnet werden kann. Die auf diese Proximity Lösung und dieses dedizierte Leuchtfeuer ansprechende App wird mittels *Beacon Mobile SDK* der jeweiligen Hardware-Hersteller konfiguriert. Kommt ein Smartphone mit aktivierter Bluetooth-, Hintergrundaktualisierungs-, Mitteilungs- und Ortungs-Funktion in Reichweite, erscheint eine Push-Meldung auf dem Bildschirm, wenn der Nutzer die korrespondierende App mit Beacon-Funktionalität installiert hat und dadurch quasi seine Zustimmung gegeben hat (passives Opt-In). Der Nutzer öffnet daraufhin die App und kann so zum Beispiel Bonuspunkte für einen Ladenbesuch sammeln, einen Coupon als *Wallet*-Eintrag erhalten oder wird gleich zum passenden Artikel navigiert. Diese ortsbezogenen Informationen machen aus der Beacon-Technologie (der Begriff ist mittlerweile von der Branche übernommen worden und hat in kurzer Zeit eine große Anzahl von Hardware-, Software- und App-Dienstleistern auf die Bühne gelockt) einen höchst relevanten Location Based Service und erweitern den Wirkungsgrad vom Kontext-Medium Smartphone durch die Möglichkeit von hyper-lokalem Targeting in geschlossenen Räumen erheblich. Die Tatsache, dass der Call-to-Action bei aktiviertem Bluetooth und installierter Service-App quasi auf den Bildschirm des User gebeamt wird, macht die Technologie auch jenseits von geschlossenen Räumen für Unternehmen aller Art wertvoll.

Heute kommt die Technik in Einkaufs-Malls, in Sportstadien, in Messehallen, an Flughäfen und Bahnhöfen, in Museen und Wartezimmern – kurz überall dort, wo ortsbezogene Informationen wichtig sind – vermehrt zum Einsatz. Es geht immer darum, die lokale Präsenz eines Nutzers mit seinen entweder bereits erfolgten oder kommenden digitalen Aktivitäten zu verbinden. So kommt ein stationärer Händler oder Dienstleister erstmalig in den Genuss, im Umfeld der Beacon-Installation mit einem ansonsten in der Regel eher anonymen Kunden in einen personalisierten Dialog einzusteigen. Die Bereitschaft des Verbrauchers wird technisch eingeholt über das Installieren einer App mit entsprechender Beacon-Funktionalität. Dieses sogenannte Boarding sollte aber sicherlich in der App immer durch eine dedizierte Zustimmung (aktives Opt-In) zur Push-Benachrichtigung, eine Auswahl von Benachrichtigungs-Arten und auch durch einen deutlichen Hinweis vor Ort – vielleicht mit einem Hinweis auf Aktivierung von Bluetooth – ergänzt werden, damit Beacons nicht als Spam-Schleuder oder Aufenthalts-Tracker wahrgenommen werden (vgl. Opinionlab 2015). Da Beacon-relevante Apps in der Regel mit einem Nutzerkonto verbunden sind, entsteht datenschutzrechtlich auch ein Personenbezug. Der App-Betreiber kann durchaus auswerten, wie lange ein „eingebuchtes" Endgerät in der Nähe welches Beacon war. Darauf sollte bei der Installation der App datenschutzkonform hingewiesen werden. Da die vom Beacon ausgestrahlten BLE-Signale in der Regel über die Zwischenstation App zwecks Analyse und Aktionsgenerierung auf Backend-Servern des Diensteanbieters in der Cloud abgelegt werden, ist auch hier eine rechtskonforme Handhabung unumgänglich. Die rechtlichen Grenzen der Beacon-Technologie sollten allen Beteiligten solcher Plattformen ein Maßstab sein (vgl. Schürmann 2014).

Wie immer bei der Nutzung neuer Technologien kommt es darauf an, dass Kunde und Marke ein Vertrauensverhältnis haben, die App-Nutzung einen echten Mehrwert hat und die über Beacons versandten zusätzlichen Service- und Kaufanreize einen relevanten

Nutzen im gegebenen Kontext darstellen. Die einmal vergebene Zustimmung zu Push-Notifications mit all den erwähnten Voraussetzungen wie Hintergrundaktualisierung, Mitteilungsfunktion und Ortung kann immer wieder entzogen werden. Einen Messebesucher alle fünf Meter vollzutexten oder die Rabattschlacht vom Wochenend-Beileger einfach näher am Ladeneingang zu führen sind sicherlich nicht so prickelnde Anwendungen. Gamification-Ansätze wie Status-Badges mittels Integration von *Swarm* Check-Ins oder auf Basis der Beacon-Installation gemessenen Frequenz und Aufenthaltsdauer an Burgerbuden-, Café- oder Barbesucher zu vergeben und diese entsprechend zu incentivieren, klingen schon vielversprechender. Sein ganzes Kontext-Potenzial wird die Beacon-Technologie wohl erst mit der Integration von Big Data Analytics ausspielen. So könnten Push-Benachrichtigungen nur dann ausgespielt werden, wenn vorher in Echtzeit ein Match mit der Wunschliste und dem Einkaufsverhalten des identifizierten Verbrauchers erfolgte. Am Valentinstag kann es Sinn machen, einem männlichen Smartphone-Besitzer vor einem Dessous-Regal eine Geschenkinspiration per Push-Nachricht zukommen zu lassen – an den anderen 364 Tagen wahrscheinlich eher nicht. In den USA sind bereits über ein Drittel der Millennial Moms über Beacons erreichbar (vgl. Levine 2015).

Die weltweit wie Pilze aus dem Boden schießenden Pilot-Lösungen und der Hype um die Proximity Solution Beacon haben natürlich auch andere Vertreter des Mobile-Ökosystems wachgeküsst. *Samsung* launchte im November 2014 *Placedge* als eigene BLE-basierte Proximity Lösung, die mit entsprechend konfigurierten Beacons funktioniert (vgl. Samsung 2015). Im Unterschied zur *iBeacon* Lösung funktioniert *Samsung*s Plattform auf Betriebssystem-Ebene, ohne dass korrespondierende Apps installiert sein müssen. Im Rahmen des erwähnten *Physical Web* Projektes hat *Google* Anfang 2015 dann ein eigenes Beacon-Protokoll namens *uriBeacon* gelaunched, primär zum Einsatz im Internet der Dinge. Gegenstände können damit URL versenden gekoppelt mit jeglicher Art von Inhalt, ohne dass auf Empfängerseite eine App installiert sein muss (vgl. iBKS 2015). Im Sommer 2015 wurde der sperrige Name dann geändert in *Eddystone* in Anlehnung an einen Leuchtturm im Ärmelkanal und zu einer plattformunabhängigen und quelloffenen Beacon-Technologie erweitert (vgl. Google o. J.g). Nach *Apple*, *Twitter* (via Investment in *Swirl*; vgl. Chapman 2015) und *Facebook* (verschenkt Beacons an *Facebook Business-Page* Betreiber; vgl. Facebook o. J.b) steigt also der vierte Plattform-Krieger des Ökosystems Mobile in den BLE-Proximity-Markt ein. Wie man die Beacon-Technologie erfolgreich in seine Marketing-Strategie einbauen kann, hat *favendo* in einem schönen Guide zusammengefasst (vgl. favendo 2015). Auch wenn der Beacon-Technologie kurz nach ihrem Erscheinen bereits das Potenzial zugesprochen wurde, der NFC-Technologie den Todesstoß versetzen zu können (vgl. Fuchs 2013), war die anfängliche Euphorie sicherlich verfrüht. Bis zum heutigen Tage hat sich noch keine Proximity Solution gegen eine andere durchgesetzt. Die Möglichkeiten, das reale Umfeld mit dem Smartphone zu vernetzen, bleiben vielfältig. Und es spricht vieles dafür, dass die vorgestellten Lösungen die nächsten Jahre eher friedlich koexistieren.

4.1.4 Mobile Messaging, die Echtzeit-Kommunikation mit der Marke

Neben den Fähigkeiten, jederzeit den Kontext herzustellen, eine hochintelligente, sensor-basierte sowie KI-gestützte Suche zu tätigen und die Brücke zum realen Umfeld aufzu-bauen, trägt schließlich auch die spontane Echtzeit-Kommunikation mit der Marke zur absoluten Uniqueness des Mediums Mobile bei. Das kann in Form von einseitigen Mit-teilungen, sogenannten *Push Notifications*, erfolgen und den User veranlassen, eine App aufzusuchen. Voraussetzung ist hier, dass der App-Nutzer generell die Mitteilungsfunk-tion in den Einstellungen des Betriebssystems aktiviert hat und er der besagten App das Recht eingeräumt hat, ihn mit spontanen Nachrichten anzuschreiben. Das kann aber auch in eine echte, bidirektionale Kommunikation münden – einer Art „Chatvertising" (Schwab 2015a). Schon seit Längerem lassen sich neben Suchergebnissen Telefonnummern ein-bauen, so dass Suchende mit einem Touch direkt mit dem Restaurant oder dem Hotel Kontakt aufnehmen können (*Click-to-Call*) oder einen Rückruf aktivieren können. Eben-so lassen sich mit *Click-to-Chat* oder *Click-to-Text* Verbindungen zu Messaging-Clients aufbauen. Letztere Varianten werden mit der Verbreitung von Mobile Messaging/Chat Apps wie *Hangouts*, *Messenger*, *Skype*, *Twitter*, *WeChat* und vor allem *WhatsApp*, aber auch Bilder- und Video-Communities wie *Instagram*, *Pinterest*, *Snapchat*, *Vine* oder *You-Tube* auch bei Marken und Dienstleistern immer beliebter. Erste Marken und Händler haben eigene *WhatsApp*-Konten etabliert und nutzen den direkten Draht zu den Kunden, um Fragen zu beantworten oder dosiert interessante Angebote mitzuteilen. Da *Android* im Gegensatz zu *iOS* auch Drittanbieter-Widgets auf dem Lock Screen – dem dunklen Sperr-Bildschirm im Ruhezustand des Smartphone – zulässt, haben sich vor allem in Asien und den USA in den letzten Jahren Anbieter wie *adenda*, *fronto*, *Honey Screen*, *Locket* oder *Slidejoy* auf das sogenannte *Lock Screen Advertising* spezialisiert. Dabei werden entwe-der besagte Apps installiert, die einem dann nach gewissen Voreinstellungen vollflächige Werbung auf den Lock Screen spielen, oder dieses erfolgt Huckepack über prominente Apps, die ein entsprechendes SDK installieren. Beide Male nutzt man die Push Notifica-tion Technik zum Ausspielen der Werbung. In der ersten Variante wird direkt der User entlohnt für das Betrachten der Werbung; die zweite Variante erfolgt nach den üblichen Abrechnungsmodellen mit dem Werbetreibenden. Auch wenn der Lock Screen sicher-lich 100 Prozent Aufmerksamkeit verspricht, kommt das doch einem Erobern eines sehr heiligen Raumes gleich und ist sicherlich aus Markengesichtspunkten sehr sensibel aus-zusteuern. Kombiniert mit Content-Updates zum Beispiel von Musik- oder Sport-Stars könnte die Akzeptanz steigen. *Android* User lieben es, ihren Lock Screen mit nützlichen Updates aufzuladen, die einem das Entsperren sparen. Werbefreie Dienste wie *Dashclock*, *Drop*, *NiLS*, *Ping* oder *Push* erfreuen sich großer Beliebtheit. Der Weg zu „Promoted No-tifications" ist nicht mehr weit (Beck 2014).

Wie bereits erwähnt, baute *Facebook* die Funktionalität seines *Messenger* im April 2015 wesentlich aus. Mit *Businesses on Messenger* ist es seitdem möglich, die Kunden-kommunikation zu Themen wie Produktfragen, Bestellbestätigung, Lieferstatus oder Retourenabwicklung aus dem mobilen Szenario heraus (zum Beispiel beim Kaufabschluss in einem Mobile Shop) komplett über die Messenger-App, in einem kontinuierlichen Gesprächsfaden mit Integration von Bildern oder Videos – wie aus Threads in Chat-Clients gelernt – zu tätigen (vgl. Facebook o. J.c). Ein digitaler Assistent namens *Moneypenny* (sic!) soll demnächst direkt aus der App heraus Suchenden assistieren (vgl. Efrati 2015). Es liegt in der Natur von Echtzeit-Messaging, dass der Verbraucher äußert, was er genau in diesem Moment an diesem Ort will. Messaging liefert also quasi *on demand* explizite und im Zusammenhang mit dem jeweiligen Kontext (Tageszeit, Wochentag, Wetter, Standort, …) auch gleich die impliziten Absichten, die sich Marken mit kontextueller Konversation zunutze machen können (vgl. Mehta 2015). *Facebook* kann den Markt für Digital CRM vollkommen neu aufrollen und der *Messenger* mit seinen über 600 Millionen Usern kann der primäre Kanal für eigentlich Plattform- und App-inhärente Notifications werden (vgl. Evans 2015b). Die Kontrolle über die Notifications-Infrastruktur ist für die Ökosystem-Giganten von strategischer Bedeutung. Das zeigt auch die permanente Funktionsverbesserung in dem Notification-Center der Mobile OS. Wer Push-Benachrichtigungen steuert, steuert den Zugriff auf Apps! Notifications sind die Eingangstür für alle Interaktionen auf einem Smartphone (vgl. Acharya 2015). Das schreit ja geradezu nach Eingangskontrolle. Mit der App *Notify* baut *Facebook* seit einiger Zeit an einer mächtigen, übergreifenden Infrastruktur für Push Nachrichten aller Art – von Breaking News bis zu Marken- und Dienstleister-Updates.

Gerade bei jungen Zielgruppen sind Plattformen wie *Instagram* mittlerweile das beliebteste Social Network. Marken nutzen entsprechende Business-Accounts auf dieser ausschließlich mobil genutzten App vermehrt zum Dialog über ausgelobte Fotowettbewerbe, integrierte *Twitter* Hashtags und *Facebook*-Präsenzen (vgl. Hedemann 2014a). Wenn es um Behind-the-Scenes Fotos kombiniert mit speziellen Rabatten geht, machen sich Marken auch schon mal die Flüchtigkeit der eingestellten Informationen auf der Plattform *Snapchat* zunutze. Die App löscht die sogenannten *Snaps* je nach Einstellung nach ein bis zehn Sekunden. Das verstärkt natürlich ungemein den Hype um und die Exklusivität von Informationen auf entsprechenden Marken-Accounts (vgl. Hedemann 2014b). Visuelles Storytelling ist hier angesagt. Marken, die sich gekonnt der Intimität der Echtzeit-Kommunikation über Messaging-, Bilder- und Video-Clients stellen, werden so zu vertrauensvollen Beratern der Konsumenten. Sie müssen wie Menschen agieren und Geschichten erzählen. Reichweite entsteht durch entsprechend gebrandete Hashtags (wie zum Beispiel bei *#5BillionCurves* von *Porsche*).

4.2   Mobile Web – nicht nur IP in neuem Look & Feel

Wenn man sich die wesentlichen Merkmale des Mediums Mobile noch einmal vor Augen hält – die Fähigkeit zur Kontextualisierung, zur vorausschauenden Suche und Assistenz, zum Brückenbau in die unmittelbare und reale Umgebung und zur Echtzeitkommunikation mit dem Kunden ohne Medienbruch –, dann ist es eindeutig, dass es sich hierbei nicht einfach nur um das Internet auf einem kleineren Bildschirm handelt. Zieht man zudem die geänderten Rankingfaktoren für das Gefundenwerden im Mobile Internet in Betracht, dann leuchtet es ein, dass der Auftritt im Mobile Web einer komplett neuen Denke und Herangehensweise, einer eigenständigen Philosophie bedarf. Für die Gestaltung einer Präsenz im Mobile Internet haben sich in den letzten Jahren vier Methoden herauskristallisiert: Den Online-Auftritt Mobile-freundlich zu gestalten, kann durch das *Responsive Webdesign* Verfahren, eine dynamische Auslieferung an unterschiedliche Geräte (*Dynamic Serving*) oder dedizierte Seiten mit unterschiedlichen URL für Online und Mobile geschehen. Dabei wird eine getrennte Optimierung für Tablets auch immer wichtiger, da sich das Nutzungsverhalten wie beschrieben sowohl von dem auf einem Desktop als auch von dem auf einem Smartphone unterscheidet. Darüber hinaus dient eine dedizierte App als Ergänzung zum Mobile Web Auftritt. In den Anfangsjahren der App-Ökonomie wurden Apps in vielen Fällen auch als einziges Angebot für die Smartphone-Präsenz eingesetzt und man verdrängte die suboptimale Darstellung vom normalen Internet-Auftritt auf einem kleinen Bildschirm einfach. Im Jahr 2015 ist unter Experten allgemein anerkannt, dass ein wie auch immer optimierter Mobile Web Auftritt Pflicht ist, eine App die Kür – wenn sie denn einen klaren Mehrwert, einen echten Kundennutzen und damit eine Daseinsberechtigung im großen App-Kosmos hat. Im Folgenden werden die unterschiedlichen Herangehensweisen näher analysiert, die Techniken mit ihren Vor- und Nachteilen erklärt und spezielle Optimierungsmethoden beleuchtet. Dabei gilt jenseits der technischen Verfahren: Es sollte immer recherchiert werden, welches Angebot die Zielgruppe in welcher Situation mobil erwartet. Welches Bedürfnis kann in genau diesem Moment durch welchen Mobile-Mehrwert befriedigt werden?

4.2.1 Liebling, sie haben das Internet geschrumpft

In den ersten Jahren der Smartphone-Euphorie spielten sich immer wieder die gleichen Szenen ab. Surfte man auf seinem mobilen Endgerät im Internet, sah man insbesondere auf kleinen Bildschirmen zunächst nichts oder umschrieben „Tokio bei Nacht". Der Browser spielte die für das stationäre Web entwickelte Webseite aus und quetschte alles auf die zur Verfügung stehende Bildschirmbreite. *Flash*-Inhalte – sehr beliebt auf aufwendigen Marken-Webseiten im Desktop-Internet – wurden nicht abgespielt und erschienen als weiße Fläche mit einem Fragezeichen darin. Bei der Lesbarkeit von Texten half auch kein Kippen in den Landscape-Modus. Erst das Aufziehen von Einzelinhalten mit zwei Fingern erlaubte das ausschnittweise Lesen oder gar das Eingeben von Kennwörtern, um sich beispielsweise ins Hotel-WLAN einzuloggen. Auch wenn man diese Nutzererfahrung nicht wirklich Surfen nennen konnte – man hatte sich irgendwie damit arrangiert. Für die wirklich wichtigen Funktionen auf dem Smartphone gab es ja schließlich Apps, die es im Laufe der Jahre an Funktionalität und Design-Formsprache an nichts fehlen ließen. Bei Nutzern, aber auch bei Programmierern, musste im Hinblick auf das Mobile Internet erst ein Umdenken einsetzen. Für Webmaster wurden im Laufe der Jahre immer bessere Werkzeuge entwickelt, die es erlaubten, den besonderen Anforderungen des Mobile Web gerecht zu werden. Im Oktober 2014 wurde die bereits seit einigen Jahren unter Entwicklern kursierende fünfte Version der Hypertext-Auszeichnungssprache (HTML5 für *Hypertext Markup Language*) final spezifiziert (vgl. Wikipedia o. J.e). Damit wurde erstmals eine plattformübergreifende Darstellung von Texten, Bildern, Videos und anderen Elementen in einem Webdokument ermöglicht. *HTML5* ist heute in Kombination mit CSS3 *(Cascading Style Sheets)* für Gestaltungsaspekte und *JavaScript* für Interaktionsaspekte der Quasi-Standard für die geräteübergreifende Webseiten-Programmierung, aber auch für die Erstellung von *Web Apps*, *Hybriden Apps*, *Widgets* (s. weiter unten) und im Falle der noch exotischen Plattformen *Firefox OS* und *Tizen* sogar für Native Apps. Aufgrund der großen Anzahl an verschiedenen Web-Browsern im Mobile-Markt und deren unterschiedlichen *Layout Engines* unterliegt auch HTML5 einer gewissen Fragmentierungs-Herausforderung (vgl. MobiForge 2015 sowie HTML5 TEST 2015). Einen Einstieg in die Thematik dieser technischen Spezifikationen und Richtlinien, insbesondere auch für das Mobile Web, bietet das *World Wide Web Consortium*, kurz *W3C* (vgl. W3C 2015). Das *W3C*-Konsortium ist auch die richtige Instanz, die von *Google* im Oktober 2015 als Open Source veröffentlichte sogenannte *AMP-HTML*-Technik für *Accelerated Mobile Pages*, also für schneller zu verbreitende und zu ladende Inhalte auf mobilen Webseiten, zu einem weltweit anerkannten Standard zu erklären (vgl. AMP Project 2015).

Mit HTML5 & Co. wurde ein Werkzeugkasten zur Verfügung gestellt, der es jedem grundsätzlich ermöglichte, sich plattformübergreifend auf die besondere User Experience auf mobilen Endgeräten einzulassen. Das *Google mobile friendly Update* war in diesem Zusammenhang nur der berühmte Holzbalken vor den Kopf derjenigen, die immer noch meinten, Mobile wäre die reine Verlängerung von Online und bedürfte keiner speziellen Aufbereitung – quasi ein letzter Weckruf.

Aus meiner Beraterpraxis

Die *Online Marketing Rockstars* Konferenzen drehen sich, wie der Name schon vermuten lässt, nicht explizit um das Thema Mobile. Auf der Ausgabe Ende Februar 2015 in Hamburg war es trotzdem ein Dauerthema. Ich kam in den Genuss, der Keynote des Social Media Experten *Gary Vaynerchuk* zu folgen. Frei übersetzt redete er den anwesenden Marken-, Media- und Digital-Experten ins Gewissen: „Wir sind kaum eine Armlänge von unseren Smartphones entfernt, nicht einmal nachts. Wer heute nicht mobile-first denkt, wer heute keine Mobile-kompatible Website hat, der lebt nicht im Jahre 2015, der ist nicht in unserer Zeit!" (vgl. Vimeo 2015). Ich hätte es nicht besser formulieren können.

Werkzeuge sind die eine Seite der Medaille. Die andere Seite ist die Kunst, sich in Smartphone-Nutzer hineinzuversetzen und der Zielgruppe das zu bieten, was sie in einem mobilen Umfeld auch benötigt. Welche anlassbezogene Absicht hat jemand, der mit einem mobilen Endgerät eine Webseite besucht (zur Erinnerung: der berühmte *Mobile Moment*)? Welcher Kontext besteht und wie kann man genau diesen bedienen, sprich mit einer Mobile Site oder Mobile App gerecht werden? Wie kann man sich die große Funktionalität von Smartphones zunutze machen bei der Auslieferung von relevanter Information in genau diesem Augenblick, an diesem Ort, zu dieser Tageszeit? Darüber als Unternehmenslenker, Marketer oder Vertriebler bewusster nachzudenken und dieses Umdenken im Kopf final anzustoßen, ist auch ein Verdienst der Mobile Friendly Initiative von *Google*. Die Frage muss immer lauten: In welchen Situationen braucht die Zielgruppe mein Produkt oder meine Dienstleistung? Die Alltagsproduktivität, privat und beruflich, steht und fällt heutzutage mit dem Zugang zum Mobile Internet. Das macht die Aussagekräftigkeit des eigenen Mobile Web Auftritts so außerordentlich wichtig und wertvoll. In der Ende April 2015 veröffentlichten Studie *The Quest for Mobile Excellence* wurden weltweit 3000 Marketing- und Digital-Verantwortliche befragt, die *Mobile Maturity* ihres Unternehmens einzuschätzen. Dabei kamen interessante Ergebnisse heraus (vgl. Adobe 2015):

Wie „mobile mature" ist Ihr Unternehmen? (Umfrage von Adobe, 04/2015)

- Fast 60 Prozent der Unternehmen haben die Notwendigkeit einer Mobile-Optimierung ihres Web-Inventars erkannt.
- Fast zwei Drittel des Mobile-Internet-Verkehrs werden über Smartphones generiert.
- Jedes zweite Unternehmen hat mindestens eine App im Angebot, aber lässt es an einer systematischen App-KPI-Analyse mangeln.
- Das bewusste Aktivieren der App-Nutzung oder Reaktivieren von inaktiven Nutzern wird vernachlässigt.
- Aber fast zwei Drittel der Unternehmen planen eine weitere Steigerung ihrer Investments in Mobile.
- Ein Drittel der Befragten haben laut eigenen Angaben bereits eine Mobile-Strategie, weitere 45 Prozent arbeiten daran.
- Jedes fünfte Unternehmen orientiert sich dabei nach eigenen Angaben am Mobile First Ansatz.
- In 15 Prozent der Firmen kümmern sich dedizierte Mobile Teams um die Umsetzung.

Das Mobile Internet ist also für viele Unternehmen ein Kernthema, und Entscheidungsträger stellen sich den Herausforderungen des Mediums Mobile. Allerdings sind viele Mobile-bezogene Entwicklungen und Marketing-Aktionen noch zu sehr in ihren jeweiligen Geschäftsbereichs-Silos gefangen. Eine unternehmensweit definierte Mobile-Strategie fehlt in weiten Teilen der Firmenlandschaft noch, auch wenn einige Unternehmen ihr jetziges Maßnahmenpaket durchaus als Strategie wahrnehmen.

4.2.2   Responsive oder Made for Mobile

Bei der Gestaltung des Auftritts im Mobile Web gibt es zwei unterschiedliche Philosophien: Die eine ist geboren aus dem nachvollziehbaren Wunsch von Webmastern, mit
wenig Aufwand den gleichen Inhalt auf allen möglichen Screens – vom Smart-TV über
PC, Laptops, Tablets bis hin zu Smartphones – auszuspielen und wird *Responsive Webdesign* (RWD) genannt (vgl. Marcotte 2010). Anfang dieses Jahrzehnts wurde diese Technik
geradezu als Heiliger Gral für das Mobile Web gehypt. Die andere versetzt sich ausschließlich in die Nutzerperspektive und fragt, welche kontextbasierte Anforderung hat
der User im Moment der Informationsabfrage auf einem mobilen Endgerät. Die Antwort
dieser Fraktion lautet: Für das Mobile Web Szenario aufbereitete Informationen sind so
speziell, dass sie eine eigene, auf den Mobile Moment zugeschnittene Interpretation erfordern, also *Made for Mobile* (MFM) sein müssen. Beide Architektur-Richtungen lassen
sich auch miteinander kombinieren.

Vereinfacht ausgedrückt ermöglicht RWD die Ausspielung des identischen HTML-
Codes auf allen Endgeräten. Im kurzen Moment vor der Ausspielung wird dabei nach vorher festgelegten *Grids* und *Breakpoints* das Layout der Seiten auf Geräteklassen angepasst
(auch *Client Side Adaptation* genannt). Von den Endgeräten zurückgespielte *Media Que-
ries* sorgen dafür, dass die so festgelegten Inhalts-Cluster in unterschiedlicher Stufigkeit
skalierbar auf die identifizierten Bildschirmbreiten, OS-Versionen, Browser- und Endgeräte-Eigenschaften (auch *Delivery Context* genannt) ausgespielt werden. Ein Schnelltest
des eigenen Inventars auf verschiedenen Endgeräten bietet das *Responsive Check Center*
(vgl. Conexco 2015). Allerdings ist die Ansicht nur für den Internet-Nutzer responsive.
Im Hintergrund werden immer alle Inhalte mitgeladen, egal wie groß der Bildschirm ist.
Man erkauft sich die Echtzeit-Adaption der Inhalte mit Ladeverzögerungen. Nur jede fünfte RWD-Seite lädt in weniger als vier Sekunden (vgl. Trilibis 2015) und länger als drei
Sekunden ist kein Mobile-Nutzer bereit zu warten. Mit der *Lazy Loading* Methode, die
es ermöglicht, Inhalte (vor allem Bilder) asynchron, also erst wenn sie beim Scrollen
in den sichtbaren Bereich rutschen, nachzuladen, versucht man, dieses Problem zu ent-
schärfen. Das RWD-Paradigma, grundsätzlich alle Inhalte auf allen Geräten zeigen zu
wollen, ist auch nichts anderes als ein ständiger Kompromiss, der zwischen den Beteiligten ausgehandelt wird. So sind Klicks tabu, da Smartphones Touchflächen brauchen. Unter
Experten wird die schrittweise Annäherung der Inhalte-Darstellung vom großen 27 Zoller
auf den 4 Zoller *Gracefull Degradation* genannt. Umgekehrt heißt der Prozess *Progres-
sive Enhancement* und gestaltet sich sehr anspruchsvoll, bedeutet es doch, vom kleinsten
Bildschirm her auch für die Big Screens zu denken und zu programmieren. Das bricht mit
vielen gelernten Denkmustern. Der zentrale Vorteil von RWD ist, dass das gesamte Web-
Angebot damit geräteübergreifend auf einer einzigen URL fußt (*One Web*) und Inhalte
nur einmal angelegt werden müssen. Da der gesamte Web-Code neu geschrieben werden
muss, veranlassen RWD-Projekte zudem auch dazu, ganz neu über die Notwendigkeit
von Inhalten, deren zeitgemäße Darstellungsform und installierte Web-Prozesse nachzudenken, und gleichen oft einem Frühjahrsputz. Die einmaligen Entwicklungskosten von

Konfiguration	Bleibt meine URL gleich?	Bleibt mein HTML-Code gleich?
Responsive Webdesign	✓	✓
Dynamische Bereitstellung	✓	✗
Unterschiedliche URLs	✗	✗

Abb. 4.3 Unterschiedliche Konfigurationsmöglichkeiten für Mobile Webseiten. (Quelle: Google o. J.h)

RWD und das Konzeptionieren und Testen über jegliches Webinventar hinweg sind nicht zu unterschätzen, zumal in der Regel eine Aktualisierung des Content-Management-Systems erforderlich ist. Gut exekutiertes RWD mit dem Anspruch auf eine gute Umsetzung auch auf mobilen Endgeräten erfordert professionelle Expertise. RWD-Projekte werden erst im Nachhinein durch eingesparte Prozesskosten rentabel.

MFM dagegen hat zwei, durchaus kombinierbare Spielarten: Wenn man zu der Überzeugung kommt, dass die Art, der Umfang, vor allem aber die Aufbereitung der Information auf den Mobile Moment angepasst werden muss, kann man mit einem entsprechend höheren Aufwand für die Pflege und Aktualisierung eine dedizierte Mobile Site programmieren mit eigenständiger URL wie *m.meineFirma.de* oder aber unter derselben URL eine mobil-optimierte Website mit unterschiedlichen HTML- und CSS-Templates an mobile Endgeräte sowie das stationäre Pendant an PC ausspielen lassen (sogenanntes *Dynamic Serving* oder *Adaptive Design*). Auch *Google* unterscheidet in seinem Mobile SEO Leitfaden diese Konfigurationen für mobil-optimierte Webseiten (s. Abb. 4.3).

In beiden Fällen erfolgt der *Redirect* serverseitig über einen sogenannten *User Agent*, der im Hintergrund das anfordernde Endgerät erkennt. Immer neue Endgeräte-Typen, Bildschirmgrößen, Auflösungsqualitäten und OS-Updates sowie die Browservielfalt stellen eine hohe Anforderung an die Aktualität des User Agent und diese *Server Side Adaptation*. Die hybride Form dieser Adaptions-Richtungen, also eine Mischform aus Client- und Server-seitiger Anpassung, wird RESS genannt: *Responsive Web Design with Server-Side Components* (vgl. Malmquist 2014). RESS optimiert die Ladegeschwindigkeit und die Erkennung von Endgeräte-Eigenschaften.

Die zweite Spielart der MFM-Philosophie ist die hinlänglich bekannte Variante, für das Mobile-Szenario eine App zu entwickeln. Sogenannte *Native Apps* bieten dabei die größte Performance, weil sie programmiert in der Sprache des jeweiligen Betriebssystems den umfangreichsten Zugriff auf OS-Funktionen und Hardware-Komponenten haben. Die Notwendigkeit der Entwicklung pro Plattform und der damit verbundene erhöhte Wartungsaufwand haben in den letzten Jahren auch sogenannte *Web Apps* en vogue werden lassen, die plattformübergreifend auf HTML5-Basis erstellt werden, sich im Browser ausführen lassen und dabei ohne Browserzeile den Look & Feel einer App emulieren und gerne auch als Browser-Bookmark-Icon ein App Fake auf dem Homescreen darstellen. Über den *Application Cache* ist es möglich, Web Apps in eingeschränktem Umfang auch offline im Browser laufen zu lassen. Kombiniert mit einem nativen Container – als sogenannte *Hybrid App* – lassen sie sich auch in den App Stores platzieren. In Letzterer wird nativer Code für die Verbesserung der Performance und der Plattform-Integration genutzt sowie HTML5 basierter Inhalt, der ständig aktualisiert werden kann, ohne die App updaten zu müssen. Eine grafisch aufbereitete Entscheidungshilfe für die richtige App-Architektur bietet *Outsystem*s, wobei man gleich einschränkend sagen muss, dass dies sicherlich auch nur einer ersten Orientierung dienen kann (vgl. Coutinho 2015).

Beide Philosophie-Richtungen können wie angedeutet auch in Kombination angewendet werden, indem man zum Beispiel für die Corporate Website RWD anwendet, speziellen Produkt-Auftritten aber eine MFM-Site gönnt oder gar eine App. Airlines zum Beispiel mit ihren komplexen Buchungsvorgängen und einer Customer Journey über alle Arten von Endgeräten hinweg sowie rund um den Globus in verschiedenen Zeitzonen haben eine enorm hohe Anforderung an synchrone Aktualisierungen in Echtzeit. Sie setzen deswegen auf RWD in Kombination mit hybriden Apps, um durchgängig HTML5 einzusetzen und Anpassungen zentralseitig vornehmen zu können. Nativ programmierte Startseiten in den hybriden Apps verlinken auf responsive Seiten, die ständig aktuell sind. *SAP* bietet für den geräteübergreifenden Einsatz von Business-Anwendungen gleich eine eigene RWD-Lösung namens *SAP Fiori* an (vgl. SAP 2015). Design-Trends vermischen sich auch zunehmend: So findet man das gelernte „Hamburger Menu" – die drei kleinen horizontalen Striche, hinter denen sich in MFM-Inventar die Navigation zu anderen Inhalten verbirgt (auch *Flyout Navigation* genannt) – zunehmend auch auf Online-Websites (sogenanntes *Off-Canvas-Design* für Inhalte außerhalb der „Leinwand"). Auch dass Inhalte auf *einer* langen, scrollbaren Seite stehen und eine durchgehende Geschichte in großen Bildern mit wenig Text erzählen (*One-Page-Design* mit eingebauter Responsiveness) entsprang dem mobilen Nutzungsszenario. Es ist nachvollziehbar, dass große News-Portale, die geräteunabhängig immer den gleichen Content sekundenaktuell ausspielen wollen, RWD nutzen. Auch Shop-Betreiber nutzen die Vorteile von RWD. So hat zum Beispiel der *Otto* Konzern nach jahrelanger Vorbereitung Anfang 2015 seinen Online-Shop auf RWD umgestellt, um vor allem eine geräteübergreifende Merkzettel-, Warenkorb- und Kundenkontoübernahme zu gewährleisten (vgl. Dziallas 2015b). Allerdings spricht gerade bei eCommerce-Shops auch viel für eine Mobile First konforme, dedizierte Shopping

App mit vollem Zugriff auf die faszinierenden Möglichkeiten von Smartphones und ohne das Risiko von Conversion-Rate reduzierenden Ladezeiten. Anbieter wie *CouchCommerce* oder *Shopgate* haben sich auf die für die mobile Nutzung optimierte Ausspielung des Online-Shop per Web App oder Native App und die Integration der Mobile-spezifischen Möglichkeiten spezialisiert. Aber natürlich haben mittlerweile alle gängigen Shop-System-Anbieter Umsetzungen für Mobile im Angebot.

Die einer RWD-Umsetzung inhärente Kompromiss-Suche hat etwas von der Suche nach dem kleinsten, gemeinsamen Nenner. RWD ist eine Frage des Formats – aber eben nur des Formats. Eine auf Responsive Design umgestellte Website ist nicht gleichbedeutend mit einer guten Mobile-Strategie (vgl. Schwab 2015b). Laut *Forrester* sagen 63 Prozent der Firmen, die auf RWD gesetzt haben, dass das keine Langfriststrategie für die Herausforderungen im Mobile Web ist (vgl. Forrester 2015). Mobile ist ein Engagement-Medium. Responsiven Webseiten fehlt etwas von der „Appness" (Borodescu 2014), an die sich der Mobile User so sehr gewöhnt hat. Wenn man sich die technischen Fähigkeiten moderner Smartphones vor Augen führt, ist es eigentlich an der Zeit, die Mobile-Auftritte in puncto Funktionalität und Vernetzung mit der Umgebung reichhaltiger als Desktop-Auftritte zu gestalten – quasi als „additive *Mobile Site Experience*" (Meunier 2015) mit voller Integration von Location Based Services, intelligenten Such-Assistenten, der Einbindung von Proximity Solutions und Echtzeit-Chats. Diese Wappnung für die relevante Bedienung des kontextbasierten Mobile Moment geht nur *Made for Mobile* (vgl. Lietzke 2015)! Für einige Fachleute gelingt das am besten über die dynamische Ausspielung von spezialisierten Mobile Sites. Für andere wiederum ist die HTML5 basierte, plattformübergreifende Web App die richtige Lösung für den Mobile-Fortbestand der eine Milliarde Webseiten auf diesem Planeten. Für den vollumfänglichen Zugriff auf die Smartphone-Funktionsvielfalt ist immer noch die Native App *State of the Art*.

Jenseits dieser funktionalen Perspektive gelten in puncto Mobile Usability folgende Umsetzungsempfehlungen (vgl. Beck 2015), die vom Homo Mobilis im Sinne eines perfekten mobilen Nutzungserlebnisses auch immer mehr erwartet werden:

Das perfekte mobile Nutzungserlebnis

- Reduzierung von Inhalt und Aufbau auf das Wesentliche im jeweiligen Kontext.
- Auf die Bildschirmgröße angepasstes Schriftbild und Schriftgröße mit sinnvollen Abständen, für eine Erkennbarkeit im Abstand einer Armeslänge optimiert.
- Sichtbarkeit aller wesentlichen Elemente auch auf kleinem Raum mit eindeutiger Navigation und Komponenten-Hierarchie.
- Präzise Ansteuerbarkeit von Call-to-Action-Elementen mit dem Finger zur Unterstützung der Conversion.

- Eingabehilfen wie kontextuale Keyboards, antizipiertes Ausfüllen oder *Date Picking Widgets* für die Datumsauswahl.
- Wiederholung von Aussagen aus Such-Anzeigen auf der Zielseite.
- Suchmaske inklusive sinnvoller Vorschläge für das schnelle Auffinden von Unterthemen.
- Bei Produktkatalogen: Filter für Sortimentseinschränkungen.
- Ermöglichung der Speicherung und Wiederaufnahme von Sitzungen.
- Kaufabschluss direkt auf der Mobile-Präsenz ermöglichen.
- Lokalisierungs- und Navigationshilfen einbauen.
- Rückfragen über eine direkt aktivierbare Telefonnummer oder einen Chat anbieten.

Google empfiehlt im Rahmen seiner Mobile Friendly Initiative RWD. Das geschieht wie beschrieben primär aus der Erfahrung heraus, dass Firmen, die dedizierte Mobile Sites im Angebot haben, vergessen, diese mithilfe von *Canonical Tags* und *Bot Redirects* den *Google*-Such-Bots gegenüber gegen den Verdacht der bewussten Täuschung zu kennzeichnen (vgl. Google o. J.h). Allerdings werden wie angedeutet Webauftritte bei der Mobile-Suche auch bevorzugt, wenn zu diesen eine App auf dem Gerät oder per Mobile Deep Link assoziiert ist. Aus Mobile SEO Sicht wäre also eine kombinierte RWD/App-Strategie nützlich. Natürlich goutiert *Google* auch dedizierte Mobile Sites. Überhaupt stellt sich heute nicht mehr die Frage Mobile Website oder (Native) App, wie sie in den Anfängen der App-Ökonomie noch kontrovers diskutiert wurde. Wenn die App einen echten Nutzen hat, dann geht es immer um die Koexistenz beider Präsenzformen mit der mobil-optimierten Website als Basis. Ist die Entscheidung für den Roll-Out einer (Hybrid) App aber gefallen, gleicht das im heutigen App-Dschungel einem Survival-Training, das man nur mit den passenden Werkzeugen und einer durchdachten App-Strategie bestehen kann.

4.2.3 Die Appifikation des World Wide Web

Die schiere Verbreitung von mobilen Endgeräten und die rapide zunehmende Nutzungsintensität des Mobile Internet machen deutlich: Wer von den Plattformgiganten Mobile erobert, erobert das Internet. Der Kampf der Ökosysteme ist ausführlich dargestellt worden. Das Web, wie wir es kennen, ändert sich: Das Mobile Web ist heutzutage hauptsächlich in Apps gegossen; Nutzerinteraktionen sind wichtiger als Views; Apps sind immer öfter verlinkt in ein Web von Apps, und das zunehmend jenseits von Smartphones auch auf Watches, PC, Smart-TV, in Cars und im Internet der Dinge. Die Folge: die „Appification of Everything" (Kosner 2012), also auch die „Appification of the Web" (Lilljequist 2012). Der Evolutionspfad des Internet – oder sollte man von Mutation sprechen – erfolgt von responsiven Elementen über Mobile Sites und Web Apps hin zu hybriden und schließlich nativen Apps. Das Internet aus der Online-Welt ist offen und hochgradig verlinkt. *Google* und auf seine Art auch *Facebook* haben sich die Position einer ersten Anlaufstelle und eines omnipräsenten Traffic-Verteilers erarbeitet. Man kann den Eindruck bekommen, dass beide Konzerne zusammen das Internet sind. Aber man kann auch ohne eine Nutzung dieser Giganten im Internet surfen und es produktiv nutzen. Im von Apps dominierten Mobile Web herrschen die Plattformfürsten als Gatekeeper, allen voran *Apple*, *Facebook* und *Google*, aber in ihrem jeweiligen Territorium auch *Amazon*, *Microsoft* oder *Samsung*. Schon 2010 prognostizierte *Wired*-Chefredakteur *Chris Anderson* den bevorstehenden Niedergang des freien Webs (vgl. Anderson und Wolff 2010). Apps haben die Art und Weise, wie wir mit Online-Inhalten umgehen, revolutioniert. Bis dato wurden kumuliert über alle Stores mehrere Hundert Milliarden Apps auf die Smart Devices dieser Welt geschaufelt. Heute erwarten Verbraucher von ihren Marken, dass sie eine App haben – so wie man Ende des letzten Jahrtausends von Firmen eine Webpräsenz erwartete. Aufgrund ihrer intuitiven Funktionalität und dem Kernversprechen, die an sie gestellte Aufgabe auch sofort zu lösen, wenden sich Verbraucher im Zweifel zunächst an ihre App, bevor sie auf die Idee kämen, das Mobile Web zu konsultieren. Über die App gehen Marken und Verbraucher eine ganz besondere Beziehung ein. Insbesondere jüngere Zielgruppen beurteilen Marken nach den Mobile-Erfahrungen, die sie mit ihnen gemacht haben. Mehr als die Hälfte lehnt Produkte oder Services ab, wenn sie von deren Apps enttäuscht sind (vgl. Oracle 2015). Apps, die ihr Nutzenversprechen erfüllen, verstärken die Markenbindung und -einstellung. Nicht-performante Apps hingegen vernichten einen Teil des Markenwertes. Apps müssen als inhärenter Teil der Marken-Strategie begriffen und behandelt werden.

Aus meiner Beraterpraxis

In einem Projekt ging es um die weltweite Etablierung einer App-Portfolio-Management-Strategie für einen Automobilkonzern. Im Kern ging es also um die Frage, welche Abteilung in welchem Markt wann welche App launchen darf und welcher Regeln und organisatorischen Rahmenbedingungen es dafür bedurfte. Es stellte sich aber schnell heraus, dass auch markengestalterische Aspekte eine große Rolle spielten in der zukünftigen Handhabung von App-Produktionen. Zum einen galt es, die mehreren Hundert Apps über den Konzern einer einheitlichen App-Marken-Guideline zu unterziehen und zum anderen wurde man sich im Verlauf des Projektes klar, dass es von Liebhabern der Automarke viele Piraten-Apps in den Stores gab. Auch die galt es, im Sinne einer einheitlicheren Wahrnehmung der Automarke in den App Stores dieser Welt subtil zu steuern.

Laut *Flurry* verbringen 86 Prozent der Nutzer ihre Mobile-Zeit in Apps und nur 14 Prozent im browserbasierten Web (vgl. Khalaf 2014a). Die *GfK Crossmedia Link* Studie bestätigt diesen Split auch für den deutschen Markt (vgl. Renz 2015). Allerdings berücksichtigt diese Statistik nicht, dass knapp ein Viertel der Mobile Web Views aus In-

App Web-Browsing resultiert (vgl. Quantcast 2015). Die dafür aufgewandte Zeit müss-
te man der Mobile Web Nutzung zuschlagen. Außerdem ist der Anteil der Mobile Web
Nutzung in Mobile-Only Märkten wie Afrika oder Indien naturgemäß viel höher. Trotzdem ist schon die Rede vom Ende des browserbasierten Internet auf mobilen Endgeräten
(vgl. Weigert 2014). Hybride und Web Apps werden immer populärer. Letztere ermöglichen natürlich auch die volle Kontrolle über mögliche Erlösströme, da die App-Store-
Betreiber-Provision von in der Regel 30 Prozent an den Verkaufserlösen entfällt. Die plattformübergreifende Open Source Software *PhoneGap* ermöglicht es, nativ wirkende Web
Apps in App Stores zu platzieren, ohne sich mit den Programmiersprachen und den SDK
der einzelnen Plattformen beschäftigen zu müssen (vgl. PhoneGap 2015). *React Native*
von *Facebook* geht in eine ähnliche Richtung und stellt *JavaScript* Programmierern ein
natives User Interface zur Verfügung. *Google Maps* ist das beste Beispiel für die Evolution in Richtung exzellent gemachter Web App. Eine moderne HTML5 basierte Web App
kann sich merken, wo Nutzer aus der App ausgestiegen sind, um Sessions fortzusetzen,
updated sich eigenständig wie eine App, die im App Store wohnt, bietet interaktive Steue-
rungselemente an und greift auf lokale Funktionen wie GPS oder Speicherplatz zu. Apps
und Mobile Websites konvergieren im Sinne von Architektur und Nutzererwartung an ihre
Funktionalität. Das Web wird „appified" (Aggarwal 2014). Die Grenzen zwischen Surfen
sowie in und zwischen Apps Springen verschwinden, zumal Browser auf mobilen Endgeräten auch über eine App gestartet werden und die Verlinkung von App-Inhalten rasant
steigt. *Google* hat auf die Bedrohung für sein klassisches Geschäftsmodell – Werbung im
Umfeld der omnipräsenten und allumfassenden Suche zu verkaufen – reagiert. *Google*
Apps wurden mit universellen Log-In-Features versehen, um auch App-Nutzer identifizieren zu können (vgl. Mirani 2014). Durch die Änderung des Such-Algorithmus wurde
die Produktion von Mobile Friendly Websites und das Deep Linking von Apps forciert.
Und mit der Einführung von Karten wurde das Mobile Web Erlebnis modernisiert. Seit
der *Android* OS Version *L* (für *Lollipop*) werden einzelne Tab-Seiten im Chrome-Browser
als in sich abgeschlossene Karten dargestellt und im für das Multitasking zuständigen *App
Switcher* gleichberechtigt für das Hin- und Herschalten zwischen aktiven Apps und eben
allen offenen Web-Tabs angeboten. Für den Nutzer verschwinden damit zumindest visuell
die Grenzen zwischen Mobile Web, Web Apps und Native Apps (vgl. Dillet 2014). Unterschwellig forciert *Google* – das mit seinen Smartphone-Anwendungen eh schon Web
App König ist – so die Mobile Web Nutzung und steigert damit den für seine Erlösströme
so wichtigen Wert des Mobile Web Inventars. Auch wenn Mobile Search mit der Durch-
brechung der 50 Prozent Schallmauer seinen Mobile Moment erreicht hatte, machte Stand
Mitte 2015 Mobile nur ein Drittel der Search-Erlöse der Kalifornier aus, die zusammen
(Online und Mobile) immerhin noch für 80 Prozent der Gesamterlöse des Konzerns standen. Es bleibt spannend zu beobachten, wie der Suchmaschinen-Gigant den von ihm selber
so befeuerten Mobile Tsunami mit seinen speziellen Herausforderungen gerade in puncto
Suchmaschinen-Erlöse (wie multiple Sucheinstiege, schwierige In-App Suche oder gerin-
gere Cost-per-Click-Erlöse) meistert (vgl. Team 2015). Karten jedenfalls – auch schon vor
Jahren in *WebOS* von *Palm*, *MeeGo* von *Nokia* oder *QNX* von *BlackBerry* erprobt – setzen

sich als elegante Klammer von Mobile Websites, Apps und endlosen Streams immer mehr durch. Der für Mobil-Geräte optimierte Webbrowser *Wildcard* hat Karten gar als zentrale DNA auserkoren.

4.2.4 Überleben im App-Dschungel

Jenseits des zentralen Vorteils von Mobile Websites und Web Apps, eine theoretische Reichweite über alle Handy-Nutzer zu garantieren im Gegensatz zur eingeschränkten Erreichbarkeit von App Store optimierten Präsenzen, gilt: Native Apps bieten bis heute die beste User Experience auf dem Smartphone und funktionieren bei entsprechender Programmierung im Basismodus auch offline. Bei einer Entscheidung pro App ist es heutzutage Pflicht, Apps für *iOS* und *Android* zu entwickeln (gegebenenfalls leicht zeit-versetzt, um den Aufwand für Entwicklung und Monitoring zu kontrollieren) sowie *noch* Kür, sie auch für *Windows 10* zu interpretieren. Das „noch" bezieht sich auf die Tatsa-che, dass *Windows 10* (inklusive dem Vorgänger *Windows Phone*) in einigen Märkten bereits bis zu 15 Prozent Marktanteil erobert hat. Dort kann man dann nicht mehr von Kür sprechen. Je nach Zielgruppe macht aber ggf. gerade die Programmierung für *Win-dows 10* und darüber hinaus vielleicht sogar für *BlackBerry OS* durchaus Sinn, auch bei Marktanteilen unterhalb der Wahrnehmungsschwelle. Im Kern sollen Apps eine Aufgabe erfüllen, wie der Name „Anwendung" schon andeutet. Mit Betonung auf *eine*; und die-se dann aber exzellent. *Ansgar Mayer* spricht in seinem Buch „App-Economy" von dem „Instant Need Fulfillment" (Mayer 2012, S. 9). Der Mehrwert der App muss sich sofort erschließen. Schon beim ersten Erkunden sollte das möglichst unique Service-Bundle, al-so die Summe aus sensorbasierten Funktionalitäten, Hardware-unterstützter Performance und Look & Feel, die gesamte Usability dazu führen, die App erneut aufsuchen zu wollen und möglichst regelmäßig zu nutzen. Das hört sich sehr logisch an, aber jede fünfte her-untergeladene App wird nur ein einziges Mal genutzt – immerhin: Vor fünf Jahren war es noch jede vierte Anwendung (vgl. Localytics o. J.a).

Am Anfang eines App-Projektes muss immer die Frage stehen, warum der Planet ge-rade diese App auch noch braucht. Immerhin stieg über die letzten Jahre gleichzeitig die Zahl der Apps, die mehr als 10-mal genutzt werden, auf fast 40 Prozent aller Apps – was darauf schließen lässt, dass die App-Güte im beschriebenen Sinn zunimmt. Das Tech-nologie-Portal *TechCrunch* spricht in seinem *Requiem For The App Revolution* von der Notwendigkeit der „Experience Evolution" (Wall 2015). Man hat nur eine Chance, im App-Dschungel zu überleben, wenn man eine einzigartige User Experience bietet. Ein auf einer Seite niedergeschriebenes *App Definition Statement* hilft enorm, von vornherein Güte zu programmieren: Was soll die App machen? Für wen ist die App wichtig? Was ist einzigartig an der App (App USP)? Zusammenfassend sollte man folgende Punkte bei der App-Entwicklung beherzigen:

Die entscheidenden Punkte für die App-Entwicklung

- Interessen und Bedürfnisse der Zielgruppe kennen.
- Zweck der App definieren und das Warum beantworten (Daseinsberechtigung).
- Nutzen und Mehrwert eindeutig definieren und nicht überfrachten.
- Intuitive Bedienung und klare Orientierung gewährleisten (in der Konzeptionierungsphase hilft das Anlegen von *Wireframes*).
- Benutzerfreundlichkeit und Verlässlichkeit als Maxime, gerade auch für unterwegs.
- Schnelle Ladezeiten garantieren.
- Tap, Swipe, Pinch: Daumen und Zeigefinger sind die Interaktionswerkzeuge.
- Funktion(en) ohne Umwege erreichbar anlegen.
- Besonderheiten der Betriebssysteme und deren Nutzer beachten.
- Registrierung (wenn notwendig) schnell und einfach anbieten.
- Check-Out (falls relevant), also Bestell- und Bezahlvorgang, in der App sicherstellen.
- Kundenservice in der App anbieten: FAQ, Help-Center, Live-Chat, Kunden-Hotline.
- AGB auffindbar gestalten, aber auf das Wesentliche reduzieren.
- Testen, Testen, Testen (will man eine App zunächst live testen, empfiehlt sich die proprietäre und homogene Plattform *iOS*, bevor man auf die fragmentierte Plattform *Android* portiert).
- App ständig pflegen und an OS-Releases anpassen.
- Source Code der App sicherstellen, um zukünftige Weiterentwicklungen mit anderen Dienstleistern zu gewährleisten.

Aber wie schon angedeutet ist die Entwicklung nur der erste Schritt und eine exzellente Durchführung in Zeiten von überfüllten App Stores im Pflichtenheft ein *no brainer* und damit eine selbstverständliche Voraussetzung. Wirklich wichtig ist die Vermarktung über den gesamten App-Life-Cycle hinweg. Von Anfang an sollte man in Total Costs of Ownership (TCO) denken, also Budget einplanen für die Entwicklung, das Testen, das Updaten, das Portieren, das Vermarkten und das Analysieren (das reine Entwickeln macht vielleicht 20 Prozent des Gesamtbudgets aus). Dabei haben sich für die App-Vermarktung folgende Maßnahmen bewährt:

Maßnahmen für die App-Vermarktung

- App Icon als Verlängerung der Marke verstehen und ausdrucksstark, nicht kleinteilig gestalten.

- App-Beschreibung inklusive glaubhafter Screenshots, Bewertungen und Empfehlungen in den Stores als wichtige Vermarktungs-Plattformen nutzen.
- App Preview Videos anlegen, um organische Entdeckerreisen und damit Downloads zu stimulieren.
- Mobile Deep Links aktiv anlegen und indexieren lassen.
- App-Namen, Texte in der App und App-Beschreibungstexte im Store auf Mobile SEO und App Store Optimization (ASO) optimieren, denn 60 Prozent der Downloads basieren auf der organischen Suche im App Store.
- Multiple Kategorie-Zuordnungen vornehmen und über App-Suchmaschinen wie *XYO* optimieren.
- Den Wert eines Nutzers eruieren und mit den Costs-per-Install (CPI) für den incentivierten, Paid Download abgleichen; ggf. über den Customer Lifetime Value hinweg.
- Analyse, Analyse, Analyse: Die wichtigsten KPI der App (Downloads, Conversions, Registrierungen, Nutzeraktivität, Umsatz pro Nutzer) tracken, die Kunden-Bewertungen, aber auch die Vermarktungs-Tools analysieren.
- Top-Ranking und Top-Bewertungen treiben Downloads, damit die Sichtbarkeit und letztendlich den App-Erfolg.

Neben den bekannten *Google* Tools gibt es mittlerweile eine Menge Apps, die einem das Monitoren des Erfolgs der eigenen App erheblich erleichtern wie *Andlytics*, *App Annie Analytics*, *Appstatics*, *App Stats* oder *Piwik*. Auch Bücher mit speziellem Fokus auf das App-Marketing sind auf dem Markt wie „App-Marketing für iPhone und Android" (Mroz 2013) oder das aktuellere „Einstieg in erfolgreiches Mobile Marketing" (Kamps 2015).

Selten kommt man in den Genuss einer Sonderpromotion, wie sie 19 App-Entwicklern aus Deutschland im Juli 2015 zuteilwurde, als *Apple* tatsächlich in einer Sonderkategorie „Made in Germany" Apps hervorhob (vgl. Ramisch 2015). Um mit normalen Mitteln Platz 1 im deutschen Markt für Free-Apps zu erobern, kann man schon an die 100.000 Downloads pro Tag benötigen. Über API wie *Apple App Extensions* oder *Google Intent* lassen sich die Grundfunktionalitäten einer App ergänzen um Funktionalitäten von anderen Apps. So können kleinere Apps ihre Dienste über weiter verbreitete Apps anbieten und Apps können umgekehrt auch nützliche Funktionen übernehmen, die sie selbst nicht in petto haben. Apps kommen aus ihrem Silo heraus und werden mehrdimensional erlebbar. Innerhalb einer App kann man so zum Beispiel andere Apps nutzen, ohne via Multitasking hin- und herspringen zu müssen. Natürlich werden sich eher die beliebten und heute schon meistgenutzten Apps der Ökosystem-Mobile-Giganten als Meta-Apps durchsetzen, die sich dann „kleinerer" Apps wegen ihrer Funktionalitäten bedienen. Es entstehen multifunktionale „Alpha-Apps", die automatisch auf dem Homescreen platziert werden (Wilson 2014).

Die Entscheidung für eine hybride oder native App bedeutet, Downloads im ausgewählten App Store generieren zu müssen, aber eröffnet natürlich auch die Möglichkeit der Vermarktung und damit Monetarisierung über Pay-per-Download, In-App-Payment, Mobile Advertising oder Revenue Sharing. Hierin liegt im Übrigen einer der wesentlichen Unterschiede zwischen dem traditionellen Web und dem Mobile Web. Das stationäre Web war darauf ausgelegt, Informationen zu teilen, ohne dass die Option eingebaut war, dafür auch zu zahlen. Das Resultat: Man wird von Werbung erschlagen. Das appifizierte Web wurde von vornherein für die Monetarisierung auch jenseits von Werbung ausgelegt. Für die einen ist das das Ende des offenen Web, für die anderen schlichte Notwendigkeit, den „denkwürdigen Unfall" Web (Mims 2014) auf dem Smartphone nicht zu wiederholen. Wenn es sich nicht um Auftragsproduktionen von Branded Apps wie zum Beispiel den *DB Navigator* handelt, die sich nicht zwangsläufig in App Stores über Download-Zahlen beweisen müssen, können App-Entwickler zwischen verschiedenen, zum Teil kombinierbaren Geschäftsmodellen auswählen, um ihre App und damit in der Regel auch die Firma zu refinanzieren:

Geschäftsmodelle im App Business

- Kostenloser Download; Erlöse über In-App-Werbung (*Free*).
- Kostenloser Download; Zusatz-Features und Ausblendung der Werbung gegen Abogebühr (*Premium*).
- Kostenloser Download, ggf. als Lite-Version; Erlöse über Zukauf neuer Updates, Funktionen oder Ausstattungen sowie über In-App-Werbung (*Freemium*).
- Bezahlter Download, ohne weitere In-App-Erlöse (*Paid*).
- Bezahlter Download und zusätzlich weitere In-App-Erlöse (*Paidmium*).

Das Freemium-Modell ist dabei das weitaus beliebteste App-Refinanzierungsmodell für Entwickler, hilft doch der kostenlose Download beim Anfixen der Verbraucher und damit beim Anschieben von Downloads, und bei entsprechender App Stickyness das spätere Verkaufen von Zusatzfunktionen beim Generieren von Erlösen.

Die finnischen Firmen *Rovio* mit ihrem Bestseller *Angry Birds* oder *Supercell* mit den Hits *Hay Day* oder *Clash of Clans* sollen hier beispielhaft für ein Multi-Milliarden-Euro-Business genannt werden. Die Gesetzmäßigkeiten der App-Ökonomie (siehe Teil I des Buches) führen dazu, dass nutzenstiftende und somit populäre Apps einen Platz auf dem Homescreen bekommen, dadurch mehr genutzt werden, ein höheres Ranking in den App Stores bekommen, mehr Geld generieren, mehr investieren können in ihre Distribution, und so fort. App Stores sind heutzutage sehr dynamische Marktplätze, auf denen konkurrierende Apps pro Jahr schon mal bis zu 30 Plätze im Ranking gutmachen oder auch verlieren können (vgl. Tunguz 2014). Die Platzhirsche unter den App Publishern sind *Facebook* und *Google*, und mit ihren App Kits für den Health- und Automotive-Bereich legen die Plattform-Giganten *Apple* und *Google* zusätzlich proprietäre Layer an, die das Programmieren von Native Apps erfordern. Die Gravitationskräfte dieser App-Giganten verstärken sich mit jeder App, die die Milliarden-Nutzer-Grenze überschreitet. *Facebook*

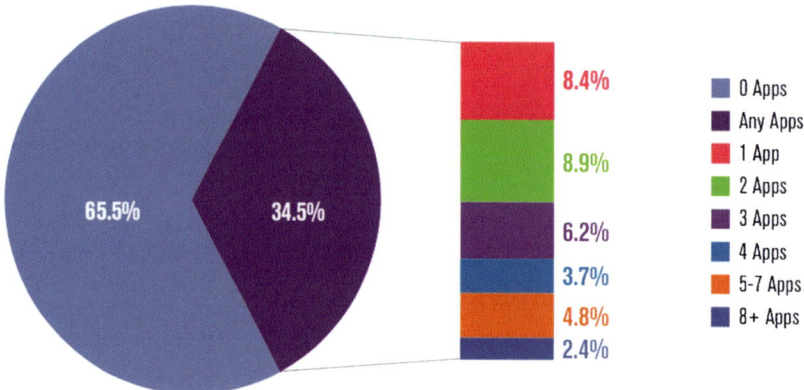

Abb. 4.4 Nur ein Drittel der Smartphone-Nutzer lädt jeden Monat Apps herunter. (Quelle: com-Score 2015)

verließ im Rahmen seiner vollumfänglichen Mobile First Ausrichtung den HTML5 basierten Web App Pfad und launchte 2012 Native Apps, um vor allem in puncto Schnelligkeit und User Experience bei der Fangemeinschaft zu punkten (vgl. Hamburger 2012). Der Erfolg gab dem Social-Giganten recht. Einen guten Überblick über die App-Geschäftsmodelle und die Vermarktungsmethoden liefern *App Annie* zusammen mit *IDC* in ihrer *Mobile App Advertising and Monetization Trends* Studie (vgl. App Annie & IDC 2015). Auch die *Mobile App Marketing Insights* von *Google* geben Anregungen für die App-Vermarktung entlang des App-Lebenszyklus (vgl. Google o. J.i).

Neben extrem erfolgreichen Anwendungen gibt es aber auch den berühmten Longtail an Apps und damit Entwickler und Anwendungen, die ein unentdecktes Dasein fristen im App-Ozean. Ende 2014 wurden 83 Prozent aller Apps in *Apple*'s App Store von *Adjust* als sogenannte App Zombies kategorisiert, die so gut wie nie in den Top-Listen auftauchen und so schlichtweg in den Tiefen des Store nicht sichtbar sind (vgl. Adjust 2015). Diese Zombies sind nur durch gezielte Suche oder Namenseingabe auffindbar, aber nicht mehr durch das gemütliche Stöbern durch die App-Listen. *Google* experimentiert bereits mit *Mobile App Ads* in seinem *Play Store*, um die App-Visibilität steigern zu können (vgl. Perez 2015b). Laut *comScore* lud 2014 lediglich ein Drittel der US-Smartphone-Nutzer eine oder mehr Apps pro Monat herunter, bei zwei Drittel hatte sich die App-Oberfläche auf dem Bildschirm am Ende des Monats nicht verändert (s. Abb. 4.4).

In dem Report heißt es weiter, dass sich innerhalb dieses Drittels die Download-Aktivität sehr konzentrierte. Sieben Prozent der Nutzer waren für die Hälfte aller Downloads verantwortlich. Ähnlich verhält es sich beim Anwenden von Apps: Im Durchschnitt öffnen

Mobile User 10-mal am Tag Apps, der sogenannte „Mobile Addict" (Khalaf 2014b) tut dies über 60-mal am Tag. Die Stores bieten mittlerweile die Möglichkeit, Apps in einem gewissen Zeitfenster umzutauschen inklusive Geld-Zurück-Garantie oder sie zumindest zunächst ausprobieren zu können.

Im App-Life-Cycle kann man sechs Phasen unterscheiden: die Phase, in der man die App im Store zur Verfügung stellt und diese im Dschungel an Alternativen und im schieren Überangebot an Apps entdeckt werden muss (*App Discoverability*); die Phase des Kennen-lernens und Entdeckens der Features der App nach dem initialen Download (*Onboarding*); die Phase der permanenten Aktivierung der neuen App-Nutzer (*App Engagement*) und schließlich die Phase der Re-Aktivierung schlafender Nutzer (*App Re-Engagement*). Über alle Phasen hinweg ist natürlich ein kontinuierliches Testen, Optimieren und Anpassen der App an OS-Releases und Ratings notwendig, gegebenenfalls die Portierung auf ande-re Plattformen sowie natürlich die ständige Stimulation von Downloads. Das permanente Monitoring von Apps mit *Application Performance Management* Tools gehört mittlerwei-le ebenso zum Standard wie das Measurement von zentralen KPI (*Mobile App Analytics*) wie Costs-per-Download/Install (CPD/CPI), App-Öffnungsraten und In-App-Verkäufen. Gnadenlos werden auf Fachportalen die App Charts pro Land, Store und Kategorie veröf-fentlicht. Wer das Thema App Development für das komplexe Ökosystem Mobile besser verstehen muss, ohne selbst Entwickler mit entsprechendem technischen Hintergrund zu sein, dem sei als Einstieg der *Mobile Developers Guide to the Galaxy* (vgl. Enough Software 2015) und die Webplattform *Developer Economics* empfohlen (vgl. Developer Economics 2015). *Andy Carvell* von *SoundCloud* hat mit dem *Mobile Growth Stack* an-schaulich alle notwendigen Schritte entlang des Lebenszyklus einer App aufgezeichnet und beschrieben, die notwendig sind, das App-Wachstum strategisch und damit nachhal-tig zu forcieren (vgl. Carvell 2014). Schon 2011 diagnostizierte *Deloitte*, dass 80 Prozent der Marken-Apps nicht einmal die 1000 Download-Marke schaffen (vgl. Dredge 2011). Und seitdem hat sich die verfügbare Anzahl an Apps in den Stores mehr als verdoppelt. So wie Mobile SEO die Auffindbarkeit von Unternehmen, Produkten und Dienstleistungen im Web forcieren soll, gibt es mittlerweile ein ganzes Bündel an Maßnahmen für die *App Store Optimization* (ASO) mit dem Ziel, die Auffindbarkeit von Apps im App-Kosmos zu steigern (vgl. Wikipedia o. J.f). Die verschiedenen Stores haben dabei unterschiedliche Rankingfaktoren, deren Analyse bei ASO-Strategien durchaus wertvoll sein können (vgl. Walz 2015).

Natürlich nutzen Smartphone-User ihre Apps mittlerweile täglich, aber diese Nutzung ist beschränkt auf wenige Apps. Die wichtigste App steht für 42 Prozent der gesamten App-Nutzungs-Zeit. Die Top 5 Apps eines Nutzers vereinen fast 80 Prozent der aktiven App-Nutzung auf sich (s. Abb. 4.5).

Knapp ein Viertel der Nutzer öffnet eine App nur einmal nach dem Download; 60 Pro-zent der Nutzer, die nach einer Woche nicht wieder die App aufrufen, sind für die App als aktive Nutzer verloren (vgl. Localytics o. J.b). Die Mehrheit der App User werden kei-ne loyalen Kunden. Überhaupt macht sich eine gewisse App-Müdigkeit breit (vgl. Frezza 2013). Es stellt sich eine Routine im Umgang mit den echten Problemlösern ein – dem so-

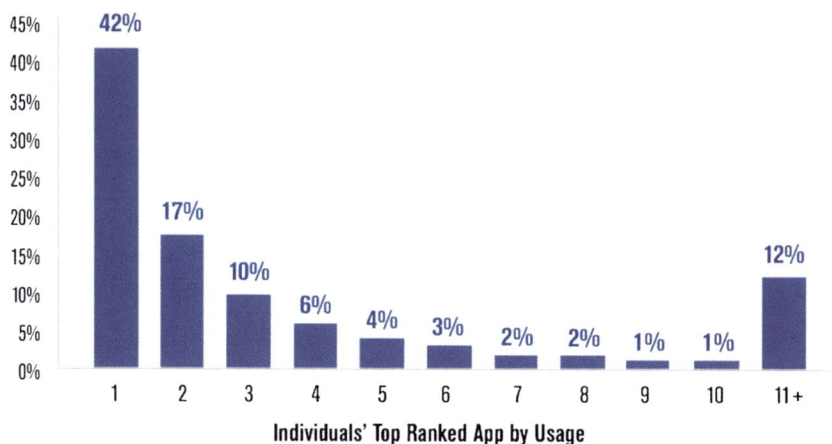

Share of Time Spent on Apps Across Ranks

Source: comScore Custom Analytics, U.S., Age 18+, June 2014

Abb. 4.5 Die mit Apps verbrachte Zeit ist auf wenige Apps begrenzt. (Quelle: comScore 2015)

genannten Relevant Set an wenigen, wirklich wichtigen Apps – und die Neugier auf neue Apps ist eher eingeschränkt. Über die Jahre sammeln sich auf den hinteren Seiten der Smartphone-Oberfläche „App-Leichen" zu einem regelrechten „App-Friedhof" an. Mobile Apps leben und sterben mit ihren Ratings im App Store (*Review*). Schlechte Rankings sind tödlich. Eine schlechte App Performance hat direkte Wirkung auf die Kundenakquise (Download der App) und das Halten von Kunden im Sinne von aktiver und regelmäßiger App-Nutzung (*App Retention*). Die Höchststrafe neben einer Nicht-Nutzung der App und dem Verschieben in den App-Friedhof ist die sehr schnell durchführbare Deinstallation der App. Die Installation mag noch ein Zeichen der guten Absicht gewesen sein, aber Retention ist die wahre Währung. Aktive App-Nutzer sind also sehr wertvoll. Eine „sticky app" generiert über ihre Funktionalität, ihre angebotenen Inhalte, ihr Design und gutes App-Marketing eine fortlaufende Nutzung. Diese wiederum ist wichtig, um vorgegebene Conversion- und Monetarisierungsziele zu erreichen. *App Engagement* ist einer der zentralen Treiber im modernen Mobile Marketing und dem Lifetime Value (ROI) einer App (vgl. Sommer 2014).

Mit immer mehr Aufwand wird darum gekämpft, Nutzer zum Beschäftigen (*Engagement*) und zum Wiederkehren (*Re-Engagement*) mit der App zu bewegen. Das können Impulse über den Versand von E-Mail-Newslettern sein oder auch Push-Notifications. Mit der erwähnten Mobile Deep Link Technologie funktioniert auch die Verlinkung von Web-Bannern, E-Mails oder SMS, die man auf seinem Smartphone anschaut, direkt in installierte Apps hinein (vgl. MobileDeepLinking 2015). Will man den User zum Beispiel von einer Produktbewerbung durch einen Klick auf ein Bild oder Text direkt in eine korrespondierende Shop-App mit den dort in der Regel hinterlegten Log-In-, Konto- und Kreditkartendaten verlinken, so geschieht das mit diesen *Deep Links*, zwischengeschalteten *App-Detection-Sites* und einer entsprechend mit sogenannten *Deep-Link-Pattern* vorbereiteten Ziel-App. *Unique Resource Identifier* (URI) adressieren dabei die anzusteuernde App (vgl. Wikipedia o. J.c). Die Customer Journey wird also ohne Medien- oder gar Totalabbruch komfortabel ermöglicht und das App Engagement im gleichen Zuge erhöht. Auch *Facebooks App Link* Technologie zielt darauf ab, aus dem News Feed heraus auf technologisch mit dem Sozialen Netzwerk verknüpfte Apps hinführen zu können (Discoverability) oder das (Re-)Engagement mit Apps aus der Plattform heraus zu steigern. *Button* geht noch einen Schritt weiter und verspricht die Vernetzung von im jeweiligen Kontext komplementären Apps, um gemeinsam einen additiven *DeepLink Commerce* zu generieren (vgl. Button 2015). Über den Bereich Mobile SEO hinaus haben Mobile Deep Links also auch für den Bereich App Advertising eine immer höhere Bedeutung. Sie sind aufgrund ihrer jeweiligen Ökosystem-Herkunft und den damit verbundenen wirtschaftlichen Interessen aber bei Weitem nicht eine so neutrale Technologie wie die systemimmanente Funktion des Hyperlinks im World Wide Web. Je mehr sich das App-Ökosystem auf seine ganz eigene Art verlinkt, desto wichtiger wird es für App Marketer und deren erfolgreiche App-Vermarktung, die Mechanismen zu verstehen und anzuwenden.

Das Überleben im App-Dschungel wird aber nicht nur für den einzelnen App Publisher immer schwieriger. Apps werden vom Verbraucher in diesem Überangebot von Apps schlichtweg nicht mehr gefunden und fristen ihr Dasein in den Katakomben der App Stores. In den Top-Listen der Stores tauchen 0,02 Prozent der Apps auf. Von den ca. drei Millionen App-Entwicklern machen knapp zwei Prozent den Großteil des Umsatzes mit zum Teil Millionen-Erlösen pro Monat. Eine Mehrheit der Entwickler kann von den Einnahmen aus der App-Programmierung aber schlichtweg nicht leben (vgl. VisionMobile 2015). Die Gier, mit allen Mitteln in die Top-Ranks zu kommen, kann zulasten der App-Qualität und der Nachhaltigkeit der Anwendungen gehen im Sinne von Produktpflege, Anpassungen an OS-Releases und notwendigen Phablet- oder Tablet-Anpassungen. Apps verfaulen regelrecht (vgl. Arment 2014). Der bereits skizzierte Trend hin zum Unbundling von Apps und die mehr schlecht als recht funktionierende Suchfunktion in App Stores verschärfen das Problem (vgl. Evans 2014). Diese Entwicklung ist nicht gesund für ein fragiles Ökosystem, wie der App Store eines ist. Vor dem Hintergrund des exponentiellen Wachstums in den App Stores wird es für den einzelnen Entwickler immer schwieriger, dieses eine einzigartige Stück Software zu programmieren, das dann zu einem Must-Have Download à la *Shazam* wird. In den letzten Jahren ist deshalb auch ein verstärkter Trend weg von den App-Manufakturen hin zu regelrechten App Factories zu verzeichnen, die versprechen, mithilfe von Entwicklungswerkzeugen (App Builder) und wiederverwendbaren Komponenten gerade im Enterprise-Bereich Skaleneffekte sowie Kostenvorteile bei der App-Produktion und über den App-Lebenszyklus zu heben.

Das Ende der App-Ökonomie wurde schon mehrmals vorhergesagt, zuletzt von Gartner Anfang 2014. Bis 2018 würde nur noch der verschwindend geringe Anteil von 0,01 Prozent aller Apps finanziell erfolgreich für ihre Entwickler sein (vgl. Gartner 2015). „App-Stores sind tot" wurde daraufhin proklamiert (Seifert 2014): Das Internet der Dinge würde dazu führen, dass uns Apps im jeweiligen Kontext finden und wir sie nicht in den Untiefen der Stores aufwendig finden müssen. Ein anderer Denkansatz spielt das dynamische Ausliefern von Apps im Moment ihres Bedarfs durch (vgl. Maddern 2014): Ähnlich wie Dienste à la *Spotify* es irgendwie obsolet gemacht haben, dass man Musikstücke als Downloads vorrätig hält, würden im Cache gespeicherte und somit auf Abruf bereitstehende Apps sich kontextbasiert öffnen, wenn man sie für eine Aktion oder den Konsum von Inhalten braucht. Der ganze statische und mühsame Prozess des Entdeckens, Herunterladens, Installierens und Eroberns einer App entfiele.

Fakt ist, dass wir uns immer weiter wegbewegen von nebeneinanderliegenden Bildschirmen gefüllt mit Apps, die uns zu einzelnen Aufgabenlösern führen, hin zu intelligenten Systemen wie den neuartigen Benachrichtigungszentralen von *iOS* und *Android*, die man für die Erledigung gewisser Aufgaben schon gar nicht mehr verlassen muss (vgl. Adams 2014). Diese Notifications sind geradezu prädestiniert für die kurzen Augenblicke auf Smartwatches und verschmelzen zusammen mit dem im Hintergrund aktiven Personal Contextual Assistant zu einer ganz neuen Wahrnehmung und Interaktion mit Apps. Auf dem PCA könnte ein Fluss von Benachrichtigungen in Form von aktiven Karten angezeigt werden, die einem basierend auf dem jeweiligen Kontext und auf dem Vergleich mit ähnlichen Situationen in der Vergangenheit alle notwendigen Informationen und Funktionen anbieten. Und natürlich könnten diese Benachrichtigungen auch von Dingen ausgelöst und aufgespielt werden, denen man sich nähert. Ähnlich wie man bei der Dating-App *Tinder* Partnervorschläge mit dem Daumen zur Seite wischt, würde man hier durch den Kartenstapel *swipen*. Dieses sehr naheliegende Szenario lässt eine Reihe von mehr schlecht als recht nebeneinander sortierten Apps in der Tat sehr alt aussehen und könnte sogar ein Paradigmenwechsel auf Betriebssystem-Ebene bewirken. Sowohl *Apple* als auch *Google* arbeiten mithilfe ihrer interaktiven Benachrichtigungszentralen, der Location und App Aware Suche und den PCA-Varianten daran, ihre Betriebssysteme auf die Benutzeroberfläche zu hieven und Apps zu Datenlieferanten zu degradieren (vgl. Beuth 2015). In der Post-App Zukunft wird aus einer Tasche mit Hammern für jeden Bedarf ein persönlicher Assistent, der sich geschickt aus dem Bouquet der Single-Task Apps bedient. *Google* hat zudem klammheimlich *Agawi* gekauft, eine Firma, deren Technologie es ist, Apps zu streamen und den Content als (Werbe-)Preview zu genießen, ohne ihn als Native App herunterzuladen (vgl. Lunden 2015). Mobile App und Mobile Web würden migrieren und sowohl native Ansätze wie auch Responsive Web Design hätten sich erledigt. Der Plattform-Krieg wird zu einer Art Kaltem Krieg der Mobile-Ökosysteme – einem Post-App Stellvertreter-Krieg um Territorien wie Wearable Tech, Connected Homes und automatisierten Transport (vgl. Pavlus 2015). Vielleicht sagen wir in ein paar Jahren, dass Apps nur ein Symptom unserer Zeit waren (vgl. Ingram 2014) und man vergleicht das Fortbewegen von App zu App rückblickend mit der Art, wie Tarzan den Dschungel erobert hat – von Liane zu Liane schwingend (vgl. Vielmeier 2014). Definitiv aber sind ihre rasante Verbreitung und ihre hohe Akzeptanz immer noch zentrale Faktoren für die Ausbreitungs-Geschwindigkeit und Wellenstärke des Mobile Tsunami.

Fazit

In den letzten Jahren hat das Mobile Internet eine Vormachtstellung übernommen. Immer mehr Menschen greifen immer öfter auf das Internet mit mobilen Endgeräten zu. Dabei funktioniert das Internet hier anders als auf dem Desktop. Während Letzteres noch von Akademikern als extrem offenes und hyper-verlinktes Informationssystem angelegt wurde, befindet sich das Mobile Web mit seinen App Stores in den *Walled Gardens* des 21. Jahrhunderts – mit Zugangskontrolle der Plattform-Giganten des Ökosystems Mobile. Es nimmt einen anderen Aggregatzustand an in Form von mobil-optimierten Websites und Apps. Es funktioniert aber auch anders: Der Einstieg in die Nutzung des Mobile Internet ist vielfältig und bei Weitem nicht nur auf den Suchschlitz reduziert. Für viele ist das Soziale Netzwerk auf dem Smartphone der primäre Zugang zum Geschehen in der Welt. Man unternimmt keine ausgedehnten Surftrips. Der Mobile Browser dient dem singulären Aufrufen von Weblinks. Bookmarks werden allenfalls als App Icon abgelegt. Die Nutzung an sich erfolgt immer aus einem ganz konkreten Kontext heraus und verteilt sich auf viele kurze Blicke auf die Smartwatch oder schnelle, primär App-Aufenthalte auf dem Smartphone über den Tag verteilt. Mangelnde Benutzerfreundlichkeit auf dem kleinen Bildschirm ist dabei schlicht nicht mehr akzeptabel. Die technologischen Fähigkeiten moderner Smart Devices lassen eine vorausschauende Interpretation der jeweiligen Situationen zu. Sie liefern konkrete und relevante Handlungsanweisungen für jeden Mobile Moment inklusive Brückenschlag zur unmittelbaren Umgebung. Das grundsätzliche Verstehen und Nachvollziehen der mobilen Nutzungssituation sind die Maxime für jegliche Form der Mobile-Optimierung – ob responsive, dynamisch oder nativ mobil. Diese allerdings ist ab dem Jahr 2015 essenziell. Denn Mobile ist der First Screen – Punkt! Mobile Friendlyness bestimmt mehr und mehr den Unternehmenserfolg. Und das geht weit darüber hinaus, dafür zu sorgen, dass die eigene Website auch auf kleinen Bildschirmen funktioniert. Firmen müssen ihre gesamte Informations-Architektur überdenken ausgehend vom Kontext, in dem der Kunde sich befindet, seinen Wünschen in diesem Augenblick und der Rolle, die der immer anwesende Bildschirm Mobile im Moment der Wahrheit spielt – vor, während und nach der Transaktion. Es geht nicht nur um Mobile First Design, sondern um die Entwicklung einer Mobile-zentrischen Marketing-Strategie.

Literatur

Acharya, A. 2015. *Notifications Are The Next Platform*. http://techcrunch.com/2015/04/21/notifications-are-the-next-platform/#.rgpr5h:Kal7 (Erstellt: 21.04.2015). Zugegriffen: 06.05.15

Adams, P. 2014. *The End Of Apps As We Know Them*. https://blog.intercom.io/the-end-of-apps-as-we-know-them/ (Erstellt: 24.10.2014). Zugegriffen: 18.05.15

Adjust. https://www.adjust.com/assets/downloads/the-undead-app-store.pdf. Zugegriffen: 19.05.15

Adobe. http://landing.adobe.com/dam/downloads/whitepapers/69111.en.uk.Adobe-Digital-Quest-for-Mobile-Excellence.pdf. Zugegriffen: 06.05.15

Aggarwal, R. 2014. *25 Years After its Birth, The World Wide Web Becomes Appified*. http://www.wired.com/2014/03/25-years-birth-world-wide-web-becomes-appified/ (Erstellt: 25.03.2014). Zugegriffen: 03.05.15

AGOF. http://www.agof.de/pressemitteilung-2015-03-26-1/. Zugegriffen: 14.04.15

Aislelabs. http://www.aislelabs.com/reports/beacon-guide/. Zugegriffen: 27.04.15

AMP Project. https://www.ampproject.org. Zugegriffen: 22.10.15

Anderson, C., und M. Wolff. 2010. *The Web is Dead. Long Live The Internet*. http://www.wired.com/2010/08/ff_webrip/all/ (Erstellt: 17.08.2010). Zugegriffen: 02.05.15

App Annie & IDC. http://blog.desk.pm/wp-content/uploads/2015/05/App-Annie-IDC-Mobile-App-Advertising-Monetization-Trends-2013-2018-EN.pdf. Zugegriffen: 28.05.15

AppLinks. http://applinks.org. Zugegriffen: 17.04.15

Arment, M. 2014. *App Rot*. http://www.marco.org/2014/07/28/app-rot (Erstellt: 28.07.2014). Zugegriffen: 17.05.15

Barr, A., und R. Winkler. 2015. *Can Google Outsell Amazon and eBay?*. http://www.wsj.com/articles/can-google-outsell-amazon-and-ebay-1431730741 (Erstellt: 15.05.2015). Zugegriffen: 18.05.15

Beck, G. 2015. *Google mobile friendly Update – 47 Tipps für mehr mobile Conversions*. http://www.konversionskraft.de/checklisten/google-mobile-friendly-update-tipps-fuer-bessere-mobile-seiten.html (Erstellt: 21.04.2015). Zugegriffen: 01.05.15

Beck, M.B. 2014. *The Best Mobile Marketing Tool for Brands Is On the Lock Screen*. http://www.saydaily.com/2014/10/best-mobile-marketing-lock-screen (Erstellt: 31.10.2014). Zugegriffen: 09.06.15

Bergen, M. 2015a. *With Its New Mobile Features, Google Returns to Form (And Buries Its Flops)*. http://recode.net/2015/05/29/with-its-new-mobile-features-google-returns-to-form-and-buries-its-flops/ (Erstellt: 29.05.2015)). Zugegriffen: 1.06.15

Bergen, M. 2015b. *Search After the Search Box: Google Now Pushes Into the Next Frontier of Mobile Behavior*. http://recode.net/2015/07/06/search-after-the-search-box-google-now-pushes-into-the-next-frontier-of-mobile-behavior/ (Erstellt: 06.07.2015). Zugegriffen: 27.07.15

Beuth, P. 2015. *App in den Hintergrund*. http://www.zeit.de/digital/mobil/2015-06/ios9-android-m (Erstellt: 10.06.2015). Zugegriffen: 19.06.15

Bihr, P. 2013. The Next Big Thing. *t3n Magazin* 33: 29.

Blaschke, F. 2014. *Age of Context: Wie kontextsensitive Apps unseren Alltag automatisieren*. http://t3n.de/magazin/kontextsensitive-apps-unseren-alltag-automatisieren-age-234155/ (Erstellt: 24.06.2014). Zugegriffen: 09.04.15

BMW. https://www.press.bmwgroup.com/global/pressDetail.html?title=mini-augmented-vision-a-revolutionary-display-concept-offering-enhanced-comfort-and-safety-exclusive&outputChannelId=6&id=T0212042EN&left_menu_item=node__5127. Zugegriffen: 01.05.15

Borodescu, C. 2014. *The Mobile Web is Not Dying . . . It is Shifting*. https://medium.com/@cborodescu/the-mobile-web-is-not-dying-it-is-shifting-53e4de6c1630 (Erstellt: 06.05.2014). Zugegriffen: 02.05.15

Branding Brand 2015. *Report: Search Accounts for Nearly Half of all Smartphone Traffic*. http://blog.brandingbrand.com/news/report-search-accounts-for-nearly-half-of-all-smartphone-traffic (Erstellt: 09.04.2015). Zugegriffen: 29.04.15

Button. https://www.usebutton.com. Zugegriffen: 05.06.15

Carvell, A. 2014. *The Mobile Growth Stack*. https://medium.com/@andy_carvell/the-mobile-growth-stack-3ffa6856f482 (Erstellt: 20.11.2014). Zugegriffen: 18.05.15

Chapman, L. 2015. *Twitter Ventures Backs Micro-Location Startup Swirl in $18 M Round*. http://blogs.wsj.com/venturecapital/2015/04/23/twitter-ventures-backs-micro-location-startup-swirl-in-18m-round/ (Erstellt: 23.04.2015). Zugegriffen: 27.07.15

Chennapragada, A. 2015. *Google app update: get Now cards from your favorite apps*. http://insidesearch.blogspot.de/2015/01/google-app-update-get-now-cards-from.html (Erstellt: 30.01.2015). Zugegriffen: 16.04.15

ComScore. http://www.comscore.com/Insights/Presentations-and-Whitepapers/2014/The-US-Mobile-App-Report. Zugegriffen: 01.05.15

Conexco. http://www.responsive.cc. Zugegriffen: 01.06.15

Constine, J., und K. Russell. 2015. *Skip Googling With Facebook's New „Add A Link" Mobile Status Search Engine*. http://techcrunch.com/2015/05/09/share-without-leaving/#.2rscpu (Erstellt: 09.05.2015). Zugegriffen: 16.05.15

Coutinho, R. 2015. *Native vs Web vs Hybrid: Which Mobile Architecture is Right for Your App?* http://www.outsystems.com/blog/2015/02/how-to-chose-the-best-mobile-architecture-infograph.html (Erstellt: 18.02.2015). Zugegriffen: 01.06.15

Developer Economics. http://www.developereconomics.com. Zugegriffen: 05.05.15

Dillet, R. 2014. *Google Blurs The Line Between Web And Native Apps On Android*. http://techcrunch.com/2014/06/25/google-blurs-the-line-between-web-and-native-apps-on-android/ (Erstellt: 25.06.2014). Zugegriffen: 16.05.15

Dischler, J. 2015. *Building for the next moment*. http://adwords.blogspot.de/2015/05/building-for-next-moment.html (Erstellt: 05.05.2015). Zugegriffen: 16.05.15

Diwanji, V. 2015. *How Ready Are You For the Mobilecalypse on April 21?* http://www.e-intelligence.in/blog/how-ready-are-you-for-the-mobilecalypse-on-april-21/ (Erstellt: 14.04.2015). Zugegriffen: 16.04.15

Dredge, S. 2011. *Most branded apps are a flop says Deloitte. But why?* http://www.theguardian.com/technology/appsblog/2011/jul/11/branded-apps-flopping (Erstellt: 11.07.2011). Zugegriffen: 05.05.15

Dziallas, T. 2015a. *Ok, Google, regle mein Leben*. http://www.internetworld.de/onlinemarketing/seo/ok-google-regle-leben-913884.html (Erstellt: 18.03.2015). Zugegriffen: 16.04.15

Dziallas, T. 2015b. *Otto.de erscheint im Responsive Design*. http://www.internetworld.de/e-commerce/otto-group/otto.de-erscheint-im-responsive-design-920991.html (Erstellt: 09.04.2015). Zugegriffen: 02.05.15

Efrati, A. 2015. *Facebook Preps „Moneypenny" Assistant*. https://www.theinformation.com/coming-soon-to-facebook-messenger-moneypenny-assistant (Erstellt: 14.07.2015). Zugegriffen: 27.07.15

eMarketer 2014. *Mobile Search Will Surpass Desktop in 2015*. http://www.emarketer.com/Article/Mobile-Search-Will-Surpass-Desktop-2015/1011657 (Erstellt: 05.12.2014). Zugegriffen: 16.04.15

Enough Software. http://www.enough.de/index.php?id=mobile_developers_guide. Zugegriffen:
    05.05.15

Evans, B. 2015a. *What does Google need on mobile?* http://ben-evans.com/benedictevans/2015/4/
    14/what-does-google-need-on-mobile (Erstellt: 15.04.2015). Zugegriffen: 16.04.15

Evans, B. 2015b. *Messaging and mobile platforms.* http://ben-evans.com/benedictevans/2015/3/24/
    the-state-of-messaging (Erstellt: 30.03.2015). Zugegriffen: 06.05.15

Evans, B. 2014. *App unbundling, search and discovery.* http://ben-evans.com/benedictevans/2014/
    8/1/app-unbundling-search-and-discovery (Erstellt: 03.08.2014). Zugegriffen: 17.05.15

Facebook o. J.a. http://instantarticles.fb.com. Zugegriffen: 16.05.15

Facebook o. J.b. https://www.facebook.com/business/a/facebook-bluetooth-beacons. Zugegriffen:
    15.06.15

Facebook o. J.c. https://www.messenger.com/business. Zugegriffen: 27.04.15

Favendo. http://favendo.de/wp-content/uploads/2015/06/Die-Beacon-Marketing-Fibel.pdf. Zuge-
    griffen: 27.07.15

Forrester. https://s3.amazonaws.com/corpassets.moovweb.com/wp/Forrester-Improving-
    Enterprise-Mobility-2014.pdf. Zugegriffen: 02.05.15

Frezza, B. 2013. *App Fatigue Sets In As The Digital Revolution Ages.* http://www.forbes.
    com/sites/billfrezza/2013/12/10/app-fatigue-sets-in-as-the-digital-revolution-ages-3/ (Erstellt:
    10.12.2013). Zugegriffen: 18.05.15

Fuchs, J.G. 2013. *Apple iBeacon: Der Undercover-Angriff auf NFC.* http://t3n.de/news/apple-
    ibeacon-nfc-499992/ (Erstellt: 04.10.2013). Zugegriffen: 26.04.15

Gartner. http://www.gartner.com/newsroom/id/2648515. Zugegriffen: 18.05.15

Google o. J.a: Understanding Consumers' Local Search Behavior (2015). https://storage.googleapis.
    com/think-emea/docs/research_study/Report_Google_Local_Search_Behavior_DE_1.pdf. Zu-
    gegriffen: 15.04.15

Google o. J.b. https://developers.google.com/webmasters/mobile-sites/?hl=de. Zugegriffen:
    15.04.15

Google o. J.c. https://plus.google.com/+google/posts/UijPqBzy6kf. Zugegriffen: 16.05.15

Google o. J.d. https://support.google.com/webmasters/answer/66359?hl=de. Zugegriffen: 28.04.15

Google o. J.e. http://googlewebmastercentral.blogspot.de/2013/06/changes-in-rankings-of-
    smartphone_11.html. Zugegriffen: 01.05.15

Google o. J.f. https://www.google.com/intl/de_DE/analytics/. Zugegriffen: 30.04.15

Google o. J.g. https://developers.google.com/beacons/. Zugegriffen: 27.07.15

Google o. J.h. https://developers.google.com/webmasters/mobile-sites/mobile-seo/overview/select-
    config. Zugegriffen: 02.05.15

Google o. J.i. https://think.storage.googleapis.com/docs/mobile-app-marketing-insights.pdf. Zuge-
    griffen: 28.05.15

Hamburger, E. 2012. *Facebook for iOS goes native, waves goodbye to HTML5.* http://www.
    theverge.com/2012/8/23/3262782/facebook-for-ios-native-app (Erstellt: 23.08.2012). Zuge-
    griffen: 03.05.15

Hathiramani, R. 2014. *How Many of the Top 200 Mobile Apps Use Deeplinks?* http://blog.urx.com/urx-blog/how-many-of-the-top-200-mobile-apps-use-deeplinks, (Erstellt: 01.07.2014). Zugegriffen: 29.04.15

Hedemann, F. 2014a. Hip und sowas von interaktiv. *LEAD digital* 9: 48–49.

Hedemann, F. 2014b. Mehr als Sexting. *LEAD digital* 10: 22–23.

Hernandez, C. 2015. *Into the Age of Context.* https://medium.com/@christianhern/into-the-age-of-context-f0aed15171d7 (Erstellt: 11.03.2015). Zugegriffen: 09.04.15

HTML5 TEST. http://html5test.com/results/mobile.html. Zugegriffen: 05.05.15

Hughes, N. 2014. *Google's search deal with Apple expires in early 2015, could bring new default to Safari.* http://appleinsider.com/articles/14/11/25/googles-search-deal-with-apple-expires-in-early-2015-could-bring-new-default-to-safari (Erstellt: 25.11.2014). Zugegriffen: 16.04.15

iBKS. http://ibeacon.accent-systems.com/ibeacon-uribeacon. Zugegriffen: 27.04.15

Ingram, M. 2014. *Is the web dying, killed off by mobile apps? It's complicated.* https://gigaom.com/2014/11/17/is-the-web-dying-killed-off-by-mobile-apps-its-complicated/ (Erstellt: 17.11.2014). Zugegriffen: 18.05.15

iShift. http://www.instantshift.com/2015/03/03/detailed-guide-on-mobile-seo-infographic/. Zugegriffen: 15.04.15

Israel, S. 2013. *Personal Contextual Assistants: Your New Best Friends.* http://www.forbes.com/sites/shelisrael/2013/07/09/personal-contextual-assistants-your-new-best-friends/ (Erstellt: 09.07.2013). Zugegriffen: 08.04.15

Jacob, E. 2015. Die Stunde null. *Horizont Magazin* Januar: 46.

Kamps, I. 2015. *Einstieg in erfolgreiches Mobile Marketing.* München: cayadaPress.

Kemper, F. 2015. Druck aus Europa. *Internet World Business* 11: 8–10.

Khalaf, S. 2014a. *Apps Solidify Leadership Six Years into the Mobile Revolution.* http://flurrymobile.tumblr.com/post/115191864580/apps-solidify-leadership-six-years-into-the-mobile, (Erstellt: 01.04.2014). Zugegriffen: 02.05.15

Khalaf, S. 2014b. *The Rise of the Mobile Addict.* http://flurrymobile.tumblr.com/post/115191945655/the-rise-of-the-mobile-addict, (Erstellt: 22.04.2014). Zugegriffen: 18.05.15

Kosner, A.W. 2012. *The Appification of Everything Will Transform The World's 360 Million Web Sites.* http://www.forbes.com/sites/anthonykosner/2012/12/16/forecast-2013-the-appification-of-everything-will-turn-the-web-into-an-app-o-verse/, (Erstellt: 16.12.2012). Zugegriffen: 03.05.15

Lardinois, F. 2015. *Google's Mobile Search Results On Android Now Prompt Users To Install Apps With Relevant Content.* http://techcrunch.com/2015/04/16/google-mobile-search-app-discovery/?ncid=rss#.rgpr5h:616Q (Erstellt: 16.04.2015). Zugegriffen: 16.04.15

Lee, N. 2015. *Google's Android search now pulls content from apps you haven't installed.* http://www.engadget.com/2015/04/16/google-android-search-app-install/?ncid=rss_ truncated, (Erstellt: 16.04.2015). Zugegriffen: 16.04.15

Levine, B. 2015. *InMarket says nearly 40 percent of Millennial Moms are now beacon-accessible.* http://venturebeat.com/2015/07/06/inmarket-says-nearly-40-percent-of-millennial-moms-are-now-beacon-accessible/, (Erstellt: 06.07.2015). Zugegriffen: 29.07.15

Levy, S. 2014. *SIRI's Inventors Are Building A Radical New AI That Does Anything You Ask.* http://www.wired.com/2014/08/viv/, (Erstellt: 08.12.2014). Zugegriffen: 09.04.15

Lietzke, K. 2015. *Is responsive Web design overhyped?* http://www.luxurydaily.com/is-responsive-web-design-overhyped/, (Erstellt: 28.04.2015). Zugegriffen: 02.05.15

Lilljequist, H. 2012. *The appification of the web.* http://www.sthlmconnection.se/en/blog/appification-web, (Erstellt: 09.03.2012). Zugegriffen: 03.05.15

Localytics o. J.a. http://info.localytics.com/blog/app-retention-improves. Zugegriffen: 18.05.15

Localytics o. J.b. http://www.localytics.com/press/press_release/localytics-debuts-the-app-stickiness-index/. Zugegriffen: 05.05.15

Lommer, I.: Die erweiterte Welt. In: INTERNET WORLD Business, Nr. 9, 27.04.2015, S. 8–10 (2015)

Lunden, I. 2015. *Google Confirms Acquisition Of Agawi, A Specialist In Streaming Native Mobile Apps.* http://techcrunch.com/2015/06/18/report-last-year-google-secretly-acquired-agawi-a-specialist-in-streaming-native-mobile-apps/#.2rscpu:3XBo (Erstellt: 18.06.2015). Zugegriffen: 19.06.15

Lurie, I. 2015. *The Coming Mobile SEO End Times.* http://www.portent.com/uncategorized/the-coming-mobile-seo-end-times.htm (Erstellt: 03.04.2015). Zugegriffen: 16.04.15

Maddern, C. 2014. *The Dynamically-Delivered Future of Mobile Apps.* http://recode.net/2014/12/02/the-dynamically-delivered-future-of-mobile-apps/ (Erstellt: 02.12.2014). Zugegriffen: 18.05.15

Maddern, C. 2015. *A Brief History Of Deep Linking.* http://techcrunch.com/2015/06/12/a-brief-history-of-deep-linking/ (Erstellt: 12.06.2015). Zugegriffen: 15.06.15

Malmquist, P. 2014. *RESS (Responsive Web Design + Server Side) Explained.* http://www.wearesigma.com/latest/posts/2014/march/27/ress-(responsive-web-design-plus-server-side)-explained.aspx (Erstellt: 27.03.2014). Zugegriffen: 05.05.15

Marcotte, E. 2010. *Responsive Web Design.* http://alistapart.com/article/responsive-web-design (Erstellt: 25.05.2010). Zugegriffen: 03.05.15

Mayer, A. 2012. *App-Economy.* München: Münchner Verlagsgruppe.

Mehlem, J. 2014. *Unterstützung bei der Suche nach Websites für Mobilgeräte.* http://googlewebmastercentral-de.blogspot.de/2014/11/suche-nach-websites-fuer-mobilgeraete.html (Erstellt: 18.11.2014). Zugegriffen: 15.04.15

Mehta, P. 2015. *Message to Marketers: Mobile Chat Is the Next Killer App.* http://adage.com/article/digitalnext/message-marketers-mobile-chat-killer-app/297951/ (Erstellt: 10.04.2015). Zugegriffen: 27.04.15

Meunier, B. 2015. *The Advanced SEO's Guide To Mobilegeddon.* http://searchenginewatch.com/sew/how-to/2398591/-mobilegeddon-is-coming-on-april-21-are-you-ready (Erstellt: 10.04.2015). Zugegriffen: 16.04.15

Miller, C. 2015. *Workflow bringing over 200 automated actions to your Apple Watch.* http://9to5mac.com/2015/04/14/workflow-apple-watch/ (Erstellt: 14.04.2015). Zugegriffen: 27.04.15

Mims, C. 2014. *Das Web stirbt – und die App ist der Mörder.* http://www.wsj.de/nachrichten/SB10865553559589044147104580284644149907152 (Erstellt: 24.11.2014). Zugegriffen: 18.05.15

Mirani, L. 2014. *Google's sneaky new privacy change affects 85 % of iPhone users – but most of them won't have noticed.* http://qz.com/194032/googles-sneaky-new-privacy-change-affects-85-of-iphone-users-but-most-of-them-wont-have-noticed/ (Erstellt: 03.04.2014). Zugegriffen: 02.05.15

MobiForge. http://mobiforge.com/news-comment/why-html5-still-presents-some-problems-mobile. Zugegriffen: 05.05.15

MobileDeepLinking. http://mobiledeeplinking.org. Zugegriffen: 27.05.15

Mroz, R. 2013. *App-Marketing für iPhone und Android*. Heidelberg, München, Landsberg, Frechen, Hamburg: Verlagsgruppe Hüthig Jehle Rehm.

Oliver, S. 2015. *Apple's iOS drives 75 % of Google's mobile advertising revenue*. http://appleinsider.com/articles/15/05/27/apples-ios-drives-75-of-googles-mobile-advertising-revenue (Erstellt: 27.05.2015). Zugegriffen: 28.05.15

Opinionlab. http://www.opinionlab.com/PDFs/OpinionLab_Infographic_March_final_03.25.14_v003.pdf. Zugegriffen: 26.04.15

Oracle 2015. *Mobile Apps are the New Face of Businesses, finds Oracle*. https://www.oracle.com/se/corporate/pressrelease/millennials-and-mobility-survey-20150427.html (Erstellt: 27.04.2015). Zugegriffen: 05.05.15

Pavlus, J. 2015. *Apple And Google Race To See Who Can Kill The App First*. http://www.wired.com/2015/06/apple-google-ecosystem (Erstellt: 12.06.2015). Zugegriffen: 19.06.15

Perez, S. 2014. *Yahoo Aviate Can Now Search For Apps, Contacts And The Web – Without Launching A Browser*. http://techcrunch.com/2014/12/22/yahoo-aviate-can-now-search-for-apps-contacts-and-the-web-without-launching-a-browser/ (Erstellt: 22.12.2014). Zugegriffen: 16.04.15

Perez, S. 2015a. *Google Search Now Shows You When Local Businesses Are Busiest*. http://techcrunch.com/2015/07/28/google-search-now-shows-you-when-local-businesses-are-busiest/#.2rscpu:1hgB (Erstellt: 28.07.2015). Zugegriffen: 29.07.15

Perez, S. 2015b. *Google Starts Testing Mobile App Ads In The Google Play Store*. http://techcrunch.com/2015/02/26/google-starts-testing-mobile-app-ads-in-the-google-play-store/ (Erstellt: 26.02.2015). Zugegriffen: 28.05.15

PhoneGap. http://phonegap.com. Zugegriffen: 05.05.15

Price, C. 2015. *„Mobilegeddon" Is Coming on April 21 – Are You Ready?* http://searchenginewatch.com/sew/how-to/2398591/-mobilegeddon-is-coming-on-april-21-are-you-ready (Erstellt: 09.03.2015). Zugegriffen: 16.04.15

Quantcast. http://info.quantcast.com/rs/quantcast/images/Quantcast_MobileContentDiscovery_2014.pdf. Zugegriffen: 02.05.15

Ramisch, F. 2015. *Apple bewirbt Apps „Made in Germany"*. http://mobilbranche.de/2015/07/apple-apps-made (Erstellt: 28.07.2015). Zugegriffen: 30.07.15

Renz, F. 2015. *Mobile ist das neue Web!*. http://mobileadsummit.de/uploads/pdf/MobileAdvertisingSummit_Praesentation_Florian_Renz_21042015.pdf (Erstellt: 21.04.2015). Zugegriffen: 18.05.15

Samsung. https://placedge.samsung.com. Zugegriffen: 27.04.15

SAP. https://experience.sap.com/fiori/. Zugegriffen: 01.05.15

Schürmann, K. 2014. *Über die rechtlichen Grenzen der iBeacon-Technologie*. http://www.deutsche-startups.de/2014/05/07/worauf-start-ups-bei-ibeacon-achten-sollten/ (Erstellt: 07.05.2014). Zugegriffen: 27.04.15

Schwab, I. 2015a. Aus Advertising wird Chatvertising. *LEAD digital* 3: 28–32.

Schwab, I. 2015b. *Vier Gründe, warum Responsive Webdesign nicht genug ist*. http://www.lead-digital.dc/aktuell/mobile/vier_gruende_warum_responsives_webdesign_nicht_genug_ist (Erstellt: 29.04.2015). Zugegriffen: 02.05.15

Schwartz, B. 2015. *Google Confirms New Experiment With Twitter In Search Results*. http://searchengineland.com/is-this-googles-twitter-integration-into-the-search-results-220240 (Erstellt: 04.05.2015). Zugegriffen: 16.05.15

Seeger, A. 2015. Smarte Systeme. *connect* 8: 23.

Seifert, C. 2014. App-Stores sind tot. *Business Punk* 3: 76–77.

Seifert, D. 2015. *How does Apple's smarter iOS 9 compare to Google Now and Cortana?* http://www.theverge.com/2015/6/8/8748157/ios-9-google-now-microsoft-cortana-comparison (Erstellt: 08.06.2015). Zugegriffen: 09.06.15

Sistrix. http://www.sistrix.de/smartphone-sichtbarkeitsindex/. Zugegriffen: 15.04.14

Sommer, T. 2014. *The Three Waves of Mobile Marketing*. http://www.developereconomics.com/brief-history-paid-mobile-user-acquisition/ (Erstellt: 30.01.2014). Zugegriffen: 27.05.15

Sperlich, T. 2015. Immer auf der Suche. *W&V* 12: 70–71.

StatCounter. http://gs.statcounter.com/#mobile+tablet-search_engine-DE-monthly-201403-201503. Zugegriffen: 28.04.15

Team, T. 2015. *Three Scenarios That Affect Google's Search Revenues Due To The Advent Of Mobile Devices*. http://www.forbes.com/sites/greatspeculations/2015/04/09/three-scenarios-that-affect-googles-search-revenues-due-to-the-advent-of-mobile-devices/ (Erstellt: 09.04.2015). Zugegriffen: 16.05.15

Tober, M. 2015. *Mobile SEO Visibility in der Searchmetrics Suite*. http://blog.searchmetrics.com/de/2015/03/17/neu-mobile-seo-visibility-beta-in-der-searchmetrics-suite/ (Erstellt: 17.03.2015). Zugegriffen: 15.04.15

Tofel, K.C. 2015. *With new apps, Google Now may be your future home screen*. https://gigaom.com/2015/01/30/with-new-apps-google-now-may-be-your-future-home-screen/ (Erstellt: 30.01.2015). Zugegriffen: 16.04.15

Trilibis. http://www.trilibis.com/files_/Trilibis_RWD_survey_APR_2014.pdf. Zugegriffen: 02.05.15

Tunguz, T. 2014. *4 Major Competitive Trends In Mobile App Stores*. http://tomtunguz.com/app-store-competition/ (Erstellt: 11.08.2014). Zugegriffen: 17.05.15

Vielmeier, J. 2014. *Neudefinition des Webs: Karten sollen Apps und Websites ablösen*. http://www.foerderland.de/digitale-wirtschaft/netzwertig/news/artikel/neudefinition-des-webs-karten-sollen-apps-und-websites-abloesen/ (Erstellt: 17.11.2014). Zugegriffen: 18.05.15

Vimeo. https://vimeo.com/121672260. Zugegriffen: 29.04.15

VisionMobile 2014. *Developer Economics Q3 2014: State of the Developer Nation*. http://www.visionmobile.com/product/developer-economics-q3-2014/. Zugegriffen: 16.05.15

W3C. http://www.w3.org/Mobile/. Zugegriffen: 30.04.15

Wall, Q. 2015. *Requiem For The App Revolution*. http://techcrunch.com/2015/07/30/requiem-for-the-app-revolution/#.2rscpu:saXE (Erstellt: 30.07.15). Zugegriffen: 31.07.15

Walz, A. 2015. *Deconstructing the App Store Rankings Formula with a Little Mad Science*. https://moz.com/blog/app-store-rankings-formula-deconstructed-in-5-mad-science-experiments (Erstellt: 27.05.15). Zugegriffen: 29.05.15

Weigert, M. 2014. *Bedrohung oder nicht: Warum es sinnvoll ist, sich über den Niedergang des mobilen Webs Sorgen zu machen*. http://www.foerderland.de/digitale-wirtschaft/netzwertig/news/artikel/bedrohung-oder-nicht-warum-es-sinnvoll-ist-sich-ueber-den-niedergang-des-mobilen-webs-sorgen-zu-mach/ (Erstellt: 10.04.2014). Zugegriffen: 02.05.15

Wikipedia o. J.a. http://en.wikipedia.org/wiki/Mobile_deep_linking. Zugegriffen: 15.04.15

Wikipedia o. J.b. http://de.wikipedia.org/wiki/QR-Code. Zugegriffen: 17.04.15

Wikipedia o. J.c. http://en.wikipedia.org/wiki/Augmented_reality. Zugegriffen: 17.04.15

Wikipedia o. J.d. http://de.wikipedia.org/wiki/IBeacon. Zugegriffen: 27.04.15

Wikipedia o. J.e. http://de.wikipedia.org/wiki/HTML5. Zugegriffen: 30.04.15

Wikipedia o. J.f. http://en.wikipedia.org/wiki/App_store_optimization. Zugegriffen: 05.05.15

Wilson, M. 2014. *Alpha Apps: The Smartphone Future No One Is Talking About*. http://www.fastcodesign.com/3031397/alpha-apps-the-smartphone-future-no-one-is-talking-about (Erstellt: 04.06.2014). Zugegriffen: 31.07.15

Womack, B. 2014. *Mobile Apps to Cut Into Google's Share of Mobile Search*. http://www.bloomberg.com/news/articles/2014-06-05/mobile-apps-to-cut-into-google-s-share-of-mobile-search (Erstellt: 05.06.2014). Zugegriffen: 16.04.15

Yared, P. 2014. *Google's Push Past Search*. http://techcrunch.com/2014/06/14/googles-push-past-search/ (Erstellt: 14.06.2014). Zugegriffen: 16.04.15

Mobile Marketing

5

Zusammenfassung

Seit den Anfängen von Werbung ähnelten Medien Marktplätzen, auf denen Markt-schreier wahllos Vorbeilaufende anschrien und hofften, jemand bliebe interessiert ste-hen. Den jeweiligen Marktplatz nannte man aufgrund seiner homogenen Thematik Umfeld. Um das nötige Grundrauschen zu erreichen, nahm man hohe Streuverluste in Kauf. Klassische Werbung glich also Bowling: Man zielte auf eine „Personengruppe" und hoffte, indirekt gleich noch ein paar mehr umzuhauen. Wenn man die richtige Wer-bebotschaft im richtigen Media-Mix platzierte, erzielte man einen *Strike*. Man konn-te aber auch jederzeit alle Werbeinvests versenken und landete in der kommunikativ ins Nichts führenden Seitenrinne. Im Zuge der Digitalisierung der Werbeplattformen wurde immer mehr Technik eingesetzt, um Menschen gemäß ihrer Interessen anzu-sprechen. Online-Werbung glich schon mehr einem Flipper: Die Kugel zischte gezielt und schnell zum anvisierten Ziel, aber die Reaktion war unberechenbar. Wenn es gut lief, hatte die Kampagne eine positive Viralität. Wenn man Pech hatte, flogen einem nur noch mehr Kugeln um den Kopf und man erntete gegebenenfalls einen Shitstorm. Mobile liefert im Kern das Versprechen, seine jeweilige Zielgruppe hyperlokal und in Echtzeit exakt ansprechen zu können. Mobile Marketing ist „Millimeter-Marketing" (Thommes 2015) und das Szenario gleicht dem Golfspiel: Mit einer Auswahl an Präzi-sionswerkzeugen nähert man sich dem Ziel, sprich der identifizierten Person (*Segment of One*). Die besonderen Möglichkeiten von Mobile ergeben sich dann im Zielbereich der Kampagne auf dem *Green*. Location Based Advertising verhilft der Marke zum perfekten *Putt*. Mit möglichst wenig Schlägen muss man sein Ziel erreichen, es gibt keine zweite Chance wie beim Bowling oder Flippern, wo der Ball einfach wieder am Start liegt, und wenn man Pech hat, landet man relativ aussichtslos im *Rough*. *Audience Targeting* wird Realität. Mehr Budget ist nicht unbedingt wirksamer, währenddessen man beim Bowling und Flippern mit mehr Budget immer wieder Bälle auf der Ram-pe zur Verfügung stehen hat. Immer mehr Marken reagieren auf den *Mobile Shift* und damit auf die zunehmend mobile Mediennutzung und die steigenden Reichweiten von

© Springer Fachmedien Wiesbaden 2016
M. Wächter, *Mobile Strategy*, DOI 10.1007/978-3-658-06011-4_5

Mobile. Flankiert von Effektivitäts- und Effizienzstudien erobert Mobile Marketing in seinen vielen Spielarten den Media-Mix. Mehr noch: Seine unique Ausstattung, die Brückenbildung zum Verbraucher über alle Medien hinweg und die Omnipräsenz im Alltag lassen den Mobile Screen zum fünften P im Marketing-Mix werden. Die Kunst besteht darin, gut gemachte Werbung, also relevante Information Made for Mobile, also kreiert für den besonderen Bildschirm unter Nutzung seiner sensorbasierten Technologien, an handverlesene Personen im richtigen Zeitpunkt auszuliefern. Von diesen *Mobile Moments* gibt es über den Tag verteilt immer mehr, je öfter sich der Konsument an sein Smartphone wendet, um Anregungen und Antworten zu erhalten. Marketing-Automation-Software unterstützt zunehmend bei der Identifikation und gezielten, programmatischen Bespielung der Myriaden von Möglichkeiten im Kosmos von Apps, Mobile Sites und Screens. Dabei leben auf dem mobilen Bildschirm sowohl Marken als auch Plattformen wie Apps und Mobile Services noch stärker als auf anderen Medien vom Nutzervertrauen. Werbung darf nicht stören, sonst wird sie und damit die Marke oder gar die Plattform gnadenlos durch Liebesentzug bzw. Nutzungsentzug abgestraft. Das gilt umso mehr, je mehr Werbung in noch intimere Bereiche auf den Mobile Satellites Uhren, Brillen oder Armaturenbretter vordringt.

Inhaltsverzeichnis

Mobile Marketing ist heute eine anerkannte Disziplin im Kommunikations- und Media-Mix von Marken. In den letzten 15 Jahren hat sich ein wahres Bündel an Techniken, Formaten und Stilmitteln entwickelt, um klassisch Marken, Produkte, Dienstleistungen oder Promotions zu bewerben oder aber digitale Plattformen wie die Mobile Site, die App oder den Mobile Shop zu vermarkten und zu monetarisieren (s. Abb. 5.1).

Einen guten ersten Überblick über die jüngste und das Mobile Marketing in den letzten Jahren bestimmende Disziplin *Mobile Advertising* gibt *Marin Software* in seinem jährlichen Report (vgl. Marin Software 2015). Als globale Autorität in puncto Setzen von Standards, Bereitstellen von Definitionen und Honorieren von Kampagnen-Exzellenz hat sich die *Mobile Marketing Association*, kurz MMA etabliert (vgl. MMA o. J.a). Aber auch Organisationen wie das *Mobile Ecosystem Forum*, kurz *MEF*, oder das *Interactive Advertising Bureau*, kurz *IAB*, liefern ihren Mitgliedern und der interessierten Öffentlichkeit Markt- und Mediaanalysen sowie Anwendungshilfen zum Medium Mobile (vgl. MEF 2015 und IAB o. J.a). Unzählige Studien, Konferenzen, viele Messen und einige Fachbücher haben in den zurückliegenden Jahren dazu beigetragen, das komplexe Ökosystem

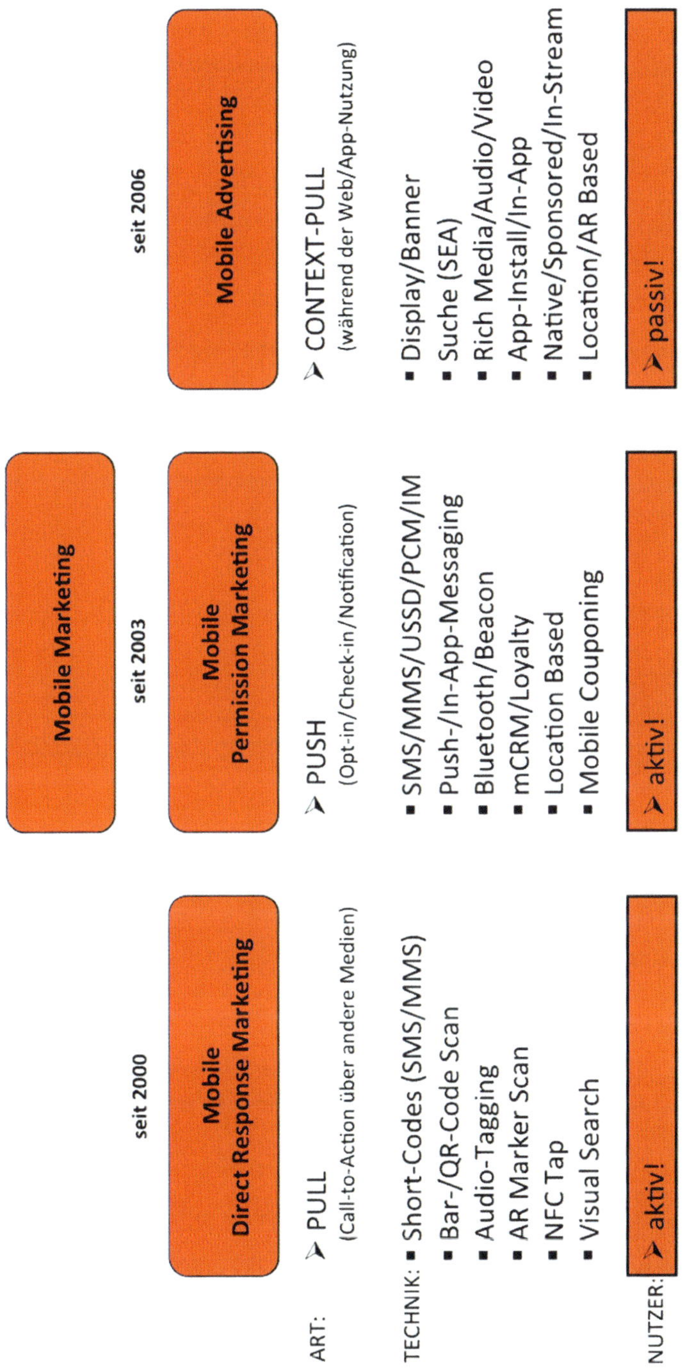

Abb. 5.1 Mobile Marketing Disziplinen und Techniken. (Quelle: eigene Darstellung)

Mobile Marketing den Anwendern näherzubringen und jeweils die neuesten Technologien und Fachtermini zu erläutern. Wurde Mobile Marketing in den Anfangsjahren sowohl personell als auch budgetär noch als erweiterte Disziplin des Online-Marketing interpretiert, so sind es heute auf Kunden- wie auf (Media-)Agenturseite mehr und mehr eigene Teams mit Spezial-Know-how und das Medium Mobile hat eine dedizierte Zeile in der Budgetplanungs-*Excel*-Liste. Am Arbeitsmarkt werden Mobile Marketing Manager gesucht, und Mitarbeiter können sich in mehrtägigen Kursen Zusatz-Qualifikationen erwerben wie zum Beispiel bei den Ex-MMA-Kollegen von *mCordis* (vgl. mCordis 2015) oder gleich parallel zum Beruf einen Masterabschluss in Mobile Marketing anstreben, wie er an der *Leipzig School of Media* angeboten wird (vgl. LSoM 2015).

In Zeiten, in denen Mobile das im Tagesverlauf am häufigsten und am längsten genutzte Medium ist – und das ohne Wertung von Telefonie- oder SMS-Nutzung (vgl. InMobi 2015 und MillwardBrown 2015), *Facebook* etwa drei Viertel seines Umsatzes mit Werbeerlösen auf Mobile macht und für den US-amerikanischen Digital-Werbemarkt der Mobile Moment für Anfang 2016 vorausgesagt wird – also Mobile erstmalig Online bei den Digital-Werbeausgaben ablöst (vgl. eMarketer 2015a), muss man keinem Marketer mehr die Relevanz des Mediums Mobile erklären. Der Mobile Tsunami hat nun auch die Werbebranche vollumfänglich erfasst. Alle großen Werbe-Konglomerate sind strategische Partnerschaften mit den Mobile-Ökosystem-Giganten eingegangen und haben darüber hinaus in der Vergangenheit mehrfach Mobile-Spezialdienstleister aufgekauft und so ihre Expertise in dieser Disziplin ausgebaut. Die Dinosaurier im Mobile Marketing, also die Mobile-Agenturen der ersten Jahre, sind im Zuge dieser Konsolidierung heute fast komplett in den Händen von größeren Full-Service-Agenturen oder eben diesen Werbe-Konzernen gelandet. Das Mobile Advertising Know-how in den Agenturen nimmt deutlich zu (vgl. IAB o. J.b).

Aus meiner Beraterpraxis

Wie schon angedeutet, habe ich zusammen mit vielen Branchenkollegen gerade in den ersten Jahren meiner Tätigkeit als Mobile Strategy Consultant viel Zeit damit verbracht, die kleine Pflanze Medium Mobile in nationaler und internationaler Gremien-, Institutions- und Verbandsarbeit als ernst zu nehmenden Player im Media-Mix zu etablieren. So ist der von der *BVDW Fachgruppe Mobile* 2008 ins Leben gerufene *Mobile Advertising Circle* (MAC) stark aus der Notwendigkeit heraus geboren, den Besonderheiten der Display-Werbe-Vermarktung auf mobilen Endgeräten gerecht zu werden und den damals üblicherweise noch unter Online Spending subsumierten, zugegebenerweise auch noch homöopathischen Mobile Spending Visibilität zu geben. Diese MAC-Initiative hat mit dazu beigetragen, dass anderthalb Jahre später die *Arbeitsgemeinschaft Online Forschung*, kurz *AGOF*, eine eigene Sektion Mobile gründete und seitdem die Reichweiten-Listen der *Mobile Facts* Media-Entscheidern als Planungsgrundlage für Kampagnen in Premium-Umfeldern dienen (vgl. AGOF 2015). Heute erscheint in regelmäßigen Abständen der *MAC Mobile Report* mit neuesten Markt- und Media-Insights zur Mobile-Display-Werbung in Deutschland (vgl. BVDW o. J.a).

Mobile Marketing ist der Pubertät entwachsen und ist ein junger Wilder im Media-Mix.

Es gibt auch heute noch zentrale Herausforderungen für die Marketing-Disziplin. Mit dem richtigen Dienstleister-Setup kann man der Komplexität des Mediums (Geräteklassen, Screengrößen, OS-Systeme, Sensoren, Browser-Vielfalt, App-Kosmos, Werbeformate, Tracking) gerecht werden. Wenn aber ein Großteil der werbungtreibenden Unternehmen noch kein mobil-optimiertes Webinventar hat, kann das Bewusstsein für die Notwendigkeit der Bedienung und die besonderen Spielregeln des Kanals Mobile noch nicht in dem Maße auch zu den mittelständischen Firmen durchgedrungen sein, wie es wünschenswert wäre. Seit 2013 hat die Fokusgruppe Mobile im BVDW mit *Do Mobile – Deutschland geht ins Mobile Internet!* eine zentrale Plattform und Anlaufstelle im Web, um diesem Phänomen aufklärerisch entgegenzuwirken (vgl. BVDW o. J.b). Eine damit zusammenhängende Herausforderung ist die schon aus den Anfängen des Internet bekannte frappierende Dysbalance aus Nutzungszeit des Mediums und den tatsächlich getätigten Werbeausgaben (*Mobile Ad Spending Gap*). Die Höhe der Mobile Marketing Werbeausgaben folgt in ihrem Anteil am Werbe-Mix bei Weitem noch nicht der rasanten Aufmerksamkeitsverschiebung der Verbraucher weg von TV, Print und Radio hin zu Smartphones und Tablets. Mobile dominiert mittlerweile das Medien-Aufmerksamkeits-Budget der Konsumenten und die Ausgaben-Lücke beginnt sich zu schließen. Mobile erobert in allen großen Werbemärkten den Media-Mix (s. Abb. 5.2 und 5.3).

Dazu tragen auch immer mehr Effizienz- und Wirkungsnachweisstudien bei. In der *Smart Mobile Cross Marketing Effectiveness* Studie der MMA (*SMoX*) wurde anhand von tatsächlich durchgeführten Kampagnen von Marken wie *Coca-Cola* oder *Master-*

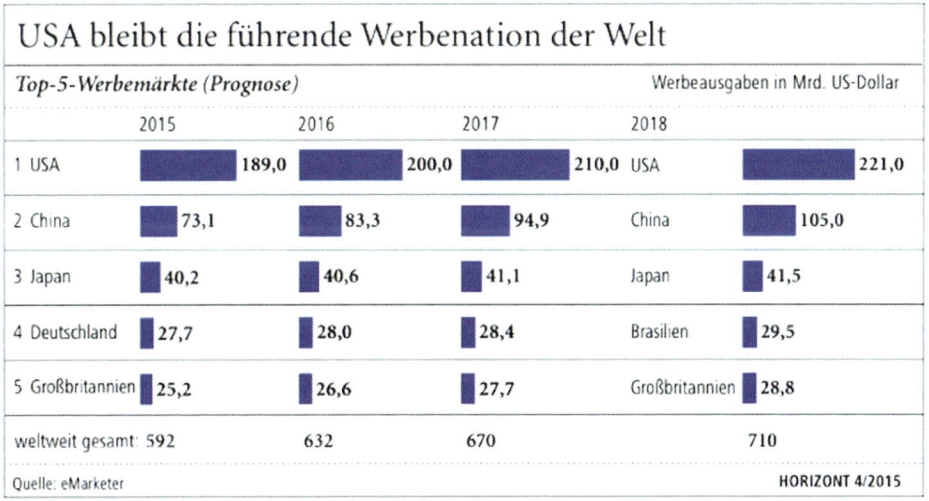

Abb. 5.2 Entwicklung der Werbeausgaben in Schlüsselmärkten. (Quelle: Horizont 2015; Daten: eMarketer)

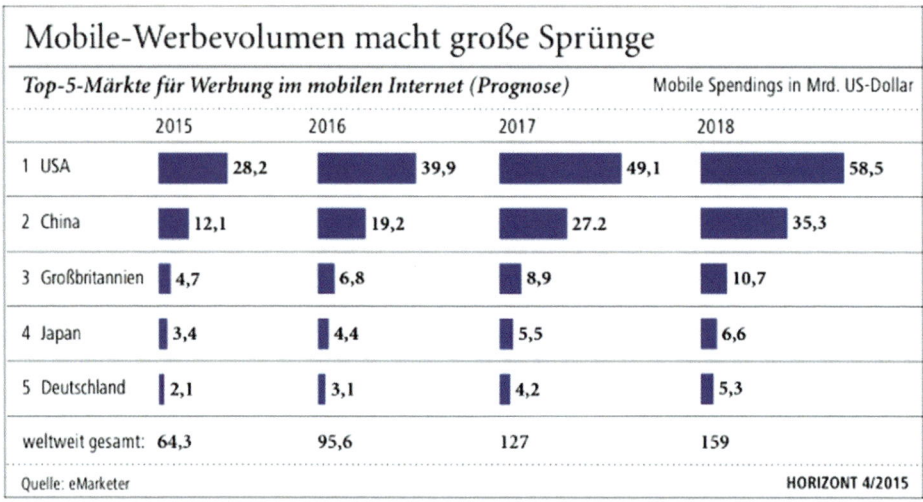

Abb. 5.3 Entwicklung des Mobile-Werbevolumens in Schlüsselmärkten. (Quelle: Horizont 2015; Daten: eMarketer)

Card nachgewiesen, dass ohne jegliche Gesamtbudget-Steigerung schon allein durch ein Höhergewichten des Kanals Mobile im Werbe-Mix auf einen niedrigen zweistelligen Prozentbereich der gesamte Kampagnen-ROI signifikant verbessert werden kann (vgl. Tsai 2015). Große, traditionelle Werbetreibende vor allem aus dem FMCG-Bereich wie *Coca-Cola, Mondelez* oder auch *Procter & Gamble* shiften seit Jahren immer größere Anteile am Budget ins Digitale und hier vor allem in Social und Mobile. Mobile Marketing erreicht im Schnitt über alle Marken dieser Konzerne bereits die 10-Prozent-Marke im Werbe-Mix und kann in einzelnen Märkten durchaus die 20-Prozent-Marke durchbrechen. Auf globalem Level bewegt sich Mobile aber immer noch im einstelligen Bereich. Es gibt weiterhin viele Werbetreibende, die noch gar nicht in Mobile investieren. Je mehr Forschungsergebnisse wie die SMoX-Studie dazu beitragen, die Effizienz und Effektivität des Kanals nachzuweisen, desto schneller wird Mobile Marketing auch von den vielen Zögerern erobert.

Dass die Verbraucher Mobile nutzen, ist offensichtlich. Und sie nutzen es in für Werbung hochrelevanten Umfeldern wie Sport, Nachrichten, Wetter, TV-Programm. Mobile ist ein Interaktions-Medium. Jetzt gilt es nachzuweisen, wie wertig diese Interaktion ist in puncto Einstellungs- und Verhaltensänderung (auch in der *Peer Group*, Stichwort Viralität), Kaufvorbereitung, Shop-Traffic-Generierung und tatsächlicher Käufe. Viele Vermarkter haben eigene Untersuchungen zu verschiedenen KPI wie Longtail-Reichweiten, Buchungspreisen oder Klick- und Conversion-Raten angelegt und veröffentlicht. Aber Mobile ist eben auch weit mehr als nur ein weiterer Werbekanal. Marken nutzen Plattformen wie *Instagram, Pinterest, Snapchat, Spotify* oder *Vine* auch für rein inhaltliche Botschaften und nicht für bezahlte Werbung, da sie mit Letzterer immer seltener die gewünschte Aufmerksamkeit erhalten (Stichwort *Branded Entertainment* oder *Content Marketing*). Sie bauen auf einen Mix aus Nutzenorientierung und Infotainment. Es verwundert darum nicht, dass vor allem Mode- und Lifestyle-Marken, Sportartikelhersteller und Automarken auf *Instagram* die erfolgreichsten Markenalben etabliert haben (vgl. Totems 2015) und so wie schon auf anderen Plattformen zu Publishern ihrer eigenen Inhalte werden. Das so generierte *Owned Media* zeigt eindrucksvoll, dass die Bedeutung von Mobile für Marken und Dienstleister sich nicht nur an Spending-Levels (*Paid Media*) messen lässt. Die verschiedenen Content-Sphären und ihre Beziehung zueinander hat *talkabout* anschaulich dargestellt (vgl. Lange 2014).

5.1   Das fünfte P oder die Erweiterung des Marketing-Mix

Jeder Marketing-Student bekommt auch heute noch den Marketing-Mix, den es braucht, um eine Firma oder ein Produkt am Markt erfolgreich zu platzieren, anhand der von *Edmund Jerome McCarthy* 1960 geprägten „4 Ps" (für *Product*, *Pricing*, *Place* und *Promotion*) eingeimpft (vgl. Wikipedia o. J.a). Im Zuge der Entwicklung des (Smart-) Phone vom siebten Massenmedium gemäß der bahnbrechenden Analyse „Mobile as 7th of the Mass Media" des geschätzten Kollegen *Tomi Ahonen* aus dem Jahre 2006 (vgl. Ahonen 2015) hin zum ersten Bildschirm und damit Leitmedium für die Digital Natives zehn Jahre später, gibt es nicht wenige, die das *Phone* zum fünften P im Marketing-Mix ausrufen. Seine einzigartige Ausgestaltung, Funktionalität und Omnipräsenz machen es zu mehr als einem Werbekanal. Es ist der persönliche, mit allen Sinnen und hoher Cloud-Intelligenz ausgestattete Concierge in jeder Lebenslage. Es ist selber POS und auch Navigator zum nächsten physischen Shop. Es ist sowohl Preisfindungswerkzeug als auch Zahlungsmittel. Es ist der direkte Zugang zum Verbraucher und ständig *on air* – mehr und mehr auch am Handgelenk, auf dem Nasenrücken und im Armaturenbrett. Es ist das Meta-Medium schlechthin. Es wirkt wie ein fünftes P und hätte sich den Platz im Marketing-Mix verdient! Der Hashtag #BRAGER markierte am 8. Juli 2014 mit dem legendären 1:7 Triumph der DFB-Elf gegen den Gastgeber Brasilien nicht nur ein historisches WM-Halbfinale; mit über 35 Millionen Tweets während des Spiels ist er auch ein Beleg dafür, dass Mobile mehr ist als nur ein Bildschirm. Das Medium Mobile umgibt uns und es erfordert Mobile First Marketer. Der *Marketer's Guide to Mobile Engagement* ist ein exzellenter Einstieg in das neue Paradigma und die notwendige Denke für Marketing Manager und solche, die es werden wollen (vgl. FUNmobility 2015).

An dieser Stelle ist es angebracht, mit ein paar Mythen aufzuräumen, die über die Jahre kursieren:

Überholte Mythen

- Mythos „Durchbruch": Wer immer noch darauf wartet, dass Mobile endlich die Schallmauer durchbricht, der hat einfach den Überschallknall nicht gehört. Unter allen Medienkategorien wachsen nur die Werbeausgaben für Mobile – zulasten aller anderen Gattungen (s. Abb. 5.4). Mobile-Werbeausgaben werden bereits im Jahr 2016 im *Vereinigten Königreich* die von TV überholen (vgl. eMarketer 2015b). Die im deutschen Markt kursierenden Zahlen erfassen ausschließlich das Segment der Premium-Display-Vermarktung und repräsentieren nur ca. 10 Prozent der tatsächlichen Spendings (vgl. eMarketer 2015c), und das noch ohne Berücksichtigung jeglicher Messaging-Kampagnen.
- Mythos „Reichweite": In allen werberelevanten Zielgruppen ist die Smartphone-Durchdringung in den letzten Jahren geradezu explodiert (s. Abb. 5.5). Besonders jüngere Zielgruppen sind über klassische Medien kaum noch zu erreichen und nutzen Mobile mittlerweile mehr als jedes andere Medium. Die *Big Four* der Digital-Wirtschaft (*Amazon*, *Apple*, *Facebook* und *Google*) haben wie beschrieben gerade in Mobile enorme Reichweiten mit ihren Plattformen aufgebaut. *Facebook* erreicht alleine in Deutschland täglich mehr als 15 Millionen User über Mobile – eine Reichweite, die jeden *Tatort* sprengt. Aber auch manch nationales Angebot hat mittlerweile mehr Zugriffe via Mobile als über Online. Der Start-Screen von Mobile Sites oder Apps wird zur teuersten Immobilie unter den Digital-Formaten überhaupt. Zur Mobile-Reichweite zählt logischerweise jegliche Nutzung auf mobilen Endgeräten, und nicht nur die auf mobil-optimierten Websites oder in Apps. Dabei interessiert den Mediaplaner am Ende immer nur die

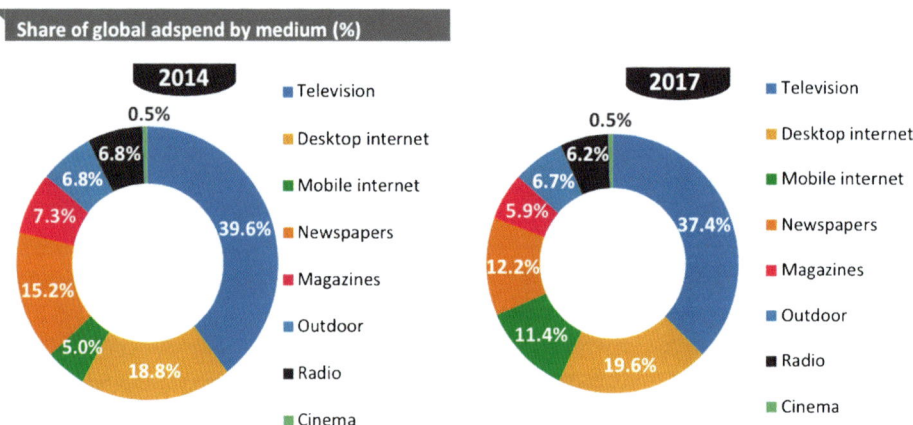

Abb. 5.4 Anteil der globalen Werbeausgaben nach Medien-Gattung. (Quelle: ZenithOptimedia 2015)

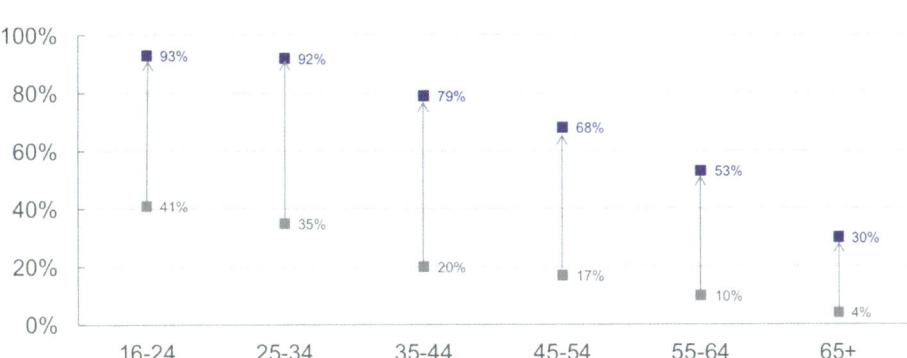

Smartphone-Nutzung in verschiedenen Altersgruppen (2011 vs. 2015)

Abb. 5.5 Die Smartphone-Nutzung ist in allen Altersgruppen explodiert. (Quelle: BVDW o. J.c; Daten: TNS Infratest)

Reichweite der Belegungseinheit des einzelnen Werbeträgers, die *Mobile Unique User* pro Plattform, gegebenenfalls noch die Markenreichweite eines Mediums über alle Kanäle hinweg – aber nicht kumulierte Vermarkterreichweiten. Darüber hinaus ist Mobile das Medium schlechthin für qualitativ hochwertige Werbekontakte. Relevanz im Sinne von Exklusivität, Sichtbarkeit und Wahrnehmung sorgt für eine entsprechende Kontaktqualität. Preise von und Nachfrage nach Ad-Impressions steigen entsprechend; die Umsatzlücke zwischen Desktop und Mobile schließt sich rasant.

- Mythos „Mäusekino": Das Abbild, das das Betrachten eines Smartphone-Bildschirms in Armeslänge Entfernung auf der Netzhaut hinterlässt, ist genauso groß wie jenes, das beim Betrachten eines Plakats aus 7,5 Metern Entfernung entsteht. Der Unterschied zu jedem anderen Medium ist, dass man den Bildschirm Mobile im Moment des Betrachtens, also auch der Werbemittel-Exposition, in der Regel exklusiv hat – und das auf einem Werbemedium, zu dem der Nutzer eine persönliche und intime Beziehung hat und das er umschmeichelnd als Statussymbol in seiner Hand hält. Auch wenn der sichtbare Bereich auf dem relativ kleinen Bildschirm eines Smartphone sehr komprimiert wirkt, wird Information und damit auch Werbung mit hoher Aufmerksamkeit somit bewusster wahrgenommen. Mobile ist ein Kontext-Medium und somit ein Relevanz-Medium. Umso wichtiger ist es, dass die Werbung unterhaltend, aber auch relevant ist, schon weil man ihr einfach nicht ausweichen kann. Und da die Marke quasi auf das Allerheiligste, den persönlichen Bildschirm in der Hand des Verbrauchers, eingeladen wird, muss jegliche Botschaft sehr authentisch sein und der Absender sollte auch mit einer Reaktion des Empfängers auf Augenhöhe rechnen.

- Mythos „Werbewirkung": Gute Kreation ist absolut unabhängig vom Platz, den man für die Umsetzung der Kommunikations-Idee hat. Im Gegenteil, Limitierungen können die Kreation beflügeln. Auch hier gilt: Werbung muss *Made for Mobile* gestaltet werden und sich vor allem der Möglichkeiten, die das Medium bietet, bedienen. Die Kreation muss also auf die Nutzungslogik und -haptik von Mobile abgestimmt sein und idealerweise die Bewegungs- und Lokalisierungssensoren einbinden, wie es zum Beispiel die *FireMotion* Plattform von *Adtile* ermöglicht (vgl. Sullivan 2015). Sie muss aber auch den verkürzten Aufmerksamkeitsfenstern gerecht werden: kurze Texte, schnelle Bildfolgen, prägnante und überzeugende Botschaften, Storytelling statt Klick-mich-Schreie. Auf Mobile muss Werbung sofort überzeugen und einen in den Bann ziehen, dann erlaubt der User auch Unterbrecherwerbung wie Banner, Layer oder Interstitials. Mobile kann die Brand Equity genauso verstärken wie den Abverkauf fördern. Branding und Performance sind auch auf diesem Medium kein Widerspruch.

Mobile ist kein Medium, das sich einem sofort erschließt. Das Ökosystem ist wie geschildert hochkomplex. Genauso weit verzweigt ist die Palette an Dienstleistern für Mobile Marketing, die um die Budgets kämpfen. Mobile kann auch nicht losgelöst vom restlichen Media-Mix betrachtet werden. Gerade weil Mobile mit jedem anderen Medium interagieren kann und natürlich auch direkt mit dem Konsumenten, kommt Mobile eine besondere Rolle in der Marktkommunikation zu. Diesen Raum gilt es, für die Marke zu erschließen und auf Augenhöhe mit dem Verbraucher relevante Botschaften auszutauschen. Nur wer Mobile nach seinen ganz eigenen Spielregeln in der gesamten Funktionalität und Genialität in den Marketing-Mix integriert, profitiert langfristig. Um es mit *Tom Eslinger*, dem weltweiten Digital-Chef von *Saatchi & Saatchi* zu sagen: Es geht um „Mobile Magic" (Eslinger 2014). Es geht um die Kunst des *Mobile Marketing Engineering*. Als *Verizon* im Mai 2015 ankündigte, *AOL* übernehmen zu wollen, begründete der *AOL*-Vorstandschef *Tim Armstrong* seine Unterstützung dieses Vorhabens gegenüber den Mitarbeitern so (vgl. Manjoo 2015): „Wenn es einen Schlüssel auf unserer Reise zur größten digitalen Medienplattform der Welt gibt, heißt der ‚Mobile'. 80 Prozent des Medienkonsums der Menschen wird in den kommenden Jahren über mobile Geräte ablaufen. Wenn wir also führend sein wollen, müssen wir mobil führend sein." Er endete mit der Aufforderung an die gesamte Marketing- und Medienindustrie: „Let's mobilize."

5.2 Mobile Advertising: gezielt, hyperlokal, nativ und in Echtzeit

Die traditionellen Digital-Vermarkter haben auch hierzulande in den letzten Jahren eine Batterie an Werbeformaten für den Mobile Screen optimiert (s. Abb. 5.6), um in Anlehnung an MMA-Standards dem Wildwuchs Herr zu werden und mit technischen Vorgaben den Agenturen die Programmierung und den Mediaplanern das Buchen zu erleichtern.

Noch tun sie sich schwer, die rasant steigenden Reichweiten von Mobile entsprechend zu monetarisieren. Gründe werden benannt wie zu kleine Displays, zu große Endgeräte-Fragmentierung, zu viel Inventar, zu wenig Gattungs-Marktforschung. Fast scheint es so, als rechtfertige man prophylaktisch kleinere TKP (vgl. Wikipedia o. J.b). Selbst *Google* muss sich bis dato jedes Quartal für niedrigere Cost-per-Click Erlöse bei fallenden CPC-Preisen im Mobile-Geschäft rechtfertigen (vgl. Tilley 2015). Das Wort „Google-Dilemma" trifft es gut (Jacobsen 2015). *WordStream* gibt einen guten Einblick in die Unterschiede von Paid Search auf Desktop, Tablet und Smartphone (vgl. Irvine 2014).

Unter Experten ist man sich einig, dass das klassische Banner auf Mobile keine rosige Zukunft hat, auch wenn es heute noch zu den am häufigsten eingesetzten Formaten zählt (vgl. Manjoo 2014). Auf dem kleinen Bildschirm durchbricht es zu sehr den Lese-

Digitale Werbeformen			
In-Stream	In-Page		
Linear Video Ad	Premium Ad Package	Standardwerbeform	Sonderwerbeform
Mobile: Mobile Pre-Roll, Mobile Mid-Roll, Mobile Post-Roll	Mobile Medium Rect., Mobile Content Ad 2:1, Mobile Interstitial, Mobile Expandable	Mobile Content Ad 4:1, Mobile Content Ad 6:1, Mobile Promotion Link	Mobile Microsite, Mobile Sponsoring, Interakt. Mobile Interstitial, Interakt. Mobile Banner, Interakt. Mobile Expandable
Pre-Roll, Mid-Roll, Post-Roll	Pushdown Ad, Maxi Ad, Banderole Ad, Halfpage Ad, Billboard Ad, Side Kick Ad, Baseboard Ad, Floor Ad, Sitebar	Medium Rectangle, Skyscraper, Super Banner, Fullbanner, Rectangle, Layer	Microsite, Sponsoring, Interstitial, In-Text, Button, Teaser
Linear Audio Ad Pre-Stream Audio Ad, In-Stream Audio Ad			
Non Linear Ad Branded Player, Overlay Ad, On Air Promotion, Infomercial, Presenting			
Kombinationswerbeform			
Tandem Ad	Adbundle	Wallpaper	Audio+Display Ad	TakeOver

Abb. 5.6 Klassische Online-Werbeformen und ihre Mobile Pendants. (Quelle: BVDW o. J.d)

fluss des Nutzers und wird tendenziell als störend und nervend empfunden (gut gemachte Ausnahmen bestätigen die Regel). Ähnliches gilt für Layer Ads und Interstitial-Formate, die den kleinen Bildschirm ungefragt erobern und noch zu oft als statische GIF-Format-Überreste aus dem Online-Reservoir auf dem mobilen Bildschirm landen (vgl. Guenther 2015). Beim Umgehen, Vermeiden, Wegklicken dieser Unterbrecherwerbung kommt es oft zu einem künstlichen, weil unbeabsichtigten Click-Through auf die Landing Page der Werbung – dem sogenannten Wurstfingereffekt. Im Mobile Web geschaltete Werbung profitiert vom gelernten Verhalten aus Online-Browsern und wirkt gegebenenfalls weniger störend. Trotzdem erwägt *Google*, zur Verbesserung der Nutzererfahrung den Inhalt hinter Interstitials schlechter zu ranken (vgl. Slegg 2015). Apps hingegen wirken immer exklusiver, bieten mit ihrem Zugriff auf die Hardware- und OS-Funktionalitäten den Werbemitteln mehr technischen Spielraum und produzieren durch die gezielte Nutzung mehr Page Impressions pro Visit – was wiederum die Klickraten ansteigen lässt. *Apples iAd*-Plattform ist in ihrer Anlage einer der Protagonisten in diesem Zusammenhang (vgl. Apple 2015), auch wenn der *iPhone*-Konzern seit Einführung des Formats 2010 eine Menge Lehrgeld bezahlen und die damit verbundenen Umsatzerwartungen mehrfach revidieren musste (vgl. Richards 2014). Wie auch schon im Mobile Web zu verzeichnen, holen mit HTML5 programmierte Werbeformate in puncto Feature-Vielfalt auf. Neuere Werbeformen binden die technischen Möglichkeiten von Mobile mit ein wie Sensoren, die Kamera und die Viralität von Sozialen Netzwerken. Hier wird in der Werbung gewischt, bewegt, geschüttelt oder gleich ein Selfie eingebaut. Ziel ist es, die Sichtbarkeit und die Interaktion mit dem Werbemittel zu steigern. Es vergeht kaum ein Tag, an dem nicht ein neues, innovatives Made for Mobile Ad Format gelauncht wird (vgl. Sloane 2015). Der *BVDW* hat im Juni 2015 eine dazu passende HTML5-Richtlinie veröffentlicht, um die Mindestanforderungen an diese Werbeformen zu definieren (vgl. BVDW o. J.e).

In puncto Interaktion mit dem Werbemittel punktet vor allem eine in letzter Zeit sich stark verbreitende Form von Werbung auf mobilen Endgeräten: das *Native Mobile Advertising*. Dabei wird mit redaktionell anmutendem Inhalt (Text, Bild oder Video) – sogenannten *Sponsored Stories* – geworben, der sich optisch der Bildschirm-Seite anpasst – in Printmedien seit Jahrzehnten Advertorial oder Anzeigensonderveröffentlichung, im TV Werbesendung genannt. Suchanzeigen hatten schon immer etwas Natives, aber auch in Nachrichten-, Bilder- oder Tweet-Streams eingebaute Werbung (*In-Stream-Advertising*, ISA) passt sich der Umgebung an und wird somit besser vom unter einer Aufmerksamkeitsdefizit-Störung leidenden Homo Mobilis wahrgenommen als zum Beispiel klassische Display-Werbung (vgl. Yahoo 2015). *Mark Zuckerberg* spricht von *Organic Interaction* zwischen Nutzern und Marken und deutete auf der Investoren-Konferenz für das Berichtsquartal Q2 Mitte 2015 an, dass auch die Plattformen *Instagram* (zu dem Zeitpunkt bereits 300 Millionen User), *Messenger* (zu dem Zeitpunkt 700 Millionen User) und *WhatsApp* (zu dem Zeitpunkt 800 Millionen User) nur mit diesem bewährten Monetarisierungs-Playbook werblich erobert werden sollen (vgl. Facebook o. J.a). Auch wenn die Grenze zwischen Information und Werbung gerade auf kleinen Bildschirmen so immer mehr verwischt, ist das schnelle vertikale Scrollen durch Feeds und Streams, den *Endless*

Stream, eine so stilprägende Art der Informationsaufnahme auf Smartphones, dass die Entwicklung nur logisch ist. So wie man in Zeitschriften uninteressante Werbung einfach überblättern kann, kann native Werbung in Streams einfach weggescrollt werden. Da sich diese Form von Werbung primär auf Mobile App Territorien mit ständig wachsenden und vor allem zusätzlichen Reichweiten abspielt und sich somit für Werbetreibende ganz neue Medienumfelder ergeben, spricht man schon vom *New Platform Advertising* mit entsprechend eigenen Spielregeln (vgl. Ziegler 2015). Apps wie *Instagram*, *LinkedIn*, *Pinterest*, *Snapchat*, *Tumblr* und *Twitter* haben ISA im Angebot.

Nativ zu erscheinen und einen Kontextbezug zu haben, ist auch das Erfolgsgeheimnis von *App Install Ads*, die in den letzten Jahren vor allem von *Facebook*, *Google*, *Twitter* und *Yahoo* erfolgreich am Markt platziert wurden, über *Cost-per-Install* (CPI) abgerechnet werden und aus dem Stand heraus ein Drittel des weltgrößten Mobile Advertising Marktes USA erobert haben (vgl. Hoelzel 2015; zur Funktionsweise: vgl. Murphy 2014; zur Markt-Systematik: vgl. Kenshoo 2015). Über diese von der mangelnden App-Visibilität befeuerte Anzeigen-Kategorie wird im Grunde genommen der Mobile-Plattformkrieg mit anderen Mitteln und auf neuem Terrain fortgesetzt und altgediente Mobile-Werbenetzwerke werden zunehmend verdrängt (vgl. Constine 2014). In solchen Anzeigen, die mehr und mehr auch unter Einsatz der *App Scanning* Methode und dem dadurch eruierten Set an bereits installierten Apps (bei *Twitter* zum Beispiel *Installed App Category Targeting* genannt) oder der Analyse von In-App-Käufen ausgeliefert werden, fordern Buttons wie „Öffnen", „Ansehen" oder „Kaufen" zur Verwendung der vorgeschlagenen App auf. In letzter Zeit werden in sogenannten Karussell-Ansichten gleich mehrere Apps vorgestellt, durch die man dann horizontal wischen kann. Beim Klick auf diesen Button führt einen dann der korrespondierende Deep Link direkt zur Download-Option (*Carousel Ad*).

Einige der großen Mobile Plattform Provider wie *Amazon*, *Apple*, *Facebook* und *Google* haben gleich ihre eigenen Werbenetzwerke aufgebaut – wobei die beiden Letztgenannten damit bereits weit mehr als die Hälfte aller weltweiten Werbeerlöse auf Mobile einfahren (s. Abb. 5.7).

Dabei wird der Anteil von *Facebook* am Gesamtkuchen immer größer, und der Zweikampf zwischen Mobile Search und Display Erträgen auf der einen Seite und solchen aus Native In-Stream Advertising auf der anderen bleibt spannend zu beobachten (vgl. Marvin 2014). Seit der Einführung von *iOS 9* im September 2015 hat *Apple* das App Scanning zumindest systemseitig für Drittanbieter unterbunden. Trotzdem extrahieren alle diese Plattformen auch zukünftig auf ihre ganz eigene Art immer mehr, was Menschen wann, wie und in welcher Menge wollen, synchronisieren dieses Wissen mit den Kundenprofilen und versprechen, sehr zielgerichtet Werbung auszuspielen. Wissen, das klassischen Medienunternehmen fehlt. Dabei gehen die Daten-Giganten gerne auch ohne den Umweg über Mediaplaner direkt auf Werbekunden und Kreativagenturen zu. Alleine *Google*s *Creative Sandbox* beim Werbefestival in *Cannes* nutzen jedes Jahr mehrere Tausend Marken- und Kommunikationsverantwortliche, um sich Inspiration für ihr Digital-Marketing direkt vom Suchmaschinenriesen geben zu lassen. *Google* und *Facebook* betreiben aus-

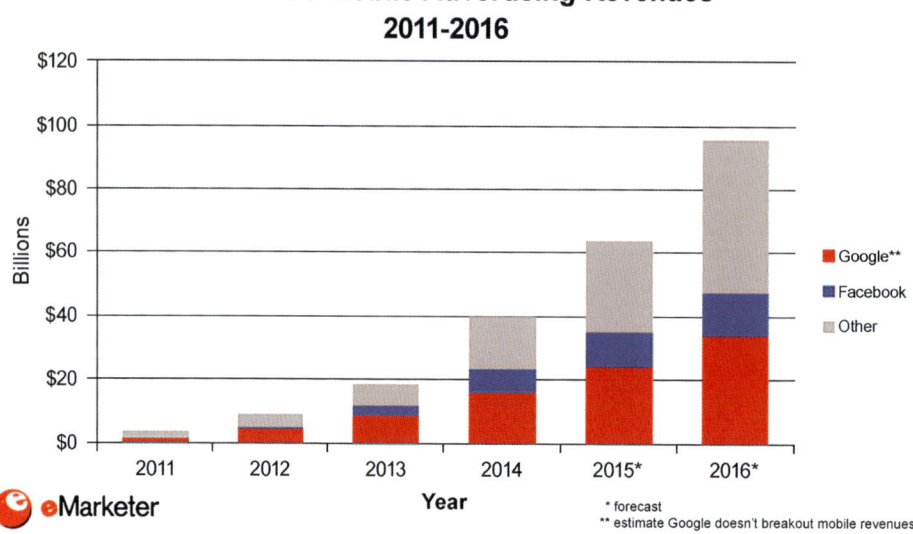

Abb. 5.7 *Google* und *Facebook* erwirtschaften weit über 50 Prozent der Mobile-Werbeerlöse weltweit. (Quelle: Patterson 2015; Daten: eMarketer)

führliche Webseiten, um ihr jeweiliges Mobile Ad Portfolio zu erklären (vgl. Google o. J.a; Facebook o. J.b).

Auch für Native Mobile Advertising gilt natürlich, dass das *Engagement* stimmen muss. Benchmark dabei ist das Beschäftigungs-Level mit der Lieblings-App, also mit gutem Content. Da Marken immer mehr auch Inhalte verbreiten wollen und nicht mehr nur bloße Werbenachrichten, kommt ihnen der Trend zu Werbeformaten, die mehr auf die Art und Weise, wie der Homo Mobilis das Smartphone nutzt eingehen, entgegen. Das *Engagement* mit der Marke und den übermittelten Informationen steigt nachweislich in eher nativen Umgebungen. Allerdings sind native Kampagnen bei Weitem nicht so skalierbar wie Banner-Kampagnen. Der Kreations-Prozess erfordert eine viel höhere Individualisierung. Auch nativ eingebettete Kampagnen sollten deutlich als Werbung gekennzeichnet sein, um den Eindruck von Schleichwerbung zu vermeiden. In diesem Zusammenhang haben natürlich etablierte Medienmarken eher mit dem Verlust der Glaubwürdigkeit zu kämpfen als Suchmaschinen, Messaging-Dienste oder Soziale Netzwerke. Wie bei allen Werbeformen kommt es letztendlich immer auf die richtige Nachricht zum richtigen Zeitpunkt und eine gelungene Umsetzung an. Die *MMA* hat speziell für Mobile Native Ad Formate im April 2015 Richtlinien veröffentlicht (vgl. MMA o. J.b). Mittlerweile legendär war die *Twitter*-Anzeige der Keksmarke *Oreo* just im Moment des halbstündigen Stromausfalls beim *Super Bowl* 2013 mit der bebilderten Nachricht: „You can still dunk in the dark." Nahezu in Echtzeit folgten 15.000 Re-Tweets auf *Twitter*, 20.000 Likes auf *Facebook* und ein Post auf *Tumblr* titelte „Oreo won the Super Bowl blackout" (vgl. Watercutter 2013). Es soll Marken gegeben haben, die für einen 30 Sekunden TV-Spot im Umfeld der Sportveranstaltung vier Millionen US-Dollar ausgegeben haben.

Apropos Bewegtbild: *Mobile Video* wird für das Mobile Advertising nicht zuletzt durch die gigantische Nutzung von *YouTube* auf mobilen Endgeräten und die im Juli 2014 eingeführte Autoplay-Funktion für Videos im *Facebook*-Newsfeed immer relevanter. *YouTube* CEO *Susan Wojcicki* sagte bei der Vorstellung eines Major Redesign der App Mitte 2015: *We're focused on three top priorities: mobile, mobile and mobile!* (vgl. Sass 2015). Im abgelaufenen Jahr hätte sich der Umsatz mit Mobile-Anzeigen auf der Video-App verdoppelt. *Facebook* schickt mit *LiveRail* gleich eine eigenständige Ad Server Plattform für Mobile Display, aber eben auch Mobile Video Ads ins Rennen (vgl. LiveRail 2015). Promoted Videos findet man auch auf *Instagram* und *Twitter*. Werbung wird in sogenannten Pre-Rolls in der Regel vor das eigentliche Video geschaltet. Nach wenigen Sekunden überspringbare Anzeigen müssen nur bezahlt werden, wenn sie eine gewisse Mindestzeit angeguckt wurden (eingespielt hat sich die klassische 30 Sekunden TV-Spot-Länge; auf nativ-mobilen Plattformen wie Instagram 15 Sekunden). Nicht-überspringbare Anzeigen werden in der Regel nach dem *Cost-per-View* Modell (CPV) abgerechnet. Da im Mobile-Umfeld das schnelle Springen zur nächsten Information Usus ist, sollten die Kreativen besonderes Augenmerk auf die Gestaltung der ersten paar Sekunden legen. Auf Mobile bewegt man sich in einer anderen Art der Content-Rezeption. Im in der Regel zeitlich begrenzten und situationsgebundenen Kontext bevorzugt man das kurze Media Snacking, und Inhalte werden nur wahrgenommen, wenn sie die scharf justierte „Relevanzbrille" des Nutzers passieren (Theobald 2015). Im Grunde genommen liefert die Microvideo-Plattform *Vine* die richtige Formatlänge für Bewegtbild auf Mobile: 6 Sekunden. Kreative sollten diesen Maßstab anlegen beim Storytelling. Das Video-Start-up *Vessel* legt als Format für Mobile Pre-Roll Ads gleich 5 Sekunden an (vgl. Blattberg 2015). Da TV und Print immer mehr an Relevanz verlieren, steigen auch traditionelle TV-Sender und Verlage und damit ihre Vermarkter in das Geschäft mit Bewegtbild auf dem Desktop, mehr und mehr aber auch auf Mobile ein. Wer einmal ein High-Quality-Video auf seinem Superphone genossen hat, vermisst nichts. Der Ausbau der Bandbreiten und die immer größere Leistungsfähigkeit der Smartphones werden dazu beitragen, dass Mobile Video wie selbstverständlich auch in den Lebensalltag derjenigen jenseits der Digital Natives einzieht. Live-Streaming Apps wie *Meerkat* oder *Periscope* werden von ersten Marken gezielt für Content Marketing von eigenen Live-Events genutzt. Die Ausgaben für Mobile Video Advertising werden bis 2018 die Hälfte von allen Digital-Bewegtbild-Spendings ausmachen (vgl. Argaman 2015).

Die über 20 Jahre alte Technik des Cookie-Setzens (vgl. Wikipedia o. J.c), die Voraussetzung von Tracking, (Re-)Targeting und Affiliate Marketing im Online-Marketing ist und damit dem Ausspielen von personalisierten Anzeigen basierend auf dem Surf-Verhalten des Nutzers (*Online Behavioral Advertising*), funktioniert auf mobilen Endgeräten nur sehr eingeschränkt – weil mit Einschränkungen nur im Mobile Web und damit vereinzelt in denjenigen Bereichen von Apps, die ein Browserfenster öffnen. In traditionellen Apps kann sie gar nicht eingesetzt werden. Um Audience Targeting, Ad- und damit KPI-

Tracking, Retargeting (auch *Cross-Site Tracking*: das Wiedererkennen und erneute An-sprechen des Nutzers in anderen Umfeldern mittels Third-Party Cookies), interessen- und verhaltensbezogene Werbung, das Einstellen der Werbe-Frequenz (*Frequency Capping*) und auch das präzise Bewerten von Tausender-Kontakt-Preisen trotzdem zu ermögli-chen, versorgen die Plattform-Betreiber deshalb App Publisher mit speziellen, anonymi-sierten Werbe-ID, auf die Vermarkter über entsprechende API zugreifen können. *Apple* vergibt an Entwickler beim App Release und nur auf Anfrage den sogenannten *Identifier for Advertising* IDFA und *Google* korrespondierend für *Android* Apps die *Advertising ID*. Beide sind absichtlich nicht mit der Hardware vernetzt und können vom Smartphone-User jederzeit erneuert oder auch ganz deaktiviert werden. Geschieht dies nicht, wirken diese ID wie ein dauerhafter Cookie. Eine Herausforderung dabei ist es, dass ein Medienan-gebot über Mobile als Plattform hinweg mit mehreren ID (je eine per OS entwickelter App) und Cookies (via Mobile Web auf verschiedenen Endgeräten) jonglieren muss. So können aus einem Nutzer schnell fälschlicherweise mehrere werden. Die jedem *Apple* iDevice zugeordnete *Unique Device ID* (UDID; bei *Google Android ID* genannt), die von den Plattformbetreibern für Zwecke wie Rechte-Management oder App-Beta-Testing ge-braucht wird, darf hingegen seit einigen Jahren genauso wenig zum Tracken des Besitzers eingesetzt werden wie die allen SIM-Karten-basierten Endgeräten eindeutig zugeordne-te Seriennummer (die sogenannte *IMEI*; vgl. Wikipedia o. J.d) sowie die netzwerkfähigen Endgeräten zugeordnete *IP-* oder *MAC-Adresse* (vgl. Wikipedia o. J.e) – abgesehen davon, dass dieses *Hardware Tracking* einen Nutzerwechsel gar nicht mitbekäme.

Mittels wahrscheinlichkeitstheoretischem Ermitteln des Geräte-Fingerabdrucks (der *Probabilistic Device Identification* oder dem *Device Finger-Printing*), also dem Aus-werten von charakterisierenden Eigenschaften wie Nutzer- und Ländereinstellungen, Hardware-Typen, Browser-Version, Bildschirmauflösung, Betriebssystem und Software-Pakete-Versionen, extrahieren Targeting-Anbieter wie *AdTruth* die sogenannte *Proba-bility-based ID*. Aber wahrscheinlichkeitstheroretisch eine Werbemittelauslieferung zu rechtfertigen, kann schon per Definition nicht die perfekte Lösung sein. Außerdem er-lischt die per Fingerabdruck ermittelte Device ID und damit die User-Identifikation mit jedem OS-Update und Hardware-Wechsel. Darüber hinaus könnte der für die Erstellung von „Fingerabdrücken" erforderliche Tracking-Umfang vom User auch durchaus negativ beurteilt werden – wenn er denn nicht so intransparent erfolgen würde. Aufgrund der Hard- und Software-typischen Eigenschaften von Mobile ist das Abwägen zwischen den Interessen der Werbeindustrie einerseits, die Tracking und Targeting für eine effizientere Zielgruppenansprache und damit auch bessere Einschätzung des Wertes von einzelnem Inventar braucht, und der Datenschützer andererseits, die mit der „Do not track!" Kampa-gne seit Jahren auf ihre Belange aufmerksam machen, noch präziser und gewissenhafter auszugestalten. Seit Computer vernetzt sind gab es immer schon eindeutig identifizie-rende Eigenschaften. Im Falle von Smartphones sind diese nur eben viel mehr verknüpft mit dem eigentlichen Besitzer und Nutzer. Die Cookie-Praxis in der Desktop-Welt ist dem Verbraucher bis heute intransparent und unverständlich – abgesehen davon, dass sich jeder schon einmal in einer Art Werbe-Stalking verfolgt gefühlt hat von penetranten

Bannern auch nach einem getätigten Kauf und man gelernt hat, dass Cookies gelöscht oder blockiert werden können – was auch in der mobilen Variante des *Safari* Browsers ab *iOS 9* möglich ist. Immerhin gehen immer mehr Website-Betreiber dazu über, den Besucher aktiv die Nutzung von Cookies erlauben zu lassen. App Publisher sollten ebenfalls dazu übergehen, in den Einstellungen das Tracking vom User zuzulassen oder eben unterbinden zu lassen (Opt-Out).

Vielleicht kann das Verständnis, dass Mobile noch exakter trackbar ist, dafür sorgen, dass der aufgeklärte User einen Teil seiner wertvollen persönlichen Daten als Währung gegen besseren Service, besseren Inhalt und vor allem bessere Werbung bewusst eintauscht. Dieser Deal könnte nachvollziehbar erklärt zentral auf Betriebssystemebene in den Einstellungen und für Mobile Web und Apps gleichzeitig erfolgen – was allerdings eine Mobile-Ökosystem übergreifende Absprache erfordern würde. Einen guten Einblick in den Bedarf der Werbeindustrie gibt *Gavin Dunaway* von *AdMonsters* in seinem zweiteiligen Essay zur Rolle von ID auf mobilen Endgeräten (vgl. Dunaway 2013). Eine kritische Auseinandersetzung mit den Herausforderungen der Erfassung, Verknüpfung und Verwertung von Tracking-Daten gibt *Wolfie Christl* von *Cracked Labs* (vgl. Christl 2014). Die *Digital Advertising Alliance* hat bereits 2013 die selbstregulatorischen Richtlinien zur Auswertung von Tracking-Daten veröffentlicht (vgl. DAA 2015) und die *IAB* hat Richtlinien für die Post-Cookie-Welt herausgegeben (vgl. IAB o. J.c). Um Mobile das Online-Schicksal zu ersparen (in Cookies erstickende, mit Werbung vollgepflasterte und Banner-Blindheit hervorrufende Webseiten stehen durch Ad-Blocker um ihre Monetarisierungs-Möglichkeit beraubten Webseiten gegenüber), ist es sicherlich gut, dass Mobile schon rein technisch bedingt Alternativen zu Cookies entwickeln muss – zumal 2015 mit *Shine* ein erster Ad-Blocker auf den Servern eines Mobilfunkbetreibers vorinstalliert wurde, der nicht-native Werbeformate am Laden auf Smartphones hindert (vgl. Cookson 2015). Auch *Adblock Plus* arbeitet an einem Mobile Plug-In. Wer selber erfahren will, wie Tracking seiner Daten funktioniert, dem seien die webbasierten, interaktiven *do not track Episoden* (vgl. Upian 2015) oder das Online-Spiel *Digital Shadow* empfohlen (vgl. DigitalShadow 2015). Im Zusammenhang mit diesem Buch werden am Markt erfolgreich platzierte oder einfach vielversprechende Technologien vorgestellt. Die gesellschaftliche Diskussion der richtigen Behandlung von Data Mining und der kommerziellen Nutzung vor allem von persönlichen Daten muss und wird weitergehen in einer zunehmend digitalisierten Welt.

In diesem Kontext beschäftigen drei Technologie-Stränge die Mobile Advertising Industrie in letzter Zeit intensiver:

Aktuelle Technologie-Themen

- Das durch Programmatic Buying ermöglichte Mobile Real-Time Advertising.
- Das Hyperlocal Targeting basierend auf Location und Proximity Lösungen.
- Das geräteübergreifende Tracking im Multiscreen-Szenario.

Das zunehmende Echtzeitverständnis für Zielgruppen lässt programmatische Planungsansätze gerade in Mobile immer mehr en vogue werden. Das automatisierte Handeln von Medialeistung über technische Plattformen, das sogenannte *Programmatic Buying*, nimmt deutlich an Fahrt auf. Es kommt dem Primärversprechen des Mediums Mobile entgegen: in Echtzeit dem Nutzer passend zu seinem aktuellen Nutzungsverhalten die für ihn relevante Werbung anzuzeigen (vgl. Zunke 2015). Die Rede ist vom *Always-On Marketing* (vgl. Razorfish 2015) oder auch *Mobile Real-Time Advertising* (Mobile RTA). Die zunehmende Intelligenz in Form von Targeting, Tracking und Big Data Auswertungen könnte auch Bannern zur Renaissance verhelfen. In einigen Jahren wird alles, was programmatisch bedienbar ist, auch programmatisch gebucht – Display und Search, aber auch Social und Video. Damit dringt Mobile RTA auch in den Premium-Bereich vor (vgl. To 2014 und von Rauchhaupt 2014). Der klassische, nicht-automatisierte Media-Einkauf scheint zumindest für Digital-Inventar ein Auslaufmodell zu werden – auch wenn der RTA-Anteil in Deutschland heute erst bei ca. 20 Prozent liegt. Dafür sorgt schon die enorme technische Exzellenz der Datensauger von der US-Westküste. Die traditionellen Agentur-Netzwerke rüsten entsprechend mit der Etablierung von Programmatic Advertising Units und korrespondierenden Technologie-Investments nach. Wie an der Börse Aktien werden auf den Media-Trading-Plattformen in Millisekunden Angebot (Werbeinventar veredelt mit Zielgruppen-Informationen) und Nachfrage (Kampagnen) per Auktion übereingebracht und so Impressions oder gleich Cost-per-Click-Reichweiten gehandelt (*Real-Time Bidding*). Allerdings sind Agentur- und Kundenbeziehungen von Natur aus sehr intim. Auktionen laufen in der Regel also nicht öffentlich ab, sondern eher geschützt auf einem *Private Marketplace* (PMP). Einkauf und Handel werden so sauber voneinander getrennt.

Überhaupt sind Marken natürlich auch in Zeiten von automatisierter Werbeplatzbelegung sehr darauf bedacht, nicht unkontrolliert in falschen Umfeldern oder auf dubiosen Werbeträgern zu landen (*Bad Ads*). Da rund um das automatisierte Handeln von Werbeinventar ein Wust aus Technologie-Dienstleistern auf Angebots- und Nachfrageseite entstanden ist, wird das Nachvollziehen, wer für das fehlerhafte und zum Teil sehr schädliche Ausliefern zuständig war, immer schwieriger. Hinter der simplen Frage *Wurde meine Anzeige auch von einem menschlichen Wesen gesehen?* verbirgt sich das komplexe Thema *Mobile Ad Viewability*. Was in den Millisekunden zwischen Anfrage und programmatischer Auslieferung alles gut klappen muss und was schiefgehen kann, hat *The Mobile Majority* in einer exzellenten Grafik zusammengefasst (vgl. Majority 2015). Mit PMP, Transparenz-Maßnahmen, speziellen Qualitätsprüfungen und Ad-Verifikations-Lösungen sowie mit *Semantischem Targeting* wird versucht, die *Brand Safety* zu garantieren (vgl. Rosenträger 2014). Es würde hier zu weit führen, tiefer in die Bits & Bytes Welt der DSP, SSP, DMP, ... einzutauchen. Was in den ca. 200 Millisekunden zwischen den sechs verschiedenen Technologieplattformen tatsächlich passiert und wer welche Rolle hat, erklärt *Eyeota* anschaulich (vgl. Prokop 2015). Ein gutes Glossar zum *Mobile Ad Lingo* liefert *TapSense* (vgl. Aguilar 2014). *LUMA* serviert den mittlerweile berühmten *MOBILE LUMAscape* dazu: den gelungenen Versuch, in einer Grafik alle Player systematisch aufzulisten und ihren jeweiligen Funktionen in der Wertschöpfungskette zuzuordnen, die beim Ausliefern eines Werbemittels vom Werbekunden zum Smartphone-Bildschirm in der Hand des Verbrauchers eine Rolle spielen (vgl. LUMA 2015). Eine aktuellere Darstellung der *Mobile Advertising Landscape 2015* bietet *Trademob* (vgl. Trademob 2015).

Programmatische Werbung bedeutet immer, dass Werbenetzwerke Anzeigen auf den verfügbaren Werbeflächen ausspielen. Natürlich wird das nach diversen Faktoren optimiert, aber nur die persönliche Vermarktung des Publishers garantiert wirklich die gewünschte Platzierung zum gewünschten Zeitpunkt. Live-Reaktionen von Konsumenten, RTA und Big Data Marketing bedingen zunehmend auch Echtzeit-Marketing, also das blitzschnelle Konzeptionieren und Optimieren von Kampagnen und deren KPI – wie beim *Oreo*-Beispiel anschaulich aufgezeigt. Der nächste Schritt ist die komplette *Marketing-Automation*, bei der entsprechend programmierte Software die Werbemittel-Aussendung freigibt. So liefert die Marketing-Software der Hotelgruppe *Hilton* bei signifikant steigenden Flugstornierungen im Umfeld eines Flughafens in Echtzeit und selbstständig entsprechende Übernachtungsmöglichkeiten auf die mobilen Endgeräte der Gestrandeten. Und das in einem definierten Zeitfenster durchaus zu höheren Klickpreisen auf *Google Adwords*, um die Erreichung dieser wertvollen Klientel auch zu gewährleisten (vgl. Puscher 2015). Ein Marketing-Tool und die Datenanalyse übernehmen die Kanalselektion und die Marketing-Budget-Allokation. Der RTA-Trend befeuert den Einsatz solcher Marketing-Automation-Tools. Eine *Global DMA* Studie aus dem Oktober 2014 bestätigt, dass das Thema Data-driven Marketing und Advertising top of mind ist bei Marketers (vgl. Accenture 2015); aus den *Mad Men* Kreativen werden *Math Men* Daten-Jongleure (vgl. Moore 2012).

In der zunehmend mobilisierten Gesellschaft von jungen urbanen Menschen, Berufspendlern und Vielfliegern muss sich die Werbebotschaft wortwörtlich an die Fersen des Homo Mobilis heften – mithilfe der Auswertung von GPS-Daten in Echtzeit und idealerweise ergänzt um Proximity Lösungen. Man spricht von *Hyperlocal Targeting* in der Bandbreite von wenigen Zentimetern (QR-Codes, NFC), über einige Meter (Beacons, Ultraschall, WLAN) bis zu 50 Meter im Durchmesser (GPS) um den Aufenthaltsort eines Smartphone-Nutzers. Mediaplaner und Vermarkter müssen ihre Kampagnen vermehrt auf die Schnittpunkte von *SoLoMo* zuschneiden – dem sich selbst verstärkenden Wirbelsturm von Social, Location und Mobile (einem Akronym, das drei Berater des VC *KPCB* 2010 prägten; vgl. Fiegerman 2013). Die Protagonisten des Mediums Mobile waren schon immer von der Vorstellung beseelt, ortsbasierte Dienste im Moment der Bedarfsentstehung anzubieten. Der App-Sturm der letzten Jahre, das nahezu vollständige Migrieren von Social auf Mobile, das Aufkommen immer ausgefeilterer Proximity Lösungen gerade auch für Indoor-Szenarien und die Digitalisierung der Out-of-Home-Werbeplätze wirken wie Brandbeschleuniger für hyperlokale SoLoMo-Kampagnen. *Location Based Advertising (LBA)*, also die standortbasierte Aktivierung und Auslieferung der Werbung mit Kontextbezug (Ort, Art der Location, Wetter, Tageszeit, demografische Fakten aus Volkszählungen, …) ist die Königsdisziplin des Mobile Marketing. Für die Mediaplanung heißt das, aus der Linearität anderer Medien herauszubrechen und mit immer ausgefeilteren Methoden den *User on the Go* zu identifizieren und unter Berücksichtigung von Dimensionen wie Verkehrsmittelnutzung, Anlässen (Stadionbesuch, Bummel durch Fußgängerzone), Aufenthaltsdauer und Touchpoints (Bushaltestelle, Mietwagenstation, Bahnhofspassage) mit relevanter Information (aka Werbung) zu versorgen – vorausgesetzt der Nutzer erlaubt der App, dem Netzbetreiber und dem OS die Lokalisierung. Dann wird die Location zu einer Art *Real World Cookie* und erlaubt im Zusammenspiel mit Programmatic Advertising Werbetreibenden, das Offline-Verhalten von Konsumenten in die Mediaplanung mit einzubeziehen. Sieben von zehn Mobile Marketers bauen auf *Location Based Targeting* (vgl. Samuely 2015). Fast die Hälfte des programmatisch zur Verfügung gestellten Inventars an Mobile-Werbeplätzen hat einen Ortsbezug (vgl. Vidakovic 2014). So ermöglicht die Kooperation von *xAd* und *Rubicon Project* Werbetreibenden den programmatischen Zugriff auf Location-enabled Mobile App Inventar. Das *Audience Targeting* wird Realität.

Beim *Geo-Fencing* wird im Grunde genommen um eine GPS-Koordinate ein virtueller Zaun gelegt, dessen Radius in der Kampagnenplanung festgelegt werden kann. Die identifizierten User (gleich Nutzer einer App, die ortsbasierte Dienste freigeschaltet haben, oder Kunden von Telekommunikationsanbietern, die ortsbasierten Werbe-SMS zugestimmt haben) erhalten dann ein entsprechendes Angebot via SMS, Werbebanner (im Mobile Web oder in einer App) oder Push-Notification (in einer App). Letztere kann zusätzlich auch über die bereits dargestellte Beacon-Technologie getriggert werden. Erhält der User gezielt eine Werbung von der Konkurrenz auf der anderen Straßenseite, spricht man auch vom *Geo-Conquesting* (vgl. Hudson-Maggio 2014). *Apple* testet Notifications auf den Lock Screen mit direktem Zugang zum App Store über Location-aware Apps (AppleInsider 2015). Eine geo-fenced Kampagne im Umkreis der *Allianz-Arena* in München würde theoretisch 60.000 *FC Bayern* Fans und zeitgleich die 15.000 Gäste-Fans erreichen – was wohl nur für allgemeine Fußballfan-Themen nützlich wäre, nicht aber für vereinsspezifische Kampagnen. Einen granulareren Targeting-Ansatz verfolgt *Adsquare*. Die Technologie des Start-ups berechnet den lokalen Kontext von anonymen Nutzern, um so interessenbasiertes *Geo-Targeting* zu ermöglichen. Hierfür hat *Adsquare* die Welt in 50 mal 50 Meter große Quadrate aufgeteilt und analysiert in Echtzeit verschiedene Datenquellen im Tagesverlauf. Aus der so eruierten Kombination „Flughafen München – Stadiongelände *Allianz-Arena* – Businesshotel" kann so zum Beispiel auf einen *FC Bayern* VIP-Lounge Besucher geschlossen werden, dem dann adäquate Botschaften überbracht werden können (*Mobile Audience Targeting*). In unmittelbarer Point of Interest Nähe, also am Flughafen, im *FC Bayern Mega-Store* in den Katakomben der Arena oder im Hotel, können dann wiederum Proximity Lösungen für ortsbasierte Werbung eingesetzt werden – ganz nach dem Firmenmotto: Daten sind das neue Öl, Geodaten das reine Benzin. Der Mobile-Dienstleister *Mobalo* kauft auf Real-Time-Advertising-Plattformen Werbekontakte ein, die über *Geo-Targeting* eindeutig lokalisiert sind, und reicht diese direkt weiter an seine Kunden – in dem Fall lokale Einzelhändler. Die adressierten Handy-Nutzer in der Umgebung des werbenden Geschäfts empfangen die Werbung bei der aktiven Nutzung von Apps und Webseiten auf ihrem mobilen Endgerät, sobald sie sich innerhalb des definierten Werbeumkreises bewegen. Auch *Facebook* hat Hyperlocal Ads im Angebot und ermöglicht so zum Beispiel Einzelhändlern in der Nähe ihres Geschäftes Location-aware Ads im Newsfeed der Zielpersonen inkl. Vernetzung mit einer Navigations-App. Wie bereits erwähnt, begann *Facebook* im Juni 2015 zudem, Beacons kostenlos an Händler zu verteilen, die eine *Facebook* Page betreiben. Bei entsprechend geöffneter App und erteilter Zustimmung für lokale Dienste kann der Händler dem Passanten einen Willkommensgruß, ein Foto, Posts von der Seite und Empfehlungen von Freunden auf das Smartphone schicken – vorausgesetzt dieser ist Fan des Ladens (vgl. Facebook o. J.c). Genauso setzt *Gelbe Seiten* in seiner App auf Geo-Fencing und ermöglicht lokalen Dienstleistern somit den Zugriff auf werbliche Push-Notifications an über zwei Millionen App User. In einem Whitepaper hat das *Lab Location Based Advertising* der *BVDW Fokusgruppe Mobile* im Frühjahr 2015 Definitionen, Techniken und datenschutzrechtliche Aspekte von LBA aufbereitet (vgl. BVDW o. J.f).

Geräteübergreifendes Tracking (*Cross-Screen Tracking*) wird im Multiscreen-Szenario immer wichtiger. Vermarkter interessiert zunehmend, wer vom Computer zum Smartphone, von da zum Tablet und wieder zurück zum Computer wechselt. Viele Verbraucher interagieren während des Einkaufsprozesses mit einem Unternehmen über unterschiedliche Geräte. Immer mehr Transaktionen finden ihren Abschluss auf einem mobilen Endgerät. Marketing-Strategien müssen das berücksichtigen bei der angestrebten lückenlosen Kaufketten-Analyse und entsprechenden werblichen Begleitung des Verbrauchers auf seiner Reise durch das Netz (*Customer Journey Analyse*). So wollen immer mehr Werbekunden Display- und Bewegtbildwerbung über bis zu vier Bildschirme buchen. Aufeinanderfolgendes und optimal dosiertes, sogenanntes *Sequential Targeting* anhand Log-In-basierter Nutzerdaten ist die Königsdisziplin bei Multiscreen-Kampagnen. Via *Facebook* Log-In weiß das Soziale Netzwerk immer, wer eine Seite aufruft (auch der 2014 eingeführte *Anonymous Log-In* reicht für Werbezwecke). So können User über Endgeräte hinweg getrackt werden und zum Beispiel per geräteübergreifendem *Frequency Capping* die Werbemittelkontakte ausgesteuert werden (*Facebook-ID Targeting* oder von *Facebook* treffend auch *People-based Marketing* genannt; zur Funktionsweise der *Facebook* Ad-Infrastruktur: vgl. Gardt 2015). Auch das bis dato schlicht nicht mögliche Retargeting über Endgeräte hinweg bietet *Facebook* seit der Einführung von *Dynamic Product Ads* an (vgl. Facebook o. J.d).

Google, *Microsoft* und *Amazon* verfügen ebenso über geräteübergreifende User-ID – wenn auch nicht so allumfassend wie *Facebook*. Sogenannte *Data Management Plattformen* wie *Crosswise*, *drawbridge*, *MediaMath*, *roq.ad* oder *TapAd* ermöglichen die Hardware-übergreifende Identifikation des Nutzers auch jenseits von Log-Ins, ohne auf eindeutige Identifizierer wie Gerätenummern oder Netzwerk-Adressen zurückzugreifen. Dabei werden in bewährter Big-Data-Mining-Manier einige Hundert deterministische Datenpunkte zum Nutzerverhalten über mehrere Endgeräte getrackt, wahrscheinlichkeitstheoretisch modelliert und entsprechend interpretiert als: *Dieses Smartphone und dieses Tablet gehören höchstwahrscheinlich zu ein und derselben Person*. Und schon verfolgt einen eine Anzeige vom Smartphone zum Desktop hinüber zum Tablet (vgl. Tanner 2015). Mobile ist mit zunehmender Dominanz im Digital Advertising der zentrale Kanal im Cross-Device Advertising. Marketer fordern deswegen verstärkt eine geräteübergreifende Plan- und Auswertbarkeit von ihren Kampagnen (vgl. Criteo 2015).

Aber Mobile ist und bleibt ein besonderes Medium, das, gerade weil es primär in einem einspaltigen Format genossen wird, nicht durch Monetarisierungs-Automatismen zugepflastert werden darf – was logischerweise noch schneller vonstattinginge als Online bereits geschehen. Wenn Banner einfach responsive vom Desktop in Online-Ästhetik weitergereicht werden und weder Textgröße noch Inhalt mobil-optimiert sind, wenn native Werbeformen so unsichtbar werden, dass der journalistische Teil der Arbeit nicht mehr erkannt werden kann, wenn Werbeformen gegen die natürlich Scroll-Geste laufen und mikroskopische Schließen-Buttons den *Accidental Click* eines Fingers geradezu befördern, wenn Banner bewusst genau oberhalb der Navigationsfunktionen des Browsers platziert werden und penetrante Notifications einen zum Öffnen einer App nötigen, dann leidet die Mobile User Experience ganz gewaltig und der Homo Mobilis steigt einfach aus, sprich löscht die App oder quittiert die Mobile Site (vgl. Smith 2015). Mit *Google* hat der größte Auslieferer von Werbung im Mobile Internet reagiert und kündigte Mitte 2015 an, dass zukünftig der Touch auf ein Werbebanner zentraler erfolgen muss und Klicks an Rändern von Anzeigen geblockt werden (vgl. Nahass 2015). Außerdem werden Klicks auf App Icons in der Nähe vom Werbung-Schließen-Symbol, dem „x", geblockt. Schließlich müssen Anzeigen erst eine Weile auf dem Bildschirm angezeigt werden, bevor sie überhaupt geklickt werden können.

5.3 Mobile Loyalty & Retention

Mobile ist das ideale Kundenkommunikations- und -bindungsmedium – wenn man ein paar Spielregeln beachtet und sich eine solide, permission-based Datenbasis aufbaut. Die Netzbetreiber benutzen zum Beispiel den SMS- und MMS-Kanal seit den Anfängen der Dienste für Customer Relationship Management und Eigenwerbung. *Telefónica* geht noch einen Schritt weiter und hat sich in *Deutschland* von sieben Millionen Kunden das Opt-In für ein Vorteilsprogramm eingeholt, über das TKP-basiert Werbeaktionen und Vergünstigungen von Werbekunden per SMS oder MMS ausgespielt werden. Links in den Nachrichten führen zu entsprechenden Landing-Pages. Mehr als eine Million dieser Bonusprogramm-Teilnehmer erlauben auch die Ortung in Funkzellen, was wiederum Location Based Advertising erlaubt. Der Extratarif *Netzclub* ergänzt die Systematik und vor allem die Reichweite, indem Telefonie- und Datenkontingente gegen Erhalt von Werbeaktionen eingetauscht werden – ein Modell, das stark an das des Pioniers *Blyk* aus dem Jahr 2007 erinnert (vgl. Wikipedia o. J.f). Da die SMS-Applikation immer noch die mit der höchsten Aufmerksamkeit auf dem Smartphone ist, die SMS zu über 90 Prozent geöffnet werden und Conversions im hohen einstelligen Prozentbereich keine Seltenheit sind, handelt es sich bei diesem Interaktions-Tool um ein vergleichsweise teures Inventar. Der Anspruch an Kreation, Timing, Frequenz und Relevanz sowie eine gute Datenerhebung und -qualifikation im Vorfeld ist entsprechend hoch. Marken wie *Coca-Cola* bauen sich schon seit Jahren ihre eigene Loyalty Marketing Datenbank auf. Jede Loyalty-Promotion der letzten Jahre hat die Opt-In-Datenbank für E-Mail- und SMS-Follow-up erweitert. Der Brausekonzern aus *Atlanta* spielt so clever auf der Mobile Direct Response & Permission Based Marketing Klaviatur, dass er 2014 zum *Mobile Marketer of the Year* ausgezeichnet wurde (vgl. Moye 2015). Messaging Aggregatoren wie *upstream* oder *Velti* bieten netzbetreiberübergreifend einen ganzen Werkzeugkasten an Data-driven Mobile Marketing Techniken, um Communities aufzubauen oder das Kunden-Engagement zu steigern.

In den letzten Jahren wurden eine ganze Reihe an Start-ups gegründet, die sich des Themas Mobile Loyalty angenommen haben. Honoriert werden etwa Schnäppchenjäger (*kaufda*, *Gettings*, *Wunderkauf*), Ladenbesuche und Produkt-Scans (*shopkick*, *yoints*), Einkaufsfrequenz (*10stamps*, *stampfy*) oder Einkäufe (*Coupies*, *NuBon*, *scondoo*). Jeder größere Händler hat heute eine App, über die er versucht, aus anonymen Einkäufern treue und vor allem identifizierbare Wiederholungstäter zu machen. Die etablierten Bonuskartensysteme wandern zunehmend auf ihre App-Pendants (*Lufthansa Miles & More*, *Payback*), Aggregatoren (*stocard*, *yopoly*) oder gleich in Mobile Wallets wie *MyWallet*, *Wallet* oder *Yapital* (Definition und Funktionsweise: vgl. BITKOM 2015). Im Zusammenspiel mit Location Based Advertising und Proximity Marketing Techniken werden diese Loyalty Apps immer intelligenter und leistungsfähiger. Das Standardisierungsgremium *GS1* hat zwei umfangreiche Guidelines zum Thema Mobile Couponing veröffentlicht inklusive einer Anbieter-Matrix für den deutschen Markt (vgl. GS1 2015).

Mittels Push-Messaging und In-App Messaging steigern App Publisher die Retention, das (Re-)Engagement und letztendlich Conversions in Richtung In-App-Käufe. Firmen wie *Localytics*, *Trademob* oder *Urban Airship* stellen entsprechende App User Loyalty und App Retargeting Plattformen zur Verfügung. *Interactive Notifications* und korrespondierende *Widgets* für den Homescreen, wie es sie seit *iOS 8* und *Android L* gibt, machen App Loyalty und Retention Kampagnen noch intuitiver (vgl. Garcia 2014). Die Kundenkommunikation kann erfolgen, ohne die App öffnen zu müssen.

5.4   Werbung auf Handgelenken, Nasenrücken und Armaturenbrett

Die durchschnittliche Beschäftigung mit dem Smartphone-Bildschirm dauert 30 Sekunden. Auf den Satelliten des Mediums Mobile wie Smartwatches, Smartglasses oder Smart Dashboards in Autos reduziert sich diese Zeit auf drei Sekunden. Es dreht sich immer um den kurzen Blick, um *Glances*. Wenn es auf Smartphones um Media-Snacking geht, geht es auf Smart Satellites um Media-Flashes. In Anlehnung an das intuitive nach links oder rechts Wischen bei *Tinder* sollte man sich fragen: *Can you „tinder" your service?* Kann man also auf einen Blick alles Notwendige erfassen und durch einen Swipe eine entsprechende Aktion auslösen? Was bedeutet das für entsprechende Werbemittel-Expositionen, zumal die Bildschirmgrößen spätestens am Handgelenk auf unter 2 Zoll schrumpfen? Smart Wearables sind mindestens genauso intim wie Smartphones und Werbung im klassischen Sinne kann hier noch schneller nerven. Unterbrecherwerbung ist nicht angebracht, auch wenn zum Beispiel *Apple* für seine Watch offiziell Werbeeinblendungen genehmigt hat und die ersten Vermarkter von News-Portalen tatsächlich entsprechende Werbeformen im Angebot und auch schon Pionier-Kunden gefunden haben. Mit *FitAd* und *TapSense* gibt es auch schon die ersten Programmatic Ad Plattformen für Smartwatches (vgl. Kumar 2015). Schon eher angebracht sind sinnvolle Ergänzungen zu Location Based Services und Proximity Solutions, die über Apps auf dem Heimatplanet Smartphone erfahren werden und auf die über Sensoren auf dem Connected Screen mit einer entsprechenden Benachrichtigung aufmerksam gemacht wird (Coupons, Navigationshinweise zu Angeboten in der Nähe, …).

Im Grunde genommen erlösen einen Smartwatches & Co. um die unzähligen Anlässe, zu denen man sein Smartphone zückt und entsperrt, um einmal kurz etwas zu checken. Genau in diese Bresche muss relevanter und extrem reduzierter Content von Marken und Service-Apps springen. Dabei muss diese neue Art von Werbung neben den Sensoren und Bildschirmlimitationen auch die neuen Interaktionsmöglichkeiten wie *Digital Crown* oder *Force Touch* im Falle der *Apple Watch* berücksichtigen. Was eben noch der letzte Schrei für Marketer war – die interaktiven Push-Messages auf dem Smartphone –, verbietet sich auf dem Smart Satellite: dieser wird schon systemimmanent von Notifications bombardiert (vgl. Dredge 2015). Smartwatch User sind eher passiv; es handelt sich um eine „push-driven user experience" (Fuchs 2015). Werber sollten auch bedenken, dass eine Smartwatch 95 Prozent ihrer Nutzungszeit dunkel bleibt. Die restlichen fünf Prozent dienen eigentlich ausschließlich im jeweiligen Kontext höchst relevanten Interaktionen, die in der Regel vom Smartphone aus initiiert werden. Werbung muss also noch reduzierter, präziser und nativer erscheinen als schon so erfolgreich auf Smartphones etabliert. Auf Smartglasses könnte neben kontext- und ortsbasierter Werbung vor allem Augmented Reality Advertising sehr sinnvoll sein, da man ja mit der Brille gleich den AR-Browser offen vor sich hätte. Allerdings fokussiert das Auge stark bei der Nutzung und die Realität scheint im Hintergrund immer transparent durch. Auf dem Smart Dashboard des Connected Car schließlich macht neben Location Based Advertising jede Integration von Infotainment Advertising Sinn – vor allem im Audio Modus. Die Studie *Shift* von *Mindshare* empfiehlt Marken, möglichst frühzeitig mit Werbung rund um die Themen Wearables und Connected Self zu experimentieren und nicht so lange zu warten mit konkreten Invests wie beim Übergang vom Desktop zu Mobile (vgl. Mindshare 2015).

Fazit

Mobile Marketing ist angekommen im Media-Mix und schickt sich an, die Satelliten des Mediums Mobile wie Smartwatches, Smartglasses und Connected Cars zu erobern. Die einzigartige Ausstattung von Smartphones & Co. haben eine Menge Marketing-Techniken, Tracking- und Targeting-Möglichkeiten entstehen lassen. Im Zusammenspiel mit Data-driven Marketing und Programmatic Advertising erobern Made for Mobile Formate wie Native In-Stream und Location Aware Ads die Charts. Marketer erhöhen das Investment auf der Jagd nach den Eye-Balls auf mobilen Bildschirmen. Schon bald lässt Mobile altgediente Media-Gattungen hinter sich. Aber der persönlichste und intimste aller Bildschirme erfordert auch ein gesundes Maß an Sensibilität und Fingerspitzengefühl in puncto Mobile User Experience. Marken, die dem Konsumenten relevanten und für den Mobile Moment aufbereiteten und optimierten Content just in den vielen „Micro-Moments" (Google 2015b) servieren, in denen man das Smartphone zückt, zählen zu den Gewinnern. Sie werden im Idealfall eingeladen, das Smartphone in der Tasche des Kunden als direkten Kommunikations-, CRM- und Loyalty-Kanal nutzen zu dürfen – und das immer öfter entlang der Customer Journey. Erst wenn auch Marketer und mit ihnen ihre Kreativ- und Media-Agenturen sowie Vermarkter Mobile First denken, können sie der Einzigartigkeit der Gattung Mobile gerecht werden. Näher kommen sie nicht an den User heran. Strategie, Kreation, Analytics und Mediaplanung müssen aus einem Guss und abgestimmt auf die Besonderheiten des Mediums Mobile sein.

Literatur

Accenture. http://www.accenture.com/sitecollectiondocuments/pdf/accenture-gdma-winterberry-group-global-review-data-driven-marketing-advertising.pdf. Zugegriffen: 27.05.2015

AGOF. http://www.agof.de/studien/mobile-facts/. Zugegriffen: 20.05.2015

Aguilar, S. 2014. *Mobile Ad Lingo: DSP, SSP, DMP, RTB and Programmatic all Explained.* http://tapsense.com/blog/2014/03/12/mobile-ad-networks-dsps-rtb-programmatic-ssps-ad-exchanges-dmps-explained/ (Erstellt: 12.03.2014). Zugegriffen: 21.05.2015

Ahonen. http://www.tomiahonen.com. Zugegriffen: 20.05.2015

Apple. http://advertising.apple.com/de/. Zugegriffen: 21.05.2015

AppleInsider. http://appleinsider.com/articles/14/06/03/apples-ios-8-uses-ibeacon-tech-brings-location-aware-app-access-to-lock-screen. Zugegriffen: 27.05.2015

Argaman, Y. 2015. *Why Mobile Video Advertising Is Set To Explode.* http://techcrunch.com/2015/02/15/why-mobile-video-advertising-is-set-to-explode/ (Erstellt: 15.02.2015). Zugegriffen: 21.05.2015

BITKOM. http://www.bitkom.org/files/documents/20141105_Mobile_Wallet.pdf. Zugegriffen: 29.05.2015

Blattberg, E. 2015. *Here's Vessel's plan to make 'beautiful' mobile ads.* http://digiday.com/platforms/inside-vessels-advertising-strategy/ (Erstellt: 02.02.2015)). Zugegriffen: 28.05.2015

BVDW o. J.a. http://www.bvdw.org/medien/mac-mobile-report-2015-01?media=6513. Zugegriffen: 20.05.2015

BVDW o. J.b. http://domobile.org. Zugegriffen: 21.05.2015

BVDW o. J.c. http://domobile.org/download/google-global-connected-consumer-study-deutschland-2015/. Zugegriffen: 18.06.2015

BVDW o. J.d. http://www.werbeformen.de. Zugegriffen: 19.05.2015

BVDW o. J.e. http://www.bvdw.org/presseserver/HTML5_Richtlinie/bvdw_ovk_html5%20richtlinie_final_20150720.pdf. Zugegriffen: 30.07.2015

BVDW o. J.f. http://www.bvdw.org/presseserver/BVDW_LocationBasedAdvertising/whitepaper_location_based_advertising_2015.pdf. Zugegriffen: 26.05.2015

Christl, W. 2014. *Kommerzielle digitale Überwachung im Alltag*. http://crackedlabs.org/dl/Studie_Digitale_Ueberwachung.pdf. Zugegriffen: 25.05.2015

Constine, J. 2014. *Facebook, Google, And Twitter's War For App Install Ads*. http://techcrunch.com/2014/11/30/like-advertising-a-needle-in-a-haystack/ (Erstellt: 30.11.2014). Zugegriffen: 27.05.2015

Cookson, R. 2015. *Mobile operators plan to block online advertising*. http://www.ft.com/intl/cms/s/0/7010ae7a-f4c6-11e4-8a42-00144feab7de.html#axzz3bFg8CCz4 (Erstellt: 14.05.2015). Zugegriffen: 26.05.2015

Criteo. http://www.criteo.com/media/1036/cross-device-advertising-criteo-sep-2014.pdf. Zugegriffen: 25.05.2015

DAA 2013. *Application of Self-Regulatory Principles to the Mobile Environment*. http://www.aboutads.info/DAA_Mobile_Guidance.pdf. Zugegriffen: 25.05.2015

DigitalShadow. http://digitalshadow.com. Zugegriffen: 09.06.2015

Dredge, S. 2014. *As Apple Watch launches, smartwatch app makers explore new interfaces*. http://www.theguardian.com/technology/2015/apr/24/apple-watch-launches-smartwatch-app-makers (Erstellt: 24.04.2015). Zugegriffen: 01.06.2015

Dunaway, G. 2013. *ID is Key: Unlocking Mobile Targeting & Cross-Device Measurement*. https://www.admonsters.com/blog/id-key-unlocking-mobile-tracking-cross-device-measurement-part-i (Erstellt: 02.08.2013). Zugegriffen: 25.05.2015

eMarketer 2015a. *Mobile Will Account for 72 % of US Digital Ad Spend by 2019*. http://www.emarketer.com/Article/Mobile-Will-Account-72-of-US-Digital-Ad-Spend-by-2019/1012258 (Erstellt: 24.03.2015). Zugegriffen: 20.05.2015

eMarketer 2015b. *UK to Achieve World First as Half of Media Ad Spend Goes Digital*. http://www.emarketer.com/Article/UK-Achieve-World-First-Half-of-Media-Ad-Spend-Goes-Digital/1012280 (Erstellt: 27.03.2015). Zugegriffen: 20.05.2015

eMarketer 2015c. *Mobile Ad Spend to Top $100 Billion Worldwide in 2016, 51 % of Digital Market*. http://www.emarketer.com/Article/Mobile-Ad-Spend-Top-100-Billion-Worldwide-2016-51-of-Digital-Market/1012299 (Erstellt: 02.04.2015). Zugegriffen: 20.05.2015

Eslinger, T. 2014. *Mobile Magic*. New Jersey: John Wiley & Sons.

Facebook o. J.a. http://edge.media-server.com/m/p/r62axc3n als Podcast. Zugegriffen:30.07.2015

Facebook o. J.b. https://www.facebook.com/business/ads-guide/?tab0=Neuigkeiten%20auf%20Mobilgeräten. Zugegriffen: 27.05.2015

Facebook o. J.c. https://www.facebook.com/business/a/facebook-bluetooth-beacons#request. Zugegriffen: 15.06.2015

Facebook o. J.d. https://www.facebook.com/business/a/online-sales/dynamic-product-ads. Zugegriffen: 28.05.2015

Fiegerman, S. 2013. *Why 'SoLoMo' Isn't Going Anywhere*. http://mashable.com/2013/04/30/solomo/ (Erstellt: 30.04.2013). Zugegriffen: 21.05.2015

Fuchs, J. 2015. *Apple Watch: Der Krieg ums Handgelenk und wie man ihn gewinnen kann*. https://medium.com/@DAYONE/apple-watch-der-krieg-ums-handgelenk-und-wie-man-ihn-gewinnen-kann-518614f17590 (Erstellt: 28.05.2015). Zugegriffen: 01.06.2015

FUNmobility. http://pages.funmobility.com/rs/funmobilityinc/images/2015%20Marketers%20Guide%20to%20Mobile%20Engagement.pdf. Zugegriffen: 28.05.2015

Garcia, B. 2014. *Beyond the Swipe: A New Era of More Actionable, Interactive Notifications.* http://urbanairship.com/blog/2014/09/02/beyond-the-swipe-a-new-era-of-more-actionable-interactive-notifications (Erstellt: 02.09.2014). Zugegriffen: 29.05.2015

Gardt, M. 2015. *Inside Atlas: Das Herzstück Der Facebook-AD-Infrastruktur Beleuchtet.* http://www.onlinemarketingrockstars.de/facebook-atlas-analyse/ (Erstellt: 27.04.2015). Zugegriffen: 28.05.2015

Google o. J.a. https://www.thinkwithgoogle.com/products/mobile-ads.html. Zugegriffen: 27.05.2015

Google o. J.b. https://www.thinkwithgoogle.com/micromoments. Zugegriffen: 28.05.2015

Guenther, G. 2015. *Mobile Medium Rectangle oder Printwerbung Schwarz-Weiß.* https://www.adzine.de/2015/04/mobile-medium-rectangle-oder-printwerbung-schwarz-weiss-mobile/ (Erstellt: 13.04.2015). Zugegriffen: 28.05.2015

GS1. https://www.gs1-germany.de/fileadmin/gs1/basis_informationen/mobile_couponing_distribution_targeting_auf_basis_mobiler_reichweiten.pdf und https://www.gs1-germany.de/fileadmin/gs1/basis_informationen/mobile_couponing_die_einloeseproblematik_am_pos.pdf. Zugegriffen: 30.07.2015

Hoelzel, M. 2015. *Social networks are falling over themselves to join the billion-dollar rush in mobile-app advertising.* http://uk.businessinsider.com/the-mobile-app-install-ad-market-2015-3?r=US (Erstellt: 30.03.2015). Zugegriffen: 28.05.2015

Horizont 2015. *Mediatrends 2015.* http://www.horizont.net/media/media/13/2015-004_HOR-Report_Mediatrends_2015.pdf-125057.pdf (Erstellt: 22.01.2015). Zugegriffen: 27.05.2015

Hudson-Maggio, L. 2014. *What Is Geo-Conquesting, and How Can It Drive Campaign Results?* http://blog.cmglocalsolutions.com/what-is-geo-conquesting-and-how-can-it-drive-campaign-results (Erstellt: 13.08.2014). Zugegriffen: 27.07.2015

IAB o. J.a. http://www.iab.net. Zugegriffen: 20.05.2015

IAB o. J.b. http://www.iabeurope.eu/files/6714/2415/8683/IAB_Agency_Snapshot_Survey_European_Results_FINAL.pdf. Zugegriffen: 27.05.2015

IAB o. J.c. http://www.iab.net/media/file/IABPostCookieWhitepaper.pdf. Zugegriffen: 26.05.2015

InMobi. http://info.inmobi.com/rs/inmobi/images/Global%20Mobile%20Media%20Consumption%20Wave%203%20Report.pdf. Zugegriffen: 20.05.2015

Irvine, M. 2014. *Why It's So Easy to Fail on Mobile.* http://www.wordstream.com/blog/ws/2014/08/12/google-adwords-mobile-data (Erstellt: 12.08.2014). Zugegriffen: 27.05.2015

Jacobsen, N. 2015. *Das Google-Dilemma: Stagnierendes Werbegeschäft Und Die Suche Nach Dem Hoffnungsträger.* http://www.onlinemarketingrockstars.de/analyse-google-bilanz-q1/ (Erstellt: 28.04.2015). Zugegriffen: 28.05.2015

Kenshoo 2015. *Mobile App Advertising Trends.* http://kenshoo.com/digitalmarketingtechnology/wp-content/uploads/2015/03/2014-Mobile-Social-App-Trends_Web.pdf (Erstellt: 17.03.2015). Zugegriffen: 28.05.2015

Kumar, A. 2015. *TapSense Launches Industry's First Programmatic Ad Platform for Apple Watch.* http://www.tapsense.com/blog/2015/01/04/tapsense-launches-industrys-first-programmatic-ad-platform-apple-watch/ (Erstellt: 01.04.2015). Zugegriffen: 29.05.2015

Lange, M. 2014. *Die acht Hebel des strategischen Content Marketings.* http://www.talkabout.de/infografik-die-acht-hebel-der-content-kontrolle/ (Erstellt: 24.10.2014). Zugegriffen: 26.05.2015

LiveRail. http://www.liverail.com/mobile-app-monetization/. Zugegriffen: 28.05.2015

LSoM. https://www.leipzigschoolofmedia.de/masterstudiengaenge/mobile-marketing.html. Zugegriffen: 20.05.2015

LUMA. http://www.lumapartners.com/lumascapes/mobile-lumascape/. Zugegriffen: 21.05.2015

Majority. https://www.majority.co/wp-content/uploads/2015/02/Mobile-Viewability-The-Mobile-Majority.png. Zugegriffen: 28.05.2015

Manjoo, F. 2014. *Fall of the Banner Ad: The Monster That Swallowed the Web.* http://www.nytimes.com/2014/11/06/technology/personaltech/banner-ads-the-monsters-that-swallowed-the-web.html?_r=0 (Erstellt: 05.11.2014). Zugegriffen: 27.05.2015

Manjoo, F. 2015. *For Verizon and AOL, Mobile Is a Magic Word.* http://www.nytimes.com/2015/05/13/technology/verizons-data-trove-could-help-aol-score-with-ads.html (Erstellt: 12.05.2015). Zugegriffen: 20.05.2015

Marin Software. http://www.marinsoftware.com/downloads/mobile-report-2015.pdf. Zugegriffen: 28.05.2015

Marvin, G. 2014. *7 Challenges Facing Google With The Rise Of Native Mobile Advertising.* http://marketingland.com/google-search-mobile-native-ads-111819 (Erstellt: 22.12.2014). Zugegriffen: 27.05.2015

mCordis. http://www.mcordis.com/us-qualification-in-mobile-marketing. Zugegriffen: 20.05.2015

MEF. http://www.mobileecosystemforum.com. Zugegriffen: 20.05.2015

MillwardBrown. https://www.millwardbrown.com/adreaction/2014/report/Millward-Brown_AdReaction-2014_Global.pdf. Zugegriffen: 21.05.2015

Mindshare. http://www.mindshareworld.com/sites/default/files/SHIFT-report-interactive.pdf. Zugegriffen: 01.06.2015

MMA o. J.a. http://www.mmaglobal.com. Zugegriffen: 20.05.2015

MMA o. J.b: http://www.mmaglobal.com/documents/mobile-native-ad-format. Zugegriffen: 28.05.2015

Moore, C. 2012. *The "Mad Men" Years Are Giving Way to the "Math Men" Era.* http://allthingsd.com/20120120/the-mad-men-years-are-giving-way-to-the-math-men-era/ (Erstellt: 20.01.2012). Zugegriffen: 18.06.2015

Moye, J. 2015. *Coca-Cola Named 2014 Mobile Marketer Of The Year.* http://www.coca-colacompany.com/innovation/marketing/coke-named-2014-mobile-marketer-of-the-year#TCCC (Erstellt: 14.01.2015). Zugegriffen: 29.05.2015

Murphy, D. 2014. *App Install Ads Explained.* http://mobilemarketingmagazine.com/tbg-guestpost-ap-install-ads (Erstellt: 04.06.2014). Zugegriffen: 27.05.2015

Nahass, P. 2015. *Better click quality on display ads improves the user and advertiser experience.* http://adwords.blogspot.de/2015/06/better-click-quality-on-display-ads.html (Erstellt: 25.06.2015). Zugegriffen: 27.07.2015

Patterson, S.M. 2015. *Google, Facebook combined for 50% of mobile ad revenues in 2014.* http://www.networkworld.com/article/2881132/wireless/google-facebook-combined-for-50-of-mobile-ad-revenues-in-2014.html (Erstellt: 06.02.2015). Zugegriffen: 27.05.2015

Prokop, K. 2015. *Real-Time Bidding: Fragen, Antworten, Mythen.* http://www.internetworld.de/onlinemarketing/programmatic-advertising/real-time-bidding-fragen-antworten-mythen-907961.html (Erstellt: 04.03.2015). Zugegriffen: 28.05.2015

Puscher, F. 2015. Marketingautomation: Die intelligente Werbemaschine. *absatzwirtschaft* 5: 38–43.

Razorfish. http://www.alwayson.razorfish.com/#intro. Zugegriffen: 21.05.2015

Richards, K. 2014. *Here's Apple's Plan To Turn Around iAd, One Of Its Biggest Flops.* http://uk.businessinsider.com/apple-iad-cross-device-retargeting-2014-10?r=US (Erstellt: 16.10.2014). Zugegriffen: 25.05.2015

Rosenträger, S. 2014. *Brand Safety: Marken fürchten schlechte Nachbarn.* http://onlinemarketing.de/news/brand-safety-marken-fuerchten-schlechte-nachbarn (Erstellt: 08.10.2014). Zugegriffen: 22.05.2015

Samuely, A. 2015. *68pc of mobile marketers leverage location-based targeting.* http://www.mobilemarketer.com/cms/news/strategy/20001.html (Erstellt: 18.03.2015). Zugegriffen: 28.05.2015

Sass, E. 2015. *YouTube Goes 'Mobile, Mobile, Mobile'.* http://www.mediapost.com/publications/article/254932/youtube-goes-mobile-mobile-mobile.html (Erstellt: 28.07.2015). Zugegriffen: 30.07.2015

Slegg, J. 2015. *Google Planning to Devalue Content Behind Interstitials.* http://www.thesempost.com/google-planning-to-devalue-content-behind-interstitials/ (Erstellt: 04.06.2015). Zugegriffen: 15.06.2015

Sloane, G. 2015. *3 Must-See Mobile Ad Refreshes From Facebook, Google and Snapchat.* http://www.adweek.com/news/technology/3-must-see-mobile-ad-refreshes-facebook-google-and-snapchat-164590 (Erstellt: 07.05.2015). Zugegriffen: 28.05.2015

Smith, S. 2015. *Get This Crap Off My Phone: We Are Screwing Up The Mobile Experience.* http://www.mediapost.com/publications/article/250705/get-this-crap-off-my-phone-we-are-screwing-up-the.html (Erstellt: 26.05.2015). Zugegriffen: 27.05.2015

Sullivan, M. 2015. *Adtile debuts multiple sensor-based mobile ad platform.* http://venturebeat.com/2015/02/11/adtile-debuts-multiple-sensor-based-mobile-ad-platform/ (Erstellt: 11.02.2015). Zugegriffen: 28.05.2015

Tanner, A. 2015. *How Ads Follow You from Phone to Desktop to Tablet.* http://www.technologyreview.com/news/538731/how-ads-follow-you-from-phone-to-desktop-to-tablet/ (Erstellt: 01.07.2015). Zugegriffen: 27.07.2015

Theobald, T. 2015. Alles im Stream. *HORIZONT* 28: 39.

Thommes, J. 2015. Relevanz erlernen. *HORIZONT* 26: 6. dialog II.

Tilley, A. 2015. *Google Continues To Miss Revenue Estimates In Fourth Quarter Earnings.* http://www.forbes.com/sites/aarontilley/2015/01/29/google-continues-to-miss-revenue-estimates-in-fourth-quarter-earnings/ (Erstellt: 29.01.2015). Zugegriffen: 26.05.2015

To, S. 2014. *Der weite Weg für Mobile RTB.* https://www.adzine.de/2014/06/der-weite-weg-fuer-mobile-rtb-adtrading-rtb/ (Erstellt: 30.06.2014). Zugegriffen: 27.05.2015

Totems. http://list.totems.co. Zugegriffen: 26.05.2015

Trademob. http://www.trademob.com/wp-content/uploads/2015/07/mobile_advertising_landscape_mobile_Trademob.pdf. Zugegriffen: 27.07.2015

Tsai, I. 2015. *The MMA Announces Results From First-Ever Cross Marketing Effectiveness Research (SMoX) Conducted for Mobile.* http://www.mmaglobal.com/news/smox (Erstellt: 13.03.2015). Zugegriffen: 21.05.2015

Upian. https://donottrack-doc.com/de/episode/1. Zugegriffen: 25.05.2015

Vidakovic, R. 2014. *How Hyperlocal Mobile Advertising Changes Everything*. http://marketingland. com/hyperlocal-mobile-advertising-changes-everything-92979 (Erstellt: 18.08.2014). Zugegriffen: 25.05.2015

von Rauchhaupt, J. 2014. *Mobile Advertising goes Programmatic*. https://www.adzine.de/2014/10/ mobile-advertising-goes-programmatic-performance-marketing/ (Erstellt: 07.10.2014). Zugegriffen: 27.05.2015

Watercutter, A. 2013. *How Oreo Won The Marketing Super Bowl With A Timely Blackout Ad On Twitter*. http://www.wired.com/2013/02/oreo-twitter-super-bowl/ (Erstellt: 04.02.2013). Zugegriffen: 21.05.2015

Wikipedia o. J.a. http://de.wikipedia.org/wiki/Marketing-Mix. Zugegriffen: 20.05.2015

Wikipedia o. J.b. http://de.wikipedia.org/wiki/Tausend-Kontakt-Preis. Zugegriffen: 26.05.2015

Wikipedia o. J.c. http://de.wikipedia.org/wiki/HTTP-Cookie. Zugegriffen: 27.05.2015

Wikipedia o. J.d. http://de.wikipedia.org/wiki/International_Mobile_Equipment_Identity. Zugegriffen: 25.05.2015

Wikipedia o. J.e. http://de.wikipedia.org/wiki/MAC-Adresse. Zugegriffen: 25.05.2015

Wikipedia o. J.f. http://en.wikipedia.org/wiki/Blyk. Zugegriffen: 29.05.2015

Yahoo: http://yahooadvertisingde.tumblr.com/post/97884360778/the-native-experience-ad-content-in-context. Zugegriffen: 20.05.2015

ZenithOptimedia. http://www.zenithoptimedia.com/wp-content/uploads/2014/12/Adspend-forecasts-December-2014-executive-summary.pdf. Zugegriffen: 26.05.2015

Ziegler, B. 2015. *Neues Rockstars-Projekt: New Platform Advertising-Konferenz am 11. Juni in Hamburg*. http://www.onlinemarketingrockstars.de/neues-rockstars-projekt-new-platform-advertising-konferenz/ (Erstellt: 22.04.2015). Zugegriffen: 28.05.2015

Zunke, K. 2015. Gewischt, getippt, geschüttelt. *kressreport* 8: 27–29.

Mobile Commerce

6

Zusammenfassung

Mobile ist für den stationären Handel Fluch und Segen zugleich. Fluch, weil der intelligente Concierge Smartphone den Konsumenten mit relevanter Information über Preise, Qualitäten und Verfügbarkeiten versorgt und so jedes Verkaufsgespräch auf Augenhöhe stattfindet. Das mobile Endgerät wird zum Einkaufsbegleiter und -berater. Segen, weil der Handel mittels Mobile-Technologie erstmals in der Lage ist, Waffengleichheit mit der Online-Konkurrenz herzustellen. Das Smartphone hat eine Zubringerfunktion und kann bei intelligenter Nutzung der Mobile Marketing Klaviatur und geschicktem Einsatz von Location Based Services die Besuchsfrequenz steigern. Es baut nicht nur die Brücke zwischen Offline- und Online-Welt, sondern dient auch als Drehkreuz zwischen den Kanälen im Omni-Channel-Mix. Für reine eCommerce-Händler ist die Mobile-Optimierung ihres Inventars Pflicht. Kür ist es, das Medium Mobile nach seinen eigenen Regeln zu bespielen und Mobile Commerce Made for Mobile zu definieren. Dazu gehört auch die Optimierung des Ckeckout unter Mobile UX Kriterien. Remote Payment im mCommerce und Proximity Payment im stationären Handel sind mPayment-Disziplinen, die eine echte Differenzierung bieten können – wenn sie intuitiv funktionieren und auf eine breite Akzeptanz stoßen. Es scheint, als hätten die Ökosystem-Mobile-Protagonisten die Schlacht gewonnen. Für Marken wird es zunehmend wichtig zu verstehen, welchen Wertbeitrag mCommerce im weiteren Sinne am POS, im Mobile Web und auf dem Smartphone zur Brand Equity haben kann.

Inhaltsverzeichnis

© Springer Fachmedien Wiesbaden 2016
M. Wächter, *Mobile Strategy*, DOI 10.1007/978-3-658-06011-4_6

Mobile Commerce im engeren Sinne ist schlicht eCommerce über mobile Endgeräte und damit ein weiterer Kanal, den es in der Omni-Channel-Welt des Handels zu bedienen gilt – man ahnt es bereits: mit ganz eigenen Spielregeln. Im weiteren Sinne kann man zu mCommerce neben dieser Shop-Funktionalität auch das Forcieren von Abverkäufen mittels Mobile-Technologien hinzuzählen. Darunter würde das Aufrüsten des stationären Handels mit Mobile-Lösungen aller Art genauso fallen wie alle Techniken, mit seinem Smart Device zu bezahlen (Mobile oder mPayment). Das Smartphone wird so zum Einkaufshelfer im Kaufprozess und dient nicht nur als Brieftasche, sondern auch zum Preisvergleich, zur Produkt-Recherche, zum Coupon-Einlösen oder als Filialfinder. Mobile schlägt also die Brücke zu Online, Offline (stationärer Handel) und wieder zurück zu Mobile und ist als Sprungbrett zwischen den Kanälen auf allen Transaktionsstufen der Customer Journey mehrfach involviert – vermehrt auch auf der letzten Stufe des Bezahlens. In einer zunehmend Mobile-First-Welt sollte dabei sowohl für den physischen Handel die Mobile Site (und ggf. App) als auch für den eCommerce-Händler der Mobile Shop eine zentrale Rolle in ihrer Kundenakquisitions-Strategie spielen. Im Kopf der Kunden verschwinden die Grenzen zwischen den Verkaufskanälen zunehmend zu einer Art *Endless Aisle* – einem endlosen Verkaufsregal, bei dem man im Zweifel auf dem mobilen Endgerät fündig wird, wenn man vor Ort nicht fündig wird (vgl. Lixenfeld 2014).

6.1 mCommerce in einer Omni-Channel-Welt

Mit der massiven Verlagerung des Online-Traffic auf Smartphones und Tablets rüsten immer mehr Händler ihre Mobile-Präsenzen auf. Das ist auch dringend nötig. Laut einer umfangreichen, internationalen Vergleichsstudie wächst in Deutschland der Mobile-Anteil am Digital Commerce von knapp 17 Prozent in 2014 (Smartphone: 10 Prozent; Tablet 7 Prozent) auf geschätzte 28 Prozent in 2015 (Smartphone: 16 Prozent; Tablet: 12 Prozent; vgl. Deals 2015). Hatte vor fünf Jahren überhaupt nur jeder fünfte Online-Händler unter den Top 100 einen für Mobiltelefone angepassten Shop, so hat sich das Verhältnis bis Oktober 2014 umgedreht: Nur noch 20 Prozent dieser Händler hatten noch gar keinen Mobile Shop (vgl. Hermsdorf 2014) – was natürlich trotzdem eine erschreckend hohe Zahl an Nachzüglern ist vor dem Hintergrund, dass auch Online-Shops kurz vor ihrem Mobile Moment beim Traffic stehen. Diejenigen, die für Mobile optimiert sind, haben einen für Mobile optimierten Webauftritt und die Hälfte zusätzlich eine dedizierte App. Vor einer responsiven Umsetzung über alle Screens haben viele der großen Händler Respekt. Man muss beobachten, was das bereits erwähnte RWD-Leuchtturmprojekt der *Otto Group* an Erkenntnissen bringt. Aber gerade für zentrale Shop-Komfort-Funktionalitäten hat die App immer noch wesentliche Vorteile. Eine erweiterte Umfrage unter knapp 500 Online-Händlern Ende 2014 hat gezeigt, dass der Bedarf an Mobile-Optimierung bei den weniger großen eCommerce-Betreibern nachvollziehbar noch sehr viel größer ist. Erschreckend dabei ist nur, dass 15 Prozent der Befragten meinten, sie kämen auch in Zukunft ohne Mobile-Optimierung aus (vgl. ECC 2015). Hier ist also noch Raum für Aufklärung.

Für die Entscheidung pro Mobile Site, RWD Site, Web/Hybrid/Native App gelten die gleichen Kriterien wie schon dargestellt. Auch hier gilt: Die Basis jeder Mobile-Präsenz muss die Mobile Site sein. Die Suche auch nach einem Händler startet immer im Mobile Web. Wie auch immer die Lösung im Einzelfall aussieht, es gelten die gleichen UX Vorgaben wie für jedes Mobile-Projekt. Aufgrund der gerade im Shopping noch größeren Unterschiede im Nutzungskontext und entsprechend im Nutzerverhalten auf Smartphones und Tablets sollten beide Endgeräteklassen getrennt optimiert werden. Und natürlich müssen gerade Händler auch in Mobile SEO, Mobile Advertising und App Marketing investieren, um die Visibilität des Shops und damit das User Engagement und die Conversion-Rate für die Produkte zu steigern. Dabei werden auch Mobile Shop Präsenzen immer mehr zu einem Concierge in der Customer Journey mit Inspirationen, Fotosuchfunktion und Lieblingsmarken-Updates on-the-go. Mobile darf nicht als Verlängerung von Online begriffen werden, sondern als eigenständiger Kanal mit ganz besonderen Fähigkeiten. Wie schon bei der Suche unterscheidet sich Mobile Commerce fundamental von Online Commerce via Desktop. Auch bei mCommerce geht es immer um das Bieten eines Mehrwertes im Kontext. Die Problemlösung muss Mobile First gedacht werden. Nur so entstehen mCommerce-Highlights wie *MyTaxi*. Auch beim mCommerce wechselt man vom Klick zum Touch & Scroll. Ware wird auf dem Smartphone-Bildschirm personalisiert und passend kuratiert im Feed-Modus dargestellt.

Gerade in puncto Checkout – der Prozesskette vom Ablegen eines Produktes in den virtuellen Warenkorb bis zum verbindlichen Bestellen und Bezahlen auf dem Smartphone – hat Mobile seine ganz eigenen Anforderungen: vom Anbieten spezieller Filterfunktionen, einer Gastbestellung ohne Registrierung über extrem schlank zu haltende Registrierungsschritte bis hin zu eindeutiger und grafisch auf den kleinen Bildschirm angepasster Prozessnavigation in beide Richtungen mit Eingabevalidierungen auf jeder Stufe. Es gibt Anbieter, die für den Checkout fünf separate Schritte/Seiten brauchen – mit entsprechend vorprogrammierter Abbruchrate. Diese ist auf Smartphones wesentlich höher als auf Desktops (vgl. Chaffey 2015). Im Idealfall ist der gesamte Prozess als Single-Page-Checkout auf einer Seite (vgl. Herzberger 2015), gegebenenfalls unter Zuhilfenahme von Express-Checkout via *PayPal*, *Amazon* oder *Google* Account (*Express*, *1-Click*, *Instant Buy*) und entsprechend hinterlegten Zahlungsdaten. Das wird forciert durch neue Player wie *PowaTag* oder *Spring*, die jeder auf seine Art das Mobile Shopping Erlebnis und den Checkout revolutionieren wollen. Benchmark im mCommerce bleibt aber *Amazon*. In Verbindung mit dem Impulskauf-fördernden 1-Click-Checkout und der ultraschnellen Auslieferung via *Prime Now* Service gelang es dem eCommerce-Giganten, im Weihnachtsgeschäft 2014 60 Prozent aller Einkäufe über mobile Endgeräte auszulösen (vgl. Samuely 2014).

Den Checkout im Mobile Shop zu optimieren und vor allem extrem zu vereinfachen, ist oberste Pflicht, um Transaktionen zu treiben. Denn in letzter Zeit stoßen die Plattform-Krieger des Ökosystems Mobile in diese Lücke vor und platzieren sich mit einem *Buy-Button* zwischen dem Mobile Browsing und dem letztlichen Abschluss des Kaufaktes online auf dem Desktop (vgl. Dougherty und Tabuchi 2015). Eingeloggt und mit hinterlegter Lieferadresse und Kreditkartennummer kann man mittlerweile direkt aus den Mobile Apps von *Facebook*, *Google*, *Pinterest* oder *Twitter* heraus Einkäufe tätigen – mit einem friktionslosen, weil das mühsame Eintippen umgehenden Tap auf diesen Button. Im Hintergrund wird natürlich immer noch ein Partner-Händler mit der Auslieferung beauftragt.

Je mehr Kanäle im Omni-Channel-Modus bespielt werden, desto wichtiger ist die Vernetzung der Produkt- und Kundendaten sowie der Fulfillment-Prozesse. Einige stationäre Händler gehen dazu über, Click & Collect anzubieten, also das Abholen der mobil bestellten Ware im Warenhaus – vor Ort zum Teil sogar als Drive-Thru, wie man es von Fastfood-Ketten kennt, oder gleich mit 24-Stunden-Abholservice. Da man in *Google* Anzeigen mittlerweile auch mit der lokalen Produktverfügbarkeit werben kann, ist eine entsprechende Verzahnung von Online- und Real-Präsenz wichtig (vgl. Google o. J.a). Echtzeit-Bestandsinformationen stellen entsprechende Anforderungen an die Warenwirtschaftssysteme. Mobile wird zum zentralen Treiber von Omni-Channel-Strategien und zum Drehkreuz zwischen den Kanälen. Jeder Touchpoint in der Customer Journey muss darauf analysiert werden, wie er mit Mobile verzahnt werden kann und vor allem, wie der Mobile User sich an diesem Touchpoint verhält. Jeder Point of Interest wird zum potenziellen Point of Sale. Aus eCommerce wird *Everywhere Commerce* – ein Begriff, der seit fünf Jahren treffend die allumfassenden Auswirkungen des Mobile Tsunami auf die Branche beschreibt.

Jeder Händler, ob *Brick & Mortar* oder *Online*, muss im Mobile Moment funktionieren – in der Phase der Kaufanbahnung, beim tatsächlichen Kauf und im Kundendienst nach dem Kauf. Ein eCommerce-Anbieter droht, seine komplette Glaubwürdigkeit zu verlieren, wenn er Mobile nicht mindestens genauso leistungsfähig ist wie Online, und ein stationärer Händler droht, zumindest bei gewissen standardisierten Non-Food-Kategorien zum *Showroom* für den digitalen Einkauf zu verkommen – man schaut und schlaut sich im Laden auf, kauft dann aber online oder gar direkt mobile noch im Laden. Dabei handelt es sich über alle Altersgruppen hinweg durchaus über ein weitverbreitetes Phänomen (s. Abb. 6.1).

Beide Händlertypen müssen eine Mobile-Strategie entwickeln und die für ihr jeweiliges Szenario erforderliche Klaviatur des Mediums Mobile für sich erschließen und anwenden. So können die einen sicherstellen, dass sie auch in einem Mobile-Kosmos noch daseinsberechtigt sind; die anderen können Showrooming in *Webrooming* wandeln und die Online-Recherche nach Produkten in einen Kaufabschluss im Laden drehen (auch ROPO, für *Research Online, Purchase Offline*). Die Online-Plattformen *Locafox* und *koomio* machen sich genau dieses Szenario zunutze und bieten gleich den passenden Reservierungsservice für das auserwählte Produkt im Laden an. *Serviceplan* demonstriert im intelligenten Verkaufsraum *weShop*, was entlang der Touchpoint Journey technisch alles möglich ist (vgl. Serviceplan 2015).

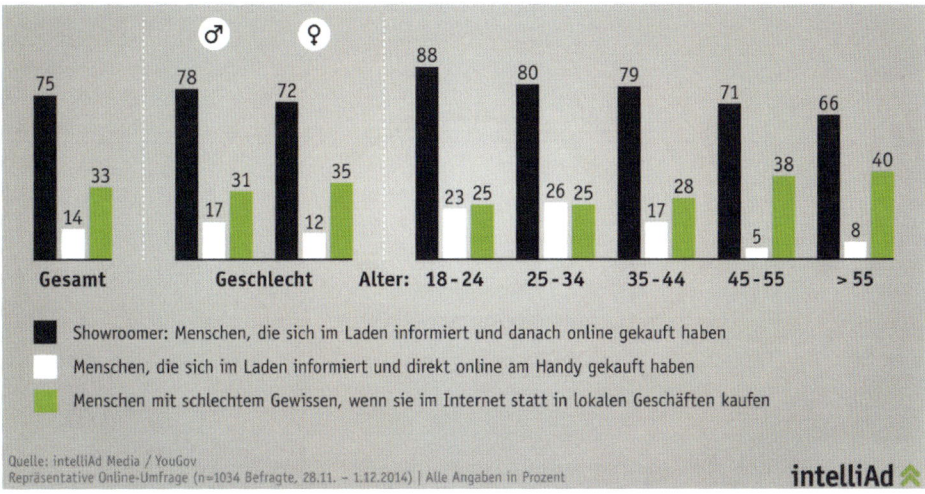

Abb. 6.1 Beratung offline, Kauf online – Showrooming ist in Deutschland sehr verbreitet. (Quelle: intelliAd 2015)

6.2   Mobile – Dope für den stationären Handel

Der moderne Kunde kauft also Omni-Channel und durch das Smartphone bedingt mit verändertem Konsum- und Shoppingverhalten: Er ist „Always-on und Always-in-Touch" (Heinemann 2014, S. 1). Der Mobile Concierge wird zu einem wichtigen Einkaufsbegleiter (s. Abb. 6.2).

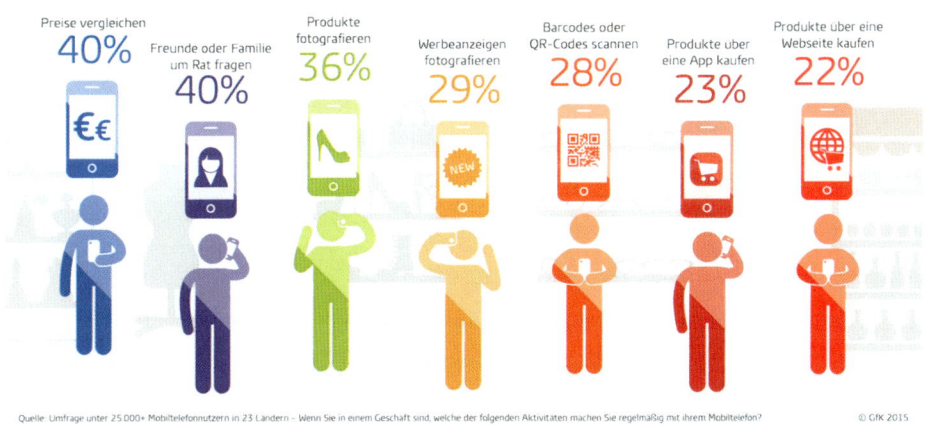

Abb. 6.2 Das Smartphone als vielfältiger Shopping-Begleiter. (Quelle: GfK 2015)

In den USA werden laut der *Deloitte*-Studie *The Dawn of Mobile Influence* bereits im nächsten Jahr ca. 20 Prozent aller Einzelhandelsumsätze durch Mobile beeinflusst (vgl. Deloitte 2015). Der stationäre Handel rüstet mittels Mobile-Technologien auf, um dem geänderten Kaufverhalten, vor allem aber der Aufgeklärtheit der Käufer gerecht zu werden. Man will nicht als Ausstellungsraum für Online-Shops enden. Wo früher Störsender installiert wurden, wird heute Gratis-WLAN serviert und Tablets für Online-Bestellungen zur Verfügung gestellt. In eigens etablierten Future oder Inspiration Stores werden Mobile Solutions zur Marktreife getestet – wie zum Beispiel die Scan & Go Funktion mittels eigenem Smartphone bei *Walmart* inklusive Self-Checkout. Stationärer Handel und Location Based Services gehen eine logische Liaison ein.

So wie es unter den Online-Händlern welche gibt, die immer noch nicht Mobile-optimiert sind, unterschätzt jedoch auch eine Vielzahl an stationären Händlern die Notwendigkeit, auf den Mobile Tsunami angemessen zu reagieren (vgl. PWC 2015). Auf der anderen Seite geht der Konsument von heute auf Augenhöhe in Verkaufsverhandlungen. Er nutzt aber auch die Apps seiner Lieblingsgeschäfte, um sich Inspiration oder Orientierung zu holen. Das Kauferlebnis beginnt mobil und setzt sich nach dem Instore-Erlebnis mobil fort. Händler verdichten immer mehr Daten aus Transaktionen, Multi-Channel-Interaktionen, Social Media und Kundenbindungsprogrammen zu präzisen Kundenprofilen, um dem Kunden dann personalisierte und relevante Angebote auf seinen Mobile Screen zu schicken oder ihn auf ein schönes Shopping-Erlebnis vor Ort vorzubereiten. In Echtzeit auf mobile Endgeräte gespielte Kaufhistorien und Kundenvorlieben ermöglichen dem Verkaufspersonal, einen besseren Kundenservice oder gar Up- und Cross-Selling-Angebote zu bieten. Proximity-Lösungen pushen Coupons, Prämienpunkte oder Werbebotschaften im Kontext des tatsächlichen Kaufvorhabens auf das Smartphone und belohnen Verbraucher via Shopping-Bonus-Apps für Aufenthalte und Stöbern im Laden und sogar für das Betreten der Umkleidekabine, nicht nur für tatsächliche Käufe. Was verspricht, die Besuchsfrequenz zu steigern und die lange erwarteten Kunden-Insights zu liefern, wird ausprobiert. Handel und Technologie-Anbieter sind dabei auf einer gemeinsamen Erfahrungsreise durch Beacon-based Advertising, Offline Tracking und Targeting, Indoor-Navigation, Gamification und Loyalty-Marketing. Sie bilden eine Art „Anti-Amazon-Allianz" (Weddeling 2014), um die Personalisierungs- und Individualisierung-Möglichkeiten des eCommerce auch im Local Commerce zu realisieren. Bewegungsprofile und App-Nutzerdaten wandern zusammen mit Auswertungen von Bonuskarten in die Marketing-Cloud. Anbieter wie *Euclid Analytics* und *RetailNext* arbeiten in den USA bereits an der Zukunft des stationären Handels: der Erfassung von Netzwerk-Pings mobiler Endgeräte und Auswertung hinsichtlich der Verweildauer und des Bewegungsprofils der Besitzer (vgl. Meyer 2014). In die Richtung *Offline Analytics* geht auch das Berliner Start-up *42reports*, das WLAN-Signale auswertet, um Besucherströme zu messen und zu analysieren.

Die Krux zumindest im deutschen Markt bleibt allerdings, dass es weder auf Start-up-Seite die nationale Lösung über die heterogene Handelslandschaft hinweg gibt, noch der Verbraucher bereit ist, sich von jedem Händler und Shopping-Center eine App auf sein Smartphone zu laden. Trotz Herausforderungen beim Hardware-Setup, mit Batterielaufzeiten, der technischen Reichweite, der aktiven Nutzerschaft, dem effektiven Targeting und dem mangelnden Bewusstsein auf Verbraucherseite gibt es vielversprechende Proximity-Piloten mit hohen Interaktionsraten. Es gibt aber auch eine Menge Insellösungen sowie erste Pleiten (vgl. Janke 2015). Am ehesten ist es Anbietern zuzutrauen zu überleben, die bereits über eine große Verbreitung ihrer App verfügen, mit Reichweiten- und Medienpartnern zusammenarbeiten und für die händlerorientierte Proximity-Solutions eine sinnvolle Ergänzung bedeuten. Ein echter Erkenntnisgewinn des *Connected Retail* ist der Brückenschlag zwischen einer wahrgenommenen Anzeige auf einem Smartphone und dem dadurch ausgelösten Ladenbesuch. Start-ups wie *NinthDecimal*, *PlaceIQ* und *xAd*, aber auch *Facebook* und *Google* arbeiten in den USA bereits erfolgreich an der Herstellung dieses Zusammenhangs. Besuchsfrequenz auf Werbeanzeigen-Klicks des Homo Mobilis zurückzuführen und damit die Zubringerfunktion des Smartphone zu belegen, gleicht in der Werbemessung der härtesten Währung – und könnte langfristig sogar das Handels-Marketing Mutterschiff Handzettel gefährden. *Wanda Young*, VP Media und Digital Marketing bei *Walmart*, empfiehlt ihren Handelskollegen dringend, den Fokus weg von Print- hin auf Mobile-Werbung zu legen (vgl. Mortimer 2015). Auf diesem Zubringer Smartphone dann auch noch gleich die Bezahlfunktion mitzuliefern, schließt den mCommerce-Kreis.

6.3 Clever & Smart: Bezahlen mit dem Smartphone

Wenn der stationäre Handel und Location Based Services schon eine Traumhochzeit eingehen, dann trifft das erst recht für das Pärchen Portemonnaie und Smartphone zu. Die Vorstellung, mit seinem Handy zu bezahlen, ist nicht nur verlockend, sondern auch so alt wie die Idee, Mobile als Marketing-Tool einzusetzen – Insider werden sich an *Paybox* erinnern. Bis heute ist *Mobile Payment* nur in den Mobile-Only Märkten erfolgreich eingeführt, die in der Regel auch ein weniger etabliertes Bargeld-, Debit- und Kreditkartensystem vorweisen. In den westlichen Ländern sind immer noch Bargeld und Plastikkarten die wesentlichen Bezahlinstrumente. Hier muss sich mPayment im Moment des Bezahlvorgangs dem intuitiven und über Generationen gelernten Vorgang des Bezahlens stellen und einen echten Mehrwert diesseits und jenseits des Kassenterminals liefern. Die *Starbucks* App ist ein schönes Beispiel für eine extrem mehrwertige Integration von mPayment. Bereits 2013 wurde so über eine Milliarde US-Dollar erlöst (vgl. Heggestuen 2014). Und *Mobile Order & Pay* lässt einen sogar an der Schlange vorbei seinen unterwegs bestellten und bereits bezahlten Kaffee abholen. Mobile Payment wird zu einem Problemlöser und findet dadurch bei der Kaffeeketten-Klientel breiten Zuspruch. Mitte 2015 verarbeitete *Starbucks* weltweit bereits neun Millionen mobile Bezahlvorgänge pro Woche, die 20 Prozent der In-Store-Transaktionen ausmachten (vgl. Spencer 2015).

Auch beim *Mobile Ticketing* von Airlines, Bahn, Eventveranstaltern und ÖPNV gibt es zahlreiche Fälle von gelungener mPayment Integration. Andererseits: Über die Hälfte aller Umsätze im deutschen Einzelhandel beruhen auch heute noch auf Bargeld (s. Abb. 6.3).

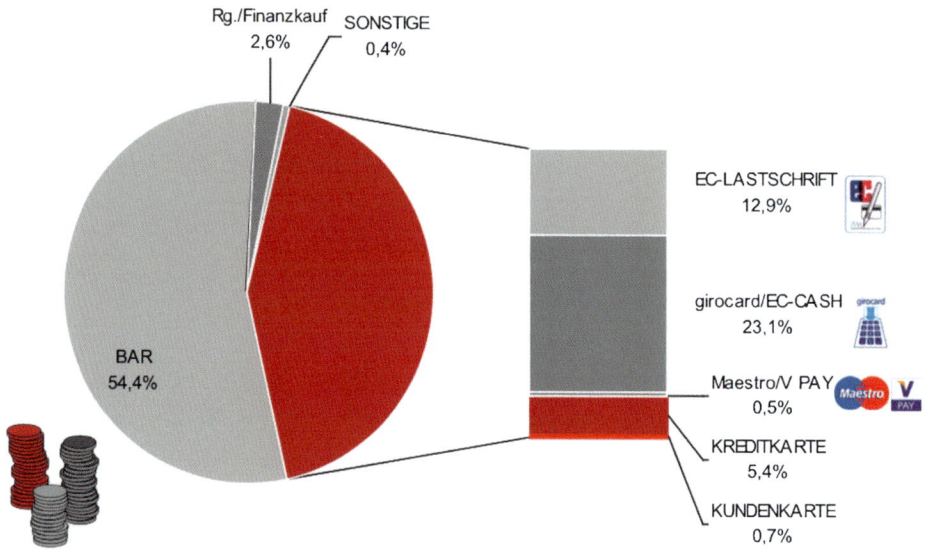

Quellen: EHI-Erhebung 2014; EH-Umsatz i.e.S. = 390 Mrd. €
(exkl. Kfz, Mineralöl, Apotheken, Versandhandel, inkl. Tankstellenshopumsätze)

Abb. 6.3 Zahlungsarten am Umsatz im deutschen Einzelhandel 2013. (Quelle: Rüter 2014)

Hunderte von Start-ups haben sich schon die Zähne am Schaffen dieses Mehrwertes ausgebissen oder sind schlicht an der Trägheit der Verbraucher und der Komplexität des Payment-Provider-Marktes gescheitert. *Mobile Banking* Lösungen hingegen, also das Ausführen von Finanzdienstleistungen über Mobile Services und Apps von einem mobilen Endgerät aus, sind heute nicht nur fester Bestandteil des Dienstleistungsspektrums von Banken und Versicherungen, sondern werden auch rege vom Homo Mobilis genutzt. Auch hier gibt es sogenannte FinTech Start-ups, die die etablierten Finanzdienstleistungsanbieter mit smarten Applikationen das Fürchten lehren. Eine gute und von Zeit zu Zeit aktualisierte Übersicht über deutsche Anbieter bietet *André M. Bajorat* auf seinem Blog (vgl. Bajorat 2015).

Beim mPayment werden vier Formen unterschieden:

Vier mPayment Formen

- Peer to Peer Payment (P2P Payment): Hier wird Geld direkt von Person zu Person transferiert. Exemplarische Vertreter: *cashcloud*, *Facebook Messenger*, *M-Pesa*, *PayPal venmo*.
- Remote Payment: Dieser Bezahlvorgang kommt beim mCommerce zum Einsatz und umschließt alle elektronischen Zahlungssysteme, die einem im Mobile Shop angeboten werden. Exemplarische Vertreter neben den gebräuchlichen Gattungen Kreditkarte, Lastschrift und Sofortüberweisung (auf Rechnung, Nachnahme und Vorkasse ist nicht wirklich mPayment): *Amazon Payments*, *BillPay*, *Klarna Checkout*, *PayPal One Touch*.
- Mobile POS (mPOS): Hier wird aus dem Smartphone oder dem Tablet mittels aufsteckbarer (Dongle) oder konnektierter Kartenlese-/PIN-Eingabe-Hardware ein bewegliches Kassenterminal. Exemplarische Vertreter: *iZettle*, *Payleven*, *PayPal here*, *Square*, *SumUp*.
- Proximity Payment: Hier findet der Bezahlvorgang beim stationären Handel, also direkt am Point of Sale (POS) statt, unter Nutzung von Proximity Solutions wie QR-Code, NFC oder Beacon/BLE. Exemplarische Vertreter: *Android Pay*, *Apple Pay*, *mpass*, *MyWallet*, *paij*, *PayPal* (*Beacon* angekündigt), *Softcard*.

Wenn man sich die eigene Brieftasche anschaut, dann enthält sie neben Bargeld, EC- und Kreditkarten auch Coupons, Kundenkarten, Bonuskarten, Versicherungskarten, den Führerschein und den Personalausweis. All das ist digitalisierbar und in seiner jeweiligen Funktionalität in virtueller Form auf ein mobiles Endgerät zu transferieren. Wenn man in der Kassenschlange fünfmal hintereinander *Haben Sie eine Payback-Karte?* hört, würde man sich eine entsprechend subtile Digitalisierung sogar wünschen. Das Pendant zur physischen Brieftasche wird *Mobile Wallet* genannt. Ausgehend von der Bezahlfunktion, bestücken sowohl Mobilfunknetzbetreiber, Technologiekonzerne wie *Apple*, *Google* und *PayPal*, aber auch Start-ups ihre jeweiligen Wallet Angebote sukzessive mit mehr Services. Einen vollumfänglichen Brieftaschenersatz bietet aber noch keine der am Markt platzierten mWallets. Einen kooperativen Testmarkt zum Einsatz von Netzbetreiber Wallets und NFC-basiertem mPayment gibt es in 500 Geschäften in Berlin (vgl. GS1 2015). Dabei geht es neben dem Feldtest von Hardware und Software der beteiligten Systeme (Authentifizierung, Datenschutz, OS-Kompatibilität, Prozessabläufe, System-Stabilität) vor allem darum, dem Verbraucher zu zeigen, dass Mobile Payment komfortabel, einfach und sicher ist. Gerade die flächendeckende Einführung von Proximity Payment erfordert ein konzertiertes Vorgehen der Mobile-Branche, nicht zu unterschätzende Investitionen in die POS-Infrastuktur auf Handelsseite und vor allem eine breite Awareness und Akzeptanz auf Kassenpersonal- und Verbraucherseite. Das Kombinieren mit Mobile Couponing und Mobile Loyalty Lösungen sowie die Vernetzung mit Location Based Services können die für den Handel so notwendigen Effizienz- und Effektivitätssteigerungen durch mPayment bringen. Auch die in die Jahre gekommenen Kassenterminals erfahren in der aufkommenden mPayment-Welle ein Redesign und vor allem ein Mix aus smarten Proximity-Schnittstellen für QR-Codes, Bluetooth und NFC. Beispielhaft sind die Terminals von *Clover*, *Poynt* und *Square* zu nennen.

Wie bei vielen Henne-Ei-Herausforderungen geht es um die Etablierung der kritischen Masse an Akzeptanzstellen. mPayment-Lösungen, die nur in einer Handelskette funktionieren, braucht kein Mensch. Genauso wenig Wallets, die nur bei einem Netzbetreiber angeboten werden. Die mPayment-Welt ist zu fragmentiert und zu sehr von proprietären Lösungen auf kleiner Flamme geprägt. Der mangelnde Mehrwert einer komplexen mPayment Lösung wird auch nicht wertiger, wenn man weitere Features in einer Wallet hinzufügt. Der Trend zum App Unbundling ist im Grunde genommen der Anti-Wallet-Trend. Nur weil Verbraucher akzeptieren, Brieftaschen von 3 cm Dicke mit sich herumzutragen, heißt das noch lange nicht, dass sie sich eine multifunktionale Wallet App wünschen, bei der man schon beim Onboarding das Gefühl hat, sie überfordert einen. Allen Beteiligten wird immer klarer: Weder der Verbraucher noch der Handel wird mPayment nur wegen der Bezahlfunktionalität nutzen. Es braucht Mehrwerte durch mPayment, die schon vor und auch noch nach der eigentlichen Transaktion entstehen. Das können sofortige Belohnungen wie die Bevorzugung im *Starbucks* Beispiel sein, Location Based Services, die es nur im Kontext von Mobile gibt oder Realisierung von Preisvergleichsvorteilen. Mobile Payment muss eben clever *und* smart sein. Mobile Payment muss einen Mobile Moment auslösen – und zwar immer, wenn man es vor den Augen der Bargeldzähler und Karten-Jonglierer tut. Vor allem das Proximity Payment schreit nach Plattform-Lösungen im großen Stil. Und die können, so scheint es, nur von den bekannten Mobile-Ökosystem Playern kommen.

Wie schon so oft in den vergangenen Jahrzehnten verbreitet eine Produkteinführung aus *Cupertino* Angst und Schrecken oder Aufbruchstimmung – je nach Perspektive. Mit dem im Oktober 2014 eingeführten, NFC-basierten *Apple Pay* (vgl. Apple 2015a) für kontaktloses Proximity Payment am POS, Remote Payment im Mobile Web und In-App Payment, wurde die ganze Branche wachgeküsst. Wieder einmal hat *Apple* bestehende und bewährte Zutaten geschickt gebündelt und elegant verpackt. Der Dienst ist zugleich einfach und instinktiv nutzbar sowie sicher (Identifikation und Authentifikation per Touch-ID/Fingerabdruck, Autorisation via einmaliger Device Account Number, Verschlüsselung der Bezahldaten auf einem Secure Element innerhalb der *Apple*-Welt, Trennung von Autorisierungs- und Geodaten – bleiben bei Apple – und Warenkorbdaten – bleiben beim Händler): Man muss keine App aufrufen, keinen Bildschirm freigeben, keine PIN eingeben; einfach *Pay with Touch-ID* durch Drücken des Fingerabdruck-Sensors beim Annähern an das NFC-Terminal oder bei entsprechender Aufforderung im Mobile Web. Die hinterlegten Kreditkartendaten sind nahtlos in die *iOS*-systemimmanente *Wallet* App integriert. So werden die App Store und *iTunes* Geschäftsmodelle mit ihren knapp eine Milliarde Kundendaten und Kreditkarteninformationen geschickt in die Payment-Welt verlängert. Und der Payment Service ermöglicht intuitiv die logische Vernetzung mit Couponing, Loyalty und Beacon Based Advertising Lösungen. Vor allem aber wie gewohnt bei *Apple*: Der Dienst begeistert seine Nutzer und überzeugt durch eine gute User Experience. Um als präferierte, erstgenutzte Kreditkarte vom *iPhone* User voreingestellt zu werden, überbieten sich US-Banken mit Incentives und Promotions. Wichtiger noch, die Banken positionieren den Dienst auch als vertrauenswürdig. Bis Ende Juni 2015 wurde *Apple Pay* in den USA bei 2500 Einzelhändlern mit einer Million POS akzeptiert, und im Juli 2015 wurde der Dienst im *Vereinigten Königreich* eingeführt – erstmals außerhalb des Heimatlandes.

Natürlich ist Deutschland kein Kreditkartenland, der typische deutsche Einzelhändler gar ein Kreditkartenfeind, der Marktanteil der erforderlichen Endgeräteklasse *iPhone 6* und höher ist nicht groß und überhaupt sind erst ca. 5 Prozent der eine Million Kartenterminals NFC-fähig. Aber die Markteinführung in den *USA* hat die üblichen Mobile-Ökosystem-Protagonisten zu schnellen Reaktionen herausgefordert und wirft auch hierzulande bereits hohe Wellen. *Google* zog im Mai 2015 nach, schob seine seit 2011 mühsam hochgepäppelte *Google Wallet* beiseite und launchte *Android Pay* (vgl. Android 2015). Beiden Systemen liegt ein zentraler Konstruktionsgedanke zugrunde: Mobile Payment ist kein Produkt, sondern ein Feature, das sich nahtlos in die jeweilige Ökosystem-Landschaft einfügt (vgl. Klotz 2015). Und dieses Feature wird jetzt mit der Integration in Smartwatches wie bei *Apple* (vgl. Apple 2015b) oder gar als *Hands Free* Variante wie bei *Google* (vgl. Google o. J.b) noch mehr mit natürlichen Alltagsbewegungen verwoben. Eine perspektivische Payment-Durchdringung von zusammen 90 Prozent des Smartphone-Marktes wird sowohl der NFC-Aufrüstung von Terminals als auch der Akzeptanz von Giro-Karten in beiden Systemen Beine machen.

Aus Sicht der Mobile-Giganten kommt noch ein wesentlicher Trigger hinzu: Mobile Payment erschließt auch Kundendaten der Realwirtschaft und lässt so Einkaufsverhalten auch der Offline-Welt prognostizieren. Kein Wunder, dass auch *Amazon*, *Facebook*, *PayPal* und *Twitter* an mPayment und mCommerce Lösungen basteln. Da werden E-Geld-Institut-Lizenzen erworben, Start-ups aufgekauft, Payment-Experten eingestellt und Pilotprodukte in Testmärkten gelauncht wie *S-money* von *Twitter* in Frankreich oder *PayPal Beacon* und *PayPal Pay-After-Delivery* in den *USA*. Auch der weltgrößte Smartphone-Hersteller *Samsung* wandelte sein Investment in *LoopPay* in den Launch eines eigenen mPayment Dienstes namens *Samsung Pay*. Das Wettrennen um die beste Lösung ist eröffnet. *MarketWatch* gibt eine gute Übersicht über die verschiedenen Allianzen, Vorgehensweisen und strategischen Überlegungen (vgl. Williams 2015).

Manch einer wird sich demnächst wohl vorher genau überlegen müssen, mit wem er welche Partnerschaft eingeht. So soll *PayPal* aus dem Relevant Set an Partnern für *Apple Pay* ausgeschlossen worden sein, weil man parallel mit *Samsung* an einer Mobile Wallet für das *Galaxy S5* baute, deren Nutzung wie bei *Apple Pay* mit dem Fingerabdruck-Scanner autorisiert wird (vgl. Campbell 2014). Von den fragmentierten mPayment-Lösungen im deutschen Markt verschwinden die ersten von der Bildfläche. Die Konsolidierung wird rasant fortschreiten. Komplexe Wallets implodieren. Es scheint ganz so, als wenn auch der Mobile Payment Markt bald von den US-Tech-Konzernen beherrscht wird – im Remote

Payment Bereich von Playern wie *Amazon* und *PayPal* und im Proximity Payment Bereich von den Ökosystem-Mobile-Giganten. Und jeder der Player hat auch noch Pläne für den jeweils anderen mPayment-Sektor, da die Grenzen zukünftig wohl verschwimmen werden. Da mutet die konzertierte Aktion deutscher Banken namens *paydirekt* schon genauso wie eine Verzweiflungstat an wie die gemeinsame mPayment-Lösung *CurrentC* einiger, wenn auch namhafter US-Einzelhändler. Schon vor dem Marktstart zum Weihnachtsgeschäft 2015 werden den Projekten wenig Marktchancen eingeräumt.

Und *Apple*? Die Kalifornier freuen sich, dass sie mal wieder ein komplettes Marktsegment aus seinem Dornröschenschlaf wachgeküsst haben, und basteln an der Zukunft von *Apple Pay*. Denn der Dienst braucht weder zwingend NFC noch zentrale Kassenterminals, um zu funktionieren und Mobile Payment heraus aus der männlichen Early Adopter Ecke zum Mainstream zu verhelfen. Bedurfte es noch eines Beweises, dass auch der traditionelle, konservative deutsche Handel aufgewacht ist, dann sorgte im Juni 2015 die Meldung, dass *Aldi Nord* in seinen 2400 Filialen das kontaktlose Zahlen mit dem Smartphone und entsprechend installierter Wallet-App akzeptiert, für ein Aufhorchen in der Branche. Auch wenn die Lösung eher durch die Hintertür über die Akzeptanz kontaktloser Kreditkarten und in der Kombination Wallet und richtiges Betriebssystem (man erinnere sich: NFC auf *iPhones* ist *Apple Pay* vorbehalten) funktioniert, sorgte die bloße Nachricht für eine breite Berichterstattung und Kommentierung. Passend dazu prognostizierte *Visa* im gleichen Monat, dass die Deutschen im Jahr 2020 rund 1,7 Milliarden Euro pro Woche mit mobilen Endgeräten bezahlen werden (vgl. Visa 2015). Welche mPayment-Systeme von welchem Supermarkt in Deutschland schon heute akzeptiert werden, listet der Branchendienst *teltarif* auf (vgl. Rottinger 2015).

Fazit

Der Mobile Tsunami hat das Medium Mobile innerhalb weniger Jahre zu einem zentralen Werkzeug innerhalb des Marketing-, Media- und Vertriebs-Mix gemacht. Kein Marketer, kein Kreativ- und Media-Dienstleister kommt mehr ohne solide Grundkenntnisse aus über die Funktionsweise des Mobile Internet, die Instrumente des Mobile Marketing und die Fähigkeiten des Mobile Commerce. Teil II dieses Buches hat erklärt, warum sich Markenführung, Kundenkommunikation und Absatzpolitik radikal ändern müssen, wenn ein Medium, das immer da und an ist, selbstständig und an jedem Ort den Kontext herstellen kann. Der Personal Contextual Assistant in der Hand- und Hosentasche von nahezu allen Verbrauchern erfordert nicht nur eine Made for Mobile Denke, sondern auch ein Mobile First Handeln. Das fünfte P wird zum neuen Mantra in der Markenführung. Doch so wie Mobile Konsumenten, Marketer, Agenturen, Medien und Händler in seinen Bann gezogen hat, ist das Medium natürlich auch in Betriebe, in die Industrie und in alle Wirtschaftssektoren vorgedrungen. Die Echtzeit-Plattform Mobile mit ihren disruptiven Geschäftsmodellen erfordert eine ganz neue Art der Unternehmensführung. In Teil III dieses Buches geht es um die Etablierung der Mobile Strategy, die es Unternehmen ermöglicht, dem Mobile Tech-Tornado Paroli zu bieten.

Literatur

Android. https://www.android.com/intl/de_de/pay/. Zugegriffen: 03.06.2015

Apple o. J.a. https://www.apple.com/apple-pay/. Zugegriffen: 03.06.2015

Apple o. J.b. https://www.apple.com/watch/apple-pay/. Zugegriffen: 03.06.2015

Bajorat, A.M. 2015. *Deutsche Fin-Tech StartUps*. http://paymentandbanking.com/2013/11/19/deutsche-fin-tech-startups-mindmap/ (Erstellt: 17.05.2015). Zugegriffen: 03.06.2015

Campbell, M. 2014. *PayPal purportedly cut out of Apple Pay due to partnership with Samsung*. http://appleinsider.com/articles/14/09/30/paypal-purportedly-cut-out-of-apple-pay-due-to-partnership-with-samsung (Erstellt: 30.09.2014). Zugegriffen: 04.06.2015

Chaffey, D. 2015. *Ecommerce conversion rates*. http://www.smartinsights.com/ecommerce/ecommerce-analytics/ecommerce-conversion-rates/ (Erstellt: 07.04.2015). Zugegriffen: 02.06.2015

Deals. http://www.deals.com/umfragen/e-commerce-studie-2015. Zugegriffen: 02.06.2015

Deloitte. http://www2.deloitte.com/content/dam/Deloitte/us/Documents/consumer-business/us-retail-mobile-influence-factor-062712.pdf. Zugegriffen: 02.06.2015

Dougherty, C., und H. Tabuchi. 2015. *New, Simple 'Buy' Buttons Aim to Entice Mobile Shoppers*. http://www.nytimes.com/2015/07/06/technology/new-simple-buy-buttons-aim-to-entice-mobile-shoppers.html?_r=3 (Erstellt: 05.07.2015). Zugegriffen: 27.07.2015

ECC. http://www.ecckoeln.de/News/Jeder-zweite-Online-Shop-mobiloptimiert. Zugegriffen: 02.06.2015

GfK. http://www.gfk.com/de/documents/pressemitteilungen/2015/20150223_pm_mobiles-verhalten-in-geschaeften_dfin.pdf. Zugegriffen: 02.06.2015

Google o. J.a. https://support.google.com/merchants/answer/3057972?hl=de. Zugegriffen: 01.06.2015

Google o. J.b. https://get.google.com/handsfree/#?modal_active=none. Zugegriffen: 03.06.2015

GS1. http://www.zahl-einfach-mobil.de. Zugegriffen: 03.06.2015

Heggestuen, J. 2014. *Starbucks Generated Over $1 Billion From Mobile Transactions Last Year*. http://www.businessinsider.com/mobile-payments-at-starbucks-explode-in-2013-passing-the-1-billion-mark-2-2014-1?IR=T (Erstellt: 31.01.2014). Zugegriffen: 03.06.2015

Heinemann, G. 2014. *SoLoMo – Always-on im Handel*. Wiesbaden: Springer Gabler.

Hermsdorf, F. 2014. *Die Top100 Onlinehändler: 20 % noch immer ohne Mobile Shop*. http://www.kassenzone.de/2014/10/16/die-top100-onlinehaendler-20-noch-immer-ohne-mobile-shop/ (Erstellt: 16.10.2014). Zugegriffen: 01.06.2015

Herzberger, D. 2015. *Infografik – Mobile Ckeckout Report – Q1/2015*. http://www.konversionskraft.de/daten-fakten/infografik-mobile-checkout-report.html (Erstellt: 17.03.2015). Zugegriffen: 01.06.2015

IntelliAd. http://www.intelliad.de/blog/showrooming_handel/. Zugegriffen: 02.06.2015

Janke, K. 2015. Handys, hört die Signale! *Horizont* 12: 30.

Klotz, M. 2015. *Mobile Payment: Der Drops ist gelutscht*. http://mobilbranche.de/2015/06/mobile-payment-der-2 (Erstellt: 02.06.2015). Zugegriffen: 03.06.2015

Lixenfeld, C. 2014. *Die Online-Strategie von Adidas*. http://www.cio.de/a/die-online-strategie-von-adidas,2946608,2 (Erstellt: 28.02.2014). Zugegriffen: 01.06.2015

Meyer, G.: Spionage am Obstregal. In: Die Welt, 30.10.2014, S. 20 (2014)

Mortimer, N. 2015. *Retail spend should shift from print to mobile advertising, says Walmart VP.* http://www.thedrum.com/news/2015/06/08/retail-spend-should-shift-print-mobile-advertising-says-walmart-vp (Erstellt: 08.06.2015). Zugegriffen: 09.06.2015

PWC. http://www.pwc.de/de/handel-und-konsumguter/assets/pwc-studie-modern-retail-store-2015.pdf. Zugegriffen: 02.06.2015

Rottinger, D. 2015. *Bezahlung per Handy in deutschen Supermärkten.* http://www.teltarif.de/lebensmittel-disocunter-mobile-payment-nfc/news/60114.html (Erstellt: 22.06.2015). Zugegriffen: 22.06.2015

Rüter, H. 2014. *EHI-Research: Zahlung und Kundenbindung mit und ohne Karte.* http://download.ehi.de/transaktionen.pdf (Erstellt: 06.05.2014). Zugegriffen: 03.06.2015

Samuely, A. 2014. *Amazon.com sees nearly 60pc of consumers shop for holidays on mobile.* http://www.mobilecommercedaily.com/amazon-com-sees-nearly-60pc-of-consumers-shop-via-mobile-devices (Erstellt: 29.12.2014). Zugegriffen: 02.06.2015

Serviceplan. http://www.serviceplan.com/de/presse-detail/shopping2020.html. Zugegriffen: 02.06.2015

Spencer, A. 2015. *Mobile Accounts for 20 Per Cent of Starbucks Purchase.* http://mobilemarketingmagazine.com/starbucks-mobile-payments-20-percent-purchases (Erstellt: 27.07.2015). Zugegriffen: 30.07.2015

Visa. http://www.mynewsdesk.com/de/visa/pressreleases/visa-prognose-deutsche-werden-2020-rund-1-7-milliarden-euro-pro-woche-mit-mobilen-endgeraeten-bezahlen-1177548. Zugegriffen: 15.06.2015

Weddeling, B. 2014. *Die Anti-Amazon-Allianz.* http://www.handelsblatt.com/unternehmen/mittelstand/special-existenzgruendung/obi-karstadt-und-co-setzen-auf-shopkick-die-anti-amazon-allianz/10877868.html (Erstellt: 23.10.2014). Zugegriffen: 02.06.2015

Williams, T. 2015. *Apple, Google, eBay step up mobile payments arms race.* http://www.marketwatch.com/story/state-of-pay-an-overview-of-mobile-payments-2015-03-06 (Erstellt: 15.04.2015). Zugegriffen: 04.06.2015

Teil III
Die Mobile Strategy

Unternehmensführung in Zeiten des Tech-Tornados

7

Zusammenfassung

Der mit der kommerziellen Nutzung des Internet aufgezogene Tech-Tornado hat mit dem Mobile Tsunami an kreativer Zerstörungskraft gewonnen. Kein Mobile-Protagonist steht so sehr für diese Disruptionsenergie wie *Apple*. Es gab Zeiten, da wähnten sich *BlackBerry* und *Nokia* unüberrollbar. Heute kann sich keine Industrie und keine noch so traditionelle Firma sicher sein, nicht von der Mobile-Welle hinweggespült zu werden. Auch wenn das Kerngeschäft noch solide Erträge in bewährten Herstellungsverfahren verspricht, so sind mindestens alle damit verbundenen Dienstleistungen von der Welle bedroht. Wer nicht digital transformiert, der braucht sich bald gar nicht mehr zu transformieren. Disruptive Geschäftsmodelle sind Meister im Aufdecken von Ineffizienzen und attackieren aus allen Richtungen – vor allem aus den unvorhersehbaren. Besonders beliebte Ziele sind Branchen mit defektem Kundenservice-Verständnis. Unternehmen aller Art sind aufgefordert, sich dem Tech-Tornado zu stellen und die Unternehmensführung dem neuen Mantra anzupassen. Mobile ist das Cockpit in dieser Digitalen Transformation. Wo im Internet der Dinge auch immer Daten anfallen, die es auszuwerten gibt, wo auch immer Smart Services ganze Branchen ins Wanken bringen: Der Mobile Screen steht im Mittelpunkt und orchestriert die notwendigen Transformationsprozesse. *Chetan Sharma* spricht vom „Golden Age of Mobile" (Sharma 2014), in dem alle vernetzten Objekte eine eigene, untereinander verbundene Intelligenz erzeugen. Nur wer aufmerksam beobachtet, welche Technologien, Plattformen und Dienstleistungen in seiner Branche zu smarten Services veredelt werden, kann von der *Connected Intelligence* profitieren und lernen, auf der Welle zu reiten.

Inhaltsverzeichnis

© Springer Fachmedien Wiesbaden 2016

187

M. Wächter, *Mobile Strategy*, DOI 10.1007/978-3-658-06011-4_7

Die rasante Ausbreitung von mobilen Endgeräten und die enorme technologische Entwicklung auf Hardware-, Software- und Service-Seite hat in den letzten Jahren eine zweite Kambrische Explosion ausgelöst. Wie bei der plötzlichen Explosion der Artenvielfalt vor etwas mehr als 500 Millionen Jahren hat der Mobile Tsunami zu einer nie da gewesenen Ausbreitung von neuen Kommunikationsformen, Geschäftsideen und Firmen geführt – vom Plankton und anderen Kleinstlebewesen (den Start-ups) bis zu Dinosauriern (den Mobile Internet Giganten). Geschäftsmodelle und Produktangebote zu transformieren, galt es schon immer in der Geschichte der Wirtschaft: Segelschiffe wichen dem Dampfschiff, Dampfloks der E-Lok, Schreibmaschinen dem PC. Den Unterschied heutzutage macht die Geschwindigkeit aus, mit der die gesellschaftliche und wirtschaftliche Transformation vonstattengeht. Alle derzeitigen Plattform-Giganten sind erst in den letzten 20 Jahren entstanden, sind also gerade einmal volljährig oder stecken noch in der Pubertät. Der Urknall für diese Explosion war sicherlich das multimediale Erleben des World Wide Web durch den ersten Webbrowser *Mosaic* im Jahr 1993. Mobile wirkte in den letzten zehn Jahren wie ein Hyperantrieb auf die voranschreitende Transformationsnotwendigkeit, der die schon gewaltige Digitale Akzeleration durch das Internet in einen Mobile Tsunami enormen Ausmaßes verwandelte. Im *Supercruise* – also mit Schallgeschwindigkeit – breitet sich die Mobile-Welle aus. Heute werden die Märkte von Hardware-, Software- und Service-Plattformen mit Mobile First Zugang zum Rohstoff Daten dominiert. Die aufkommende *Sensor Economy* des Internet der Dinge verstärkt die Macht dieser Plattformen (vgl. Zistl 2015). Etablierte Kundenschnittstellen werden von ihnen erobert – im Handel, im Auto, beim Bezahlen, zuhause und zunehmend in der Fertigung. Es geht immer öfter darum, wer die Daten kontrolliert und wer damit den Zugang zum Kunden besitzt. Immer weniger deutsche Firmen sitzen direkt an der Datenquelle oder drohen, die Kontrolle über diese zu verlieren – Firmen wie *Bosch*, *SAP* oder *Siemens* bilden die rühmliche Ausnahme (vgl. Buchenau et al. 2015). In der „Data Economy" (Twentyman 2014) werden aber neue Dienstleistungen auf Basis eben dieser Daten, die in der Produktion, durch den Konsum oder bei der Nutzung entstehen, kreiert – sogenannte Smart Services.

7.1   Die Geschwindigkeit der Veränderung

Im Ranking der wertvollsten Marken des Jahres 2015 waren mit *Apple*, *Google*, *Microsoft* und *IBM* die ersten vier der Top fünf sowie darüber hinaus mit *AT&T* und *Verizon* sechs der Top sieben Mobile First Companies (vgl. MillwardBrown 2015). Zehn Jahre zuvor hatte nur das damals auf Platz vier gelandete *China Mobile* überhaupt Mobile First gedacht. Dynamische Markt- und damit Marken-Entwicklungen geprägt von Algorithmen, Digitalität, Vernetzung, vor allem aber der Beherrschung des Mobile Tsunami, schlagen

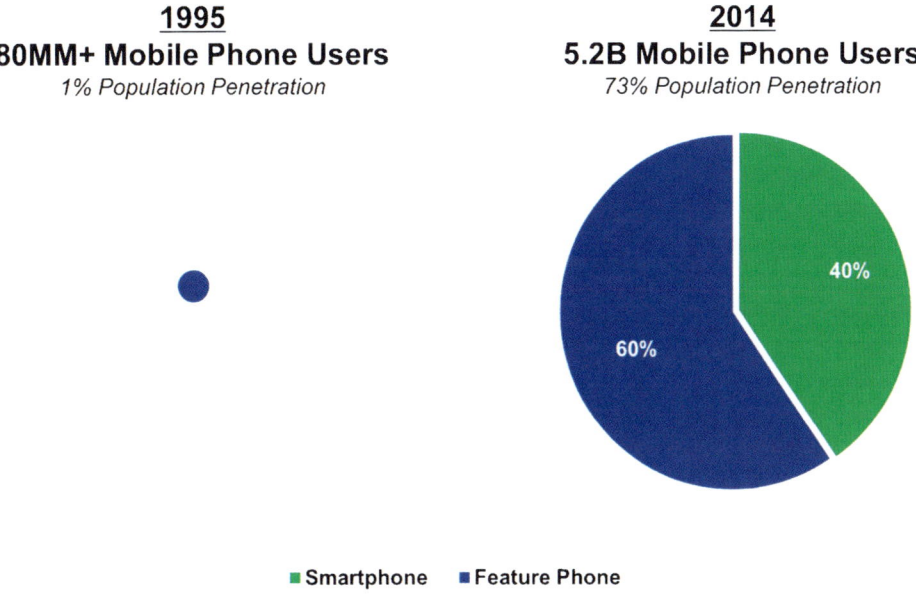

Abb. 7.1 Die rasante Welt-Eroberung des Handy. (Quelle: Meeker 2015)

in der Marken-Bewertung traditionelles Marketing-Management von Marken-Institutionen wie *Coca-Cola*, *GE*, *Malboro* oder *Walmart*. Die explosionsartige Verbreitung des Mediums Mobile führte zu disruptiven Veränderungen (s. Abb. 7.1).

Auf den tragenden Säulen des Internet wie World Wide Web, Suche, eCommerce, Cloud-Computing und Soziale Netzwerke sind die New Economy, das Web 2.0 und Firmen wie *Amazon*, *Ebay*, *Facebook* und *Google* entstanden. Mobile hat aus der New Economy die „Right Now Economy" gemacht (Macke 2013) und aus der Desktop-Computing Ikone *Apple* eine Mobile Company. Der Mobile Tsunami hat eine Tech-Welle ausgelöst, die Käufer und Verkäufer, also Bedarf und Produkt in Echtzeit zusammenbringt.

In der *Now Economy* will der Konsument Produkte und Services im Hier und Jetzt auf seinem Mobile Screen bestellen und erleben: Schnelles Date? *Tinder*. Peer-Group Feedback? *WhatsApp*. Mode-Check? *Poshmark*. Vorfreude teilen? *Meerkat*. Persönlicher Chauffeur? *Uber*. Lieblingsmusik? *Spotify*. Übernachtung? *Airbnb*. Peinliche Erinnerungen? *Snapchat*. Für die Ewigkeit? *Dropbox*. Schwanger? *MobileMom*. Größeres Auto? *DriveNow*. Kostenloses Girokonto? *Number26*. Dringender Wohnungsbedarf? *ImmoScout 24*. Produkterlebnisse in Echtzeit erfordern auf der anderen Seite Echtzeit-Kommunikation, Echtzeit-Werbung, Echtzeit-Kundenservice – kurzum: „Real-Time Marketing" (McKenna 1995, S. 87) oder auch RTM, wie beim *Oreo*-Beispiel aufgezeigt. Die Geschwindigkeit der Veränderung erfordert eine entsprechende Anpassung der Reaktionsgeschwindigkeit – der *Need for Speed* ist offensichtlich. Marken müssen in Zeiten von Always-on Konsumenten immer präsent sein. Aber erst die 3C von Mobile (zur Erinnerung: Client, Connectivity, Cloud – siehe Teil I) haben RTM in der Now Economy und disruptive Dienste wie die genannten ermöglicht. Es bedarf einer ausgereiften Technologie (Mobilfunk, Cloud-Computing) und einer weitverbreiteten Plattformbasis (Smartphones, App Stores), um Geschwindigkeit und eine entsprechende Adaption exzellenter Dienstleistungen zu ermöglichen.

Aus meiner Beraterpraxis

Anfang 2007 – also in der Pre-*iPhone*-Zeit – verschlug mich ein Projekt nach *Sydney*. In einer Zeit, in der die meisten Smartphones noch physische Tastaturen und einen kleinen Bildschirm hatten, das Feature Phone noch das Gros der Märkte bildete, UMTS Laufen lernte und Anwendungen aka Apps noch primär in *Java* programmiert wurden, ging es um den Roll-Out einer Mobile Plattform für Tradings Cards, also Sammelkarten für Genres wie Sport-Idole oder Comic-Helden, wie sie jedes Kind kennt und liebt. Die Idee, dass man auf seinem Handy einen digitalen Marktplatz ansteuert und in einer weltweiten Community seine eigene Sammlung durch Tauschen vervollständigen kann, war genial – nur leider seiner Zeit und vor allem den technischen Anforderungen (3C) voraus. Heute haben alle großen Sammelkartenvertreiber entsprechende Mobile Pendants im Angebot.

Die Herausforderung ist, dass die sich selbst verstärkenden Kräfte des Mobile Tsunami die Veränderungsgeschwindigkeit permanent beschleunigen. Das eigene Geschäftsmodell gegen die in immer kürzeren Abständen erfolgenden Angriffe der *Mobile-Disruptor* zu verteidigen, ist die zentrale Anforderung an viele etablierte Industrien.

7.2 Attacke der disruptiven Geschäftsmodelle

Die Digitale Transformation kann zu einer „Dematerialisierung" (Kreutzer und Land 2015) des Kerngeschäftes führen. Disruptive Geschäftsmodelle haben Smartphones und Tablets erobert und das Verlagswesen, die Musikindustrie, das Filmgeschäft und den Handel gehörig das Fürchten gelehrt. *App Store*, *iPod*, *iTunes*, *Spotify*, *Netflix*, *Amazon* und *Zalando* lassen grüßen. Die Transformation kann aber auch in Form einer digitalen Optimierung von Produkten, Services oder Prozessen daherkommen: Betriebsinterne Kollaboration? *Slack* oder *Yammer*. Auto-Infotainment? *Android Auto* oder *Apple CarPlay*. Taxi-Zentrale? *MyTaxi* oder *Uber*. Kassenterminal? *Poynt* oder *Square*. Bargeld? *Apple Pay* oder *PayPal*. Autoschlüssel? *BMW Remote* oder *carzapp*. Digitale Transformation ist das Schreckgespenst auf den Fluren etablierter Unternehmen über alle traditionellen Branchen hinweg. Wer sein Geschäftsmodell nicht digital transformiert, braucht bald kein Geschäftsmodell mehr. Die Business School *IMD* sprach im Juni 2015 zusammen mit *Cisco* in einer viel beachteten Studie vom Digital-Strudel mit enormer Sogwirkung, dem „*Digital Vortex*", dem im Durchschnitt vier von zehn etablierten Unternehmen pro Industriezweig in den nächsten fünf Jahren durch digitale Disruption zum Opfer fallen werden

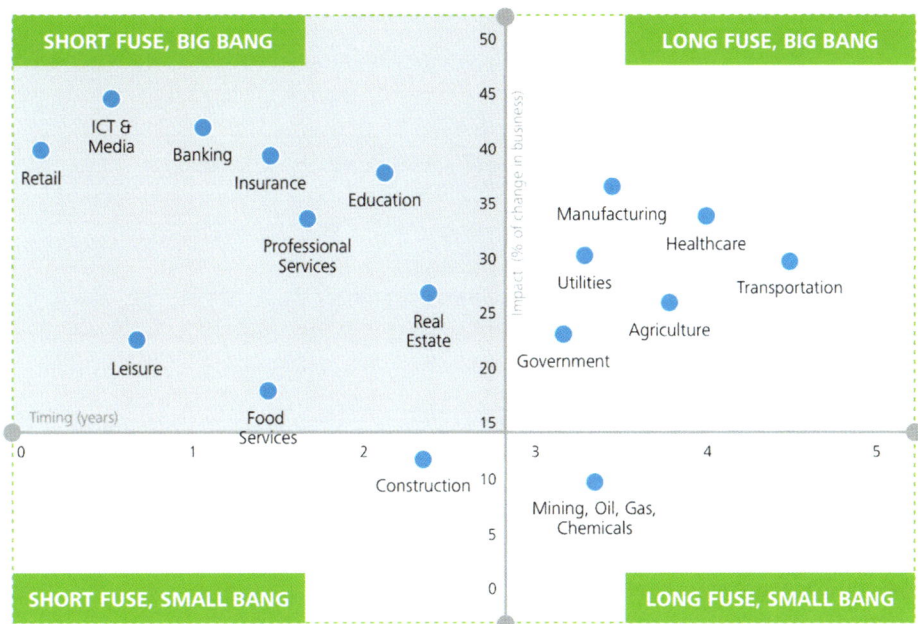

Abb. 7.2 Die Disruption trifft jede Branche – manche früher und heftiger. (Quelle: Deloitte 2015)

(IMD 2015). Die Personalberatung *Heads!* und *Deloitte Digital* brachten es bereits im März 2015 in einer Grafik der Studie *Survival through Digital Leadership* anschaulich auf den Punkt, indem sie 17 Industrien anordneten nach der Kürze der Zündschnur und der Heftigkeit des Impact der Disruption (s. Abb. 7.2).

Heerscharen von Vorständen, Geschäftsführungen und Bereichsleitungen, Aufsichts- und Beiräten, Stabsstellen- und Task Forces sind auf der Suche nach dem Heiligen Gral – der *Secret Sauce* dafür, ihr mehr oder weniger erfolgreich am Markt platziertes Geschäftsmodell fit für die digitale Zukunft zu machen. Das Wort Transformation suggeriert dabei irgendwie, dass man seinen Unternehmenszweck digitalisieren könne und dieser Prozess auch ein Ende findet. Dabei hat *Clayton M. Christensen* schon 1997 in seinem wegweisenden Buch *The Innovator's Dilemma* aufgezeigt, dass der Untergang etablierter Unternehmen kaum vermeidbar ist, da sie sich gegen erfindungsreiche Neulinge nicht wehren können (vgl. Christensen 1997) – eine in der Fachwelt durchaus umstrittene These. Aber selbst wenn man selber erfolgreich in der Lage ist, digital zu transformieren, dann ist das in einer Welt mit einem sich exponentiell beschleunigenden technischen Fortschritt eher ein ständiger Prozess – eine Art „Perpetual Disruption" (Veuve 2015).

Auf der Suche nach dem Disruptions-Gen werden trotzdem Konferenzformate wie *BREAK*, *CODE*, *DLD*, *MLOVE*, *NOAH*, *SLUSH*, *SXSW* oder die Mutter aller Disrupt-Konferenzen *TechCrunch Disrupt* aufgesucht, um dort die *Digital Disruptor* zu treffen. Man pilgert ins Valley, um den *Spirit of Disruption* zu erleben, man besucht Disruptions-

Seminare, man geht Partnerschaften ein mit den *Heroes of Disruption*, um sich mit der Aura von Zukunftsfähigkeit zu schmücken, oder man gründet eigene Accelerator und Inkubatoren und richtet Hackathons aus, um sich den direkten Zugang zu disruptiven Ideen oder gleich Start-ups zu sichern. In seinem Buch *SILICON VALLEY* berichtet *Christoph Keese* sehr anschaulich und lesenswert von genau diesen Eindrücken und Insights, die er auf seiner Dienstreise zu den Plattform-Giganten erlebt und erfahren hat (vgl. Keese 2014). Wer wissen will, was aus dem mächtigsten Tal der Welt auf uns zukommt, bekommt hier einen Eindruck. Denn *Disrupt!* ist der Schlachtruf des Valley. Es ist das „Glaubensbekenntnis für eine vom Erfolg beflügelte Erfinderkultur, die weiß, dass sie alles erreichen kann, wenn sie nur radikal genug denkt" (Keese 2014, S. 108). Wer ein wenig mehr in die zum Teil sehr spezielle Psychologie der Valley-Protagonisten eintauchen möchte, dem sei das Werk *Das digitale Debakel* von *Andrew Keen* empfohlen (vgl. Keen 2015).

Aus meiner Beraterpraxis

Auf von mir organisierten Reisen zu den Mobile-Protagonisten in *Shanghai*, *Tel Aviv* oder im *Valley* ist das Wertvollste für die beteiligten Unternehmer nicht unbedingt das persönliche Treffen der Disruptors oder auch Plattform-Giganten. Es ist vielmehr das Eintauchen auf Zeit in den jeweils ganz besonderen Spirit der Entrepreneur- und Venture-Szene. Die Innensicht auf die Ökosysteme und die Teilnahme an entsprechenden Netzwerkveranstaltungen vor Ort sind wahre Inspirationskuren für die Unternehmerseele. Sie vermitteln aber auch noch intensiver die Umsetzungs-Geschwindigkeit und die selbstverstärkenden Kräfte dieser lokalen Tech-Galaxien und erhöhen somit den Druck auf die eigene Exekutionsstrategie.

Alles, was digitalisiert werden kann, wird auch digitalisiert. Dabei vollzieht sich die Digitalisierung in Wellen. Waren es zunächst die Musikindustrie, das Filmgeschäft, Verlage und der Handel, so sind mit Phänomenen wie FinTech, Industrial Internet und 3D-Druck jetzt auch klassische Branchen wie der Bankensektor, der Maschinenbau und die Medizintechnik betroffen.

Erste Ziele der Disruptoren sind die Ineffizienzen im Kundenservice. Diese sind besonders leicht mit adäquaten Mobile Apps anzugreifen. In der *On-Demand-Economy* kreieren die digitalen Aggressoren Mobile Apps mit entsprechenden Algorithmen und effizienter Inkasso-Funktion und vergüten die Heerschar an freien Dienstleistern mittels Provision (vgl. Alvarez de Souza Soares und Maier 2015): Anwälte? *UpCounsel*. Berater? *Eden McCallum*. Boten? *Postmates*. Butler? *Alfred*. Büromakler? *WeWork*. Fahrer? *Uber*. Köche? *SpoonRocket*. Programmierer? *TopCoder*. Putzfrau? *Helpling*. Vertriebler? *Universal Avenue*. Es geht dabei um Produkt- und Dienstleistungs-, immer mehr aber auch um Prozessoptimierung (Personalisierung des Kundenservice im Pre- und After-Sales, Wartung, Fehleranalyse, Dokumentation). Die erstgenannten Branchen werden schon von einer zweiten Welle getroffen. Die Verlagerung der Mediennutzung vom stationären Web auf Smartphones & Co. verändert alleine in Deutschland das Informations-, Kommunikations- und Konsumverhalten von Millionen Menschen. Die zweite Gruppe wird die disruptive Welle des Mobile Tsunami umso härter treffen. 90 Prozent der Millennials in den USA (also der Generation, die in den 20 Jahren vor der Jahrtausendwende geboren ist) sind laut *The Millennial Disruption Index* überzeugt, dass der Bankensektor seismischen Veränderungen unterliegen wird (vgl. Scratch 2015). Und das im Gesundheitssektor Optimierungs- und Wertschöpfungspotenziale zur Eroberung brachliegen, ist offensichtlich.

So ziemlich jede Beratungsfirma mit IT-Sektor-Kompetenz hat in den letzten Jahren Hitlisten der Digitalisierungs-Champions veröffentlicht und entsprechende Reifegrade vergeben. Die *Boston Consulting Group* hat sieben deutschen Kernindustrien (Logistik, Auto, Maschinenbau, Handel, Telekommunikation/Internet/Medien/Entertainment aka TIME, Finanzdienste und Gesundheit), die zusammen 80 Prozent der DAX- und 70 Prozent der MDAX-Unternehmen repräsentieren, ein am jeweiligen digitalen Vorbild gemessenes Reifezeugnis der Digitalisierung vergeben (vgl. Müller 2014). Gerade die vier zuletzt genannten Branchen, die bis 2020 am stärksten von der totalen Umwälzung durch die Digitalisierung betroffen sein werden, sind am weitesten entfernt von ihren digitalen Benchmarks. Wirklich kritisch für den Erhalt des Wohlstands im Industriestandort Deutschland ist aber die Wandlungsfähigkeit der zum Teil über 100 Jahre alten Branchen Automobil, Maschinenbau, Elektronik und Chemie. In der DNA dieser durch Premiumpositionierung und Produkt-Einzigartigkeit geprägten Kernbranchen liegt das Schaffen von Wertschöpfung durch ständige Veredelung gepaart mit der Produktionskompetenz der Fachkräfte.

Die im Zuge der Digitalen Transformation erforderliche Innovationselastizität an eben diese Industriesparten ist weit höher als diejenige, die bei der Einführung der Industrieroboter Ende der 70er Jahre gefordert war.

Aus meiner Beraterpraxis

In den Katakomben des *Stanford Research Institute* (*SRI International*) der ehrwürdigen *Stanford Universität*, der Keimzelle des *Silicon Valley*, hat ein amerikanischer Geschäftsfreund 2011 ein paar Zimmer angemietet, um eine Mobile Productivity App zu entwickeln – eine Art smarter Kalender für Smart Devices, basierend auf Künstlicher Intelligenz. 2013 besuchte ich ihn mit einer Delegation aus Deutschland. Sein Team grübelte gerade an einem ganz besonderen Feature. Ich sagte ihm, dass mein Partner von *MobileMonday Silicon Valley* – dem größten MoMo Chapter weltweit mit über 15.000 Mobile und IOT Entwicklern sowie Unternehmensgründern in der Datenbank – am Abend im legendären Technologie Campus und Business Accelerator *RocketSpace* im Herzen von San Francisco (South of Market) zu einem Tech-Meetup eingeladen hatte. Mein SRI-Fellow kam spontan mit, pitchte sein Problem vor der versammelten Mobile Avantgarde und hatte am nächsten Morgen eine Lösung für sein Team parat. Zwei Finanzierungs-Runden mit 13 Investoren und 12,5 Millionen US-Dollar eingesammelten Kapital später verkaufte er die App im Mai 2015 erfolgreich an *Salesforce.com*.

Bei der Integration von *Silicon Valley* Basisinnovationen in die eigenen Produkte geht es um die besten digitalen Service-Pakete, die Entwicklung der ausgeklügeltsten Geschäftsmodelle und um Geschwindigkeit. Nur leider trifft hier eine „Welt der ultrakurzen Produktlebenszyklen, permanenten Reorganisationen und blitzschneller Strategieschwenks" auf das gemächliche deutsche Industriemodell (Müller und Palan 2015). Die schon berühmte *German Angst* vor Veränderung trifft zudem noch auf einen zähen Föderalismus, eine schlechte Internet-Infrastruktur und fehlendes Wagniskapital. Die digitale Leistungsfähigkeit leidet so sehr, dass sich unter den von *McKinsey* weltweit ermittelten Top 50 der dynamischsten Börsenunternehmen (den sogenannten *Aggressive Leaders*; Maßstab: profitables Wachstum) mit *SAP* (Platz 16) und *BMW* (Platz 48) nur zwei deutsche Firmen wiederfinden, unter den Top 100 immerhin noch *VW* (55), *Daimler* (72) und *Bayer* (75). Vor allem Firmen aus den *USA*, *China*, *Indien* und *Südkorea* geben die Pace vor – in Branchen wie Pharma, Biotech, Software und IT, die es in *Deutschland* abgesehen von den berühmten Ausnahmen eher schwer haben (vgl. Maier und Student 2015).

Wenn man sich nur einmal die beiden Kriterien vor Augen hält, nach welchen *Google* entscheidet, in einen Markt einzusteigen und ihn von innen heraus mit digitalen Services zu erobern – *Hat das Produkt oder die Dienstleistung weltweit so viel Nutzer wie eine Zahnbürste und können Informationen so neu organisiert werden, dass die via Datenanalyse so gewonnenen Erkenntnisse zu einem verbesserten Kundenerlebnis führen?* –, dann kann einem mulmig werden ob der vielen noch offenen Angriffspunkte. *Tim Adams* vom *Guardian* hat in einem lesenswerten Essay aufgeschrieben, wohin das noch führen kann (vgl. Adams 2015). Die gemächliche Digitalisierung erklärt auch das im Vergleich zu Vorreiter-Märkten wie *UK* oder *USA* geringe Digital-Spending in Online- und vor allem Mobile-Werbung. Staat und Wirtschaft in Deutschland müssen erkennen, dass die Digitalisierung „Zugang zu intelligenten Instrumenten, Automatisierungs-, Produktionsund Vernetzungstechnologien wie auch Zugang zu global verteilter Information, Wissen, Kompetenz, Ressourcen, Arbeitspartnern und Märkten" ermöglicht oder erleichtert (Rose 2015).

Aus meiner Beraterpraxis

Auf mehreren Geschäftsreisen nach *Singapur* und *Kuala Lumpur* in den Jahren 2007 und 2008 begegnete ich auch Regierungsvertretern dieser Mega-Cities. Mit entsprechenden Masterplänen wurde das klare Ziel herausgegeben, bis zum Jahr 2025 zu den Top Smart Cities dieses Planeten zu gehören. Es beindruckt mich noch heute, mit welcher Präzision Digitalisierungs-Ziele formuliert und mit welcher Vehemenz entsprechende Ressourcen zugeteilt wurden. Im globalen Wettbewerb um den schnellsten Zugang zu Information, Wissen und Kompetenz, aber eben auch Technologie- und Arbeitspartnern haben beide Städte jeden europäischen Wettbewerber um Längen abgehängt.

Für alle Beteiligten in Wirtschaft und Verwaltung gilt, dass die Ausbreitungsgeschwindigkeit des Mobile Tsunami keine ausgedehnten Surflehrer-Stunden zulässt. Man muss sich schon in die Wellen stürzen und bereit sein, schnell sein Geschäftsmodell zu adaptieren oder gar radikal zu ändern – eine Fähigkeit, die amerikanischen Gründern in die Wiege gelegt wird und mit *Pivoting* bezeichnet wird. Die Aussage „We pivoted!" ist im Gegensatz zur deutschen Gründerkultur eine Auszeichnung und notwendige Qualifikation für die nächste Entwicklungsstufe, denn ein „Geschäftsmodell zu verteidigen ist altes Denken, es frontal zu attackieren mit dem Ziel, es zu zerstören, die avancierte Form von Management" (Scharrer 2015). Auf Disruption gibt es keine wirklich angemessene Reaktion, auf den Mobile Tsunami aber kann man sich vorbereiten.

7.3 Lernen, auf der Welle zu reiten

Die Konvergenz der disruptiven Technologien **S**oziale Netzwerke, **M**obility, **A**nalytics basierend auf Big Data und **C**loud (SMAC) ist der wesentliche Treiber der modernen Geschäftswelt. *Gartner* spricht vom Nexus der disruptiven Kräfte (vgl. Gartner 2015). Wer es versteht, den passenden „SMAC Code" (KPMG 2015) für sein Geschäftsmodell zu dechiffrieren, erfolgreich anzuwenden und zügig umzusetzen, gehört zu den Gewinnern (wie *Lego*, *Nike* oder *Starbucks*) – der Rest zu den Verlierern. Der „Digitale Darwinismus" (Kreutzer und Land 2013) sorgt für ein Sauriersterben unter etablierten Firmen – *Kodak*, *Neckermann* oder *Quelle* lassen grüßen. Gesellschaft und Technologie entwickeln sich schneller als die Fähigkeit mancher Unternehmen, sich an die neuen Umweltbedingungen anzupassen (vgl. Solis 2012). Der neue digitale Imperativ lautet: Effektive Adaption der neuen Technologien oder Konfrontation mit wettbewerblicher Obsoleszenz! Ein vom *MIT Center for Digital Business* und *Capgemini* entwickelter *Digital Maturity Index* bescheinigte 2013 nur 15 Prozent von 450 größeren Firmen mit über einer Milliarde US-Dollar Umsatz pro Jahr, diese Reife durch proaktives Managen der Digitalen Transformation erreicht zu haben (vgl. Fitzgerald et al. 2013) – von den Hidden Champions im Mittelstand ganz zu schweigen. *Starbucks* wurde als Benchmark-Company definiert: 2009 noch mit halbierter Marktkapitalisierung abgestraft, hat vor allem die mehrfach ausgezeichnete, konsequente Mobile First Ausrichtung die Kundenbindung gestärkt und damit den Börsenwert in neue Höhen katapultiert.

Soziale Netzwerke, Big Data Analysen und Cloud-Technologien sind dabei Werkzeuge, deren Leistungsfähigkeit sich natürlich immer weiter entwickelt, die sich aber in der Nutzung mithilfe entsprechender Technologie-Dienstleister relativ einfach erschließen lassen und deren benötigte Kapazitäten sich je nach Bedarf skalierbar zukaufen lassen. Mobile hingegen ist eine nicht wirklich zu fassende Technologie- und Service-Welle, die täglich neuen Strömungen, Windrichtungen und unvorhersehbaren Wellenbrechern unter der Wasseroberfläche unterliegt – um im Bild zu bleiben. Diesen Tsunami reiten zu lernen, ist die wahre Herausforderung in der Digitalen Transformation. Es gibt keine verlässlichen Frühwarnsysteme und Wetterprognosen. Das Mobile Internet ist wie aufgezeigt das

Schlachtfeld der nahen Zukunft, wo es zum Showdown der Ökosystem-Giganten kommt. Täglich werden in diesem hochintensiven Wettbewerbsumfeld neue Produkte, Services und Technologien auf den Markt gebracht, um sich eine bessere strategische Ausgangsposition zu verschaffen. Es hilft nur eine ständige Beobachtung der wichtigsten Player des Mobile Tsunami und der gesellschaftlichen Adaption der angebotenen Technologien. Die Einschätzung der technologischen Entwicklungen hinsichtlich ihrer Anwendbarkeit muss und sollte im aufgeklärten Europa des 21. Jahrhunderts ganz im Sinne von *Immanuel Kant* vor den Errungenschaften der demokratischen Werte, der sozialen Marktwirtschaft, vor allem aber dem Selbstbestimmungsrecht über die eigenen Daten reflektiert werden.

Mit einem in dieser Hinsicht geschärften Bewusstsein sollte man sich dann Fragen stellen, wie: Was bedeutet es für mein Business, wenn der iKonzern mit *Apple Pay*, *Apple Music* und *Apple News* ganze Industrien einfach so zu einem Feature auf dem *iPhone* macht? Warum steigt *Google* in *Autonomes Fahren* und *Robotics* ein? Wie kann ich *Amazon*s Homeshopping auf Knopfdruck via *Dash* Button für meine Vermarktung nutzen? Was bedeutet *Amazon Prime Air* – die Belieferung via Drohne – für die Logistik? Warum mutiert *Facebook Messenger* zur Kommunikations- und mCommerce-Zentrale? Kann und sollte eine Cross-Device Plattform wie *Windows 10* Einfluss auf die eigene Mobile Enterprise Strategie haben? Warum sollte mich interessieren, in welche Geschäftsfelder *Alibaba*, *Baidu*, *Huawei*, *Tencent*, *Tesla*, *Uber*, *Xiaomi* als Nächstes einsteigen? Warum ist es wichtig, das Plattform-Geschäft des Ökosystems Mobile zu verstehen? Ganz einfach: weil jeder Service, der Huckepack auf diesen Plattformen eingeführt wird, bestehende Geschäftsmodelle, die nur von ihren Service-Einnahmen leben, mit einem Swipe zerstören kann. Die so gewonnenen Erkenntnisse müssen zeitnah in die Unternehmensstrategie einfließen und sind dann unmittelbar auf die Weiterentwicklung des eigenen Geschäftsmodells anzuwenden. *Nike*: *Nike + FuelBand*. *Lego*: *Lego Worlds*. *Starbucks*: *Mobile Order & Pay*. Dabei gilt es, ein gerüttelt Maß an *Trial and Error* Philosophie an den Tag zu legen. Denn nur Enttäuschungen und Flops generieren die richtige Energie, es beim nächsten Mal besser zu machen: *Apple Newsstand* oder *Apple Ping*, *Google Glass* oder *Google Wave*, *Amazon Kindle DX* oder *Amazon Fire Phone*, *Facebook Deals* oder *Facebook Home*, *Microsoft Kin* oder *Microsoft Zune*. Die Liste ließe sich beliebig verlängern und natürlich lässt sich auf hohen Cash-Reserven lässiger floppen. Aber es zeigt deutlich, dass man auch in Zeiten eines stürmischen Mobile Tsunami Ausdauer und Mut braucht, um digitale Geschäftsmodelle zum Erfolg zu führen. Auf Konferenzen wie *FailCon* und *Fuckup Nights* trifft man sich in der Zwischenzeit, um von Fehlern der anderen zu lernen. Es gibt bekanntermaßen nichts Wertvolleres.

Digitalisierungsoffensiven bedeuten in jedem Fall immer einen immensen Ressourcen-Aufwand. Automobilhersteller und Airlines waren mit die ersten Branchen, die sich der Herausforderung des Mobile Tsunami gestellt haben. Sie entwickeln sich permanent weiter zum Mobility Service Provider im erweiterten Wortsinn – im Kerngeschäft werden Personentransport und Mobilität verkauft, im Gesamtumfang des Produkterlebnisses runden allerdings zahlreiche Mobile Services die User Experience ab. In der Share Economy werden Leistungen eingekauft wie Car-Sharing, keine Produkte. Produkte werden zu Apps. So wie Airlines wie *Lufthansa* seit Jahren ihre Mobile-Plattformen ständig ausbauen und um digitale Systeme an Bord sowie an den Flughäfen ergänzen, baut auch die *Deutsche Bahn* das Kundenerlebnis über alle digitalen Touchpoints entlang der Reisekette aus: 150 Digitalisierungsprojekte in den Geschäftsbereichen Personen-, Güterverkehr, Logistik und Infrastruktur hielten den Konzern alleine Mitte 2015 auf Trab (vgl. Schumacher 2015). Dabei reichte die Bandbreite vom Aufwerten der *DB Navigator* App um eine elektronische Wagenstandsanzeige, über das Buchen von Mietfahrrädern oder Car-Sharing-Angeboten bis zur Zurverfügungstellung individueller Reisedaten auf Tablets der Zugbegleiter. In-Train-Navigation via Beacon zum Sitzplatz, eine App für Infotainment und Bordbistrobestellungen, die WLAN-Versorgung in den Zügen und auf Bahnhöfen, das Anbieten von Videokonferenzen während der Fahrt, On-Demand Shopping in Bahnhofspassagen und noch futuristisch anmutende Fensterbildschirme mit AR-Informationen entlang der vorbeirauschenden Landschaft standen auch im Masterplan für die Digitale Transformation der Bahn. Aber auch Planung, Streckenwartung und Instandhaltung des Netzes sind Digitalisierungsthemen. So sollen Sensoren das Fahrgastaufkommen, den Streckenzustand und die jeweilige Zugposition erfassen und das extrahierte Smart Data den Kundenservice verbessern. Das *Competence Center Digitalisierung* ist Stabsstelle im Vorstand und der Digitale Wandel im entsprechenden Fokus. Dabei ist der Ehrgeiz durchaus, vom Getriebenen zum Treiber zu werden. So wurde der *DB Navigator* noch vor Apps von *Facebook* für die *Apple Watch* optimiert.

So ließe sich jetzt Branche für Branche schildern, in der Unternehmen sich halb gezogen, halb aktiv springend in die Wellen der Digitalisierung stürzen, um nicht zu Getriebenen des Tsunami zu werden. Dabei kann auch die Digitale Adaption eines Teilbereiches eines Geschäftsmodells durchaus einem Marathonlauf gleichen: Fünf Jahre nach Einführung des *iPad* im Jahr 2010 lag die digital verkaufte Auflage von Magazinen in *Deutschland* im Durchschnitt bei einem Prozent der Printauflage – in *UK* bei knapp vier und in den *USA* über fünf Prozent (vgl. Pauker 2015). Vor dem Hintergrund des zunehmenden Printschwundes ist das für die Verlage sicherlich ernüchternd. Neben den Herausforderungen der Preisgestaltung, einer unterschiedlichen Mehrwertsteuerbelastung und einer auch für Smartphones optimierten Darstellung tun sich Verlage vor allem mit der Vermarktung schwer. Digital Publishing Produkte bedürften der gleichen Mobile Marketing Klaviatur wie Apps aus anderen Branchen, die um Downloads und Engagement kämpfen. Für das haptische Aus-dem-Briefkasten-Holen oder In-Bahnhofskiosken-Stöbern gibt es zudem noch keine digitalen Pendants in den App Stores. Online-Kioske wie *Blendle*, *Keosk* oder *Readly* versprechen Abhilfe. Eine weitere große Herausforderung der Medien-Branche ist die Erosion von Medien-Marken, wenn für den Homo Mobilis die Zukunft des Lesens auf mobilen Endgeräten in kuratierten Nachrichten-Features wie *Apple News* oder *Instant Articles* von *Facebook* liegt – also in den Alpha-Apps der Mobile-Giganten und nicht in dedizierten Medien-Apps. Auch beim Lesen von auf *Google* Servern gecacheten, also Dank *AMP*-Technik beschleunigten News-Artikeln, bleiben die mobilen Leser auf *Google*-Territorium und sind mit einem Klick zurück auf der Suchseite. Das Zusammenspiel mit den Ökosystem-Mobile-Giganten bleibt für Print-Verleger ein zweischneidiges

Werk. Für den im Juli 2015 aus dem Amt geschiedenen *Twitter*-CEO *Dick Costolo* jedenfalls wird Mobile zu einer Zentralisierung bei der Distribution von Content führen, weil kein Mensch auf Dauer Lust hat, zig Apps auf sein Smartphone zu laden (vgl. Schütz 2015).

Getrieben von der Digitalen Transformation ist sicherlich die Taxi-Branche, genauer gesagt die Taxi-Zentralen und ihre Flotten mit zum Teil uninspirierten Service-Muffeln hinter dem Lenkrad. Über die disruptive Kraft von *MyTaxi* und *Uber* ist viel geschrieben worden. Sie und ihre weltweiten Pendants werden auch zukünftig innovativer Treiber für das Transportwesen sein. Aber welche Veränderungskraft eigentlich von ihnen ausgeht, macht ein Blick auf das tradierte Taxi-Wesen deutlich: 15 Prozent aller Taxi-Kunden mit Smartphone nutzen in *Deutschland* mittlerweile eine App für die Bestellung – Tendenz stark steigend, unter den jüngeren Kunden sowieso (vgl. BITKOM 2015). Die Taxi-Innung *Berlin* verordnete allen Fahrern Kreditkartenleser – was einer Revolution im Service-Angebot gleichkam. In *Köln* darf nur Gäste mitnehmen, wer mit einem sauberen und technisch einwandfreien Taxi ohne Schäden, Beulen oder durchgesessenem Sitzpolster vorfährt.

Fazit

Die Geschwindigkeit der Veränderung ist am Anfang des 21. Jahrhunderts atemberaubend. Gesellschaft, Staat und Wirtschaft halten im wahrsten Sinne des Wortes den Atem an angesichts des gewaltigen Ausmaßes des Mobile Tsunami, der sich vor ihnen auftürmt. Nur das Letztere es sich nicht erlauben kann, sich den Hardware-, Software- und Service-Innovationen der Tech-Hochburgen dieser Welt schutzlos auszuliefern. Im Gegenteil: Es gilt, die unzweifelhaft vorhandenen Stärken der heimischen Wirtschaft mit den Chancen der Digitalisierung zu einer wettbewerbsfähigen Phalanx aus Produkt- und Dienstleistungs-Innovationen zu bündeln. Unternehmens- und Markenführung müssen von Getriebenen zu Treibern in der Digitalen Transformation werden. Das erfordert ein gesundes Maß an *German Mut*, Wissbegierigkeit und Lernbereitschaft. Jeder Unternehmer muss für seinen Markt und sein Ökosystem an Lieferanten, Partnern und Kunden verstehen, was digitalisiert werden kann und wie er der Mobile-Welle begegnen muss. Er muss ein Mobile Ready Enterprise schaffen und eine Mobile Strategy formulieren und umsetzen – schnellstens!

Literatur

Adams, T. 2015. *Where is Google taking us?* http://www.theguardian.com/technology/2015/jul/05/google-taking-us-california-innovations-driverless-cars (Erstellt: 05.07.2015). Zugegriffen: 27.07.2015

Alvarez de Souza Soares, P., und A. Maier. 2015. Kapitalismus auf Koks. *manager magazin* 7: 82–88.

Bitkom. http://www.bitkom.org/de/presse/8477_81481.aspx. Zugegriffen: 18.06.2015

Buchenau, M.-W., Dörner, A., Höpner, A., Karabasz, I., und Wocher, M. 2015. Suche nach dem Morgen. *Handelsblatt*, 56: 46–49

Christensen, C.M. 1997. *The Innovator's Dilemma: When New Technologies Cause Great Firms to Fail*. Boston: Harvard Business School Press.

Deloitte. https://www2.deloitte.com/content/dam/Deloitte/de/Documents/technology/Survival %20through%20Digital%20Leadership_safe.pdf. Zugegriffen: 20.07.2015

Fitzgerald, M., N. Kruschwitz, D. Bonnet, und M. Welch. 2013. *Embracing Digital Technology*. http://sloanreview.mit.edu/projects/embracing-digital-technology/ (Erstellt: 07.10.2013). Zugegriffen: 09.06.2015

Gartner. http://c.ymcdn.com/sites/www.tagtech.org/resource/resmgr/files/tag_top_ten_2013.pdf. Zugegriffen: 09.06.2015

IMD. http://www.imd.org/uupload/IMD.WebSite/DBT/Digital_Vortex_06182015.pdf. Zugegriffen: 26.07.2015

Keen, A. 2015. *Das digitale Debakel*. München: Deutsche Verlags-Anstalt.

Keese, C. 2014. *Silicon Valley: Was aus dem mächtigsten Tal der Welt auf uns zukommt*. München: Albrecht Knaus Verlag.

KPMG. https://www.kpmg.com/IN/en/IssuesAndInsights/ArticlesPublications/Documents/The-SMAC-code-Embracing-new-technologies-for-future-business.pdf. Zugegriffen: 09.06.2015

Kreutzer, R.T., und K.-H. Land. 2015. *(1): Dematerialisierung – Die Neuverteilung der Welt in Zeiten des digitalen Darwinismus*. Köln: FutureVisionPress.

Kreutzer, R.T., und K.-H. Land. 2013. *(2): Digitaler Darwinismus*. Wiesbaden: Gabler Verlag.

Macke, J. 2013. *Why the "Right Now Economy" Will Power the Next Wave in Tech*. http://finance.yahoo.com/blogs/breakout/why-now-economy-power-next-wave-tech-141712611.html (Erstellt: 19.11.2013). Zugegriffen: 07.06.2015

Maier, A., und D. Student. 2015. Wer hat Angst vor Jack Ma? *manager magazin* 4: 30–40.

McKenna, und Regis. 1995. Real-Time Marketing. *Harvard Business Review* Ausgabe Juli–August.

Meeker, M. 2015. *Internet Trends 2015*. http://kpcbweb2.s3.amazonaws.com/files/90/Internet_Trends_2015.pdf?1432738078, (Erstellt: 27.05.2015). Zugegriffen: 28.05.2015

MillwardBrown. http://www.millwardbrown.com/BrandZ/2015/Global/2015_BrandZ_Top100_Chart.pdf. Zugegriffen: 31.05.2015

Müller, E. 2014. Stars und Sternchen. *manager magazin* 8: 78–81.

Müller, E., und D. Palan. 2015. Baum der Erkenntnis. *manager magazin* 5: 84–88.

Pauker, M. 2015. Kein Heft in der Hand. *W&V* 5: 16–22.

Rose, C. 2015. Schläfst Du noch oder transformierst Du schon? *Lead digital* 2: 09–15.

Scharrer, J. 2015. Der Welterklärer. *HORIZONT* 28: 15.

Schütz, V. 2015. *Warum Medien höllisch aufpassen müssen*. http://www.horizont.net/medien/kommentare/Alpha-Apps-oder-Warum-Medien-hoellisch-aufpassen-muessen--135426 (Erstellt: 20.07.2015). Zugegriffen: 31.07.2015

Schumacher, O. 2015. *Digitalisierung bei der DB: 150 Ideen zum Wohl des Kunden*. http://www.deutschebahn.com/de/presse/presseinformationen/pi_k/9474616/h20150605.html (Erstellt: 05.06.2015). Zugegriffen: 18.06.2015

Scratch. http://www.millennialdisruptionindex.com. Zugegriffen: 18.06.2015

Sharma, C. 2014. *Connected Intelligence Era: The Golden Age of Mobile*. http://www. chetansharma.com/blog/2014/08/21/connected-intelligence-era-the-golden-age-of-mobile/ (Erstellt: 21.08.2014). Zugegriffen: 18.06.2015

Solis, B. 2012. *Sorry, We're Closed: The Rise of Digital Darwinism*. http://www.briansolis.com/ 2012/02/sorry-were-closed-the-rise-of-digital-darwinism/ (Erstellt: 27.02.2012). Zugegriffen: 09.06.2015

Twentyman, J. 2014. *Welcome To The Data Economy*. http://raconteur.net/technology/living-in-a-data-economy (Erstellt: 09.09.2014). Zugegriffen: 18.06.2015

Veuve, A. 2015. *Warum wir den Begriff Digitale Transformation ersetzen müssen!*. http://www. alainveuve.ch/warum-wir-den-begriff-digitale-transformation-ersetzen-muessen/ (Erstellt: 30.03.2015). Zugegriffen: 26.07.2015

Zistl, S. 2015. *Sensor economy opening expanding services and opportunity for individuals, industry*. http://phys.org/news/2015-02-sensor-economy-opportunities-individuals-industry.html (Erstellt: 13.02.2015). Zugegriffen: 18.06.2015

Mobile Ready Enterprise

8

Zusammenfassung

In der Regel sind es die Mitarbeiter eines Unternehmens, die unbewusst die Entwicklung einer Mobility Strategie vorantreiben. Ihre privaten Erfahrungen mit Smartphones und Tablets definieren auch die Anwendungen zum Erledigen ihrer Aufgaben am Arbeitsplatz. Mehr noch: Sie setzen ihre persönlichen Endgeräte auch ein, um berufliche Aufgaben zu erledigen. Ein Mobile Ready Enterprise geht von einer passiven Duldung von privaten mobilen Endgeräten im Einzugsbereich des Unternehmens über in ein proaktives Verwalten und Steuern aller Mobile Devices, Anwendungen, Inhalte und Sicherheitsbelange. Dieses Enterprise Mobility Management versetzt Unternehmen in die Lage, die umfangreichen Potenziale der Echtzeit-Plattform Mobile für ein effektiveres und produktiveres Arbeiten zu erschließen. Der mobile Außendienst mutiert zu einer belegschaftsübergreifenden Mobile Workforce. Managed Business Apps für Geschäftsprozesse aller Art erlauben den unterschiedlichen Abteilungen den jederzeitigen, ortsunabhängigen und gesicherten Zugriff auf unternehmensinterne Daten. Mobile Recruiting wird zur Notwendigkeit, um sich auch für die Mobile Natives als attraktiver Arbeitgeber darzustellen.

Inhaltsverzeichnis

Der Shift vom Desktop Computing zum Mobile Computing resultiert in ganz neuen Chancen, aber auch Herausforderungen für die Unternehmensführung. Mit der enormen Verbreitung von mobilen Endgeräten und entsprechender Software-Lösungen hat sich die klassische IT radikal geändert: Der Server ist in die Cloud gewandert. Alleine der Markt-führer *Amazon Web Services* bietet über zwei Millionen Server in seinen weltweit ver-teilten Rechenzentren an, die als *Infrastructure as a Service* hochflexibel per Mausklick abonnier- und konfigurierbar sind und somit perfekt mit dem Wachstum zum Beispiel von Mobile Start-ups skalieren. Aus einer überschaubaren PC-Client-Schar wurde ein heterogener PC- und Mobile-Client-Park. Statt sich länger an eine komplexe und hoch-komplizierte Software-Architektur zu binden, setzen Unternehmen mehr und mehr auf kleine, flexible Programme. Diese sitzen vermehrt in Rechenzentren, also in der Cloud, und der Zugriff erfolgt über die mobilen Endgeräte. Lästige Umrüstphasen entfallen. Die Mietsoftware wird einfach über Nacht upgedatet. Das über Jahrzehnte die IT-Industrie prägende Lizenzgeschäft bricht mehr und mehr ein. Stattdessen leben Cloud Companies wie *Oracle*, *Salesforce.com* oder *SAP* von langfristigen Mieteinnahmen für die Nutzung der Programme in der Datenwolke. Cloud-Services sind der Rohstoff für Big Data, Social und Mobile.

Auch Unternehmens-Software wurde und wird zunehmend appifiziert, und betrieb-liche Collaboration-Tools wie zum Beispiel *Jive*, *Teamplace* oder *Yammer* gleichen im Erscheinungsbild eher der Anmutung Sozialer Netzwerke. Ein Buzzword, das *Gart-ner* schon vor knapp einem Jahrzehnt prophetisch für die nächsten zehn Jahre als wichtigsten Trend für die Veränderung in der IT-Branche postulierte, wurde real: die *Consumerization of IT* (vgl. Berlind 2006). Das *Mobile Ready Enterprise* macht sich die Echtzeit-Plattform Mobile zunutze, wappnet sich mit Enterprise Mobility Management Plattformen gegen Endgeräte- und Anwendungs-Wildwuchs sowie Sicherheits-Risiken und bereitet Geschäftsprozesse wie ERP, CRM, BI und HR für den Zugriff von unter-wegs auf. Immer öfter geraten in diesem Zuge eigentlich privat genutzte Smartphones und Tablets in das Visier der IT-Abteilungen. Mitarbeiter beginnen, sich Firmendaten auf ihre persönlichen Endgeräte zu laden, um abends oder am Wochenende noch ein-mal schnell etwas zu lesen oder Änderungen vorzunehmen. Um diesen Trend in den Griff zu bekommen, werden private Endgeräte unter dem Schlagwort BYOD (*Bring Your Own Device*) zunehmend und kontrolliert für den Zugriff auf Unternehmensdaten ausgerüstet. Immer mehr IT-Größen, die Mobile First gingen (s. Teil I des Buches), empfahlen auch ihren Kunden, dieser Route zu folgen. *IBM* hat passend dazu eine ganze *MobileFirst Product Suite* aufgelegt, mit der mobile Unternehmens-Anwendungen effizi-ent erstellt und implementiert, die mobile Infrastruktur verwaltet und geschützt, Kunden entsprechend eingebunden und somit die gesamte Wertschöpfungskette produktiver ge-staltet werden können (vgl. IBM 2015a). In einer *IBM MobileFirst for iOS* genannten Initiative vereinten *Apple* und *IBM* in einer industrieweit beachteten Kooperation im Juli 2014 die User Experience aus *Cupertino* mit der Kompetenz der cloudbasierten Unternehmensdatenanalyse aus *Armonk* (vgl. IBM 2015b). Ein klassischer Win-Win, da beide Konzerne vom jeweiligen Kompetenzfeld des anderen profitieren. *Apple* bekommt damit 30 Jahre nach Ausgraben des Kriegsbeils gegen *IBM* just mithilfe von *Big Blue* einen weiteren Fuß in die immer noch sehr vom Windows-PC geprägte Unternehmens-landschaft.

8.1 Echtzeit-Plattform Mobile

Die Digitale Transformation (DT) versetzt Unternehmen zunehmend unter Echtzeitdruck. Marketing, Vertrieb und Kundenservice unterliegen in Zeiten der Always-On-Generation einer gewissen Real-Time Erwartung. Das bedeutet, dass mit der Umsetzung von DT-Projekten auch eine korrespondierende „Echtzeit-Plattform" (Kaldenhoff 2014) aufgebaut werden muss. Eine Plattform also, die es dem Unternehmen ermöglicht, schnell und von jedem Ort auf aktuelle Entwicklungen zu reagieren. Hier greifen eine adäquate Internet- und Mobilfunknetz-Infrastruktur, Cloud-Dienste, Big Data Analyse-Werkzeuge und effizient eingebundene mobile Endgeräte ineinander. Der so gewährleistete orts- und zeitunabhängige Zugriff auf relevante Daten verbessert die Reaktionsgeschwindigkeit, beschleunigt die Entscheidungsfindung und steigert so die Produktivität der Mobile Workforce und damit des Unternehmens. Allerdings gilt es natürlich, genau festzulegen, welcher Mitarbeiter zu welchem Zeitpunkt auf welche Unternehmensdaten zugreifen darf. Das erfordert ein granulares Rechtemanagement auf Dateiebene, bei dem jeweils bestimmte Aktionen pro Datei erlaubt oder verwehrt werden.

Eine Echtzeit-Plattform Mobile trägt dazu bei, alle Mitarbeiter auf sämtlichen Endgeräten und unabhängig vom jeweiligen Mobile OS unterwegs mindestens genauso produktiv zu machen wie am klassischen Arbeitsplatz, ohne die Sicherheit der Daten zu vernachlässigen. Für den Fall der Einbindung privater Endgeräte in die Unternehmens-IT-Landschaft bietet der *BITKOM* einen ausführlichen BYOD-Leitfaden zu rechtlichen Anforderungen und betrieblichen Voraussetzungen (vgl. BITKOM o. J.a).

Aus meiner Beraterpraxis

Im Jahr 2013 unterstützte ich eine der weltweit führenden Wirtschaftsprüfungsgesellschaften bei der Entwicklung und beim Aufbau der eigenen Mobile Proposition gegenüber ihren Kunden. Ausgehend von den traditionellen Beratungsfeldern und den bedienten Branchen entwickelten wir mit Mobility verknüpfte, neue Service-Potenziale. Dabei stellte sich heraus, dass der Mobile Screen nicht nur der primäre und bevorzugte digitale Touchpoint für die Konsumenten war, sondern sich dieser mittlerweile auch zu dem bevorzugten Workgroup-Computing Werkzeug der Mitarbeiter entwickelt hatte. Eine branchenfokussierte Mobile Service Strategie muss also immer beide Perspektiven betrachten, da sie sich gegenseitig beeinflussen – spätestens im BYOD-Szenario auf einem identischen Gerät tagsüber als Mitarbeiter, abends und am Wochenende als Konsument.

Der Aufbau einer Echtzeit-Plattform mit Mobile als primärer Schnittstelle zwischen den Bedürfnissen von Kunden, Lieferanten und Partnern sowie Vertriebs-, Support- und Kundendienstmitarbeitern auf der einen Seite und den betriebsinternen Datenquellen auf der anderen Seite ist enorm Ressourcen-aufwendig. Neben IT-Infrastruktur-, Hardware- und Software-Invests gilt es auch, neue Grundsätze der Unternehmensführung (in Konzernen gerne *Corporate Governance* genannt) durchzusetzen. Was nützt eine Echtzeit-

Plattform, wenn Mitarbeiter nicht in Echtzeit antworten dürfen? In einer Mobile-First-Welt auch Mobile First zu handeln, erfordert einen erheblichen Invest in die Ausrüstung der Belegschaft sowie Vertrauen in die Fähigkeiten der Mitarbeiter und die Performanz der eigenen Systeme. So kann es laut dem Deutschland-Geschäftsführer von *Twitter Thomas de Buhr* vorkommen, dass der Marketingmanager mit einem im passenden Umfeld abgesetzten Tweet vom heimischen Sofa aus mehr für sein Unternehmen wirbt als im Rahmen einer groß angelegten Kampagne (vgl. Lang und Müller 2015). Die Echtzeit-Plattform Mobile zwingt manchmal auch ihre eigenen Erbauer in die Knie. Zur Einführung des hauseigenen Musik-Streaming-Dienstes *Apple Music* planten die Kalifornier, Neukunden ein kostenloses, dreimonatiges Probe-Abo anzubieten und in der Zeit die Musiker und Songwriter nicht für Streams zu bezahlen. *Taylor Swift* verfasste auf *Tumblr* einen offenen Brief mit der Überschrift „To Apple, Love Taylor" und empfahl diesen dann an ihre 60 Millionen *Twitter* Follower. In Echtzeit reagierte der zuständige Top-Manager ebenfalls auf *Twitter* und räumte ein, Künstler auch während der Probe-Abo-Zeit zu bezahlen. So wurden monatelange Verhandlungen mit Musiklabels kurzerhand über den Haufen geworfen.

8.2 Enterprise Mobility Management

Die berufliche Nutzung von Smartphones und Tablets schreitet rasant voran. Bereits 2013 bekam jeder fünfte Arbeitnehmer ein Smartphone gestellt. Zwei von fünf Arbeitnehmern nutzten ihr privates Gerät mindestens gelegentlich beruflich (vgl. BITKOM o. J.b). Der an den Arbeitsplatz gekettete PC stirbt aus – zumindest als einzige Ausstattung für den Mitarbeiter. Was für den modernen Geschäftsreisenden selbstverständlich ist – eine Ausstattung mit mobilen Endgeräten, permanente Konnektivität und ein entsprechender Zugriff auf Unternehmensdaten –, wird auch mehr und mehr vom normalen Büroangestellten erwartet. Mitarbeiter wollen Anwendungen, die sie in ihrem Geschäftsalltag verwenden, auf dem Gerät nutzen, das ihnen gerade zur Verfügung steht. Dabei werden eine Designanmutung und Usability erwartet, die man aus der privaten Nutzung von Smartphones und Apps gewohnt ist.

Der Mobile Shift hat die Firmen voll im Griff. Die Verbreitung von Unternehmensprozesse optimierenden oder branchenspezifischen Business Apps tut ihr Übriges. Start-ups besitzen oft keinen Festnetzanschluss mehr und stehen auch nicht im Telefonbuch. Das ändert sich auch nicht, wenn sie wachsen. Die steigende Anzahl von betrieblich genutzten mobilen Endgeräten, der Einsatz verschiedener Drahtlosnetzwerk-Technologien und die standortunabhängige Nutzung von mobilen Anwendungen und Geschäftsprozessen aller Art gilt es, zu beherrschen und professionell zu verwalten. Der Produktivitätsgewinn durch die Möglichkeit, von unterwegs zu arbeiten, ist enorm und liegt laut einer Studie von *Sopra Steria Consulting* bei 25 Prozent (vgl. Sicking 2010). Die sogenannte *Enterprise Mobility* erschließt das Mobile Computing für Unternehmenszwecke, verspricht dadurch eine erhöhte Effizienz und damit Produktivität sowie dezentrale Beschäftigungsmodelle und damit verteilte Wertschöpfungsprozesse. Der Wandel hin zu einer Mobile Company durch die Etablierung einer Mobile-IT-Strategie fängt in der Regel harmlos an – über die vermehrte Nutzung von Mobile E-Mail, den Einsatz privater Endgeräte im Unternehmensalltag, die Ausstattung der Geschäftsführung mit Tablets, die anarchische Anschaffung von Mobile Devices in einzelnen Abteilungen oder die spontane, unabgestimmte Veröffentlichung von Apps aus Projekten heraus. Über kurz oder lang steht dann die IT-Abteilung oder in kleineren Firmen die Geschäftsführung vor einem firmenweiten Gerätezoo und einem App-Wildwuchs, die es einzuzäunen und zu kontrollieren gilt.

In den letzten Jahren ist die Einbindung von mobilen Endgeräten und damit die Handlungs- und Entscheidungsfähigkeit on-the-go einer der größten Wettbewerbsfaktoren geworden. Das Gelingen von Enterprise Mobility ist erfolgskritisch und zählt bei vielen Unternehmen zu den zentralen Investitionsthemen. Eine Nutzung mobiler Endgeräte ohne strategische Fundierung ist nicht sinnvoll. Ein ganzheitlicher Ansatz, das *Enterprise Mobility Management* (EMM), wird erforderlich, um Geschäftsprozesse und Daten mobil verfügbar zu machen – und zwar für Mitarbeiter, Kunden und Partner. Dabei umfasst EMM vier Regelungsbereiche:

Die vier Regelungsbereiche des Enterprise Mobility Management (EMM)

- *Mobile Device Management* (MDM) für die Verwaltung der Endgeräte und BYOD-Regeln.
- *Mobile Application Management* (MAM) für Regelungen, wer welche Apps nach welchen Vorgaben veröffentlichen und nutzen darf.
- *Mobile Content Management* (MCM), um Unternehmensdaten auf mobilen Endgeräten verfügbar und nutzbar zu machen.
- *Mobile Security Management* (MSM) für die Vermeidung von Datenmissbrauch und Schadsoftware-Infizierung auf mobilen Endgeräten.

EMM sollte also immer die Dimensionen Endgeräte, Anwendungen, Inhalte und Sicherheit umfassen.

Ab einer gewissen Anzahl von Endgeräten kommen EMM-Systeme zum Einsatz, entweder im Rahmen der eigenen IT-Infrastruktur (*on premise*) oder aus der Cloud als *Software-as-a-Service* (SaaS). Mehrere Hundert Anbieter buhlen um Aufträge für EMM-Einzeldisziplinen oder den Roll-Out einer ganzheitlichen EMM-Suite, von Spezialisten wie *AirWatch* (aufgekauft von *VMware*), *Good Technology, MobileIron, Seven Principles* oder *Sophos* bis hin zu den üblichen IT-Generalisten wie *BlackBerry, Citrix Systems, IBM, Microsoft* oder *SAP*. Dabei kommt es durchaus auch zu auf den ersten Blick vielleicht irritierenden Kooperationen. So werden *Android*-Enterprise-Boliden seit Q3 2015 auf Wunsch mit den bewährten Sicherheits-Features der EMM-Suite *BES12* von *BlackBerry* ausgestattet. Einen vertiefenden Einstieg in die EMM-Thematik bietet *ZDNet* in einem mehrteiligen Webspecial (vgl. Rüdiger 2014). Die *Experton Group* veröffentlicht jedes Jahr den *Mobile Enterprise Vendor Benchmark*, der eine Unterstützung bietet bei der Auswahl des richtigen Partners (vgl. Experton 2015). Die EMM-Plattform sollte flexibel, das heißt unabhängig von einzelnen Endgeräten und Betriebssystemen angelegt sein, um den ständigen Neuheiten und Marktveränderungen auf Hardware- und Software-Seite gegenüber gewappnet zu sein. Sie sollte vor allem aber auch ohne übermäßigen Konfigurations- und Deployment-Aufwand skalierbar sein, um mit dem Unternehmen zu wachsen. Schließlich sollte sie sensibel justiert werden: Eine allzu strikte Einstellung unterbindet die intuitive und damit kreative Nutzung mobiler Endgeräte, wie man sie aus dem privaten Alltag gewohnt ist.

In vielen Unternehmen fehlt es an Transparenz darüber, wer (auch von Partnern oder Lieferanten) mit mobilen Endgeräten auf welche Daten und Anwendungen im IT-System der eigenen Firma zugreifen darf – und kann. Am Anfang jeder Entscheidung pro professioneller Einbindung mobiler Endgeräte in die Unternehmens-IT sollte deshalb ein solides Asset-Management stehen: Welche Endgeräte und wie viele sind bereits im Einsatz? Wo befinden sich diese? Gibt es bereits Software-Wartungsverträge? Welcher OS-Release-Stand existiert auf welchem Gerät? Welche Zugangsrechte, Nutzer- und Sprachprofile wurden vergeben? Welche Apps sind im Einsatz? Ein wichtiger Aspekt ist die Sensibilisierung der Mitarbeiter für die notwendige Verwaltung aller Smart Devices im Unternehmenseinsatz. Aber bereits in den 90er Jahren war die Reglementierung von beruflichen Internet-Zugängen und der korrespondierenden Internet-Nutzung zum Scheitern verurteilt; man sollte also auch in der Post-PC-Ära nicht versuchen, die Endgerätetypen, die Art der Betriebssysteme oder die Datennutzung außerhalb der eigenen Büroräume zu reglementieren. Besser ist es, die Anforderungen der Mitarbeiter ernst zu nehmen und entsprechend zu berücksichtigen. Gerade die jetzt den Arbeitsmarkt erobernden Mobile Natives akzeptieren Car- oder Office-Sharing, definieren sich aber über den Besitz von State-of-the-Art Mobile Devices und eine unlimitierte mobile Datennutzung. Auch das C-Level (CxO, Bereichsleiter) geht in der Post-PC-Ära vermehrt „all-mobile". Das beschleunigt nicht nur die Portierung von Legacy-Systemen wie Warenwirtschaft, CRM und Controlling auf mobile Endgeräte wie Tablets ungemein. Es treibt auch die „Mobilisierung" der eigenen Dienste, Apps und Websites und führt oft zu einem Made for Mobile Dokumenten-Management: Statt wie früher fette *PowerPoint*-Präsentationen und ellenlange *Excel*-Tabellen zu verschicken, werden Analysen schlank gehalten und kommen direkt auf den Punkt. Es kommt zu einem Mix aus privater und geschäftlicher Nutzung von privaten und geschäftlichen Endgeräten.

Die Vorteile einer BYOD-Richtlinie liegen darin, dass man hier klare Nutzungsregelungen vorgibt und gleichzeitig der stürmischen Entwicklung auf der Hardware-Seite gelassener begegnen kann. Der Einsatz von Multi-SIM-Konzepten vereinfacht die Trennung von geschäftlicher und privater Nutzung. Der jederzeitige Zugriff auf für seinen Verantwortungsbereich relevante Unternehmensdaten entspannt die Work-Life-Balance des Mitarbeiters, und diese positive Motivation führt zu Produktivitätssteigerungen. Allerdings sollte der Mitarbeiter außerhalb der regulären Arbeitszeit eigenständig und freiwillig entscheiden können, ob und wann er von der neuen Flexibilität Gebrauch macht. Etwaige Vereinbarungen sollten immer im Einvernehmen mit dem Betriebsrat und dem Datenschutzbeauftragten erfolgen. Es müssen auch Regelungen bestehen, was mit den Unternehmensanwendungen und Daten auf privaten Endgeräten passiert, wenn der Mitarbeiter das Unternehmen verlässt. Es liegt in der Verantwortung der Geschäftsführung, dass Unternehmensdaten auch auf BYOD-Geräten hinreichend geschützt sind. Eine ausgewogene BYOD-Strategie erfordert ein umfangreiches Datensicherheitskonzept (für eine Checkliste: vgl. Eßmann et al. 2012). Da Mitarbeiter ihre privaten Endgeräte immer dabeihaben, lohnt sich eine frühzeitige und proaktive Beschäftigung mit einer BYOD-Policy, ehe sich der Umgang mit sensiblen Unternehmensdaten unkontrollierbar verselbstständigt. Eine ausführliche Darstellung aller bei einer Einführung von BYOD zu berücksichtigenden Aspekte liefert der BITKOM in einer Publikation (vgl. BITKOM o. J.c).

Wir leben im Zeitalter der Digitalisierung aller wesentlichen Infrastrukturen, Organisationen und Lebenswelten unserer Gesellschaft. Wie in Teil I aufgezeigt, sind Smartphones ein digitaler Spiegel unserer Vorlieben, Bekanntschaften und Aufenthaltsorte. Mitarbeiter geben also eher ungern ihre privaten Endgeräte unter Admin-Kontrolle. Private Daten könnten im Rahmen von MDM oder MAM beim Arbeitgeber landen. BYOD trägt natürlich auch im erheblichen Ausmaß zum Aufbau eines Gerätezoos bei. Deshalb gehen Unternehmen vermehrt dazu über, Mobile Devices wie Firmenwagen als Mitarbeiter-Incentive anzubieten. Der Arbeitnehmer kann sich aus einer begrenzten Anzahl von Endgeräten eines aussuchen und sowohl betrieblich als auch privat nutzen (*Choose Your Own Device*, CYOD; gelegentlich auch als COPE abgekürzt für *Corporate Owned, Personal Enabled*). Wenn mobile Endgeräte nur für den Einsatz im Unternehmensumfeld vorgesehen sind und eine private Nutzung strikt untersagt ist, nennt man das COBO für *Company Owned, Business Only*. Alle drei Szenarien können natürlich auch parallel betrieben werden, wenn Mitarbeiter unterschiedliche Nutzungsszenarien haben. Und jedes dieser Device-Management-Verfahren ist besser als der Zugriff von Mitarbeitern auf Unternehmensdaten über mobile Endgeräte, die nicht unter der Kontrolle der eigenen IT-Abteilung stehen.

Durch Mobile Computing Entwicklungen wie Consumerization of IT und BYOD durchbrechen Mobile OS wie *Android* und *iOS* die traditionelle Unternehmensverankerung von *Windows* und *MS Office*, auch wenn der Bestand an *Windows* Client/Server-Strukturen noch hoch ist und das Arbeiten mit der *Office Suite* von *Microsoft* gelernt und gewohnt ist. Für *Microsoft* und das OS *Windows 10* spricht die nahtlose Einbettung der Endgeräte in Arbeits-, Kommunikations- und Wartungsprozesse. Auf der anderen Seite professionalisieren sich *Apple* und *Google* mit jedem Software-Update für den geschäftlichen Einsatz mit Tools für die Fernwartung, Gerätesperrung, App-Kontrolle und den Aufbau von VPN-Verbindungen. Jedes neue OS-Release steigert das Potenzial des Mobile Workflow, erfordert aber auch neue EMM-Richtlinien und eine entsprechende Sensibilisierung der Mitarbeiter. So erlaubt die erwähnte *Extensibility* API den Austausch von Inhalten zwischen Apps und die *Handoff-Funktion* gar das Hin- und Herschieben von Daten zwischen Endgeräten. Wer die *Touch-ID* API für die Authentifizierungsfunktion in eigenen Apps nutzbar machen will, muss Richtlinien für die ausschließliche Speicherung der Fingerabdrücke des betroffenen Mitarbeiters aufstellen und unterbinden, dass auch noch – wie grundsätzlich möglich – von weiteren Personen Abdrücke auf dem Gerät hinterlegt werden. Um das Produktivitätspotenzial zu heben, müssen EMM-Systeme entsprechend angepasst werden. Die konkrete Umsetzung von EMM-Projekten erfordert in der Regel die Begleitung durch einen IT-Berater, besser noch ausgewiesenen Mobile Strategy Berater. Neben offensichtlichen Kompetenzen (Management-, IT- und Change-Management-Beratung) geht es vor allem auch um die effiziente Projektsteuerung und – gegebenenfalls auch internationale – Umsetzung mittels Mobile-IT-Spezialisten pro Fachgebiet. Im Zuge der Entwicklung hin zum Internet der Dinge werden zukünftig nicht nur Menschen und ihre mobilen Endgeräte, sondern vermehrt auch Maschinen und Gegenstände in mobile Netze und damit EMM-Systeme eingebunden.

Mobile Device Management Subsysteme ermöglichen Administratoren, Mobiltelefone und Tablets in die vorhandene IT-Infrastruktur mit in der Regel stark individualisierten Legacy-Systemen einzubinden, die mobile Endgerätelandschaft zu inventarisieren, Firmware, Software und Daten gezielt und kontrolliert auf diese zu verteilen sowie ihnen gewisse Sicherheitsregeln aufzuzwingen. So können Inhalte von verlorenen oder gestohlenen Endgeräten bei Bedarf gelöscht werden (*Remote Wipe*) oder die betroffenen Endgeräte ferngesteuert gleich komplett gesperrt werden (*Remote Lock*). MDM-Projekte sind für IT-Abteilungen in Unternehmen oft der erste Schritt auf dem Weg zum Mobile Enterprise. Der Implementierungsdruck steigt natürlich, wenn die zu verwaltenden mobilen Endgeräte in die Hunderte oder gar Tausende gehen. Eine saubere Integration in die IT-Prozesse ist dann nur noch über den Einsatz von MDM-Systemen gewährleistet.

Mobile Application Management Subsysteme erlauben das Mobile Application Release-, Life-Cycle- und Portfolio-Management sowie die Anbindung der Apps an Backend-Systeme. Auch das Aufsetzen eines eigenen *Enterprise App Store* (EAS) zur Verteilung und Verwaltung von Native, Hybrid und Web Apps, SaaS-Diensten und OS-Updates gehört hierzu. Über die EMM-Konsole wird konfiguriert, welche Apps als vorinstalliertes Set im Unternehmen angeboten werden (App-Katalog) und welcher Anwender welche App nutzen darf. Gekoppelt mit einem durchdachten Identity-Management kann der Zugriff dann auch via bequemen *Single Sign-On* (vgl. Wikipedia o. J.a) erfolgen. Wer Apps programmiert, die nur für die Nutzung durch die eigenen Mitarbeiter vorgesehen sind, braucht einen entsprechenden Enterprise Developer Account für das jeweilige OS. Die Distribution erfolgt dann ohne vorgeschalteten Review-Prozess direkt via eigenem EAS oder durch Verteilung eines Download-Links. Wenn in einer Firma der Bedarf an mehreren Business Apps für unterschiedliche Nutzergruppen besteht, die auf verschiedenen Mobile OS und Endgerätetypen laufen sollen, mit Zugriff auf mehrere Datenquellen im Backend, ist die Entwicklungs- und vor allem Deployment-Komplexität so hoch, dass eine sogenannte *Mobile Enterprise Application Platform* (MEAP) wie zum Beispiel *Movilizer* zum Einsatz kommt. Dabei handelt es sich um eine Produkt-Suite, die als Mobile Middleware Infrastruktur native, hybride und Web Apps (in diesem Zusammenhang auch Enterprise Apps genannt) Plattform- und Endgeräteübergreifend zentral und langjährig managen kann. Der Begriff wurde von *Gartner* geprägt, die seit Jahren auch den MEAP-Vendor Markt analysieren (vgl. Clark und King 2009).

Während das Bewusstsein für Datendiebstahl, Einschleusen von Malware und Viren sowie den Verlust von Geräten unter Unternehmenslenkern durchaus vorhanden ist, ist das Risiko, das von mobilen Apps hinsichtlich Datenschutz und Datensicherheit ausgeht, nicht so präsent. Als eine zentrale MAM-Disziplin hat sich deshalb das *App Risk Management* etabliert, das mittels Auditierungsverfahren sämtliche Aktivitäten der untersuchten App aufzeichnet, auswertet und eine entsprechende Sicherheitsbewertung für den Einsatz im Unternehmen vornimmt. Der Download von Apps sollte dann mit Black- (für verbotene) und Whitelists (für erlaubte Apps) definiert werden, statt die Verbindung zum öffentlichen App Store komplett zu blockieren oder gar ein Side-Loading über SD-Karten in Kauf zu nehmen. Die immer wieder veröffentlichten Top-Listen von verbannten und zugelassenen Apps offenbaren sehr unterschiedliche Einschätzungen, zeigen aber auch, dass selbst Größen wie *Facebook* oder *Google* nicht vor einer Verbannung geschützt sind (vgl. Kingsley-Hughes 2013). Über eine virtualisierte Separierung, einen sogenannten Container, können betriebliche von privaten Anwendungen getrennt werden, wie zum Beispiel bei den Systemen *BlackBerry Balance* und *Samsung Knox*. Ab *iOS 7* hat auch *Apple* seinen eigenen Business Container mit Basis-MDM- und -MAM-Funktionalitäten. So ein Container bildet einen geschützten, zentral durch die Firmen-IT verwalteten Verbund von Business Apps – quasi einen sicheren Behälter für Firmendaten und -anwendungen. Allerdings sind die proprietären, OS-übergreifenden und nicht gerätegebundenen Lösungen der EMM-Anbieter umfangreicher ausgestattet und bieten zusätzlich eine OS-unabhängige Datenverschlüsselung, die Möglichkeit des VPN-Aufbaus pro App und das sogenannte *Managed Open-In* – eine Beschränkung der „Öffnen in" Funktion auf andere Apps im Container, um zu verhindern, dass Firmendokumente (zum Beispiel die PDF der letzten Strategietagung) unkontrolliert in die Public Cloud (zum Beispiel auf *Dropbox*) transferiert werden können. Der Einstellung dieser zuletzt genannten Funktion, der eingesetzte Mail-Account (*Hillary Clinton* lässt grüßen) und das tolerierte Nutzen von „Unmanaged Apps" zum Beispiel von Sozialen Netzwerken gelten die größte Aufmerksamkeit bei der *Data Leak Prevention*.

Integriert der Business App Developer das Enterprise-SDK des jeweiligen EMM-Anbieters, kann dieser seinen App-Katalog um diese App erweitern. Die so ausgestattete App kann weiterhin über die regulären App Stores vertrieben werden. Eine weitere Möglichkeit der Aufnahme von Apps in den Container ist das sogenannte *App Wrapping*. Es verhindert Datenverlust durch datenhungrige Fremd-Apps, schützt vor *Malware* (schädlichen Apps) und *Ransomware* (Erpressung mittels Blockade der eigenen Daten; vgl. Wikipedia o. J.b). Nicht vorhandene Sicherheitsfunktionen werden bei diesem Verfahren hinzugefügt. So kann zum Beispiel die Screenshot-Funktion oder das beliebte Copy & Paste unterbunden werden. Die so veränderten Apps werden dann über das MAM-System verteilt, da diese „umwickelten" Apps nicht mehr über einen regulären App Store vertrieben werden können. Die Containerisierungstechnologien machen Apps geschäftstauglich, können ihnen aber eben auch die Allgemeingültigkeit nehmen. Dabei liefern mobile Plattformen wie *Android*, *iOS* und *Windows* mit Technologien wie *Sandboxing* schon eine gewisse architektonische Basisabschottung. Wie in abgegrenzten Sandkästen werden Apps in voneinander getrennten Systemkontexten kontrolliert ausgeführt, was zumindest einen automatisierten, App-übergreifenden Datenzugriff ausschließt. Jede App hat isolierte Schlüsselspeicher für Zugangsdaten, Zertifikate und sonstige sensible Informationen. Trotzdem lauern natürlich gerade in den Weiten der App Stores Bedrohungen in Form von potenziellen Daten-Lecks und damit für die Unternehmens-IT. Das *Open Web Application Security Project* listet kontinuierlich die Top 10 der größten Gefahren, die von Apps ausgehen, auf (vgl. OWASP 2015). Anlässlich des *Nationalen IT-Gipfels* 2014 ist eine lesenswerte *Guideline – Sichere Apps* veröffentlicht worden (vgl. ifAsec 2015).

Mobile Content Management Subsysteme (auch MIM für *Mobile Information Management*) sorgen dafür, dass Inhalte (Daten, Medien, Dokumente) auf mobilen Endgeräten verfügbar gemacht, verschlüsselt übertragen und synchronisiert sowie sicher vorgehalten werden. Auch die Daten-Komprimierung wird hier festgelegt genauso wie der Zugriff auf vertrauenswürdige Anwendungen und Speicher in der Public Cloud. Es werden auch Mechanismen vorgegeben, die den Dokumentenaustausch zwischen Kollegen, Kunden und Partnern ermöglichen. Schließlich ist ein wichtiger MCM-Aspekt, über rollenbasierte Berechtigungskonzepte festzulegen, welcher Mitarbeiter auf welche Apps im Corporate Application Store zugreifen darf.

Mobile Security Management Subsysteme schließlich erlauben, Daten durch Fernzugriff zu löschen, verschlüsseln Speicherplatten von mobilen Endgeräten und regeln über Identity- und Access-Management den Zugang von mobilen Mitarbeitern auf bestimmte Firmen-Ressourcen. Secure-Mobile-Access Lösungen beugen Schadsoftware-Infizierung und Datenmissbrauch vor. Sie erlauben den Aufbau von SSL-VPN-Verbindungen und gewähren wie bei ihren großen Brüdern, den PC, über eine Firewall einen Anti-Virus, Anti-Spyware und Intrusion Prevention Schutz sowie sicheres Web-Browsing. Einen guten Überblick, mit welchen Apps und Werkzeugen man mobile Endgeräte und damit die mobilen Daten schützen kann, liefert die *COMPUTERWOCHE* (vgl. Schlede und Bär 2015). Mobile Security muss fest in das IT-Sicherheitskonzept der Firma verankert werden und braucht ein eigenes Budget. Es geht immer um den ganzheitlichen Schutz von Endgeräten, Anwendungen, Daten und Netzwerken. Dies wird umso wichtiger, je mehr Zugriffe auf das Unternehmensnetzwerk von unkontrollierten, öffentlichen Netzwerken aus an Bahnhöfen, Flughäfen oder im Coffee-Shop um die Ecke erfolgen. Es genügt, das Bewegungsprofil eines Außendienstlers über eine infizierte App abzugreifen, und schon besitzt man eine ungefähre Idee, mit welchen Unternehmen der Wettbewerb Geschäfte macht. Und das wäre noch eine der geringfügigsten Informationen, die man preisgeben würde.

8.3 Mobile Business Process Management

Meistens erfolgt der Versuch eines mobilen Zugriffs auf Unternehmensdaten, bevor die mobile Endgerätelandschaft proaktiv und professionell mittels EMM verwaltet und gesteuert wird. Der steigende Bedarf an der mobilen Verfügbarkeit von Firmeninformationen und Produktivitäts-Werkzeugen ist in der Regel einer der zentralen Treiber für das Managen von Smartphones, Tablets und zukünftig auch Smartwatches im Unternehmenseinsatz. Alle großen Office-Suite Anbieter haben mittlerweile ihre Produktivitäts-Werkzeuge als App in den Stores verfügbar. *Google* zielt seit Februar 2015 mit einem breit angelegten *Android for Work* Programm (vgl. Google 2015) insbesondere auf die über eine Milliarde *Android*-Endgeräte auf diesem Planeten, um diese für den BYOD-Einsatz zu qualifizieren (vgl. Roettgers 2015). Die aus dem Consumer-Umfeld bekannten und erfolgreichen Apps werden zur Unterscheidung in der *Work*-Version mit einem kleinen Aktenkoffer-Symbol versehen. Ein administrierbarer, dedizierter *Google Play for Work* Store kann vom Unternehmen nur mit freigegebenen („whitelisted") Apps befüllt werden. Der gesamte *Work*-Bereich befindet sich auf dem Endgerät in einem verwaltbaren, abgesicherten Container mit der Möglichkeit, Regeln für die Nutzung aufzustellen. Ab OS *Lollipop* erfolgt diese Trennung bereits auf Betriebssystemebene. Mit Partnern für Produktivitäts-Werkzeuge wie *box* oder *Salesforce.com*, vor allem aber mit EMM-Partnern wie *BlackBerry*, *Citrix* oder *Samsung* wird der Einflussbereich des *Work*-Programms über den BYOD-Einsatz hinaus ausgeweitet.

Neben der Verbreitung von mobilen Versionen der Büro-Software-Pakete sind in den letzten Jahren auch Mobile Collaboration-Tools wie Instant Messaging, Social Networks und Video-Conferencing vermehrt in Unternehmen im Einsatz. Aber erst mit dem professionellen Roll-Out von EMM-Suites und damit korrespondierenden MAM-Plattformen wurde eine sichere Grundlage dafür geschaffen, auch Kern-Anwendungen der täglichen Geschäftsroutine wie BI, CRM, ERP und SCM (für ein BPM-Glossar vgl. Appian 2015) sowie Spezial-Software für Fachbereiche wie Controlling oder HR mobil verfügbar zu machen. Eine ganzheitliche Mobilisierung aller Geschäftsprozesse und Kollaborations-Werkzeuge wird auch *Mobile Business Process Management* (mBPM) bezeichnet, und mBI Apps wie *Roambi*, mCRM Apps wie *SugarCRM*, mERP Apps wie *IFS Applications* und mSCM Apps wie *Apptricity* finden immer öfter Anwendung auf geschäftlich genutzten Mobile-Boliden. Dabei profitieren innerbetriebliche Funktionen wie Produktion, Logistik, Finanz- und Personal-Management genauso von mBPM-Services wie Marketing, Vertrieb, Kundendienst und Wartung. Wie die Suche das Internet geprägt hat, bestimmt Mobile BPM das zukünftige Handeln und Steuern in modernen Unternehmen mit ihren Always-on Belegschaften. Durch mBPM werden Mitarbeiter unterwegs mit allen notwendigen Informationen und Werkzeugen ausgestattet. Neben der grundsätzlichen Definition von zu mobilisierenden Geschäftsprozessen muss ein besonderes Augenmerk auch der Anbindung jeglicher mBPM-Systeme an das bestehende Intranet und gegebenenfalls Extranet gelten. Sicherheitsaspekte und Zugriffsrechte sind zu berücksichtigen, genauso wie die Synchronisation mit dem Backend und eine Offline-Fähigkeit der Anwendungen für die Nutzung an Orten mit schlechter Netzabdeckung oder im Ausland bei reglementiertem Daten-Roaming.

Alle Aspekte, die in Teil II zum Thema Usability und zur Auswahl von App-Versionen erläutert wurden, kommen natürlich bei Business-Apps ebenfalls zum Tragen. Manchmal stellt schon die in der Desktop-Welt so beliebte Darstellung des DIN A4 Formates auf einem 10-Zoll-Tablet eine Herausforderung dar. Auf jeden Fall lautet der neue Mega-Trend der App-Industrie *Business Apps*, nur dass dieses Terrain statt von einer Heerschar von anonymen Entwicklern mit enormem Aufwand durch große IT-Konzerne wie *IBM*, *SAP* oder *Salesforce.com* bedient wird (vgl. Kroker 2015). Sie verfügen über die notwendige Expertise, um die B2B-Apps mit dem im Backend laufenden Systemen der Unternehmens-IT zu verknüpfen. Wenn man so will, ist die breite Appifizierung von Geschäftsanwendungen eine direkte Folge der *Consumerization of IT* und des gigantischen Erfolges der App-Ökonomie im Consumer-Bereich. Enterprise Mobile Applications sind der nächste große Wachstumsbereich. Erfolgreich vor allem in der Geschäftswelt distribuierte Einzel-Anwendungen wie *box*, *Evernote* oder *Any.do* sind potenzielle Übernahmekandidaten. Erst Anfang Juni 2015 schnappte sich *Microsoft* das Berliner Start-up *6Wunderkinder* mit seiner App *Wunderlist*. Die ebenfalls in Berlin beheimatete *Productive Mobile* Plattform hat sich darauf spezialisiert, über Jahre gewachsene, webbasierte Intranet-Applikationen mit ihren in der Regel komplexen Verknüpfungen zu anderen Legacy-Systemen für den Mobile-Einsatz zu portieren. Ein weiterer Trend sind authentische Mobile First Business Apps, also Anwendungen, die vor allem im mobilen Umfeld und auf mobilen Endgeräten ihren ganzen Produktivitäts- und Effizienzhebel ausspielen. Immer mehr Programmierer machen sich den steigenden Bedarf einer Mobile Workforce zunutze und entwickeln Enterprise Apps primär für den Einsatz auf mobilen Bildschirmen. Apps wie *Base*, *clari* oder *yoi* stehen für diese mBPM-Richtung (vgl. Wagner und Giles 2015).

Wie schon die Einführung einer BYOD-Policy sind auch alle durch mBPM zu erzielenden Optimierungen für die Mobile Workforce mit der Betriebsvereinbarung in Einklang zu bringen. Natürlich leuchtet es ein, dass die Echtzeitortung von Service-Mitarbeitern via GPS zu einer Prozessoptimierung führt. Der Aufenthaltsort eines Außendienstlers gehört allerdings zu den personenbezogenen Daten, und etwaige Lösungen müssen technisch so konstruiert sein, dass keine direkten Rückschlüsse möglich sind. In diesem Zusammenhang ist auch der neueste Trend von mBPM zu betrachten: *Mobile HR Solutions*. Diese werden vermehrt eingesetzt, um die Produktivität vor allem von administrativen Personalaufgaben zu steigern. So sind heute mobile Lösungen für die Reiseabrechnungs-Erstellung, die Arbeitszeiterfassung, die Freigabe von Abwesenheiten und die Interaktion mit Mitarbeitern üblich. Personalabteilungen nutzen Mobile als Engagement und *Mobile Learning* Plattform über die gesamte Belegschaft hinweg. Der Markt für *Mobile Talent Management* Tools wächst entsprechend. Weiterbildung und die Auseinandersetzung mit Change-Management-Vorgaben erfolgen on-the-go. Dank der verbesserten Sicherheitsausstattung mobiler Endgeräte und der zusätzlichen Absicherung durch EMM-Systeme erlauben Mobile HR Tools Mitarbeitern auch den jederzeitigen und bequemen Zugriff auf die eigene Lohnabrechnung oder gleich auf die Personalakte. Im Kampf um die Talente werden Mobile HR Lösungen auch immer wichtiger im Bereich der Personalakquise

(*Mobile Recruiting*). Gerade wenn die Generation Mobile anvisiert wird, sind Stellenaus-schreibungen in den einschlägigen Mobile-Versionen der Jobportale und den Social Media Apps von *Facebook*, *LinkedIn* oder *XING* sowie eine mobil-optimierte und Mobile SEO getunte HR-Präsenz des eigenen Unternehmens Pflicht. Den Bewerbungsprozess kom-plett auf mobilen Endgeräten abzubilden inklusive Statusabfrage für bereits verschickte Bewerbungen, ist dann in puncto Employer Branding die Kür (vgl. Hahn 2013). Erste Arbeitgeber ermöglichen via CV-Parsing-Tool die direkte Übernahme von auf Business-Netzwerken veröffentlichten Lebensläufen in den mobilen Bewerbungsprozess. HR-Sys-teme müssen heute mobilfähig sein und spezielle HR-Apps gleich mitliefern, sonst sind sie chancenlos am Markt. Bei der Auswahl bedarf es einer engen Abstimmung zwischen Personal- und IT-Abteilung. Letztere kann auch unterstützen, wenn spezielle HR-Regeln für eine etwaige BYOD-Policy erstellt werden müssen. Human Capital Management Sys-teme wie *workday* zaubern dem Personalchef ein eigenes Dashboard auf sein Tablet, das ihm jederzeitigen Zugriff auf alle wichtigen Personal-Management-KPI gibt.

Fazit

Der Mobile Tsunami hat die Unternehmen, aber auch Behörden und Institutionen al-ler Art voll erfasst. Der Mobile Shift in der Gesellschaft und damit automatisch in der Belegschaft von Unternehmen erfordert einen professionellen Umgang mit dem Me-dium Mobile und allen mobilen Endgeräten im Unternehmenseinsatz. Wie Kite-Surfer über einer sturmgepeitschten See von Wellenberg zu Wellenberg springen, schießen disruptive Start-ups an etablierten Unternehmen vorbei und knabbern am Wertschöp-fungskuchen. Verantwortungsvolle Unternehmer etablieren in einem ganzheitlichen Ansatz aus Enterprise Mobility Management und Mobile Business Process Manage-ment eine jederzeit einsatzfähige Echtzeit-Plattform Mobile, also ein Mobile Ready Enterprise. Aber erst wenn zu dieser innengerichteten Plattform auch eine umfang- und vor allem erfolgreiche Außendarstellung, also Unternehmenspräsenz im Mobile Inter-net hinzukommt, entsteht eine echte Mobile Company, die jeder Mobile Tech-Welle gelassen begegnen kann.

Literatur

Appian. http://www.appian.com/bpmbasics/bpm-glossary/. Zugegriffen: 04.07.2015

Berlind, D. 2006. *Gartner: Ability to leverage consumerization of IT will make or break businesses*. http://www.zdnet.com/article/gartner-ability-to-leverage-consumerization-of-it-will-make-or-break-businesses/ (Erstellt: 09.10.2006). Zugegriffen: 22.06.2015

BITKOM o. J.a. http://www.bitkom.org/files/documents/20130404_LF_BYOD_2013_v2.pdf. Zu-gegriffen: 22.06.2015

BITKOM o. J.b. https://www.bitkom.org/Presse/Presseinformation/Pressemitteilung_4628.html. Zugegriffen: 02.07.2015

BITKOM o. J.c. https://www.bitkom.org/Publikationen/2013/Leitfaden/BYOD/130304_LF_BYOD.pdf. Zugegriffen: 02.07.2015

Clark, W., und M.J. King. 2009. *Magic Quadrant for Mobile Enterprise Application Platforms.* http://cfile3.uf.tistory.com/attach/162E1C1B4CBD28CC4F78CA (Erstellt: 16.12.2009). Zugegriffen: 14.07.2015

Eßmann, C., E. Auger, und K. Knüttel. 2012. *BYOD? Ja, aber sicher!* http://www.computerwoche.de/a/byod-ja-aber-sicher,2517849 (Erstellt: 19.07.2012). Zugegriffen: 02.07.2015

Experton. http://www.experton-group.de/press/releases/pressrelease/article/experton-group-veroeffentlicht-den-mobile-enterprise-vendor-benchmark-2015-fuer-deutschland.html. Zugegriffen: 23.07.2015

Google. https://www.android.com/work/. Zugegriffen: 05.07.2015

Hahn, D.A. 2013. *Allianz Gruppe mit innovativer Mobile Recruiting Lösung.* https://sozialesbrandmarken.wordpress.com/2013/10/28/allianz-gruppe-mit-innovativer-mobile-recruiting-loesung/ (Erstellt: 28.10.2013). Zugegriffen: 05.07.2015

IBM o. J.a. http://www.ibm.com/mobilefirst/de/de/. Zugegriffen: 22.06.2015

IBM o. J.b. http://www.ibm.com/mobilefirst/us/en/mobilefirst-for-ios/. Zugegriffen: 22.06.2015

ifAsec. https://it-gipfel.ifasec.de/wp-content/uploads/2014/09/Richtlinie_Sichere_Apps_v1.5.pdf. Zugegriffen: 02.07.2015

Kaldenhoff, M. 2014. *Digitale Transformation erfordert Echtzeit-Plattform.* http://www.computerwoche.de/a/digitale-transformation-erfordert-echtzeit-plattform,3071427 (Erstellt: 17.11.2014). Zugegriffen: 22.06.2015

Kingsley-Hughes, A. 2013. *Top 10 banned apps on iOS and Android BYOD devices.* http://www.zdnet.com/article/top-10-banned-apps-on-ios-and-android-byod-devices/ (Erstellt: 07.06.2013). Zugegriffen: 06.07.2015

Kroker, M. 2015. *Jetzt entern die IT-Firmen das App-Geschäft.* http://www.wiwo.de/unternehmen/it/app-in-die-fabrik-jetzt-entern-die-it-konzerne-das-app-geschaeft/11932894.html (Erstellt: 01.07.2015). Zugegriffen: 04.07.2015

Lang, K., und F. Müller. 2015. Abschied vom Totalitarismus. *HORIZONT* 29: 18.

OWASP. https://www.owasp.org/index.php/Category:OWASP_Top_Ten_Project. Zugegriffen: 02.07.2015

Roettgers, J. 2015. *With Android for Work Google aims to secure 1+ billion BYOD devices.* https://gigaom.com/2015/02/25/with-android-for-work-google-aims-to-secure-1-billion-byod-devices/ (Erstellt: 25.02.2015). Zugegriffen: 03.07.2015

Rüdiger, A. 2014. *EMM: die richtige Lösung für die mobile Infrastruktur.* http://www.zdnet.de/88192513/emm-die-richtige-loesung-fuer-die-mobile-infrastruktur/ (Erstellt: 07.05.2014). Zugegriffen: 02.07.2015

Schlede, F.-M., und T. Bär. 2015. *Verschlüsseln auf mobilen Geräten.* http://www.computerwoche.de/a/verschluesseln-auf-mobilen-geraeten,3062405 (Erstellt: 31.05.2015). Zugegriffen: 28.07.2015

Sicking, M. 2010. *Mobile Arbeitsplätze: gut für Zufriedenheit und Produktivität.* http://www.heise.de/resale/artikel/Mobile-Arbeitsplaetze-gut-fuer-Zufriedenheit-und-Produktivitaet-1146176.html (Erstellt: 10.12.2010). Zugegriffen: 26.07.2015

Wagner, P., und M. Giles. 2015. *Mobile First, But What's Next?.* http://techcrunch.com/2015/05/17/mobile-first-but-whats-next/ (Erstellt: 17.05.2015). Zugegriffen: 04.07.1

Wikipedia o. J.a. https://de.m.wikipedia.org/wiki/Single_Sign-on. Zugegriffen: 02.07.2015

Wikipedia o. J.b. https://de.m.wikipedia.org/wiki/Ransomware. Zugegriffen: 05.07.2015

Mobile Strategy – Tsunami-erprobt

9

Zusammenfassung

Die Entwicklung und Umsetzung einer Tsunami-erprobten Mobile Strategy ist das unternehmerische Gebot der Stunde. Vor zehn Jahren wurden die maßgeblichen technologischen Weichen gestellt, die zu einer Mobile-Welle von zuvor unvorstellbarer Ausdehnung geführt haben. Unternehmen aller Art, aber auch Behörden und Institutionen sind aufgefordert, sich dieser Entwicklung zu stellen. Die Ausarbeitung und Anwendung einer Mobile Market Strategy für die zeitgemäße Unternehmenspräsenz im Mobile Internet sowie einer Mobile Enterprise Strategy für die erfolgreiche Aufstellung der Firma im Zeitalter des Mobile Computing sind essenziell, erfordern aber auch Expertise in den breiten Anwendungsfeldern Mobile Internet und Enterprise Mobility. Der Chief Mobile Officer entwickelt die Mobile Strategy, sorgt für eine entsprechende Mobile Culture, navigiert das Unternehmen durch den Mobile Tsunami und treibt die Genese einer Mobile Company.

Inhaltsverzeichnis

Schon Anfang dieses Jahrzehnts hat der damalige *Google* CEO *Eric Schmidt* traditionelle Branchen, die vom sich entwickelnden Mobile Tsunami bedroht wurden, in die Pflicht genommen mit der aufrüttelnden Prophezeiung: *If you don't have a mobile strategy, you don't have a future strategy!* Seitdem wird diese Aussage gerne von Googlern auf eigenen Konferenzen paraphrasiert, wenn es um die Dringlichkeit der Entwicklung und vor allem die konsequente Umsetzung einer Mobile Strategy ihrer Kunden geht (vgl. Solon

© Springer Fachmedien Wiesbaden 2016

M. Wächter, *Mobile Strategy*, DOI 10.1007/978-3-658-06011-4_9

2013). Der Konzern aus *Mountain View* hat dabei natürlich vor allem die Mobile First Ausrichtung des kompletten Web-Inventars eines Unternehmens im Blick sowie dessen konsequente Mobile SEO Optimierung. Dadurch ergibt sich dann automatisch eine Verlagerung von Werbe-Spendings in hyperlokales Mobile Search Advertising, von der der Suchkonzern qua Marktstellung enorm profitiert. Wenn man einmal den verkäuferischen Aspekt ausblendet, hat *Google* in den letzten Jahren eine Menge an Know-how im Netz zur Verfügung gestellt, um das Vorhaben einer Unternehmenspräsenz im Mobile Internet zum Erfolg zu führen. In diesem Zusammenhang sei an in diesem Buch bereits erwähnte Ressourcen wie *Mobile – Think with Google* (vgl. Google 2015a) inklusive der Chart-Datenbank *Our Mobile Planet* zur Smartphone-Nutzung in verschiedenen Märkten, dem *Entwickler-Leitfaden für Mobilgeräte* (vgl. Google 2015b) sowie *The Mobile Playbook* (vgl. Google 2015c) erinnert. Mit der *Android for Work* Plattform positioniert sich *Google* aber auch sehr engagiert im Enterprise-Mobility-Markt, und die Initiativen für Endgeräte und Dienste im Bereich Wearables, Connected Cars, Smart Homes und Industrial Internet machen die Kalifornier zu einem Protagonisten für die rasante Ausdehnung des Mediums Mobile in alle Bereiche des Lebens und damit zum Vorreiter des Zeitalters der *Zero Distance* – der neuen Nähe von Menschen, Marken und Märkten (vgl. T-Systems 2015). *Google* vollzog in den letzten zehn Jahren eine mustergültige Genese von einer Search Company zu einer Mobile Company. Im August 2005 erwarb der Suchriese für 50 Millionen US-Dollar das 2003 in Palo Alto gegründete Start-up *Android Inc.* und zwei Jahre später war das *Android*-Beta-Kit für Entwickler fertig. Der Rest ist Geschichte. Heute bezieht *Google* – mittlerweile in einer Holding-Struktur unter *Alphabet Inc.* firmierend – laut CFO *Ruth Porat* Umsatzwachstum primär aus Mobile (vgl. Lee 2015). Erst der durchschlagende Erfolg von *Android* machte aus der Firma – originär aus der disruptiven Suchfunktion hervorgegangen – einen Plattformbetreiber. Der Aufstieg von *Google* zu einem globalen Mobile-Ökosystem-Champion ist aber zugleich auch einer der wesentlichen Gründe für die rasante Ausbreitung des Mobile Tsunami. Auch wenn die Wertschöpfung der beiden anderen Mobile-Plattform-Boliden *Apple* und *Facebook* mit Umsatzanteilen weit über 50 Prozent bereits Mobile-zentrisch ist und beide Firmen ohne Mobile heute nicht die ikonische Positionierung in ihren Segmenten Hardware und Soziale Netzwerke hätten, die sie heute haben, steht *Google* noch mehr Pate für die Notwendigkeit von Firmen, sich dem Mobile Tsunami als Mobile Company zu stellen und alle externen und internen Assets für die Mobile Tech-Welle zu rüsten. Wenn *Google* die massive Verschiebung der IT-Geschäftsmodelle Richtung Mobile Internet nicht vorausgesehen und in den letzten zehn Jahren nicht alle Ressourcen Mobile First ausgerichtet hätte, wäre der Handlungsspielraum der Firma heute beschränkt auf die Old Economy des Desktop Internet – und wer weiß, vielleicht wäre der Gigant schon ein Opfer disruptiver Mobile-Schnellboote aus Asien geworden.

Traditionelle Branchen müssen Verständnis dafür entwickeln, wie hoch der Digitalanteil ihrer Wertschöpfung heute schon ist und wie dringend die Einführung und Umsetzung eines Mobile First Mantras ist. Wie dargelegt, geht es um die individuelle Entschlüsselung des SMAC Code. Von den vier Faktoren Social, Mobile, Big Data und Cloud ist

Mobile die Steuerungskonsole, die jeder am Geschäftsprozess Beteiligte bis hin zum Verbraucher in der Hand hat, bedienen und in seinem Sinne programmieren kann. Mobile ist das Armaturenbrett zum Steuern der Richtung, der Geschwindigkeit und des Ressourcen-Verbrauches beim Umsetzen der Digitalstrategie. Das handliche Cockpit bietet auch jederzeitige Orientierung über die Erreichung der vorgegebenen Zielmarken im Transformationsprozess. Die Schwarmintelligenz Sozialer Netzwerke allerdings (die eh fast schon zu 100 Prozent über mobile Endgeräte erzeugt wird), vor allem aber die Algorithmen der Big Data Datenbanken und die Cloud-Serverfarmen sind nicht fassbare Assistenzsysteme der Digitalen Transformation, die mit entsprechendem Budget nach Bedarf skalierbar aufrüstbar sind. Für die Hochgeschwindigkeitsökonomie Mobile, die als Plattform prädestiniert ist für exponentielles Wachstum und damit für Wettbewerber, die es gestern noch nicht gab, braucht es einen Masterplan Mobile – so wie ihn *Google* für sich entwickelt hat. Jeder verantwortungsvolle Unternehmenslenker, jeder Bereichsleiter und Team Lead muss für sich herausfinden, wie sehr Mobile seinen Geschäfts- und Verantwortungsbereich und den der Partner, Lieferanten und Kunden beeinflusst. Dabei muss die Grundannahme gelten, dass Mobile jeden betrifft, der etwas verkaufen will. Dank mobiler Endgeräte sind Kunden in der Lage, überall und jederzeit Informationen abzurufen und Transaktionen einzuleiten. Touchpoints explodieren und die Customer Journey verändert sich wie dargestellt radikal. Eine holistische *Mobile Strategy* muss dabei immer zwei Bereiche umfassen: eine *Mobile Market Strategy*, die nach außen alle Bereiche einer erfolgreichen Unternehmenspräsenz im Mobile Internet umfasst, sowie eine *Mobile Enterprise Strategy*, die nach innen der gesamten Organisation den zielgerichteten Einsatz des Zero Distance Mediums Mobile ermöglicht. Firmen wie *BMW*, *Coca-Cola*, *Lufthansa* oder *Starbucks* haben ihre Customer Experience bereits erfolgreich auf Mobile First ausgerichtet. Sie arbeiten allerdings auch schon seit mehreren Jahren daran. Wer sich erst 2016 dem Mobile Tsunami stellt, bekommt die volle Wucht der Welle zu spüren, muss schnell und entsprechend Ressourcen-aufwendig, vor allem aber strategisch synchronisiert handeln.

9.1   Unternehmenspräsenz im Mobile Internet

Der Mobile Shift erfasst wie aufgezeigt die gesamte Gesellschaft und somit automatisch alle werberelevanten Zielgruppen. Das Smartphone ist ein Game-Changer und proaktive Markenführung auf dem Leitmedium steht im Pflichtenheft jedes Marketing-Verantwortlichen. Mobile macht aus der New Economy Internet die Now Economy. Kunden sind über mobile Endgeräte *always-on*, sie kommunizieren und reagieren in *real-time* und sind qua Omnipräsenz des Mediums Mobile auf *zero-distance* zur Marke. Die große Herausforderung für Unternehmen und ihr Marketing über alle Branchen hinweg und sowohl im B2C- als auch im B2B-Umfeld ist es, glaubwürdig und zugleich sympathisch in Echtzeit relevante Botschaften und Services auf den Bildschirm in der Hand und damit ins Herz des Verbrauchers und Kunden zu übermitteln. „Nichts verdichtet Produkt, Service und Kommunikation so sehr wie das Smartphone", bringt es *Marco Seiler*, Chef der etablierten Internet-Agentur *SYZYGY*, anlässlich des *Digital Innovation Day 2015* in einem Interview der Fachzeitschrift *HORIZONT* auf den Punkt (vgl. Schütz 2015). Wer heutzutage eine Marke führt, muss sich die Frage stellen, wie diese auf mobilen Endgeräten im Dreiklang von Mobile Internet, Mobile Marketing und Mobile Commerce performt. Dabei sollte die Unternehmenspräsenz im Mobile Internet im Kern auf einer soliden Präsenz im Mobile Web basieren. Das alleine ist noch immer eine große Herausforderung, gilt es doch, nicht nur Kampagnen-Landing-Pages mobil zu optimieren, sondern sein ganzes Internet-Inventar Made for Mobile und nach Mobile UX Maßstäben auszustatten. Die Kunst dabei ist es, den Kunden im flüchtigen, weil spontan entstehenden und schnell vergänglichen Mobile Moment auf seinem Smart Device abzuholen. Diese neuartigen und immer zahlreicher entstehenden Touchpoints sind vorauszuahnen, um sie mit adäquater Werbung auf mobilen Endgeräten, Proximity Solutions an den richtigen Orten und cleverem Mobile Friendly SEO zu erobern. Wer merkt, dass sich bestimmte Mobile Touchpoints häufen, also ein echter Bedarf nach einer bestimmten Dienstleistung besteht, sollte schleunigst diesen Bedarf mit einem Mobile Service in Form einer App bedienen. Typischerweise sind es genau diese neuralgischen Service Needs, die Disruptoren für sich identifizieren und gnadenlos erobern. Dabei gilt es, nicht nur schneller als der Wettbewerb oder besagte Start-ups zu sein, sondern auch hochgradig nützlich, relevant und ja, auch unterhaltend zu sein. Typisch für *Starbucks* Cafés waren immer schon die coole Sound-Untermalung und das Stöbern in frei ausliegenden Zeitschriften. Seit Herbst 2015 wurden die Baristas mit Premium-Accounts von *Spotify* ausgestattet, um ihren ganz eigenen Sound und damit Playlists für die Smartphones der Kunden zu kreieren (vgl. Pierce 2015). Darüber hinaus sind nun ausgesuchte Artikel der *New York Times* in der Coffeeshop App frei verfügbar (vgl. Moon 2015). Und bei Abschluss eines Premium Accounts von *Spotify* oder eines digitalen Abos der *NYT* gibt es entsprechend Bonuspunkte für den *Starbucks* Kunden.

Ist die Entscheidung pro Apps gefallen, sind diese mit den vielfältigen Werkzeugen des App Marketing zu pushen, pflegen und tracken. Sowohl für die eigenen Apps als auch für alle Dienstleistungen und Produkte der Offline-Welt gilt es, adäquates Mobile Advertising zu planen: gezielt, hyperlokal, nativ und in Echtzeit. Dieses Data-driven Marketing funktioniert nur bei entsprechender Investition in Marketing-Automation-Tools. So wie das Marketing immer IT-lastiger wird, mutiert das Smartphone zum Super-Computer. Der Personal Contextual Assistent in der Hand der Verbraucher ist wie aufgezeigt ein wahrer Mobile Concierge. In jeder Lebens-, vor allem aber Einkaufsphase entlang der Customer Journey unterstützt das Smartphone seinen Besitzer und steht ihm nicht nur mit Rat und Tat zur Seite, sondern führt ihn auch zum nächsten POS, lässt ihn vermehrt mobil bezahlen oder lockt ihn gleich in den Mobile Shop. Eine ausgeklügelte Mobile Market Strategy bedient das Kontext-Medium Mobile in all seinen Aspekten. Marketing wird zur Mobile First Disziplin, denn kein anderes Medium spielt eine derart wichtige Rolle im Alltag der Kunden. So wie die Zielgruppe always-on ist, müssen auch Kampagnen always-on gedacht und umgesetzt werden. Dank mobiler Endgeräte sind Kunden überall und zu jeder Zeit imstande, Informationen abzurufen und Transaktionen einzuleiten. Die flüchtigen Touchpoints, die Mobile Moments, explodieren. Die Generation Mobile schaut mehrere

Hundert Mal am Tag auf den Bildschirm in der Hand und will jetzt, in diesem Moment, eine Antwort, einen Vorschlag oder eine Lösung. Die Reise des Kunden durch die Marken- und Handelswelt verändert sich radikal auf allen Stufen. Lange Reaktionszeiten und platte, irrelevante Marketing-Botschaften werden nicht mehr akzeptiert. Offline und Online verschmelzen zu einer digitalen Welt und Mobile ist die zentrale Plattform, auf der sich Marken, Handel und Verbraucher treffen. Mobile verknüpft das Netzwerk von Personen, Orten und Marken mit der Macht des Internet. Wer für diese Plattform nicht schnellstens die richtige Marktstrategie entwickelt, verspielt seine Zukunft.

9.2   Zero Distance zum Kunden

Die Digitalisierung gepaart mit der ganzen Wucht der Mobile-Welle überwinden räumliche und zeitliche Hindernisse und führen das Angebot von Produkten und Dienstleistungen sowie die Nachfrage nach diesen immer persönlicher, bedarfsorientierter und situativ relevanter zusammen. Diese neue Nähe von Menschen, Marken und Märkten – die *Zero Distance* – wird erst durch die Omnipräsenz von mobilen Endgeräten in Geschäfts- und Privatwelt ermöglicht. Unternehmer sind aufgefordert, mit einer Mobile Enterprise Strategy die eigene Firma auf die unmittelbare Nähe zu Kunden, aber auch Partnern und Lieferanten, vorzubereiten. Es bedarf der Etablierung einer *Mobile Culture*, des Aufbaus einer Enterprise Mobility Plattform und der Einführung von Mobile Business Process Management für die Echtzeit-Informations-Anforderungen aller Fachabteilungen. Mobile spielt dabei eine kritische Rolle in der ganzen Bandbreite von Mitarbeiterproduktivität über die Vertriebsunterstützung bis hin zum Kundenservice, mit einem entsprechenden Einfluss auf Team-Organisationen, Investitionen und Umsatzgenerierung. Eine *Mobility Enabled Organization* berücksichtigt die besonderen Herausforderungen einer Mobile Workforce nicht nur in ihrer Corporate Governance und Compliance, sondern stellt auch proaktiv BYOD- oder CYOD-Regeln auf und etabliert ein systematisches Mobile Plattform- und Trend-Scouting.

Während *Android*-Geräteverkäufe die Anzahl verkaufter *Windows* PC bereits im März 2012 überholten, wurden laut einer Analyse von *Andreessen Horowitz* im Juni 2015 weltweit erstmals auch mehr *iOS*-Geräte als *Windows* PC verkauft (s. Abb. 9.1).

Wenn es einer Bestätigung für den Anbruch der Post-PC-Ära bedurfte, dann war es dieser historische Moment im Vergleich der beiden so unterschiedlichen Ökosysteme. Mobile Computing schlägt Desktop-Computing um Längen und braucht eine entsprechende strategische Verankerung im Unternehmen. Durch den Mobile Tsunami hat sich die Client IT fundamental verändert. Bis zum Anfang dieses Jahrzehnts handelte es sich bei dieser Disziplin um eine wenig strategische, da hochgradig standardisierte Verwaltung von Desktop-PC über den berühmten Help-Desk. Durch Trends wie Consumerization, BYOD, App-Ökonomie und vor allem immer mobilere Mitarbeiter ist die Client IT nicht nur hip geworden, sondern deren proaktive Steuerung extrem geschäftskritisch mit entsprechendem Fokus auf C-Level. Der IT-Verantwortliche muss mobile Endgeräte, Apps und den

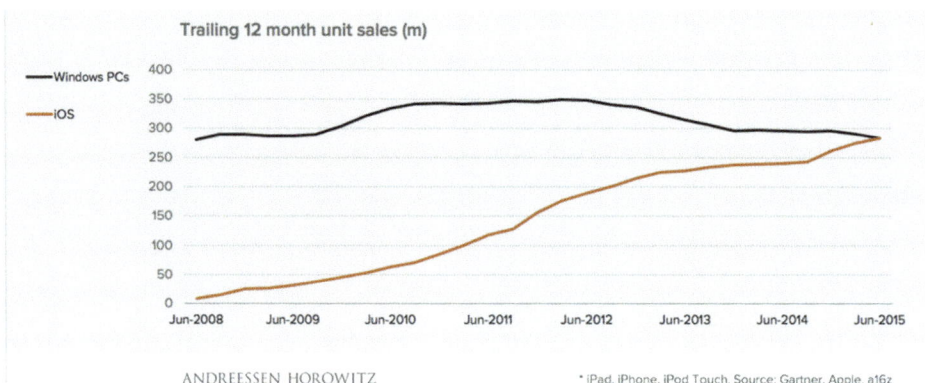

Abb. 9.1 Weltweite Verkäufe von iOS-Geräten schlagen im Juni 2015 erstmals den Abverkauf von Windows PC. (Quelle: Miller 2015; Grafik: Andreessen Horowitz)

Zugriff auf Unternehmens-Informationen sicher mittels Enterprise Mobility Management in die IT-Infrastruktur einbinden. Nur diese ganzheitliche Sicht ermöglicht eine zukunfts-orientierte Mobility Plattform. Dabei sind Mitarbeiter- und Abteilungs-Interessen genauso zu berücksichtigen wie aktuelle Marktentwicklungen im Endgeräte-, Mobile OS-, Mobile Analytics- und Mobile Collaboration-Markt. Operative Geschäftsprozesse wie ERP, CRM und BI müssen auf mobile Endgeräte migriert werden wie auch Spezialanwendungen für Abteilungen wie Controlling oder HR. Auch für Business Apps gelten mittlerweile die Mobile UX Ansprüche aus der Consumer-Welt. Enterprise Mobility ist von Anfang an Made for Mobile aufzusetzen. So wie Verbraucher das Smartphone immer wieder einset-zen, um hier und jetzt Dinge anzuschieben oder zu erledigen, haben Mitarbeiter immer wieder ihren Mobile Moment – vor dem Netzwerk-Drucker, in der Gemeinschaftsküche, in Team-Besprechungen oder natürlich unterwegs. Im Idealfall trifft der Always-on-Kun-de auf das Always-on-Unternehmen und Kundenservice erfährt eine ganz neue Dimension in der Echtzeit-Chat-App.

9.3 Genese einer Mobile Company

Dass das eigene Unternehmen von den disruptiven Entwicklungen des Mobile Tsunami angegriffen wird, wird mehr und mehr Entscheidern bewusst. Aber selbst wenn das Thema Mobile seit einiger Zeit auch auf Vorstands- und Geschäftsführungsebene angekommen ist, fehlt vielen Unternehmen immer noch eine ganzheitliche Mobile Strategy. Diese ist aber unerlässlich, um den Bedrohungen für das eigene Geschäftsmodell zu begegnen und für das jeweilige Unternehmen einen optimalen Nutzen aus bereits in den Fachab-teilungen getätigten Investitionen in Mobile-Infrastruktur und Mobile Internet zu ziehen. Enterprise Mobility und die Mobile Web Experience sind zwei aufeinander aufbauende

Bausteine. Die Entwicklung der Unternehmens-internen Komponente (Mobile Enterprise Strategy) und der Markt-Komponente (Mobile Market Strategy) sind zentral auszuführen von einem *Mobile Centre of Excellence* (MCoE), idealerweise organisationsübergreifend gesteuert von einem *Chief Mobile Officer* (im Weiteren mit CMOO abgekürzt, um ihn vom CMO, dem Chief Marketing Officer, abzugrenzen; dabei stehen „CMOO" und alle im weiteren Verlauf genutzten C-Level-Kürzel hier exemplarisch für die in der erweiterten Geschäftsführung mit entsprechender Weisungs- und Führungsbefugnis verankerten Ressort-Experten über alle Unternehmensformen hinweg).

Der Chief Mobile Officer formt aus beiden Komponenten eine holistische Mobile-Strategie (das Surfbrett) und muss dafür Sorge tragen, dass diese Tsunami erprobt ist und angesichts der rasenden Entwicklung im Markt zukünftig auch bleibt (s. Abb. 9.2).

Der CMOO bildet die Schnittstelle zwischen bestehenden Funktionen im Unternehmen, bindet über das MCoE die Geschäftsführungskollegen ein (mindestens CEO, CIO, CMO), sorgt für eine konsistente Umsetzung der Strategie über alle Geschäftsbereiche und etabliert bei Führungskräften, Mitarbeitern und Teams das Bewusstsein für den Mobile Tsunami. Er gleicht die Mobile-Strategie permanent mit der Gesamtstrategie des Unternehmens ab, definiert die zu mobilisierenden Prozesse und zeigt auf, welchen Beitrag Mobile beim Erreichen von Unterzielen wie Prozesseffizienz, Mitarbeiterproduktivität, Service-Qualität, Markenbekanntheit und Umsatzsteigerung liefert. Alle Mobile-Projekte im Unternehmen werden zentral von ihm und seinem Team koordiniert und dem Mantra Mobile First untergeordnet. Bereits entstandene „Mobile-Silos" – also isoliert aufgesetzte Mobile-Projekte in den einzelnen Fachabteilungen – werden eingefangen und der definierten Mobile Governance untergeordnet. Neue Mobile-Themen werden am Markt beobachtet und auf eine eventuelle Adaption im Unternehmen abgeklopft. Wie ein Seismologe interpretiert der CMOO die Vibrationen, die von neuen Mobile-Technologien ausgehen, auf ihr Disruptionspotenzial und damit ihre Fähigkeit, den Mobile Tsunami noch zu verstärken. Interessante Mobile-Technologien werden in einer Art Labor auf ihre Einsatzfähigkeit getestet und relevanten Fachabteilungen nach entsprechender Begutachtung zur Anwendung empfohlen.

Die Mobile Strategy muss eingebettet sein in die Gesamtstrategie der Firma und sie sollte von der Unternehmensführung getragen und idealerweise initiiert werden. Auf der einen Seite sollten Unternehmensziele, Unternehmensprozesse und die Unternehmenskultur in die Mobile Strategy eingebettet werden. Auf der anderen Seite entsteht durch eine konsequente Interpretation und Anwendung der Mobile Strategy im Unternehmen, in den IT-Systemen, den Produkten und Dienstleistungen sowie in der Marktkommunikation nicht nur eine Mobile Culture, sondern auch eine neue Unternehmensform – eine *Mobile Company*: always-on, real-time und in zero-distance zu Mitarbeitern, Geschäftspartnern und Kunden. Bei konsequenter Einführung und Umsetzung einer Mobile Strategy handelt es sich also um einen komplexen Business Transformation Prozess mit vielfältigen prozessualen, technologischen und organisatorischen Herausforderungen. Da sich der Mobile Tsunami immer weiterentwickelt, muss der CMOO ihn nicht nur ständig beobach-

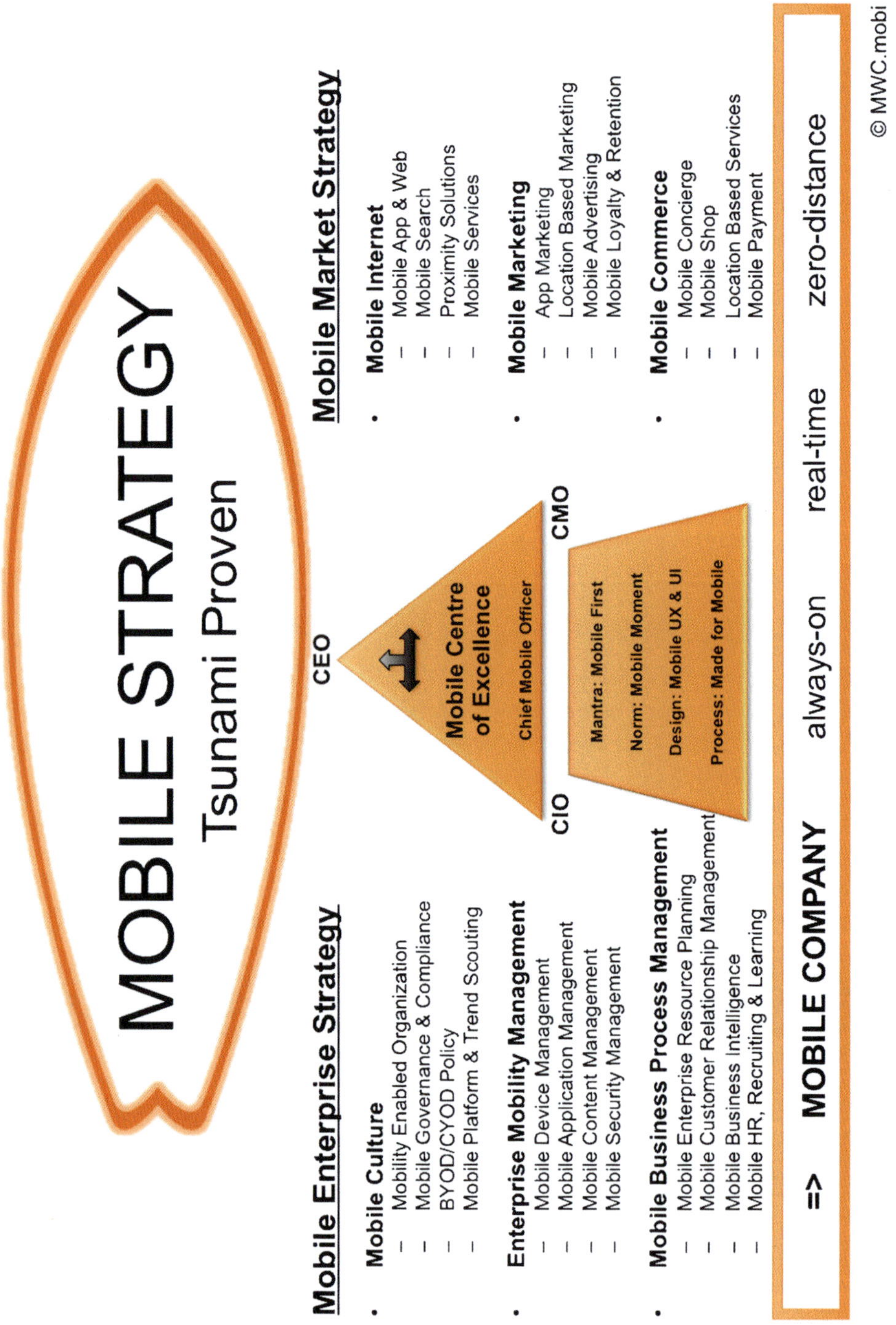

MOBILE STRATEGY
Tsunami Proven

Mobile Enterprise Strategy

- **Mobile Culture**
  - Mobility Enabled Organization
  - Mobile Governance & Compliance
  - BYOD/CYOD Policy
  - Mobile Platform & Trend Scouting

- **Enterprise Mobility Management**
  - Mobile Device Management
  - Mobile Application Management
  - Mobile Content Management
  - Mobile Security Management

- **Mobile Business Process Management**
  - Mobile Enterprise Resource Planning
  - Mobile Customer Relationship Management
  - Mobile Business Intelligence
  - Mobile HR, Recruiting & Learning

Mobile Market Strategy

- **Mobile Internet**
  - Mobile App & Web
  - Mobile Search
  - Proximity Solutions
  - Mobile Services

- **Mobile Marketing**
  - App Marketing
  - Location Based Marketing
  - Mobile Advertising
  - Mobile Loyalty & Retention

- **Mobile Commerce**
  - Mobile Concierge
  - Mobile Shop
  - Location Based Services
  - Mobile Payment

CEO

CMO

CIO

Mobile Centre of Excellence

Chief Mobile Officer

Mantra: Mobile First

Norm: Mobile Moment

Design: Mobile UX & UI

Process: Made for Mobile

=> **MOBILE COMPANY**   always-on   real-time   zero-distance

© MWC.mobi

Abb. 9.2 Bausteine und Implementierung der Mobile Strategy. (Quelle: eigene Darstellung)

ten, sondern auch immer wieder das Bewusstsein für dessen Existenz im Kollegenkreis erneuern.

Ein Chief Mobile Officer hat das Mantra Mobile First verinnerlicht und injiziert dieses in die Unternehmens-DNA. Er ist eine Führungskraft mit hoher Mobile-Kompetenz, der sich mit der Zukunft seines Marktes befasst und die gesamte Organisation behutsam auf die Business Transformation zur Mobile Company vorbereitet, um sie dann proaktiv auf den Mobile Tsunami zuzubewegen. Mit Esprit, Enthusiasmus und Überzeugungskraft entlastet er die Geschäftsführung, baut Brücken beim notwendigen Change-Management – insbesondere zwischen dem für die Digitale Plattform zuständigen, eher Technikfokussierten CIO und dem für die Digitale Markenführung zuständigen, eher Kundenfokussierten CMO – und bindet alle relevanten Stakeholder in den Fachabteilungen bei der Entwicklung von Ideen und Konzepten ein. Ein „SVP Digital Business Model" ruft schon vom Titel Reaktanzen hervor, da jede Fachabteilung für sich die Hoheit über ihre jeweiligen Geschäftsmodelle behalten sollte und den Grad der Digitalisierung und die Umsetzungsgeschwindigkeit mitbestimmen sollte. Der CMOO gestaltet also eher maßgeblich die Mobile Governance und Compliance Regeln. Er analysiert alle Geschäfts- und Kundenprozesse darauf, wie sie von einer „Mobilisierung" profitieren können, und überwacht deren Mobile-Adaption. Er entwickelt die Mobile Roadmap für alle Kommunikations-, Vertriebs- und Servicekanäle. Er analysiert potenzielle Mobile Touchpoints und erkennt so den Mobile Moment aus Mitarbeiter-, Geschäftspartner- und Kundensicht. Er achtet auf die konsequente Umsetzung einer Mobile User Experience bei allen Webseiten, Apps und Services im Mobile Internet und Intranet. Und er besteht bedingungslos auf Made for Mobile Prozesse und Anwendungen. Dabei orientiert er sich auch an Mobile Best Practices des Wettbewerbs oder anderer Branchen. Er überwacht, wie Kunden, Lieferanten, Partner und Mitarbeiter mit der Mobile Strategy umgehen, und justiert diese entsprechend nach.

Der CMOO beobachtet die Plattform-Giganten des Mobile-Ökosystems genauso wie die Disruptoren. Er durchdringt Mobile-Technologien, bewertet den Einfluss auf die wirtschaftlichen Zusammenhänge und das eigene Unternehmen. Mit der steigenden Fähigkeit der mobilen Endgeräte wie Smartphones, Tablets, Smartwatches und Smartglasses steigt auch der Komplexitätsgrad der Mobile Strategy. Mit zunehmender Mobile Maturity der Firma ist es der CMOO, der immer wieder neue Benchmarks setzt und so dem Unternehmen ermöglicht, dem gnadenlosen Rhythmus der Hochgeschwindigkeitsökonomie Mobile mit ihren extrem kurzen Innovationszyklen standzuhalten. Er muss ein Disruptive Leader Gen haben und aktuelle Geschäftsmodelle laufend in Frage stellen, zusammen mit den Fachabteilungen anpassen und falls erforderlich, zum Pivoting anregen. In Anlehnung an die acht Stufen der Organisations-Transformation vom ehemaligen *Harvard Business School* Professor *John P. Kotter* sollte sich der CMOO für die erfolgreiche Genese einer Mobile Company an folgenden Maßnahmen orientieren (vgl. Kotter 2007):

Orientierungspunkte für die Transformation zu einer erfolgreichen Mobile Company

- Notwendigkeit und Dringlichkeit der Reaktion auf den Mobile Tsunami in das Unternehmen transportieren.
- Etablierung einer starken Führungskoalition (MCoE), die den Wandel treibt.
- Formulierung einer operationalisierbaren Mobile First Vision und dabei mittels Methoden wie Design Thinking den Homo Mobilis bedingungslos in den Mittelpunkt der Denke und des Handelns stellen.
- Kommunikation der Mobile Strategy über alle zur Verfügung stehenden Kanäle.
- Ermunterung zu echter Mobile-Disruption gegen alle Widerstände, durchaus auch unter prototypischem Einsatz neuer Endgeräte, Technologien und Anwendungen.
- Erfolgreiche Milestones auf dem Weg zur Mobile Company aufzeigen und würdigen.
- Permanente Überprüfung der Mobile Strategy und der einzelnen Prozessschritte mithilfe von Change Agents in allen Fachabteilungen (sog. Mobile Ambassadors, auch mBassadors).
- Verankerung der neu gewonnenen Mobile Culture in der Unternehmenskultur.

Auch wenn laut einer Studie der Personalberatung *Heidrick & Struggles* erst jedes dritte *DAX*- und nur jedes siebte *MDAX*-Unternehmen einen Posten eingerichtet hat, der die Verantwortung für Digitales bündeln soll (vgl. Terpitz 2015): Es gibt ihn bereits, den Chief Mobile Officer – vermehrt im angloamerikanischen Raum, vereinzelt auch in Deutschland wie zum Beispiel bei *ProSiebenSat1 Media* oder der *TUI Group* (Director of Mobile Strategy). Insbesondere international gibt es schon öfter den Chief Digital Officer (CDO), noch eher selten den Chief Digital Transformation Officer (CDTO). Letzterer ist in seinem Jobprofil eher IT-lastig. Wie in der Bundesregierung auch, bei der man sich endlich statt drei mehr oder weniger zuständigen Ministerien mit fraglichem Know-how lieber einen Minister für Digitalisierung, ausgerüstet mit entsprechendem Budget und Know-how, wünschen würde, ist die Zeit reif für einen Chief Mobile Officer. Er ist dabei – wie auch der CDO – tendenziell eher markt- und kundenorientiert. Er bespricht mit dem CIO die für die Umsetzung der Mobile Strategy notwendigen IT-Strukturen und -Investments und tauscht sich intensiv mit dem CMO über Möglich- und Notwendigkeiten der Mobile First Markenführung aus. Daher ist es wichtig, dass die für die Entwicklung und den Roll-Out der Mobile Strategy zuständige Führungskraft solides technisches Mobile Know-how hat und das Mobile First Mantra glaubwürdig vorlebt.

Das Mandat des CMOO geht über die Bereiche IT/Technology sowie Marketing hinaus, geht aber fachlich bei Weitem nicht so in die Tiefe wie bei den Kollegen. Ist der CMOO eine Stabsstelle des CEO? Berichtet er an einen CDO, falls es diesen auf GF-Ebene gibt? Ist er einer der Bereichsleiter des CMO, während der CDTO dem CIO unterstellt ist? Das sind Fragen der Ausgestaltung. Fakt ist, dass Mobile Chefsache ist und *Eric Schmidt* es schon 2010 in seiner bereits erwähnten Keynote in Barcelona unnachahmlich auf den Punkt brachte mit der Aussage: *Mobile is so important. Put your best people on mobile!* Bei Personalberatern jedenfalls häufen sich die Anfragen nach dem CMOO, und da es sich bei Mobile-Experten mit dem oben skizzierten Anforderungsprofil, die sich dazu noch auf C-Level bewegen können, um eine seltene Spezies handelt, sind die Positionen entsprechend hoch dotiert. Der Personalbedarf zur Etablierung einer Mobile Strategy ist von Branche zu Branche und je nach Firmengröße natürlich verschieden. Es braucht nicht immer ein zehnköpfiges MCoE, aber ein Mobile Think Tank wird immer benötigt, um zu analysieren, wie der Mobile Tsunami sich auf die eigene Firma auswirkt. Jedes Unternehmen muss sich unabhängig von der Firmengröße für die Ideen aus dem *Silicon Valley* und den anderen Tech-Hochburgen dieser Welt interessieren, um nicht die Konkurrenzfähigkeit zu riskieren. Nicht Mobile-affine Geschäftsführungen können sich Inspirationen holen durch Besuche von eher anwendungsorientierten Fachmessen wie der *CES* in *Las Vegas*, dem *Mobile World Congress* in *Barcelona* oder dem *SXSW*-Festival in *Austin*. Sie können auch regelmäßig Websites scannen wie *Gründerszene*, *TechCrunch*, *t3n* oder *Wired*. Auch mittelständische Firmen brauchen einen Masterplan Mobile. Man kann in den eigenen Reihen nach Mobile-Kenntnissen forschen, und Mobile-erfahrene Mitarbeiter können mittels *Reverse Mentoring* die Geschäftsführung schulen zu Methoden der Enterprise Mobility oder des Mobile Internet. Wichtig ist, dass man tätig wird. Es gibt keine Ausreden mehr und schon gar nicht darf man zulassen, dass im Betrieb eine *Shadow IT* entsteht von unkontrollierten mobilen Endgeräten mit selbstgestrickten Mobile-Anwendungen und am Markt Unternehmens-Apps vor sich hindümpeln mit Link auf den eigenen Internet-Auftritt, der vom Smartphone schon irgendwie passend zurechtgeschnitten wird. Wenn Mobile Chefsache ist, dann ist die Genese zu einer Mobile Company eine der zentralen Aufgaben in der nächsten Zeit. Dabei bedingen Wucht und Ausbreitungstempo des Mobile Tsunami ein sofortiges Handeln.

Fazit

Die Wertschöpfung in der Digitalwirtschaft findet auf Plattformen statt. Diese kontrollieren den Zugang, die Prozesse und die Spielregeln eines ganzen Geschäftsmodells (vgl. Lobo 2014). Erfolgreiche Plattformen entwickeln eine selbstverstärkende Wirkung. Plattform-Märkte werden zu einem unverzichtbaren Vertriebsweg für jedwede Branche und behalten dabei immer einen beachtlichen Anteil an der Wertschöpfung ein. In der wichtigsten Digital-Galaxie Mobile herrscht ein monumentaler Kampf um die Vorherrschaft, dem schon erste etablierte Firmen zum Opfer gefallen sind. Die marktbeherrschenden Plattformkrieger aus den USA, vermehrt aber auch aus Asien, bestimmen die Spielregeln und werfen im Kampf um Marktanteile in immer kürzeren Abständen Innovationen in Form von Smartphones, Tablets, Wearables sowie korrespondierenden Anwendungen auf den Markt. Eine steigende Anzahl von Mobile-Disruptoren verschärfen die Bedrohung, indem sie gezielt Ineffizienzen im Kundenservice aufspüren und mit bestechend funktionalen, mit globaler Reichweite ausgestatteten Apps bedienen. Die Beherrschung des Mobile Tsunami ist in den zurückliegenden zehn Jahren zu einer der größten und vor allem dringendsten Management-Aufgabe geworden. Es gilt, die gesamte Unternehmenspräsenz im Internet auf das Medium Mobile auszurichten und ein Mobile Ready Enterprise zu etablieren. Der Homo Mobilis ist always-on und erlebt mehrmals täglich, mehr oder weniger befriedigend, einen Mobile Moment. Die veränderten Kundenerwartungen revolutionieren die Märkte und setzen Geschäftsmodelle unter enormen Druck. Unternehmen, ihre Marken, Kampagnen und Mitarbeiter müssen Made for Mobile auf- und ausgerüstet werden für Realtime-Marketing und Zero-Distance-Kundenservice, um in diesen Momenten den richtigen Service zu bieten. Die Now Economy erfordert die Schaffung einer Echtzeit-Plattform Mobile. Der Chief Mobile Officer verantwortet den Aufbau dieser Plattform und damit der ganzheitlichen Mobile Strategy. Er überwacht das Mobile First Design von Produkten, Dienstleistungen und Prozessen und ermöglicht so mittelfristig die Errichtung einer Mobile Company – also einer Firma mit erfolgreicher Marken- und Unternehmensführung im Angesicht des Mobile Tsunami.

Literatur

Google o. J.a. https://www.thinkwithgoogle.com/platforms/mobile.html. Zugegriffen: 07.07.2015

Google o. J.b: https://developers.google.com/webmasters/mobile-sites/get-started/. Zugegriffen: 07.07.2015

Google o. J.c. http://www.themobileplaybook.com/de/. Zugegriffen: 07.07.2015

Kotter, J.P. 2007. Leading Change: Why Transformation Efforts Fail. *Harvard Business Review* 1: 96–103.

Lee, N. 2015. *Google continues to make money thanks to mobile and YouTube.* http://www.engadget.com/2015/07/16/google-q2-2015/ (Erstellt: 16.07.2015). Zugegriffen: 27.07.2015

Lobo, S. 2014. *Die Mensch-Maschine: Auf dem Weg in die Dumpinghölle.* http://www.spiegel.de/netzwelt/netzpolitik/sascha-lobo-sharing-economy-wie-bei-uber-ist-plattform-kapitalismus-a-989584.html (Erstellt: 03.09.2014). Zugegriffen: 25.07.2015

Miller, C. 2015. *iOS device sales outpace Windows PC sales for first time.* http://9to5mac.com/2015/07/21/ios-sales-outpace-windows-sales/ (Erstellt: 21.07.2015). Zugegriffen: 22.07.2015

Moon, M. 2015. *Starbucks app to serve up free New York Times articles.* http://www.engadget.com/2015/07/21/starbucks-app-new-york-times/ (Erstellt: 21.07.2015). Zugegriffen: 22.07.2015

Pierce, D. 2015. *Spotify Is Turning Starbucks Baristas Into Coffee Shop DJs.* http://www.wired.com/2015/05/starbucks-spotify/ (Erstellt: 18.05.2015). Zugegriffen: 22.07.2015

Schütz, V. 2015. Gamechanger Smartphone. *Horizont* 28: 28.

Solon, O. 2013. *Google exec: 2013 is the last year you can wait to develop a mobile strategy.* http://www.wired.co.uk/news/archive/2013-10/03/google-exec (Erstellt: 03.10.2013). Zugegriffen: 07.07.2015

T-Systems. http://zero-distance.t-systems.de/zero-distance/de/de/die-neue-naehe-zum-kunden.html. Zugegriffen: 07.07.2015

Terpitz, K. 2015. *Chief Digital Officer: Wo sind die digitalen Häuptlinge?* http://www.wiwo.de/chief-digital-officer-wo-sind-die-digitalen-haeuptlinge/11920890.html (Erstellt: 15.06.2015). Zugegriffen: 26.07.2015

Epilog *oder* „Mobile has won!"

„Mobile is a behavior, not a device," sagte *Omid Kordestani*, bei *Google* für das operative Geschäft zuständig, im Januar 2015 in einer Analystenkonferenz. Als Plattform hat Mobile heute gewonnen und in seiner Omnipräsenz sowohl den Desktop als auch andere Medienkanäle schlichtweg verdrängt und auf ihre angestammten Funktionsbereiche reduziert. Aber Mobile ist eben auch mehr als nur ein Kanal, ein Medium oder eine Plattform. Es ist in der Tat ein Verhalten, das Gesellschaft und Unternehmen radikal verändert. Wer dieser Philosophie folgen kann, der versteht auch, warum das Mantra allen wirtschaftlichen Handelns in Zeiten des Mobile Tsunami *Mobile First* sein muss. Mobile ist an jedem Punkt des Wertschöpfungs- und Kaufprozesses präsent. Smartphone & Co. sind das Cockpit in der Digitalen Transformation, und die Myriaden an Informationen, die im sensorbasierten Internet der Dinge anfallen und ausgewertet werden, werden auf den Smart Devices dieser Welt verdichtet aufbereitet und im Mobile Internet in Form neuer Dienste und Anwendungen Kunden und Mitarbeitern präsentiert. Wer Mobile beherrscht, ist gewappnet für die technologischen Herausforderungen des 21. Jahrhunderts. Auch wenn das Konzept des Autonomen Fahrens gerade enorm en vogue ist: Sie sollten lernen, das Cockpit Mobile eigenständig zu bedienen!

Wenn man Big-Wave-Surfer befragt, die an Hotspots wie *Hawaii*, *Kalifornien* oder *Portugal* bis zu 70 km/h schnelle Monsterwellen von über 20 Metern Höhe abreiten, dann beziehen sie in Vorbereitung auf den *Ride* eine Art Angriffsposition im Wasser. Sie beobachten die Dünung, den *Swell*, und eruieren mittels Aktions- und Reaktionsanalyse, welches die beste Welle aus dem anrollenden Set wird und wo man sich am besten positionieren muss. Sie beobachten, wie sich die Welle entwickelt und was die anderen Wellenreiter machen. Und dann entscheiden sie blitzschnell, welche Linie sie nehmen müssen, um unter Ausschüttung maximaler Glückshormone dahinzugleiten und den Energieverbrauch einer Kleinstadt mit ohrenbetäubendem Getöse hinter sich brechen zu spüren. Mit diesem Buch haben Sie das Grundverständnis erlangt und das Rüstzeug in der Hand, zu einem Big-Wave-Surfer im Tech-Tornado des 21. Jahrhunderts zu werden. Wenn Sie tiefer einsteigen wollen in die Thematik oder Updates suchen, finden Sie unter *www.RideTheMobileTsunami.com* aktuelle Entwicklungen und weiterführende Informationen. Man kann *Big Waves* nicht bezwingen, aber man kann ein Teil dieser Riesenwellen werden und sie komplett abfahren. Machen Sie den Mobile Tsunami zu Ihrer

© Springer Fachmedien Wiesbaden 2016
M. Wächter, *Mobile Strategy*, DOI 10.1007/978-3-658-06011-4

ganz persönlichen, perfekten Welle und halten Sie sich dabei immer die Weisheit aus der Schifffahrt vor Augen, dass zwischen dem Seemann und der Ewigkeit immer nur eine Planke liegt – in diesem Fall Ihr Mobile Strategy Surfbrett. Ich wünsche gutes Gelingen beim Anwenden und anschließenden Umsetzen der neuen Erkenntnisse.

Sachverzeichnis

Ihr Bonus als Käufer dieses Buches

Als Käufer dieses Buches können Sie kostenlos das eBook zum Buch nutzen. Sie können es dauerhaft in Ihrem persönlichen, digitalen Bücherregal auf springer.com speichern oder auf Ihren PC/Tablet/eReader downloaden.

Gehen Sie dazu bitte wie folgt vor

1. Gehen Sie zur springer.com/shop und suchen Sie das vorliegende Buch (am schnellsten über die Eingabe der ISBN).
2. Legen Sie es in den Warenkorb und klicken Sie dann auf „zum Einkaufwagen/zur Kasse".
3. Geben Sie den unten stehenden Coupon ein. In der Bestellübersicht wird damit das eBook mit 0, - € ausgewiesen, ist also kostenlos für Sie.
4. Gehen Sie weiter zur Kasse und schließen den Vorgang ab.
5. Sie können das eBook nun downloaden und auf einem Gerät Ihrer Wahl lesen. Das eBook bleibt dauerhaft in Ihrem Springer digitalem Bücherregal gespeichert.

Ihr persönlicher Coupon

gFBKtZfqWQqaTd8

Printed in Germany
by Amazon Distribution
GmbH, Leipzig